C. Ferrari (Ed.)

Teoria della turbolenza

Lectures given at the
Centro Internazionale Matematico Estivo (C.I.M.E.),
held in Varenna (Como), Italy,
September 1-9, 1957

Springer

C.I.M.E. Foundation
c/o Dipartimento di Matematica "U. Dini"
Viale Morgagni n. 67/a
50134 Firenze
Italy
cime@math.unifi.it

ISBN 978-3-642-10908-9 e-ISBN: 978-3-642-10910-2
DOI:10.1007/978-3-642-10910-2
Springer Heidelberg Dordrecht London New York

Printed on acid-free paper

Springer.com

CENTRO INTERNAZIONALE DI MATEMATICA ESTIVO

C.I.M.E.

CORSO SULLA

TEORIA DELLA TURBOLENZA

VARENNA 1 - 10 Settembre 1957

KAMPE DE FERIET: Problèmes mathématiques de la théorie de la   1
turbulence homogéne.-

.. DUBREIL-JACOTIN: Sur les axiomes des moyennes.-   107

. ARBAULT: Transformations de Reynolds sur un   115
ensemble fini.-

. BJÖRGUM: On the possibility of a mathematical theory   123
of shearflow turbulence.-

LAUFER: The hot-wire techniques in supersonic research.-   127

. WILLE, O. WEHRMANN: Hitzdrahtmessungen in freien Grenzschichten -   135

. FERRARI: Turbolenza di parete.-   171

. AGOSTINELLI: Turbolenza in magneto-idrodinamica.   289

V. TOLLMIEN: Miscellen aus der Turbulenzforschung   341

LIBRERIA EDITRICE UNIVERSITARIA LEVROTTO & BELLA - TORINO

INDICE

S E Z I O N E   A

PROBLÈMES MATHÉMATIQUES DE LA THÉORIE DE LA TURBULENCE HOMOGÈNE
JOSEPH KAMPÉ DE FÉRIET

Introduction . . . . Pag. 1

CHAPITRE I
1 - Sur la définition d'intégrale d'une équation différentielle . . " 8
2 - Les équations de NAVIER et l'équation de la chaleur . . . . . . " 9
3 - Propriétés des solutions de l'équation de la chaleur . . . . . . " 13
4 - Paradoxes de la mécanique des fluides . . . . " 19
5 - Nécessité d'un théorème d'existence et unicité pour les équations
    de NAVIER . . . . " 21

CHAPITRE II
1 - L'équation de BÜRGERS . . . . " 25
2 - Les résultats de HOPF . . . . " 26
3 - L'équation limite . . . . " 29
4 - Remarques sur l'application aux écoulements turbulents . . . . . " 32

CHAPITRE III
1 - Aperçu historique sur la notion de moyenne . . . . " 34
2 - Les équations de REYNOLDS . . . . " 39
3 - Règles pour le calcul des moyennes . . . . " 41
4 - Sur les transformations dans un anneaux de fonctions . . . . . . " 48
5 - Conclusions critiques . . . . " 54

CHAPITRE IV
1 - Rappels de mécanique statistique . . . . " 58
2 - Variables et fonctions aléatoires . . . . " 61
3 - Mécanique statistique généralisée . . . . " 64
4 - Application à la corde vibrante . . . . " 66
5 - Les moyennes et le théorème ergodique . . . . " 72
6 - La moyenne statistique . . . . " 74

CHAPITRE V
1 - Introduction . . . . " 79
2 - Champs de vitesses aléatoires . . . . " 79
3 - Le tenseur de corrélation . . . . " 81
4 - Le tenseur spectral . . . . " 82

5 - Les équations des composantes du tenseur spectral . . . . Pag. 86

6 - Corrélation et spectre du tourbillon . . . . " 88

7 - Cinématique de la turbulence homogène . . . . " 90

8 - Le problème dynamique de la turbulence . . . . " 92

9 - Conclusion . . . . " 97

Bibliographie . . . . " 99

S E Z I O N E   B

CONFERENZE

M. L. DUBREIL - JACOTIN - Sur les axiomes des moyennes . . . . " 107

JEAN ARBAULT - Transformations de Reynolds sur un ensemble fini . . . " 115

ODDVAR BJÖRGUM - On the possibility of a mathematical theory of shear-
flow turbulence . . . . " 123

JOHN LAUFER - The hot-wire technique in supersonic research . . . . . " 127

R. WILLE - O. WEHRMANN - Hitzdrahtmessungen in freien grenzschichten . . " 135

1 - Einleitung . . . . " 135

2 - Meßmethoden der Hitzdrahtmeßtechnik . . . . " 136

3 - Anwendungen der Hitzdrahtmeßtechnik . . . . " 138

3.1 - Messungen an der Kármánschen Wirbelstraße . . . . " 140

3.11 - Erzeugung der einreihigen Wirbelstraße . . . . " 140

3.12 - Hitzdrahtsignale, die Wirbeln entsprechen . . . . " 141

3.13 - Kriterien für Wirbelsignale . . . . " 144

3.14 - Geschwindigkeitsmessungen . . . . " 145

3.141 - c̄-Verteilung . . . . " 145

3.142 - c'-Verteilung . . . . " 145

3.143 - Bestimmung der Gruppengeschwindigkeit . . . . " 146

3.144 - Gruppengeschwindigkeit und geometrischer Ort der Wirbel . . " 146

3.15 - Die zeitliche Änderung der Umfangsgeschwindigkeit und des Wirbeldurchmessers . . . . " 147

3.16 - Die Überprüfung der Meßergebnisse mit der Gleichung von Oseen-
Hamel . . . . " 147

3.2 - Messungen im Freistrahl . . . . " 149

3.21 - Ältere Arbeiten . . . . " 149

3.22 - Strömungsvorgänge in der Strahlgrenzschicht . . . . " 150

3.221 - Verteilung der mittleren Geschwindigkeit . . . . " 150

3.222 - Ringwirbel der Strahlgrenzschicht . . . . " 154

3.223 - Geschwindigkeitsverteilung der Wirbel der Strahlgrenzschicht " 155

3.224 - Charakteristische Daten der Wirbel der Strahlgrenzschicht . " 157

3.225 - Vergleich mit den Messungen an einer Plattengrenzschicht . . " 161

3.23 - Frequenzgesetz der Strahlgrenzschicht . . . . " 162

Literaturverzeichnis . . . . " 167

S E Z I O N E   C

T U R B O L E N Z A   D I   P A R E T E

CARLO FERRARI

CAPITOLO I

Introduzione . . . . Pag. 171

1 - Equazioni del flusso turbolento: equazioni di Reynolds. Tensioni di Reynolds. Funzioni di correlazione . . . . " 172

2 - Equazioni per le funzioni di correlazione . . . . " 175

3 - Equazione della dissipazione dell'energia . . . . " 177

4 - Discussione della equazione della energia. Diverso comportamento e diversa funzione della regione esterna e della regione interna dello strato limite. Influenza della presso-diffusione . . . . " 179

5 - Flusso di energia nello strato limite . . . . " 183

6 - Equazione della dissipazione della vorticita' . . . . " 186

CAPITOLO II

1 - Equazioni del moto . . . . " 188

2 - La distribuzione logaritmica della velocita' media. Legge di resistenza . . . . " 192

3 - Coefficiente di trasporto. Percorso di mescolamento. Macroscala e microscala della turbolenza . . . . " 194

4 - Determinazione del moto medio nella parte centrale del canale . " 198

5 - Giustificazione della espressione assunta per il coefficiente di trasporto . . . . " 200

6 - Raccordo delle leggi di variazione della velocita' media nelle varie parti del condotto . . . . " 206

7 - Influenza della rugosita' . . . . " 210

CAPITOLO III

1 - Equazioni del moto nello strato limite . . . . " 213

2 - La legge di parete per la velocita' media e la legge di resistenza " 216

3 - Legge di variazione della velocita' media nella parte esterna dello strato . . . . " 221

4 - Raccordo delle leggi di variazione della velocita' nella regione esterna e nella regione interna dello strato limite . . . . . . " 224

5 - Trasmissione termica nel moto turbolento . . . . " 225

6 - Coefficiente di trasporto turbolento del calore . . . . " 231

7 - Determinazione del campo medio di temperatura . . . . " 235

8 - Flusso turbolento a contatto di una parete piana in corrente di fluido compressibile . . . . " 239

9 - Approssimazioni successive per la risoluzione della equazione [90'] . . . . " 249

CAPITOLO IV

  1 - Equazioni del moto nello strato limite ed espressione del coefficiente di trasporto nella parte interna dello strato, per gradiente di pressione non nullo . . . . Pag. 251

  2 - Determinazione della velocita' nella parte interna dello strato limite   "   254

  3 - Determinazione del coefficiente di trasporto nella parte esterna dello strato . . . . "   256

  4 - Determinazione della velocita' nella parte esterna dello strato limite (per velocita' esterna corrispondente al caso di Falkner e Skan)   "   258

  5 - Raccordo tra le soluzioni per la parte esterna e per la parte interna dello strato limite . . . . "   260

  6 - Determinazione della velocita' nella parte esterna dello strato limite per casi piu' generali di variazione della velocita' esterna   "   265

CAPITOLO V

  1 - Ricerche di Mattioli, Chou e Rotta . . . . "   267

  2 - Modello di turbolenza di Burgers . . . . "   269

  3 - Ricerche di Malkus . . . . "   275

Bibliografia . . . . "   285

S E Z I O N E   D

TURBOLENZA IN MAGNETO IDRODINAMICA

CATALDO AGOSTINELLI

CAPITOLO I

Introduzione . . . . "   289

  1 - Le equazioni della magneto idrodinamica . . . . "   290

  2 - Le equazioni di Navier-Stokes in magneto idrodinamica . . . . . "   293

  3 - Il sistema di stress derivante dalle forze elettromagnetiche . "   295

  4 - Analogia tra il campo magnetico e la vorticita' . . . . "   297

  5 - Lo sviluppo dell'energia elettromagnetica in un moto turbolento "   299

CAPITOLO II

  1 - Le equazioni fondamentali . . . . "   303

  2 - Correlazioni fra le componenti della velocita' e le componenti del campo magnetico . . . . "   305

  3 - Significato degli scalari che definiscono le correlazioni . . . "   310

  4 - Ulteriori correlazioni fra le componenti del campo magnetico e della velocita' "   311

  5 - Le equazioni definitive della magneto idrodinamica turbolenta isotropa "   314

  6 - Le equazioni in termini del potenziale vettore . . . . "   317

CAPITOLO III

  1 - La dissipazione dell'energia per viscosita' e conduttivita' . . "   321

  2 - Invarianti del tipo di Loitsiansky . . . . "   322

  3 - Le correlazioni della pressione con la velocita' e il campo magnetico "   325

  4 - Determinazione degli scalari Π_1 e Π_2 . . . . "   330

  5 - La correlazione dei prodotti di pressione . . . . "   332

Bibliografia . . . . "   335

PROGRAMMA DELLE LEZIONI DEL PROF. W. TOLLMIEN

  1 - Abschnitt: Entstehung der Turbulenz . . . . "   337

  2 - Abschnitt: Eine anfache Modellvorstellung der hom. Turb. . . . "   337

  3 - Abschnitt: Turbulenz und Lärm . . . . "   337

  4 - Abschnitt: Freie Turbulenz . . . . "   337

Bibliografia . . . . "   338

PROBLÈMES MATHÉMATIQUES
DE LA
THÉORIE DE LA TURBULENCE HOMOGÈNE
JOSEPH KAMPÉ DE FÉRIET

INTRODUCTION

Les équations de la Mécanique des fluides visqueux incompressibles sont connues depuis plus d'un siècle; découvertes d'abord par NAVIER en 1822, elles ont été retrouvées par Sir Gabriel STOKES en 1845; elles s'écrivent:

$$(N_j) \qquad \frac{\partial u_j}{\partial t} + \sum_k \frac{\partial}{\partial x_k} (u_j u_k) = \nu \Delta u_j - \frac{1}{\rho} \frac{\partial p}{\partial x_j} + X_j \qquad j = 1, 2, 3$$

$$(N_4) \qquad \sum_k \frac{\partial u_k}{\partial x_k} = 0$$

(Les coordonnées d'un point x sont désignées par x_1, x_2, x_3, les composantes du vecteur vitesse π par u_1, u_2, u_3; la pression par p; X_1, X_2, X_3 désignent les composantes de la force extérieure; ρ et ν sont deux constantes caractéristiques du fluide, supposé incompressible, a température constante ed doué d'une conductibilité thermique infinie: ρ = masse spécifique, ν = viscosité cinematique).

Le problème de la turbulence est né le jour, où l'on a constaté que pour l'écoulement d'un fluide dans un tube cylindrique, l'intégrale élémentaire (mouvement permanent par droites parallèles) des équations de NAVIER donnait des résultats numériques en désaccord complet avec les mesures expérimentales des ingénieurs hydrauliciens: pour un débit donné dans le tuyau, la perte de charge mesurée pouvait etre 10 ou 100 fois plus grande que la perte de charge théorique. La situation se compliqua encore lorsque H. POISEUILLE en 1842, opérant sur des tubes capillaires (dont le diamètre était compris entre 0,01 et 0,1 mm) obtint au contraire pour le même écoulement, un accord excellent, avec une précision de l'ordre du millième, entre les resultats expérimentaux et théoriques.

Devant de telles contradictions, on comprend l'opinion exprimée en 1865, par d'excellents spécialistes comme DARCY et BAZIN "La question se complique et s'obscurcit donc davantage à mesure que des expériences plus nombreuses et plus précises paraîtraient devoir y jeter une plus grande lumière". BARRÉ DE SAINT VENANT écrivait en 1872 : "L'hydraulique est une désespérante énigme".

C'est le grand ouvrage de J. BOUSSINESQ (1872) "Essai sur la théorie des Eaux courantes" [9] et les deux mémoires d'Osborne REYNOLDS [89], [90] qui projetèrent, les premiers, quelques lueurs sur ce chaos.

BOUSSINESQ, reconnaissant nettement le caractère d'extrême complexité de la vitesse d'un écoulement turbulent, en dégage la conclusion essentielle, point de départ de la Mécanique statistique de la turbulence: "Les équations des mouvements de fluides parfaits régissent les mouvements tourbillonnaires et tumultueux des fluides, pourvu qu'on y introduise, au lieu des vitesses vraies et de la pression vraie a chaque instant, leurs valeurs moyennes locales".

Après BOUSSINESQ, REYNOLDS (1895) redecouvrit cette idée fondamentale: dans le mouvement turbulent d'un fluide, il convient de distinguer deux parts: un mouvement moyen et un mouvement d'agitation. Une propriété mesurable quelconque f du fluide (composante de la vitesse u_1, u_2, u_3, pression p, température $T \dots$) doit se décomposer sous la forme:

$$f = \bar{f} + f' \; ;$$

la composante moyenne $\bar{f}$ est seule accessible aux instruments de mesure ordinaires (par exemple tube de PITOT pour la mesure de la vitesse, thermomètre à mercure pour la mesure de la température), le but de la théorie est d'écrire les équations du mouvement moyen (liant les composantes moyennes $\bar{u}_1, \bar{u}_2, \bar{u}_3, \bar{p}, \dots$ etc.); les composantes d'agitation qui traduisent l'influence de la turbulence sur le mouvement moyen ne doivent y figurer que par des moyennes (par exemple, $\overline{u'_j, u'_k}$).

BOUSSINESQ s'efforce de conserver aux équations du mouvement moyen la même forme qu'aux équations de NAVIER, mais en substituant au coefficient ν de viscosité moléculaire, un coefficient ε de viscosité turbulente; malgré l'extrême ingéniosité dont il fit preuve au cours de recherches qui occupèrent une large partie de sa carrière (écoulements dans des tuyaux et des canaux de sections variées, fleuves, torrents, etc...) tout le monde est d'accord pour constater que son unique ε n'est pas suffisant pour rendre compte de l'effet de l'agitation turbulente sur le mouvement moyen. Osborne REYNOLDS, au contraire, ouvre des horizons nouveaux, en montrant que l'action des fluctuations turbulentes sur le mouvement moyen se traduit par des forces de frottement, dont il donne l'expression

$$F_{j,k} = - \rho \; \overline{u'_j u'_k} \qquad\qquad j,k = 1, 2, 3 \; ;$$

il met l'accent sur le bilan énergétique, évaluant les échanges d'énergie entre le mouvement moyen et le mouvement d'agitation.

Il fallut attendre près d'un demi-siècle, pour que le renouveau de la Mécanique des fluides, dû au développement de l'Aéronautique, amène, entre 1920 et 1940, avec un flot d'idées neuves, des progrès considérables. Mais, pour répondre aux nécessités de la pratique, les efforts se dispersèrent vers les aspects les plus divers de la turbulence: écoulement dans un tuyau, écoulement autour d'une aile d'avion, diffusion d'un jet, structure du vent dans l'atmosphère, etc...; tous ces problèmes sont abordés simultanément et seuls.des fragments de théories, melées d'une foule d'hypothèses empiriques, reliées entre elles parfois par un fil bien tenu, s'élaborent autour de chacun de ces problèmes.

Depuis l'introduction par L PRANDTL, en 1904, de la notion de *couche limite* (dont les travaux expérimentaux de J.M. BÜRGERS ne devaient révéler la structure complexe qu'en 1924), on pouvait prévoir qu'un des facteurs discriminants de toute classification des problèmes, serait la présence ou l'absence de parois solides; pour saisir la turbulence dans un de ses états purs, il fallait se placer aussi loin que possible de toute paroi solide; c'est pourquoi, vers 1930, l'attention commence à se concentrer autour d'un problème assez schématique pour donner prise à une élaboration logique plus approfondie: *l'étude de la turbulence dans un fluide incompressible sans frontières et par conséquent emplissant tout l'espace.* Pour commencer, on introduit des considérations de symétrie (d'ailleurs plausibles et souvent vérifiées avec une bonne approximation dans les mesures) et on ne considère que la *turbulence homogène et isotrope,* c'est à dire que les propriétés statistiques du champ des vitesses turbulentes sont supposées invariantes pour toute translation des axes et pour toute rotation autour d'un point.

Dans l'étude de la turbulence homogène et isotrope, c'est à Sir Geoffrey TAYLOR et à Th. VON KÁRMÁN que sont dues, au départ, toutes les idées essentielles: *le spectre d'énergie de la vitesse* et le *coefficient de corrélation* qui lui correspond, ont été introduits par TAYLOR; l'extension à l'espace de cette dernière notion fut faite sous la forme du *tenseur de corrélation* par KÁRMÁN-HOWARTH.

Un progrés ultérieur fut l'introduction du *tenseur spectral,* en 1948, par G. K. BATCHELOR et J. KAMPÉ DE FÉRIET; le tenseur spectral est susceptible de remplacer (dans l'étude de la turbulence homogène, mais non nécessairement isotrope) le tenseur de-corrélation et présente sur celui-ci des avantages décisifs dans les recherches théoriques.

Une série de travaux, qui ne fut connue de l'ensemble du monde scientifique qu'à la fin de la guerre mondiale, concentra l'attention sur l'étude du spectre d'énergie: comment dans une turbulence homogène et isotrope, *le spectre évolue-t-il en fonction du temps?* Evolue-t-il toujours vers *une loi limite universelle?* Les réponses a ces questions dépendent essentiellement des hypotèses sur la maniere dont, dans un écoulement les tourbillons de dimensions différentes, (dira-t-on, pour faire bref) échangent leur énergie, purement cinétique d'ailleurs, puisqu'il s'agit d'un fluide incompressible; A. KOLMOGOROFF apporta une série d'idées neuves et fascinantes dans une suite de mémoires (1941) [74], [75], [76]; qui, des qu'ils furent connus, firent sensation; indépendamment de lui, W. HEISENBERG et L. ONSAGER [85], [86] avaient émis des idées trés voisines. Toute une série de remarquables travaux de L. SEDOV [91], A. OBUKHOFF [84], C. C. LIN [79], [80], [81], Th. VON KÁRMÁN [72], G. K. BATCHELOR, L. S. G. KOVASZNAY [77], C. VON WEIZSÄCKER [95], S. CHANDRASEKHAR [13] fut consacrée à ce nouveau domaine.

Il ne saurait être question de retracer ici le développement de ces idées dans tous ses détails. Nous nous permettrons de renvoyer aux ouvrages de G. K. BATCHELOR [4] et de L. AGOSTINI et J. BASS [1] où l'on trouvera un excellent exposé historique.

Dans l'étude de la turbulence, on peut se placer à des points de vue très différents:

Les problèmes posés par la turbulence ont souvent une grande importance pratique pour les applications à l'Aéronautique ou à l'Hydraulique. Pour les Ingénieurs, l'urgence du but à atteindre prime toute autre considération; l'explication scientifique des faits passe à l'arrière plan; ce qui importe avant tout, c'est de relier un ensemble de mesures expérimentales en un faisceau de courbes cohérentes (introduction de variables sans dimension); la valeur de ces courbes tient, à leurs yeux, dans la possibilité de s'en servir pour prévoir: en interpolant, où parfois même, en extrapolant, on veut prévoir des résultats numériques sans avoir à faire de nouvelles expériences (une heure de calcul coute moins cher, en général, qu'une heure de soufflerie)

Cette attitude est parfaitement légitime: non seulement nous devons l'approuver, mais encore nous ne pouvons qu'être reconnaissants de l'enrichissement considérable apporté par l'accumulation de mesures expérimentales faites à l'occasion des divers problèmes pratiques posés par la turbulence; beaucoup d'intuitions physiques, dont certaines sont profondes, ont certainement vu le jour de cette façon.

Mais quand on parle d'une *théorie de la turbulence*, c'est à tout autre chose que nous pensons; la Mécanique des fluides étant un chapitre de la Mécanique, nous en évoquous d'autres chapitres: la Mécanique Céleste, la Mécanique du solide indéformable, la Mécanique du corps élastique. Là, partant d'hypothèses $A, B, C, \ldots$ on démontre par voie purement mathématique, qu'il en résulte des propriétés, $H, I, J, \ldots$; ce sont ces propriétés $H, I, J, \ldots$ que l'on confronte ultérieurement avec les mesures expérimentales, mais dans le passage des prémisses $A, B, C, \ldots$ aux conséquences $H, I, J, \ldots$ on se garde bien d'ajouter des prémisses supplémentaires $E, F, G, \ldots$ suggérées plus ou moins heureusement, en cours de route, par des observations expérimentales nouvelles. Quiconque parcourt la littérature scientifique de ces dernieres décades, se rende compte, du premier coup d'oeil, qu'aucune "théorie" de la turbulence n'a encore atteint ce stade de perfection. C'est surtout sur la nécessité d'un examen critique, où l'on tenterait d'éprouver sérieusement quelques maillons de la chaine logique, que nous voudrions attirer l'attention dans ces lecons, en conservant comme thème central: *la turbulence homogène dans un fluide incompressible remplissant tout l'espace.*

Un des grands problèmes, qui tourmentent tous les spécialistes de la turbulence, c'est de savoir *si les équations de NAVIER restent valides pour les mouvements turbulents d'un fluide.*

Cette question est fondamentale, non seulement du point de vue abstrait de l'épistémologie (l'explication scientifique de la turbulence étant évidemment liée aux équations qui en forment le cadre), mais encore au point de vue pratique le plus immédiat, puisque même dans les théories semi-empiriques, pour relier les faits entre eux, l'on utilise toujours, au moins partiellement, certaines conséquences des équations de NAVIER, à travers les équations de REYNOLDS, qui en sont dérivées.

Les arguments avancés, pour ou contre, la validité des équations de NAVIER, dans une théorie de la turbulence, ne semblent guère concluants.

Pour donner une réponse précise à cette question, il faudrait prouver qu'en partant de prémisses $A, B, N, \ldots$ (N signifiant qu'on n'admettra un champ de vitesse dans une démonstration que s'il est établi que les fonctions $u_j(x,t)$ sont des intégrales des équations de NAVIER), on peut en déduire des conséquences $H, I, J, \ldots$ qui, confrontées avec les observations expérimentales, sont en accord ou en désaccord avec elles, à la précision prés des mesures.

Or, on est bien loin de ce but. La plupart du temps, dans les "théories de la turbulence", on adjoint, en cours de route, aux prémisses $A, B, N, \ldots$ tant d'hypotheses supplementaires $E, F, G, \ldots$, suggérées par l'examen des faits expérimentaux, que l'écheveau, ainsi tissé par ce mélange de logique et d'empirisme, devient impossible a débrouiller. En effet, on ne sait presque jamais si les hypothèses supplémentaires ne sont pas contradictoires avec les prémisses Par exemple, supposons qu'un auteur, se basant sur l'allure de courbes expérimentales, introduise des écoulements, où le champ des vitesses est représenté par des fonctions presque périodiques dans le temps où dans l'espace. S'il n'a pas prouvé, au préalable, que les équations de NAVIER sont susceptibles d'admettre des intégrales presque périodiques, quelle est la valeur logique de ses conclusions?

S'il était démontre que les prémisses $A, B, N, \ldots$ conduisent par voie purement logique, - sans l'adjonction d'aucune hypothèse supplémentaire dont la non-contradiction avec les prémisses n'est pas prouvée, - à des conséquences H, I, J réellement incompatibles avec l'ensemble des observations d'écoulements turbulents, il nous faudrait bien abandonner les équations de NAVIER; mais, comme on est tres loin, semble-t-il, d'une telle démonstration, il nous parait naturel de continuer à les utiliser.

Les équations de NAVIER se recommandent par la solidité et la simplicité de la base que leur ont données Sir G. STOKES en 1845 et A. BARRÉ DE SAINT VENANT et 1846: *elles expriment, en effet, que la tenseur des forces de viscosité* $F_{j,k}$ *dépend seulement du tenseur des vitesses de déformation* $V_{j,k} = \dfrac{\partial u_j}{\partial x_k} + \dfrac{\partial u_k}{\partial x_j}$.

La relation entre ces deux tenseurs traduisant une loi physique indépendante des repères, les composantes $F_{j,k}$ doivent être fonctions linéaires des $V_{j,k}$

$$F_{j,k} = a_{j,k} V_{j,k} + b_{j,k}$$

les coefficients $a_{j,k}$ et $b_{j,k}$ étant fonctions des invariants du tenseur $V_{j,k}$. Dans les équations de NAVIER (pour un fluide incompressible), on admet que ces coefficients sont des constantes.

Peut-être cette hypothèse restrictive supplémentaire n'est-elle qu'une approximation, suffisamment exacte pour les petites valeurs des $V_{j,k}$, mais insuffisante lorsque les $V_{j,k}$ deviennent très grands, ce qui serait précisément le cas dans les écoulements turbulents

Si, logiquement, la position des équations de NAVIER était, un jour, rendue intenable, il y aurait là une intéressante possibilité de retouche qui devrait, semble-t-il, précéder un rejet complet de l'hypothèse générale de G. STOKES et de A. BARRÉ DE SAINT VENANT.

CHAPITRE I

Les équations de NAVIER et l'équation de la chaleur.

1 - Sur la définition d'intégrale d'une équation différentielle.

Nous voudrions tout d'abord attirer l'attention sur la remarque suivante: on ne peut faire oeuvre utile, tant que l'on se contente de parler, en termes vagues, d'"intégrales" des équations de NAVIER; ce mot est susceptible de bien des sens différents; selon le sens choisi, les propriétés essentielles de la théorie se modifient, spécialement les *théorèmes d'existence et d'unicité* qui, vrais avec une définition des "intégrales", deviennent faux avec une autre.

Pour s'en convaincre, il suffit de se souvenir de deux exemples élémentaires:

a) Pour une équation différentielle aussi simple que:

$$[1] \qquad\qquad dy/dx = f(x)$$

le mot "intégrale" a reçu toute une gamme de sens différents; rappelons en au moins deux. Si $f(x) \in C[o,a]$ il existe dans $[o,a]$ une et une seule "intégrale" $y(x)$ telle que $y(0) = 0$, donnée par l'intégrale de RIEMANN:

$$y(x) = \int_0^x f(\xi)\, d\xi \quad ;$$

mais, si $f \in L[o,a]$, la même intégrale, prise au sens de LEBESGUE, pourra encore s'appeler "intégrale" de l'équation [1] si on consent à ce que [1] ne soit plus vérifiée, en tout point $x \in [o,a]$, comme dans le premier cas, mais seulement presque partout.

b) Le théorème d'unicité de CAUCHY pour le mouvement à una dimension d'un point matériel:

$$[2] \qquad\qquad d^2x/dt^2 = X(x)$$

suppose essentiellement que les forces X sont analytiques en x. Si l'on considère une fonction non-analytique pour $x = 0$, aussi simple que:

$$X = +\sqrt{|x|}$$

- 8 -

les deux mouvements, définis pour $t \geq 0$ par

$$x(t) = 0$$

$$x(t) = \frac{t^4}{144}$$

correspondent tous deux aux memês conditions initiales:

$$x(0) = \dot{x}'(0) = 0 \; ,$$

L'introduction de forces non-analytiques suffit pour détruire le déterminisme dans la Mécanique du point.

2 - Les équations de NAVIER et l'équation de la chaleur.

On sait depuis longtemps, que toute intégrale $u(x,t)$ de l'équation de la chaleur:

[3] $$u_t = u_{xx}$$

fournit une intégrale des équations de NAVIER, en posant:

[4] $$u_1 = u(x_2,t) \quad , \quad u_2 = u_3 = 0 \quad , \quad p = p_0 \; ;$$

cctte intégrale définit un mouvement du fluide, en l'absence de force extérieure $X_j = 0$; les plans parallèles à $Ox_1 x_3$ glissent les uns sur les autres se déplaçant en bloc, les trajectoires des particules étant des droites parallèles à Ox_1 (shear flow).

On peut tirer de cette remarque élémentaire un critère [49] qui met au service de l'étudc dos équations de NAVIER, la somme, considérable aujourd'hui, des connaissances acquises sur l'équation de la chaleur.

Chaque fois que l'on se propose, en effet, de démontrer un théorème affirmant que toute intégrale des équations de NAVIER possédant les propriétés $A, B, C, \ldots$ possède nécessairement la propriété P, il suffit de vérifier si, pour une intégrale de l'équation de la chaleur, les propriétés $A, B, C, \ldots$ impliquent toujours la propriété P; si ce n'est pas le cas, on est certain que le théorème est faux et il est inutile de s'acharner à sa démonstration.

Bien entendu, le critère ne fonctionne pas en sens inverse:

Si l'on a prouvé que pour toute intégrale de l'équation de la chaleur les propriétés A,B,C,... impliquent une propriété P, il n'en résulte nullement que la même implication soit vraie pour toute intégrale des équations de NAVIER; on peut soupçonner que la présence des termes non-linéaires, disparus dans l'équation de la chaleur et présents dans les équations de NAVIER, bouleverse complètement les rapports logiques entre les propriétés $A,B,C,...$ et P; tout ce que l'on peut tirer du critère dans ce sens, c'est que si le théorème $A \cap B \cap ... \Rightarrow P$ est vrai pour les intégrales de l'équation de la chaleur, la voie reste ouverte pour en chercher la démonstration pour les équations de NAVIER.

Du point de vue de la logique formelle, il est intéressant de noter que *des deux termes de l'alternative:*

Pour l'équation de la chaleur

$$A \cap B \cap C ... \Rightarrow P$$
$$A \cap B \cap C \quad \not\Rightarrow P \, ,$$

c'est le second seul, qui fait progresser définitivement nos connaissances sur les intégrales des équations de NAVIER, le premier ouvrant la porte à una simple possibilité, tres éloignée de la certitude.

Rappelons, à titre d'illustration, quelques théorèmes de la théorie de l'équation de la chaleur:

(a) P. HARTMAN et A. WINTNER [24] ont établi:

Etant donné un domaine ouvert D dans le plan (x,t), si:

(A) $u(x,t) \in C(D)$

(B) u_t et u_{xx} *existent en tout point de D*

(C) $u_t = u_{xx}$ *en tout point de D*

alors

(P) $u(x,t) \in C^{\infty}(D)$

(b) E. HOLMGREN [32] a démontré:

Etant donné un domaine ouvert D dans le plan (x,t), si:

(A) $u(x,t) \in C(D)$

(B) $u_t(x,t)$, $u_x(x,t)$, $u_{xx}(x,t) \in C(D)$

(C) $u_t = u_{xx}$ *en tout point de* D

alors

(P) $u(x,t)$ *est analytique en* x *sur tout segment parallèle à* $0x$ *contenu dans* D.

(c) E. HOLMGREN [32] a démontré que:

Etant donné un domaine ouvert D *dans le plan* (x,t) , *les propositions:*

(A) $u(x,t) \in C(D)$

(B) $u_t(x,t)$, $u_x(x,t)$, $u_{xx}(x,t) \in C(D)$

(C) $u_t = u_{xx}$ *en tout point de* D

n'impliquent pas:

(P) $u(x,t)$ *est une fonction analytique de* t *sur tout segment parallèle à* $0t$ *contenu dans* D.

Les théorèmes (a) et (b) appartiennent au type: $A \cap B \cap \ldots \Rightarrow P$; on n'en peut donc conclure rien de certain concernant les équations de NAVIER; le théorème (b) montre seulement que l'on pourrait chercher à démontrer la proposition suivante (dont l'importance n'a pas besoin d'être soulignée).

Etant donné un domaine ouvert D *dans l'espace* (x_1,x_2,x_3,t) *si*

(A) $u_j(x,t)$, $p(x,t) \in C(D)$

(B) $\dfrac{\partial u_j}{\partial t}$, $\dfrac{\partial u_j}{\partial x_k}$, $\dfrac{\partial^2 u_j}{\partial x_k^2}$, $\dfrac{\partial p}{\partial x_j} \in C(D)$

(C) $u_j(x,t)$ *et* $p(x,t)$ *satisfont les équations de NAVIER* (N_j) *en tout point de* D

alors

(P) $u_j(x,t)$ *et* $p(x,t)$ *sont analytiques en* (x_1,x_2,x_3) *en tout point du domaine* D *continu dans un plan* $t = $ Constante.

Par contre le théorème (c) est du type $A \cap B \cap \ldots \nRightarrow P$; il en découle immédiatement ce résultat fondamental pour les équations de NAVIER:

Etant donné un domaine ouvert D dans l'espace (x_1, x_2, x_3, t) les propositions:

(A) $u_j(x,t)$, $p(x,t) \in C(D)$

(B) $\dfrac{\partial u_j}{\partial t}$, $\dfrac{\partial u_j}{\partial x_k}$, $\dfrac{\partial^2 u_j}{\partial x_k^2}$, $\dfrac{\partial p}{\partial x_j} \in C(D)$

(C) $u_j(x,t)$ *et* $p(x,t)$ *satisfont les équations de NAVIER* (N_j) *en tout point de* D

n'impliquent pas:

(P) $u_j(x,t)$ *et* $p(x,t)$ *sont analytiques en* t *en tout point du domaine* D *contenu dans un plan* $x_1 = C^{te}$, $x_2 = C^{te}$, $x_3 = C^{te}$.

G. DOETSCH [15] a donné de nombreux exemples d'intégrales de l'équation de la chaleur non analytiques en t ; M. GEVREY, - dont les recherches dans ce domaine restent fondamentales encore aujourd'hui [21], [22] - a démontré que les intégrales non analytiques en t peuvent même ne pas être quasi-analytiques, au sens de CARLEMAN; les recherches précédentes concernent surtout le cas d'une demi-bande $B = \{(x,t) : a < x < b, 0 < t < +\infty\}$; A. TYCHONOFF [94] a donné un exemple d'intégrales non-analytiques en t dans le demi-plan $D = \{(x,t) : -\infty < x < +\infty , 0 < t < +\infty\}$.

Voici un exemple, dû à G. DOETSCH, don la traduction dans le langage de la Mécanique des fluides, rend intuitives les raisons d'existence d'intégrales non analytiques en t des équations de NAVIER.

Prenons comme domaine la demi-bande:

$$B = \{(x,t) : 0 < x < a , 0 < t < +\infty\}$$

En désignant par τ un nombre positif arbitraire, la fonction:

[5]
$$\begin{aligned}
u(x,t) &= 0 & 0 < t \leq \tau \\
&= x(t-\tau)^{-\frac{3}{2}} \exp\left[-\frac{x^2}{4(t-\tau)}\right] & \tau < t < +\infty
\end{aligned}$$

satisfait (A), (B), (C) et n'est analytique en t sur aucune des droites $x = x_0$, $0 < x_0 < a$. La traduction de cet exemple dans le langage de la Mécanique des fluides est immédiate: le fluide (qui, par hypothèse, se meut par plans parallèles à Ox_1x_3), est contenut entre deux plaques planes $x_2 = 0$, $x_2 = a$; la plaque $x_2 = 0$ est maintenue constamment fixe; la plaque $x_2 = a$, restée immobile pendant l'intervalle $0 < t \leq \tau$, prend pour $t > \tau$ une vitesse égale à $a(t-\tau)^{-\frac{3}{2}} \exp\left[-\dfrac{a^2}{4(t-\tau)}\right]$; le fluide n'a aucun moyen de *prévoir* le mouvement que nous appliquerons à cette plaque; cette impossibilité de prévision implique que la vitesse du fluide $u_2(x,t)$ dans un intervalle $0 < t < \theta$ ne prédétermine nullement le prolongement de cette vitesse dans l'intervalle $\theta \leq t < +\infty$; la fonction de t , qui définit $u_2(x,t)$ ne saurait donc être analytique en t .

Contentons-nous pour le moment de noter que *l'existence d'intégrales des équations de NAVIER, non analytiques en* t (qui ne sont même pas quasi-analytiques en t, au sens de CARLEMAN) *est peut-être grosse de conséquences, jusqu'ici malheureusement inexploitées, dans l'étude des circonstances qui président aux mouvements turbulents d'un fluide.*

3 - Propriétés des solutions de l'equation de la chaleur.

Les liens que nous venons de souligner entre l equation de la chaleur et les équations de NAVIER, nous préparent à mieux comprendre l'urgence de fixer avec précision la définition des integrales; en effet, pour l'équation de la chaleur, on dispose à l'heure actuelle, d'un matériel mathématique d'une telle richesse, que l'on possède non seulement une, mais même plusieurs théories complètes: elles diffèrent l'une de l'autre, précisément, par la définition d'une "intégrale" La comparaison de ces théories entre elles nous fournit, en quelque sorte, une illustration expérimentale de l'influence du choix de cette définition En réfléchissant à cette multiplicité des théories de l equation de la chaleur, nous touchons du doigt la différence essentielle entre les Mathématiques et la Physique théorique; pour le Mathématicien les théories (A), (B), (C) de l'équation de la chaleur, puisqu'elles sont logiquement cohérentes, sont aussi valables l'une que l'autre; le Physicien au contraire, sera conduit à en choisir une; celle dont les théorèmes (T_1), (T_2) ... (T_n) conduisent à un accord d'ensemble avec les faits expérimentaux; seul cet accord, en bloc, de la théorie avec l'expérience, est discriminant; on ne peut admettre ou rejeter a priori telle prémisse, comme des dames qui choisiraient des chapeaux chez la modiste: l'une déteste le rose, l'autre n'aime que le bleu... Ainsi entend-t-on dire, parfois, qu'il faut exclure les fonctions non bornées, ou n'admettre que des fonctions analytiques, etc... L'expression de ces "gouts" mathématiques n'est-elle pas un peu futile? Seule la comparaison de l'ensemble des conséquences logiques d'une théorie avec l'expérience nous convaincrait en dernier ressort de la supériorité de l'un des choix.

Ayant souligné leur valeur analogique pour la Mécanique des fluides, esquissons maintenant quelques unes des théories de l'intégration de l'équation de la chaleur:

[3] $$u_t = u_{xx}$$

dans une barre indéfinie $-\infty < x < +\infty$, lorsqu'on suppose donnée la température initiale $v(x)$. Dans ce paragraphe nous désignerons par:

[6] $$D = \{(x,t) : -\infty < x < +\infty , \; 0 < t < +\infty\}$$

le demi-plan ouvert et par:

[7] $$\overline{D} = \{(x,t) : -\infty < x < +\infty , \; 0 \leq t < +\infty\}$$

le demi-plan semi fermé.

Les différentes théories se distinguent les unes des autres par:

(α) la classe des fonctions réelles $v(x)$, définies pour $-\infty < x < +\infty$, admises pour représenter la température initiale;

(β) la classe des fonctions réelles $u(x,t)$, définies dans D, admises pour representer une intégrale;

(γ) le sens précis donné à la phrase: $u(x,t)$ prend la valeur $v(x)$ pour $t = 0$.

C'est seulement quand ces trois choix sont faits que l'on peut édifier une théorie. Il est curieux de constater que, depuis le mémoire initial de FOURIER (1822), les contributions essentielles de FOURIER lui-même, de POISSON, de LAPLACE, de Lord RAYLEIGH, de J. BOUSSINESQ aient fourni tant de méthodes ingénieuses et profondes de construction d'expression analytiques donnant des intégrales, sans que jamais ces questions (α), (β), (γ) ne se soient posées: c'est seulememt au début de ce siècle, entre 1900 et 1920, que les travaux de E.HOLMGREN, de M.GEVREY, de F.GOURSAT, de J.HADAMARD [23] ont souligné la nécessité de "bien poser le problème" en se plaçant dans des conditions, où l'on puisse établir non seulement *un théorème d'existence,* mais encore, *un théorème d'unicité.* En 1936, dans son exposé historique, G.DOETSCH [15] a eu le grand mérite d'attirer fortement l'attention sur ce point:

"Pour que le problème soit clairement posé, il est indispensable d'un part de préciser quelles conditions on impose à la solution et aux valeurs sur la frontière, de fixer, d'autre part, le sens dans lequel les conditions aux limites doivent être interpretées.

"Il est à regretter qu'une partie même de la littérature moderne, pour ne plus parler de la plus ancienne, reste extrêmement vague sous ce rapport. Ceci entraine d'une part, que les théorèmes et démonstrations sont faux eux-mêmes, d'autre part, que des théorèmes, justes sous certaines restrictions, sont employés dans des cas où ces restrictions ne sont pas respectées. Ce sont surtout les démonstrations d'unicité qui montrent la gravité décisive du sens dans lequel on envisage le problème aux limites".

Une revue rapide de quelques unes des théories de l'équation de la chaleur, basées chacune sur une réponse précise aux questions (α), (β) et (γ), nous semble éclairer très heureusement les directions diverses que pourraient prendre des recherches sur les intégrales des équations de NAVIER.

(A) On considère comme valeurs initiales possibles les fonctions $v(x)$ satisfaisant simultanément à:

$$(\alpha) \qquad v(x) \in C(-\infty, +\infty) \text{ et } v(x) \in L(-\infty, +\infty)$$

On choisit comme définition des mots "prendre la valeur initiale"
la *limite à deux dimensions* dans le plan:

$$(\gamma) \qquad \lim_{x \to a,\; t \to 0} u(x,t) = v(a)$$

Ceci impose évidemment:

$$(\beta_1) \qquad u(x,t) \quad C(\bar{D})$$

Si l'on ajoute les conditions:

$$(\beta_2) \qquad u_t(x,t) \quad , \quad u_{xx}(x,t) \in C(D)$$

$$(\beta_3) \qquad \sup_{0 < t < +\infty} |u(x,t)| \leq M e^{ax^2} \qquad\qquad a > 0,$$

on obtient alors le théorème de TYCHONOFF [94]:
Si $v(x)$ satisfait à (α), l'intégrale de POISSON-FOURIER:

$$[8] \qquad u(x,t) = \int_{-\infty}^{+\infty} k(x-\xi,t)\, v(\xi)\, d\xi$$

$$k(x,t) = (4\pi v t)^{-\frac{1}{2}} \exp\left[-\frac{x^2}{4vt}\right] \;,$$

*représente dans D une intégrale de l'équation de la chaleur: c'est
la seule qui vérifie les conditions (β_1) , (β_2) , (β_3) et (γ).*

(B) On suppose:

$$(\alpha) \qquad v(x) \in L(-\infty, +\infty)$$

et on dit que $u(x,t)$ prend la valeur initiale $v(x)$, si $u(x,t)$
tend *faiblement* vers $v(x)$, c'est a dire si:

$$(\gamma) \qquad \lim_{t \downarrow 0} \int_a^b u(x,t)\, g(x)\, dx = \int_a^b v(x)\, g(x)\, dx$$

pour tout intervalle fini $[a,b]$ et toute fonction $g(x) \in C[a,b]$.
On impose a $u(x,t)$ les conditions suivantes:

(β_1) $u_t(x,t)$ et $u_{xx}(x,t)$ existent en tout point du demi-plan D

(β_2) $u(x, t)$, $u_t(x, t)$ et $u_{xx}(x, t) \in L(\Delta)$ dans tout rectangle fini $\Delta \subset D$

(β_3) il existe une constante $a > 0$ et deux suites x_n', x_n'' , $x_n' \to +\infty$, $x_n'' \to -\infty$, telles que:

$$\operatorname*{Sup}_{0 < t < +\infty} |u(x, t)| \leq M\, e^{ax^2}$$

pour tout x appartenant à l'une ou l'autre des deux suites. Alors (J.L.B. COOPER [14]):

Si $v(x)$ *satisfait à* (α), *l'intégrale de POISSON-FOURIER* [8] *est une intégrale de l'équation de la chaleur; elle est la seule vérifiant les conditions* (β_1) , (β_2) , (β_3) *et* (γ).

(C) La formulation suivante, plus abstraite, due à E. HILLE [25], [26], [27], conduit à considérer $v(x)$ et $u(x, t)$ (pour chaque $t > 0$) comme des points d'un même espace fonctionnel, constituant un espace de Banach $\mathfrak{B}$; c'est sans doute la mieux adaptée à la transposition dans le langage de la Mécanique statistique; quand t varie de 0 a $+\infty$, le point $\omega_t = u(x, t)$ décrit une trajectoire Γ issue du point $\omega = v(x)$; l'espace de Banach $\mathfrak{B}$ joue ainsi le rôle d'un "espace des phases", où un point ω représente un état du système. On suppose:

(α) $\qquad\qquad\qquad v(x) \in \mathfrak{B}$

Nous designerons par $\|v\|$ la norme de $v(x)$; nous supposerons:

(β_1) $\qquad\qquad u(x, t) \in \mathfrak{B}$, pour tout $t > 0$

et nous donnerons à "$u(x, t)$ prend la valeur initiale $v(x)$" le sens d'une *limite forte*:

(γ) $\qquad\qquad \lim_{t \downarrow 0} \|u(x, t) - v(x)\| = 0$

Supposons encore que u admette une derivee u_t au sens fort, continue au sens fort:

(β_2) $\qquad\qquad u_t(x, t) \in \mathfrak{B}$ pour tout $t > 0$

$$(\beta_3) \qquad \lim_{h \to 0} \left\| \frac{u(x, t+h) - u(x, t)}{h} - u_t(x, t) \right\| = 0 \qquad \text{pour tout} \quad t > 0$$

$$(\beta_4) \qquad \lim_{h \to 0} \| u_t(x, t+h) - u_t(x, t) \| = 0 \quad , \qquad \text{pour tout} \quad t > 0 .$$

E.HILLE appelle *problème abstrait de CAUCHY*, le problème qui consiste, étant donnée une valeur initiale $v(x)$ satisfaisant (α), à trouver une intégrale de l'équation de la chaleur satisfaisant $(\beta_1), (\beta_2), (\beta_3), (\beta_4)$ et prenant la valeur initiale au sens (γ), puis à prouver que cette intégrale est unique.

E.HILLE a résolu [28] le problème dans le cas où l'espace de Banach est l'ensemble de toutes les fonctions $f(x)$ telles que:

$$f(x) \, \exp \left[-|x|^\rho \right] \qquad\qquad (\rho \geq 0 \quad \text{donné})$$

soit continue dans l'intervalle fermé $[-\infty, +\infty]$. Cet ensemble constitue un espace de Banach $\mathcal{B}$, si on le munit de la norme:

$$\| f \| = \operatorname*{Sup}_{-\infty \, \leq \, x \, \leq \, +\infty} \left| f(x) \, \exp \left[-|x|^\rho \right] \right.$$

Lorsque $0 \leq \rho \leq 1$, *si* $v(x) \in \mathcal{B}$ *l'intégrale de POISSON - FOURIER* [8] *donne une solution du problème abstrait de CAUCHY et cette solution est unique.*

Lorsque $1 < \rho \leq 2$, *si la fonction* $u(x, t)$, *définie par l'intégrale de POISSON-FOURIER, appartient à* $\mathcal{B}$ *pour tout* $t > 0$, *elle donne la solution unique du problème abstrait de CAUCHY; mais il y a des* $v(x)$ *pour lesquelles* $u(x, t) \in \mathcal{B}$ *pour aucun* $t > 0$; *dans ce cas, le problème n'a pas de solution.*

Enfin lorsque $\rho > 2$, *si* $\lim_{x \to \pm\infty} f(x) \, \exp \left[-|x|^\rho \right] \neq 0$ *l'intégrale de POISSON-FOURIER n'a de sens pour aucun* $t > 0$; *l'existence de solutions du problème abstrait de CAUCHY est douteuse; il peut exister des solutions non nulles telles que:*

$$\lim_{t \downarrow 0} \| u(x, t) \| = 0 .$$

Sans une formulation précise et générale du problème abstrait de CAUCHY, des résultats analogues, très intéressants, avaient déjà été ob-

tenus par S. BOCHNER et CHANDRASEKHARAN [8] pour le cas des espaces de
Banach $L(-\infty, +\infty)$ et $L^2(-\infty, +\infty)$, spécialement importants.

4 - Paradoxes de la mécanique des fluides.

Les théories (A), (B) et (C) sont intéressantes parce que, dans
chaque cas, on a pu prouver un théorème d'existence et un théorème d'unicité; une bonne théorie doit ainsi être basée sur des prémisses $(\alpha), (\beta)$
et (γ), assez larges pour que des intégrales puissent exister et suffisamment étroites pour que leur unicité soit garantie; il y a la une sorte de compromis, délicat à réaliser, auquel il faut prendre garde et qui
explique certains paradoxes fréquemment rencontrés en Mécanique des
fluides.

Pour en donner un exemple, considérons le mouvement plan d'un fluide visqueux incompressible, ou les trajectoires sont des circonférences
ayant l'origine O pour centre. Utilisons des coordonnées polaires (r, θ)
et désignons par $\zeta(r, t)$ le tourbillon qui est, comme on le sait, per-
pendiculaire au plan du mouvement. Des calculs classiques permettent de
déduire des équations de NAVIER que $\zeta(r, t)$ doit être une solution de
l'équation de la chaleur en coordonnées polaires:

$$[9] \qquad \frac{\partial \zeta}{\partial t} = \frac{\nu}{r} \frac{\partial}{\partial r} \left(r \frac{\partial \zeta}{\partial r} \right) \ .$$

Pour étudier la diffusion du tourbillon par la viscosité, on considère une intégrale de [9] qui "prend comme valeur" une fonction donnée $\omega(r)$ à l'instant $t = 0$. Si l'on choisit la double limite dans
le plan (r, t) :

$$(\gamma) \qquad\qquad \lim_{r \to a,\ t \to 0} \zeta(r, t) \qquad \omega(a)$$

il est parfaitement possible de construire une théorie analogue à (A),
possédant un théorème d'existence et d'unicité Mais on écarte, du même
coup, le cas ou $\omega(r)$ est discontinue, c est-à-dire de nombreux problèmes étudies dans tous les traites de Mécanique des fluides; par exemple:

(a) noyau tourbillonnaire d'intensité constante ω_0 :

$$\omega(r) = \omega_0 \qquad 0 \leq r \leq a$$

$$= 0 \qquad r > a$$

(b) tourbillon ponctuel de circulation Γ_0 :

$$\omega(r) = 0 \qquad r \neq 0 \quad .$$

Pour obtenir des solutions à ces problèmes, on élargit (γ) en remplaçant la double limite par *une limite à r constant:*

$$(\gamma') \qquad\qquad \lim_{t \downarrow 0} \zeta(r,t) = \omega(r) \quad \text{pour tout} \quad r$$

(on place un instrument de mesure en un point fixe du plan et on étudie la limite de la courbe enregistrée lorsque $t \downarrow 0$).

Dams le cas du tourbillon ponctuel, on donne en général l'intégrale:

$$[10] \qquad\qquad \zeta(r,t) = \frac{\Gamma_0}{8\pi\nu t} \exp\left[-\frac{r^2}{4\nu t}\right]$$

qui est continue dans le domaine:

$$\Delta = \{(r,t) : 0 \leq r < +\infty , \; 0 < t < +\infty\}$$

où elle satisfait l'équation de la chaleur.

Mais si l'on ne prend pas de précautions supplémentaires, on risque de perdre l'unicité; en effet la dérivée par rapport à t de la fonction [10] satisfait évidemment [9]; donc K désignant une constante arbitraire, la fonction:

$$[11] \qquad\qquad \zeta(r,t) = \left[\frac{\Gamma_0}{8\pi\nu t} + \frac{K}{t^2}\left(\frac{r^2}{4\nu t} - 1\right)\right] \exp\left[-\frac{r^2}{4\nu t}\right]$$

est également une intégrale de [9] définie dans le même domaine que [10]

La circulation Γ qui lui correspond a pour valeur:

$$\Gamma(r,t) = \Gamma_0 - \left[\Gamma_0 + 2\pi K \frac{r^2}{t^2}\right] \exp\left[-\frac{r^2}{4\nu t}\right]$$

et on a, pour [11] comme pour [10] :

$$[12] \quad \begin{cases} \lim_{t\downarrow o} \zeta(r,t) = 0 & r > 0 \\[2mm] \lim_{t\downarrow o} \Gamma(r,t) = \Gamma_0 & r > 0 \\[2mm] \qquad\qquad\;\; = 0 & r = 0 \;. \end{cases}$$

Les deux intégrales [10] et [11] sont toutes deux continues ainsi que toutes leurs dérivées partielles dans le domaine $\triangle$; elles sont du même type, non bornées au voisinage du point $r = 0$, $t = 0$; elles satisfont toutes deux aux conditions du problème exprimées par [12]; pour préférer l'une à l'autre, c'est à dire pour conserver l'unicité, il faudrait donc introduire des conditions supplémentaires; si on les omet, les conclusions qu'on en tire perdent beaucoup de valeur, puisqu'il n'y a plus de raison de préférer l'intégrale [10] à l'intégrale [11].

5 - Nécessité d'un théorème d'existence et unicité pour les équations de Navier.

Pour l'étude des intégrales des équations de NAVIER, dans le cas général, rien de comparable aux exemples (A), (B), (C) du § 3 n'existe à l'heure actuelle; on est très loin de connaître l'influence de prémisses équivalentes à (α), (β) et (γ), sur la possibilité d'établir un théorème d'existence et d'unicité.

Dans le cas du fluide incompressible, sans frontières, remplissant tout l'espace, nous possédons, il est vrai, les recherches tres importantes et tres profondes de J.LERAY [78]; mais elles sont, malheureusement, inutilisables comme point de départ d'une étude de la turbulence homogene; en voici les raisons.

La force vive du fluide contenu dans un domaine B de l'espace:

$$\frac{\rho}{2} \int_B \sum_k u_k(x,t)^2 dx$$

s'introduisant naturellement dans tout problème de Mécanique des fluides, on doit nécessairement supposer que cette intégrale a un sens, c'est à dire que $u_j(x, t) \in L^2(B)$, pour tout domaine fini B ; A tout instant $t > 0$, çette condition est, bien entendu, satisfaite si nous imposons la condition plus forte $u_j(x, t) \in C(B)$; par contre, à l'instant initial, nous avons le choix, et c'est une hypothèse que de poser:

$$(\alpha) \qquad v_j(x) \in L^2(B) \quad , \qquad \text{pour tout } B \text{ fini} .$$

Mais J.LERAY va plus loin: il postule que *la force vive totale du fluide est finie,* c'est à dire qu'il choisit comme prémisses:

$$(\alpha) \qquad v_j(x) \in L^2(R^3)$$

$$(\beta) \qquad u_j(x, t) \in L^2(R^3) \qquad \text{pour tout } t > 0$$

$$R^3 = \{x : -\infty < x_j < +\infty \ , \ j = 1, 2, 3\} .$$

Autrement dit, en adoptant le langage de l'exemple (C), il *opère constamment dans un espace de Hilbert;* à chaque instant les propriétés de l'espace de Hilbert interviennent dans ses démonstrations. Or la notion de turbulence homogène s'oppose à considérer la force vive totale comme finie; des fonctions $u_j(x, t)$, périodiques en x , doivent pouvoir entrer, comme cas particulier, dans le cadre général des champs de vecteurs spatialement homogènes; dans ce cas, l'intégrale:

$$\int_{R^3} u_j(x, t)^2 dx$$

ne saurait être finie.

Si l'on ne fait aucune autre hypothèse, que l'existence de la force vive pour tout domaine B fini, l'ensemble des champs de vitesses, correspondant à une turbulence homogène, constitue un espace fonctionnel appartenant à la catégorie des *espaces de* G.MACKEY. La topologie de ces espaces se définit, non à partir d'une *norme* (comme dans les espaces de Banach, dont l'espace de Hilbert est l'exemple le plus simple), mais à partir d'une famille de *pseudo-normes;* il est naturel de prendre ici les boîtes cubiques:

$$B_N = \{x : -N \leq x_j \leq N \ , \ j = 1, 2, 3\}$$

et l'on considérera comme famille de pseudo-normes du champ de vecteurs

$u(x, t)$:

$$\| u(x, t) \|_N = \int_{B_N} \sum_j u_j(x, t)^2 dx$$

$$N = 1, 2, \ldots, n, \ldots$$

Est-il besoin de dire qu'en passant de l'espace de Hilbert, considéré par J.LERAY, a un espace de G.MACKEY, la difficulté de l'étude s'accroit dans des proportions considérables?

Il semble qu'on obtiendrait déjà des résultats très intéressants en se bornant aux champs de vitesses pour lesquels:

$$\lim_{N \to +\infty} \frac{1}{N^3} \int_{B_N} u_j(x, t)^2 dx$$

existe; les résultats de l'Analyse harmonique généralisée de Norbert WIENER [97], sur lesquels nous nous sommes étendus dans [60], peuvent alors être appliqués à ces champs qui contiennent, comme cas très particuliers, les champs périodiques et presque périodiques.

La classe des champs vectoriels susceptibles d'être choisis comme champ de vitesses initiales, serait ainsi définie:

$$(\alpha_1) \qquad v_j(x) \in L^2(B_N) \qquad\qquad \text{pour tout } N$$

$$(\alpha_2) \qquad \lim_{N \to +\infty} \frac{1}{N^3} \int_{B_N} v_j(x)^2 dx \qquad\qquad \text{existe .}$$

Pour les conditions à imposer aux $u_j(x, t)$, outre les conditions:

$$(\beta_1) \qquad u_j(x, t) \in L^2(B_N) \qquad \text{à tout instant } t > 0, \text{ pour tout } N$$

$$(\beta_2) \qquad \lim_{N \to +\infty} \frac{1}{N^3} \int_{B_N} u_j(x, t)^2 dx \quad , \quad \text{existe pour tout } t > 0,$$

c'est sans doute des conditions du type de l'exemple (C) du § 3 qui se justifieraient le mieux, l'existence et la continuité des dérivées étant assurées au sens fort; par exemple:

$$(\beta_3) \qquad \lim_{h \to 0} \int_{B_N} \left[\frac{u_j(x, t+h) - u_j(x, t)}{h} - \frac{\partial}{\partial t} u_j(x, t) \right]^2 dx = 0$$

pour tout $t > 0$ et tout N ,

$$(\beta_4) \qquad \lim_{h \to 0} \int_{B_N} \left[\frac{\partial}{\partial t} u_j(x, t+h) - \frac{\partial}{\partial t} u_j(x, t) \right]^2 dx = 0 \quad .$$

pour tout $t > 0$ et tout N .

Quant à l'expression "le champ des vitesses $u_j(x, t)$ est égal à l'instant initial au champ $v_j(x)$" on pourrait lui donner le sens d'une *limite forte:*

$$(\gamma) \qquad \lim_{t \downarrow 0} \int_{B_N} [u_j(x, t) - v_j(x)]^2 dx = 0 , \quad \text{pour tout } N .$$

Cette étude, ou une étude analogue, dont les difficultés apparaissent très considérables, est, néanmoins, un prologue indispensable à toute construction définitive d'une théorie de la turbulence homogène: tant qu'elle n'aura pas été faite, tant qu'on ne possédera pas dans ce cadre, un théorème d'existence et d'unicité, aussi precis que ceux du § 3 pour l'équation de la chaleur, on pourra toujours craindre de tomber dans une fondrière en s'avançant sur la route de la Mécanique statistique de la turbulence homogène; en effet, chaque fois que, se fiant à une intuition physique, on introduira une nouvelle hypothèse paraissant plausible, on s'expose à ce qu'elle soit contradictoire avec une propriéte des intégrales des équations de NAVIER, laissée dans l'ombre par notre ignorance de ces intégrales.

CHAPITRE II

Le modèle de BURGERS

1 - L'équation de BÜRGERS.

Notre manque de connaissances générales sur les intégrales des équations de NAVIER, est un obstacle majeur à l'édification d'une théorie vraiment rationnelle de la turbulence. L'équation de la chaleur ne nous fournit un guide dans l'étude des équations de NAVIER que dans les limites étroites précisées au Chapitre précédent. La disparition des termes non linéaires détruit, probablement, dans l'équation de la chaleur, quelques unes des propriétés les plus typiques des mouvements des fluides. Les auteurs qui pensent, par exemple, que la turbulence est essentiellement due à l'apparition de certaines discontinuités (par exemple: concentration du tourbillon de long de certaines courbes [11]) ne peuvent espèrer vérifier ces hypothèses sur des intégrales de l'équation de la chaleur. C'est pourquoi, on a tenté de remplacer l'équation de la chaleur, par une équation plus complète, qui, à l'inverse de celle-ci, n'est jamais un cas particulier des équations de NAVIER, mais qui, contenant un terme non linéaire, possede peut-être des propriétés analogues à celles des équations de NAVIER: il s'agit du *modèle* introduit en 1940, par J.M. BÜRGERS [10]:

$$[1] \qquad\qquad u_t + u\,u_x = \nu\,u_{xx}$$

et auquel il a consacré des travaux considérables et d'une grande importance. L'équation [1] est évidemment beaucoup plus simple que les équations de NAVIER, puisque au lieu de 3 fonctions u_1, u_2, u_3 de 4 variables (x_1, x_2, x_3, t) elle ne contient plus qu'une seule fonction u de 2 variables (x, t). Bien que des doutes puissent s'élever sur la manière dont le "modèle" représente la "réalité", notre absence d'informations sur les intégrales des équations de NAVIER justifie une étude des intégrales de l'équation [1] qui mettrait en relief, tout au moins, certaines propriétés introduites par le terme non linéaire. J.M. BÜRGERS à consacré de nombreuses publications [12] a son équation [1], s'attachant tout particulièrement, à l'étude des intégrales $u(x,t)$ quand $t \to +\infty$; mais l'apport le plus essentiel, c'est son étude de:

$$u(x,t) = \lim_{\nu \downarrow 0} u(x,t,\nu)$$

si l'on note par $u(x,t,\nu)$ une intégrale de [1] pour une valeur $\nu > 0$ donnée.

Les intégrales $u(x,t,\nu)$, pour $\nu > 0$ étant continues en (x,t) dans tout le demi-plan $t > 0$, la limite $u(x,t)$ est en général continue dans des domaines ouverts séparés par des lignes de discontinuité; une ligne de discontinuité peut prendre naissance en un point x à un instant $t > 0$. Voyant là une image de ce qui peut se produire dans un fluide faiblement visqueux (c'est à dire, aux grandes valeurs du nombre de REYNOLDS), J.M. BÜRGERS a fait une étude très poussée des propriétés statistiques de son modèle, formant, comme REYNOLDS l'avait fait pour les équations de NAVIER, les équations satisfaites par les moyennes.

2 - Les résultats de HOPF.

Nous ne le suivrons pas sur ce terrain, nous contentant de résumer les résultats obtenus par Eberhard HOPF [35], dans un beau mémoire, où il donne une théorie complète des intégrales de l'équation [1]. La réussite est due à une circonstance presque miraculeuse notée déjà par J.B. COLE (1949): l'équation de BÜRGERS se ramène à l'équation de la chaleur.

D'une manière précise:

Etant donné un domaine ouvert D dans le plan (x,t) les deux ensembles de propositions:

(α) $u(x,t) \in C(D)$

(β) $u_t(x,t)$, $u_x(x,t)$, $u_{xx}(x,t) \in C(D)$

(γ) $u_t + u u_x = \nu u_{xx}$, *en tout point de* D

et:

(α') $w(x, t) > 0$

(β') $w(x, t) \in C(D)$

(γ') $w_t(x, t)$, $w_x(x, t)$, $w_{xx}(x, t) \in C(D)$

(δ') $w_t = \nu\, w_{xx}$ en tout point de D

sont équivalents, en ce sens que l'on passe de l'un à l'autre par:

$$[2] \qquad u(x, t) = -\, 2\nu\, \frac{w_x(x, t)}{w(x, t)}$$

$$[3] \qquad w(x, t) = \alpha(t)\, \exp\left[-\frac{1}{2\nu} \int_0^x u(\xi, t)\,d\xi\right]$$

où $\alpha(t)$ est une fonction arbitraire continue et positive.

Rien ne devient plus aisé que de construire des intégrales de l'équation de BÜRGERS, puisque dans tout domaine D, où l'on connait une intégrale positive de l'équation de la chaleur, la formule [2] donne immédiatement une intégrale de l'équation de BÜRGERS.

Par exemple, dans le demi-plan $t > 0$, les polynômes:

$$P_2(x, t) = x^2 + 2\nu t$$

$$P_4(x, t) = x^4 + 12\,x^2\nu t + 12\,(\nu t)^2$$

$$P_6(x, t) = x^6 + 30\,x^4\nu t + 180\,x^2(\nu t)^2 + 120\,(\nu t)^3$$

$$\cdots\cdots\cdots\cdots\cdots$$

satisfont toutes les conditions (α') , (β') , (γ') et (δ'); on en déduit les intégrales de l'équation de BÜRGERS:

$$u_2(x, t) = -\, 2\nu\, \frac{2x}{x^2 + 2\nu t}$$

$$u_4(x, t) = -\, 2\nu\, \frac{4x^3 + 24\,x\nu t}{x^4 + 12\,x^2\nu t + 12\,(\nu t)^2}$$

$$\cdots\cdots\cdots\cdots\cdots$$

On remarquera que pour $t = 0$, ces intégrales prennent comme valeur initiale respectivement:

$$v_2(x) = -\frac{4\nu}{x}$$

$$v_4(x) = -\frac{8\nu}{x} \ .$$

Voici un premier effet du terme non linéaire: en multipliant par 2, la valeur initiale $v(x)$, on transforme complètement la structure même de l'intégrale $u(x,t)$.

En prenant:

$$w(x,t) = k(x, t-\tau)$$

ou

[4] $$k(x,t) = (4\pi\nu t)^{-\frac{1}{2}} \exp\left[-\frac{x^2}{4\nu t}\right]$$

on obtient l'intégrale de l'équation de BÜRGERS:

[5] $$u(x,t) = \frac{x}{t-\tau}$$

qui correspond à la valeur initiale:

$$v(x) = -\frac{x}{\tau} \ .$$

Voici encore un effet remarquable de la non linéarité; si la constante τ est < 0, l'intégrale existe dans tout le demi-plan $t > 0$; mais si $\tau > 0$, elle n'existe que dans la bande $0 < t < \tau$; elle "explose" sur la droite $t = \tau$, dont tous les points sont singuliers.

L'un des résultats fondamentaux de E. HOPF est *le théorème d'existence et d'unicité* dans le demi-plan:

[6] $$D = \{(x,t) : -\infty < x < +\infty, \ 0 < t < +\infty\}$$

Si:

(a) $v(x) \in L[a,b]$ *pour tout intervalle fini* $[a,b]$

(b) $\dfrac{1}{x^2} \displaystyle\int_0^x v(\xi)d\xi \to 0$ *pour* $|x| \to +\infty$

il y a une et une seule fonction $u(x,t)$ *telle que:*

(c) $\quad u(x,t) \ , \ u_t(x,t) \ , \ u_x(x,t) \ , \ u_{xx}(x,t) \in C(D)$

(d) $\quad \lim\limits_{x \to a, \, t \to 0} \int_0^x u(\mathcal{E},t)\,d\mathcal{E} = \int_0^a v(\mathcal{E})\,d\mathcal{E} \quad$ pour tout $\ a$,

(e) $\quad u_t + u\,u_x = v\,u_{xx} \quad$ en tout point de $\ D$.

En posant:

$$[7] \qquad V(x) = \exp\left[-\frac{1}{2v}\int_0^x v(\mathcal{E})\,d\mathcal{E}\right]$$

cette fonction est donnée par:

$$[8] \qquad u(x,t) = \frac{x}{t} - \frac{\displaystyle\int_{-\infty}^{+\infty} k(x-\mathcal{E},t)\,\mathcal{E}\,V(\mathcal{E})\,d\mathcal{E}}{\displaystyle t\int_{-\infty}^{+\infty} k(x-\mathcal{E},t)\,V(\mathcal{E})\,d\mathcal{E}}$$

$k(x,t)$ *étant le noyau de l'équation de la chaleur définie par* [4].

En tout point a , où la valeur initiale $v(x)$ est continue, on peut remplacer (d) par la condition plus précise:

(d') $\qquad \lim\limits_{x \to a, \, t \to 0} u(x,t) = v(a)$.

On remarquera que la condition (b) ne peut être affaiblie si on veut que l'intégrale $u(x,t)$ existe dans tout le demi-plan: l'exemple de l'intégrale explosive [5] suffit à le prouver.

3 - L'équation limite.

Si l'on fait $v = 0$, l'équation [1] se réduit à:

$$[9] \qquad u_t + u\,u_x = 0$$

équation du premier ordre, qui admet pour caractéristiques les droites:

$$[10] \qquad x = a + b\,t \qquad u = b$$

parallèles au plan $0xt$, la pente d'une de ces droites étant égale à sa distance à ce plan. L'intégrale de [9] qui prend la valeur initiale $v(x)$ est donc simplement la surface réglée contenant les caractéristiques:

$$[11] \qquad x = a + v(a)t \qquad u = v(a) \quad .$$

Un des apports essentiels du mémoire de E. HOPF, réside dans l'étude de la limite lorsque $v \downarrow 0$ de l'intégrale $u(x, t, v)$ prenant la valeur initiale $v(x)$ donnée [au sens (d)]:

$$[12] \qquad u(x, t) = \lim_{v \downarrow 0} u(x, t, v)$$

et des rapports de $u(x, t)$ avec la surface réglée [11].

E. HOPF part de l'étude de deux fonctions $y_*(x, t)$ et $y^*(x, t)$ qu'il définit de la manière suivante:

Soit:

$$F(y|x, t) = \frac{(y - x)^2}{2t} + \int_0^y v(\xi)d\xi$$

à cause de la condition (a): $\dfrac{F}{y^2} \to \dfrac{1}{2t}$ pour $|y| \to +\infty$; par conséquent pour (x, t) fixés, F prend sa valeur minima en un nombre fini de points y; y_* et y^* désignent respectivement la plus petite et la plus grande de ces valeurs de y; il démontre alors que, pour un $t > 0$ donné, $y_*(x, t)$ et $y^*(x, t)$ sont deux fonctions non décroissantes de x admettant les mêmes points de discontinuité. Si:

$$y_*(x, t) = y^*(x, t)$$

il dit que le point (x, t) est normal; sur une droite $t = t_1 > 0$ donnée, tous les points (x, t) sont normaux à l'exception d'un ensemble dénombrable de points au plus.

Le résultat fondamental est celui-ci:

La limite $u(x, t)$ est définie en tout point normal et elle y est une fonction continue de (x, t); en tout point du demi-plan $D, u(x-0, t)$ et $u(x+0, t)$ sont définis et l'on a:

$$u(x - 0, t) \geq u(x + 0, t)$$

Soit (x_1, t_1) un point quelconque de D. Considérons les deux segments (ouverts) des caractéristiques:

$$[13] \qquad x = x_1 + u_1(t - t_1) \quad , \quad u = u_1 = \frac{x_1 - y_*(x_1, t_1)}{t_1} \qquad 0 < t < t_1$$

$$[14] \qquad x = x_1 + u_2(t - t_1) \quad , \quad u = u_2 = \frac{x_1 - y^*(x_1, t_1)}{t_1} \qquad 0 < t < t_1 \ .$$

La limite $u(x,t)$ *est définie et continue en* (x,t) *en chaque point* (x,t) *appartenant aux deux segments (ouverts)* [13] *et* [14] *et la surface* $u = u(x,t)$ *contient ces deux segments de caractéristique.*

En particulier, si le point (x_1, t_1) est normal, les deux segments de caractéristiques [13] et [14] sont confondus et la surface contient ce segment de caractéristique.

Les points de discontinuité de $u(x,t)$ se placent sur des courbes (lignes de discontinuité):

$$x = x(t) \ .$$

Si (x_1, t_1) est un point de discontinuité, il existe pour $t > t_1$, une et une seule ligne de discontinuité telle que $x_1 = x(t_1)$; mais deux lignes de discontinuité distinctes pour $t < t_1$, peuvent se fondre en une seule pour $t = t_1$; une ligne de discontinuité peut prendre naissance à l'origine: ce sera en particulier, le cas en tout point où:

$$v(a - 0) > v(a + 0)$$

mais elle peut aussi naître en un point interieur du demi-plan D.

La figure, d'apres E.HOPF [35] où sont tracées les projections de quelques segments de caractéristiques sur le plan Oxt, indique schématiquement l'allure des morceaux de surface réglée qui constituent une surface $u(x,t)$; en tout point normal, $u(x,t)$ étant continue, ne passe qu'une et une seule caractéristique: on a alors $u_1 = u_2$ et les deux segments [13] et [14] sont confondus; au contraire d'un point (x_1, t_1) situé sur une ligne de discontinuité partent les deux segments de caractéristiques définis par [13] et [14], situés dans deux plans $u = u_1$

et $u = u_2$ distincts puisque par hypothèse $u_1 \neq u_2$.

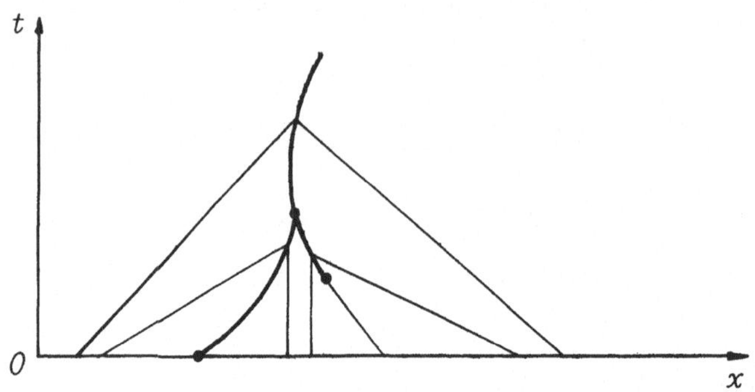

4 - Remarques sur l'application aux écoulements turbulents.

Les résultats de E. HOPF, que nous venons d'exposer brièvement, présentent certainement un grand intérêt, parce qu'ils donnent une vue rigoureuse de l'ensemble des circonstances susceptibles de se présenter dans l'étude d'une équation non-linéaire, dont l'allure est la même que celles des équations de NAVIER. Peuvent-ils, tels quels, être transposés dans une théorie de la turbulence? On peut en discuter (voir aussi le très intéressant exposé de E. HOPF [34]); aucune des raisons qui ont été avancées jusqu'ici, dans un sens ou dans l'autre, ne nous semble bien convaincante. Nous nous contenterons de présenter une remarque: les seules intégrales de l'équation de la chaleur dont on peut déduire dans un domaine D donné, des intégrales de l'équation de BÜRGERS, sont assujetties à la condition:

(α') $w(x,t) > 0$ dans D

Or David V. WIDDER [96] a démontré le théorème suivant:
Si D est le demi-plan [6], les conditions:

(α'') $w(x,t) \geq 0$ dans D

(β'') $w(x,t)$, $w_t(x,t)$, $w_x(x,t)$, $w_{xx}(x,t) \in C(D)$

(γ'') $w_t = \nu\, w_{xx}$ en tout point de D

impliquent:

(δ'') $w(x,t)$ *est analytique en* (x,t) *dans* D.

Il en résulte immédiatement que toutes les intégrales $u(x,t)$ de l'équation de BÜRGERS, définies dans le demi-plan D par la formule [2], sont analytiques en (x,t) ; or nous avons vu, au chapitre I, que les équations de NAVIER pouvaient avoir des intégrales non analytiques par rapport au temps t ; toutes ces intégrales sont automatiquement exclues par la substitution du modèle à la réalité. Si l'on soupçonne que les intégrales, non analytiques en t , des équations de NAVIER jouent un rôle dans les écoulements turbulents, le moins que l'on puisse dire, c'est que leur exclusion du modèle de BÜRGERS, est une circonstance gênante.

CHAPITRE III

La notion de moyenne et les équations de REYNOLDS.

1 - Aperçu historique sur la notion de moyenne.

Une énigme avait été posée: l'intégrale élémentaire (mouvement permanent par droites paralleles) des équations de NAVIER, était en désaccord complet avec les écoulements étudiés par les hydrauliciens dans les
grosses canalisations et en excellent accord avec les écoulements obser-
vés, à la Faculté de Médecine, dans les tubes capillaires.

Pour expliquer ces faits, à la suite de DARCY, de BAZIN, de BARRÉ
DE SAINT VENANT, BOUSSINESQ [9] (1872) distingue nettement deux régimes
d'écoulement bien différents, le premier "bien continu", le second "tumultueux et tourbillonnant" en 1883, O. REYNOLDS [89] visualise la différence de ces deux régimes "direct" et "sinueux" et découvre un critère qui permet de prévoir lequel se réalisera, d'après la valeur du "nombre de REYNOLDS".

Nous appelons aujourd'hui *laminaire* le premier regime d'écoulement,
mouvement permanent où les trajectoires sont des droites parallèles, et
turbulent le second, dont l'extrême complexité, dans l'espace et dans
le temps, apparait comme la caractéristique essentielle.

Pour étudier ces derniers mouvements, où les "vitesses vraies" sont
"rapidement ou même brusquement variables d'un point à l'autre", BOUS-
SINESQ propose de "choisir pour équations du mouvement, non pas les relations qui expriment à un moment donné l'équilibre dynamique des divers
volumes élémentaires du fluide, *mais les moyennes de ces relations pendant un temps assez court,* ou ce que l'on peut appeler les équations de
l'équilibre dynamique moyen des particules fluides qui passent successivement en un même point" [9] (p. 7)

C'est par ces remarques, souvent très pénétrantes, que la notion
de moyenne a fait son entrée dans la théorie de la turbulence pour etu-

dier les mouvements caractérisés par des "changements fréquents et ra-
pides, mais assujettis à une sorte de périodicité irrégulière" (p. 24).
BOUSSINESQ introduit "au lieu du liquide étudié réellement, un fluide
fictif dont les vitesses auraient pour composantes suivant les axes en
chaque point et à chaque instant:

$$[1] \qquad \bar{u}_j(x, t) = \frac{1}{T}\int_t^{t+T} u_j(x, s)\, ds$$

ou T désigne "un temps assez petit" (p. 26).

Tandis que BOUSSINESQ, pour définir la moyenne, a devant les yeux
l'image, très concrète, d'un appareil de mesure placé en un point x du
fluide et opérant pendant un intervalle de temps T au contraire, REY-
NOLDS [90] se réfère à la méthode de calcul, toute théorique, par laquelle les composantes $u(x, t)$ de la vitesse d'un fluide (molar-motion)
se déduisent des vitesses des molécules, constituant ce fluide selon la
théorie cinétique (heat-motion). On considère les N molécules dont les
centres $x^{(1)}, \ldots, x^{(N)}$ sont contenus à l'instant t dans un volume B;
le vecteur vitesse du fluide, au point x, centre de gravité des N molécules:

$$x = \frac{1}{N} \Sigma_1^N x^{(n)}$$

est alors défini comme la moyenne des vitesses $U^{(1)}, \ldots, U^{(N)}$ des molécules:

$$[2] \qquad u(x, t) = \frac{1}{N} \Sigma_1^N U^{(n)}$$

la vitesse d'agitation (agitation thermique) d'une molécule est alors
représentée par le vecteur:

$$U^{(n)} - u(x, t)$$

REYNOLDS se propose "the application of the same method of analysis... to distinguish between mean-molar motion and relative-molar-mo-
tion" (p. 125). "The geometrical relation of the motions respectively
indicated by the terms mean-molar or mean-mean-motion and relative-molar

or relative-mean-motion being essentially the same as the relation of the respective motions indicated by the terms molar or mean-motion, and relative or heat-motion, as used in the theory of gases" (p. 125).

Selon la terminologie de BOUSSINESQ, que nous adopterons, le "mean-molar" ou "mean-mean-motion", c'est *le mouvement moyen défini* par $\overline{u}_1$, $\overline{u}_2$, $\overline{u}_3$; le "relative molar" ou "relative-mean-motion" c'est *le mouvement d'agitation* défini par les fluctuations u_1', u_2', u_3'.

Pour REYNOLDS, en désignant par B_x un "certain" volume de l'espace, les composantes de la vitesse moyenne au centre de gravité x de ce volume (supposé homogène) sont définies par:

$$[3] \qquad \overline{u_j}(x, t) = \frac{1}{V(B_x)} \int_{B_x} u_j(y, t)\, dy \ .$$

Admettant donc que toute grandeur f soit mise sous la forme

$$[4] \qquad f = \overline{f} + f'$$

une question se pose naturellement:

Quelles propriétés une moyenne doit-elle posséder: REYNOLDS (p. 134) souligne explicitement les deux suivantes:

$$[5] \qquad \overline{f'} = 0$$

$$[6] \qquad \overline{f^2} = (\overline{f})^2 + \overline{f'^2} \ ;$$

appliquée au champ des vitesses, la première signifie que le mouvement du fluide à l'intérieur du volume B_x a une vitesse moyenne nulle, quand on le rapporte à des axes entrainés avec la vitesse $\overline{u}(x, t)$ du centre de gravité x de B_x ; la seconde, très importante pour le développement de sa théorie, exprime que la moyenne de l'énergie cinétique du fluide contenu dans B_x est la somme de l'énergie cinétique du centre de gravité plus la moyenne de l'énergie cinétique du mouvement d'agitation.

Par des raisonnements, dont la clarté et la rigueur ne sont pas à l'abri de toute critique, REYNOLDS, prenant comme boite B_x un parallélépipède de centre x, montre que la condition [5] n'est satisfaite rigoureusement que si les u_j sont des fonctions linéaires des x_j dans les autres cas, il admet que ces relations ne peuvent être satisfaites qu'*approximativement*, l'approximation étant d'autant meilleure que le rapport des "périodes" des $\overline{u}_j$, aux "périodes" des u'_j est plus grand: "it is thus seen that the closeness of the approximation with which the motion of any system can be expressed as a varying mean-motion together with a relative-motion, which, when integrated over a space of which the dimensions are a, b, c, has no momentum, increases as the magnitude of the periods of $\overline{u}, \overline{v}, \overline{w}$ in comparison with the periods of u', v', w', and is measured by the ratio of the relative orders of magnitudes to which these periods belong" (p. 136).

Pendant trois décades, on s'en tint au point de vue de REYNOLDS; en 1924, L. KELLER et A. FRIEDMANN [73] dans leur tentative d'extension des équations de REYNOLDS a un fluide compressible, suggèrent, en fusionnant les deux points de vue de BOUSSINESQ et de REYNOLDS, de calculer la moyenne à la fois dans le temps et dans l'espace:

$$[7] \qquad \overline{f}(x,t) \cdot \frac{1}{16\,T\,A_1 A_2 A_3} \int_{t-T}^{t+T} \int_{x_1-A_1}^{x_1+A_1} \int_{x_2-A_2}^{x_2+A_2} \int_{x_3-A_3}^{x_3+A_3} f(y,s)\,dy\,ds$$

et se référant aux hypothèses de REYNOLDS sur les propriétés de la moyenne, ils adoptent purement et simplement, son point de vue: "Alle diese Annahmen sind nicht streng gültig, liefern aber gute Annäherungen, sobald die Oscillationen genügend zahlreich und zufällig verteilt sind. Sie würden in aller Strenge gelten, wenn es möglich wäre, ein Ausgleichungsintervall so zu wählen, dass dasselbe für die ausgeglichene Bewegung als unendlich kleine Grösse behandelt werden könnte und zugleich gegenüber den Schwankungsperioden als unendlich gross erschiene".

Dans la revue de l'état du problème de la turbulence qu'il présenta au IIIéme Congrès International de Mécanique Appliquée en 1930, C. W. OSEEN [87] eut le mérite d'attirer l'attention sur la définition de la moyenne. Il observe à ce sujet que la proposition de REYNOLDS: "La propriété $\overline{f}' = 0$ n'est rigoureusement vérifiée que si f est une fonction linéaire de x_1, x_2, x_3" dépend de la forme du volume B_x; si, au lieu d'un parallélépipède de centre x, on utilise une sphère de centre

x, f peut être une fonction harmonique quelconque. Sauf sur ce point de détail, la question est donc restée exactement dans l'état où l'avait laissée REYNOLDS en 1895, puisque OSEEN conclut: "Trotzdem bleibt der REYNOLDS'sche Satz bestehen, dass die Annahmen $\overline{u_j'} = 0$, $\overline{p'} = 0$ im allgemeinen nicht richtig sein können. In der Praxis ist die Bedeutung dieses Satzes vielleicht nicht sehr gross, weil man sich bis jetzt im allgemeinen mit solchen Fällen beschäftigt hat, in welchen die durchschnittliche Bewegung stationär ist. Wenn man in diesem Fall die Mittelung in bezug auf die Zeit ausführt, so gilt streng $\overline{u_j'} = 0$, $\overline{p'} = 0$. Prinzipiell ist es aber wichtig, dass diese Gleichungen im allgemeinen nicht erfüllt sein können. Wir werden im Folgenden in Übereinstimmung, mit den auf diesem Gebiet tätigen Forschern, voraussetzen, dass man ohne merklichen Fehler $\overline{u_j'} = 0$, $\overline{p'} = 0$ setzen könn. Überdies setzen wir voraus auch hierin in Übereinstimmung mit den Autoren auf diesem Gebiete, dass stets $\overline{\overline{\varphi}\,\overline{\psi}}$ mit $\overline{\varphi}\,\overline{\psi}$ ersetzt werden könne" (p. 9).

Dans la discussion qui suivit l'exposé d'OSEEN, J. M. BÜRGERS présenta une méthode de définition de la moyenne due à A. A. ISAKSON [39] très différente de celles de BOUSSINESQ et de REYNOLDS: supposant que la fonction $f(t)$ est décomposée en fréquences harmoniques par l'intégrale de Fourier:

$$f(t) = \int_0^{+\infty} A(\lambda) \cos\left[\lambda t - \alpha(\lambda)\right] d\lambda$$

ISAKSON propose de définir la moyenne par une opération de filtrage en supprimant certaines fréquences:

$$\bar{f}(t) = \int_E A(\lambda) \cos\left[\lambda t - \alpha(\lambda)\right] d\lambda \ ,$$

l'ensemble E des fréquences conservées, etant d'ailleurs arbitraire; on voit alors aisément que, quel que soit le filtre E choisi, la propriete [4] est rigoureusement vérifiée; par contre, la propriété [5], tout aussi importante, n'est satisfaite, avec un spectre de fréquences $A(\lambda)$ donné, que pour un choix très particulier du filtre: là encore, il ne s'agit, en général, que d'une solution approchée (*).

(*) Nous avons discuté ces points de vue avec plus de details dans [44], [48] nous suivons ici notre exposé [63], de très près: nous nous sommes même permis d'en reproduire, presque intégralement, certaines pages.

2 - Les équations de REYNOLDS.

Le nom d'Osborne REYNOLDS est surtout lié à la théorie de la turbulence par les équations qu'il a données pour le mouvement moyen:

$$(R_j) \qquad \frac{\partial \overline{u_j}}{\partial t} + \sum_k \frac{\partial}{\partial x_k} (\overline{u_j}\,\overline{u_k}) = \nu \Delta \overline{u_j} - \frac{1}{\rho} \frac{\partial \overline{p}}{\partial x_j} - \sum_k \frac{\partial}{\partial x_k} (\overline{u_j' u_k'}) + \overline{X_j}$$

$$(R_4) \qquad \sum_k \frac{\partial \overline{u_k}}{\partial x_k} = 0 \quad .$$

Ces *équations de REYNOLDS* sont restées jusqu'à ce jour, la base de la Mécanique de la turbulence; l'équation (R_4) exprime que, dans son mouvement moyen, le fluide est incompressible; si l'on compare (R_j) à (N_j) $(j = 1, 2, 3)$, il est clair que le fluide "moyen" se meut exactement comme un fluide "réel", si aux forces de viscosité moléculaire:

$$-\mu \left(\frac{\partial u_j}{\partial x_k} + \frac{\partial u_k}{\partial x_j} \right)$$

on ajoutait les forces de viscosité turbulentes:

$$-\rho \, \overline{u_j' u_k'} \quad .$$

Ce sont donc ces forces qui traduisent l'effet sur le mouvement moyen $\overline{u_j}$ *des fluctuations turbulentes* u_j': c'est la le noeud de la découverte de REYNOLDS et le progrès essentiel accompli par rapport à l'ε fictif de BOUSSINESQ.

Si l'on admet, d'une part, que la Mécanique des fluides doit être basée sur les équations de NAVIER (N_j), d'autre part que la théorie de la turbulence, chapitre particulier de cette Mécanique, doit être basée sur les équations de REYNOLDS (R_j), il semble logique de se poser avant tout examen d'une définition particulière de la moyenne, la question suivante:

Quelles sont les propriétés de la moyenne, nécessaires et suffisantes pour que les équations de REYNOLDS se déduisent rigoureusement des équations de NAVIER, en en prenant la moyenne?

La réponse est immédiate:

Si chacune des 4 fonctions $u_j(x,t)$, $p(x,t)$ figurant dans (N_j) est décomposée sous la forme:

[4]
$$f = \bar{f} + f'$$

pour que:

$$(\overline{N_j}) = (R_j) \qquad\qquad j = 1, 2, 3, 4$$

il faut et il suffit que:

Règle 1 $\qquad \overline{f+g} = \bar{f} + \bar{g}$

Règle 2 $\qquad \overline{\alpha f} = \alpha \bar{f} \qquad\qquad (\alpha = \text{constante})$

Règle 3 $\qquad \overline{f g} = \bar{f}\,\bar{g} + \overline{f'\,g'}$

Règle 4 $\qquad \overline{\dfrac{\partial f}{\partial t}} = \dfrac{\partial \bar{f}}{\partial t} \quad , \quad \overline{\dfrac{\partial f}{\partial x_j}} = \dfrac{\partial \bar{f}}{\partial x_j}$

Il est en effet aisé de vérifier que ces "règles du jeu" sont les seules employées et que chacune d'elle l'est effectivement dans le passage de (N_j) à (R_j). Il est curieux d'observer que la règle:

[5]
$$\overline{f'} = 0$$

à laquelle précisément REYNOLDS et ses successeurs consacrent une attention particulière, n'est pas effectivement utilisée dans le passage de (N_j) a (R_j) ; *si on attache donc une telle importance à [5] c'est parce qu'on la juge impliquée intuitivement dans le concept de la moyenne, mais nullement parce qu'elle intervient dans les calculs réellement effectués.*

Pour notre part, nous avons toujours admis la condition [5] au nombre des axiomes fondamentaux de la moyenne; récemment Madame DUBREIL-JACOTIN [19] et son collaborateur I. MOLINARO [83] ont considéré des définitions de la moyenne ne satisfaisant plus nécessairement à cette règle; je n'en parlerai pas davantage puisque vous aurez le plaisir d'entendre Madame DUBREIL-JACOTIN vous exposer elle-même ses résultats au cours d'une prochaine conférence.

Notons que si l'on applique la règle 1 à [4], on voit que [5] est équivalent à

$$[8] \qquad \overline{\overline{f}} = \overline{f}$$

[8] impliquant [5] et réciproquement.

D'autre part, il est facile de prouver que, en vertu de [5], la règle 3 devient équivalente à

$$\text{Règle 3'} \qquad \overline{\overline{f} g} = \overline{f}\,\overline{g}$$

3 - Règles pour le calcul des moyennes.

Finalement on obtient le système de règles:

$$\text{Règle 1} \qquad \overline{f + g} = \overline{f} + \overline{g}$$

$$\text{Règle 2} \qquad \overline{\alpha f} = \alpha \overline{f}$$

$$\text{Règle 3} \qquad \overline{\overline{f} g} = \overline{f}\,\overline{g}$$

$$\text{Règle 5} \qquad \overline{f'} = 0$$

$$\text{Règle 5'} \qquad \overline{\overline{f}} = \overline{f}$$

$$\text{Règle 4} \qquad \overline{\frac{\partial f}{\partial t}} = \frac{\partial \overline{f}}{\partial t} \quad , \quad \overline{\frac{\partial f}{\partial x_j}} = \frac{\partial \overline{f}}{\partial x_j}$$

précisément sous la forme que nous lui avons donnée, en 1935, dans [41] p. 30 .

Mais, tandis que le système des règles 1, 2, 3, 4 est réellement nécessaire et suffisant pour la validité de $\overline{(N_j)} = (R_j)$, le système des règles 1, 2, 3', 5 et 4 ne peut être "nécessaire et suffisant" que si l'on estime que la règle 5 fait, *de droit*, partie des règles applicables à toute opération de moyenne. Il est intéressant de remarquer que, si l'on admet également comme une propriété intuitive que *la moyenne d'une constante doit être égale à cette constante*, ce qui, en vertu de la règle 2 est exprimé par:

$$\text{Règle 6} \qquad \overline{1} = 1$$

la règle 5' (et du même coup, la règle équivalente 5) devient une conséquence de la Règle 3'.

Par conséquent, l'adjonction de la règle 6 au système précédent, permet de le remplacer par le système:

Règle 1 $\overline{f + g} = \overline{f} + \overline{g}$

Règle 2 $\overline{\alpha f} = \alpha \overline{f}$

Règle 3' $\overline{\overline{f} g} = \overline{f}\,\overline{g}$

Règle 6 $\overline{1} = 1$

Règle 4 $\dfrac{\overline{\partial f}}{\partial t} = \dfrac{\partial \overline{f}}{\partial t} \quad , \quad \dfrac{\overline{\partial f}}{\partial x_j} = \dfrac{\partial \overline{f}}{\partial x_j}$

Le débat étant ainsi éclairé par les conditions précises imposées à la moyenne, on peut aborder le problème principal: *comment définir la moyenne $\overline{f}$ d'une grandeur physique f de manière à satisfaire aux règles du jeu?* La Mécanique des fluides étant orientée vers l'explication de faits physiques fournis par expérience, il faut essayer de traduire aussi bien que possible, dans la définition, la démarche du physicien se servant d'un appareil de mesure. A ce point de vue, l'idee de BOUSSINESQ nous parait plus naturelle que celle de REYNOLDS: *la moyenne de la grandeur $f(x,t)$ est donnée par un appareil placé au point fixe x et fonctionnant pendant un temps T.*

Avant d'examiner la forme concrète donnée par BOUSSINESQ à cette idée générale, il convient de s'arrêter à une remarque, importante pour l'interprétation physique de toute définition de la moyenne: *les règles 1 et 2 - absolument indispensables pour que $\overline{(N_j)} = (R_j)$ -, expriment que l'operation par laquelle on calcule la moyenne est une opération linéaire.* Or, souvent, la "réponse" d'un appareil de mesure n'est pas proportionnelle à la grandeur mesurée: par exemple, certains anémomètres ont une réponse, qui au lieu d'être proportionnelle à la vitesse V , est proportionnelle a V^2, a $\sqrt{V}$, etc... La moyenne déduite d'une lecture directe de la courbe tracée par l'appareil, n'est donc pas linéaire dans ce cas. La comparaison entre les résultats expérimentaux et les résultats théoriques, se trouve, de ce fait, en face d'une difficulté supplémentaire, souvent méconnue et passée sous silence.

En réalité, le problème est encore beaucoup plus compliqué; car lorsqu'on parle de la réponse d'un appareil, on se réfère toujours implicitement à ses indications dans un écoulement uniforme (indépendant de x) et permanent (indépendant de t); c'est ainsi, en particulier, qu'est obtenue la courbe de tarage $\varphi(V)$ d'un anémomètre; mais lorsqu'un anémomètre fonctionne réellement dans un écoulement turbulent, ses indications dépendent de toutes les valeurs de $u(x,t)$ dans tout l'espace occupé par le fluide et pendant toute la durée de l'expérience; il s'agit d'une relation fonctionnelle dont la forme est, en général, totalement inconnue; même en admettant que, seules ont de l'importance les vecteurs $u(x,t)$ en des points x voisins de l'anémomètre et à des instants t voisins de la mesure, on ne sait pas comment traduire avec précision cette correspondance foncionnelle pour un anémomètre donné. Le côté théorique semblant inabordable, on souhaiterait que le côté expérimental eût davantage attiré l'attention; une critique très approfondie des diverses méthodes expérimentales utilisées dans les mesures en écoulement turbulent, serait certainement une source de progrès considérables; or, on ne possède, à notre connaissance, que des recherches assez fragmentaires sur le comportement des anémomètres en écoulements non uniformes et non permanents: anémomètres à fil chaud soumis à des vibrations périodiques dans de l'air au repos, anémomètres à coupelles soumis à une rafale artificielle de forme connue (*).

Ayant souligné quelques unes des difficultés de la traduction en langage mathématique du rapport entre les valeurs exactes d'une grandeur physique et les moyennes fournies par un appareil de mesure, revenons à la définition particuliere de la moyenne suggeree par BOUSSINESQ

$$[1] \qquad \bar{f}(x,t) = \frac{1}{T}\int_{t}^{t+T} f(x,s)\,ds$$

(*) Nous avons présenté quelques remarques sur ce point dans [43] et [71]; [70] expose les résultats expérimentaux obtenus pour un anémomètre à coupelles.

Il est clair que les règles 1, 2 et 6 sont satisfaites; par contre, les règles 3, 5 et 5' ne le sont pas en général; comme on l'a remarqué depuis longtemps, il ne peut plus s'agir que d'une approximation. On peut se faire une idée de l'ordre de cette approximation de la manière suivante: les fonctions les plus intéressantes sont évidemment des fonctions oscillantes dont le type général est fourni par les fonctions presque périodiques et que l'on est tenté de décomposer en composantes harmoniques:

$$f = A \cos \lambda t \qquad g = B \cos \mu t \quad .$$

Pour ces fonctions particulières, avec la définition [1] de la moyenne, un calcul élémentaire donne facilement:

$$\left| \overline{\overline{f}\,\overline{g}} - \overline{f}\,\overline{g} \right| \leq |A|\,|B|\, \frac{2}{\lambda T}\, \frac{2}{\mu T} \left[1 + \frac{2}{(\lambda + \mu)\,T} \right] \quad .$$

On voit donc que la règle 3 ne sera approximativement satisfaite que si λT et μT sont suffisamment grands.

Contrairement à la suggestion faite par BOUSSINESQ, de prendre pour T "un temps assez petit", nous sommes donc conduits, pour avoir une bonne approximation, à prendre T "suffisamment grand" et tout naturellement, nous aboutissons à une nouvelle définition:

$$[9] \qquad \overline{f}(x,t) = \lim_{T \to +\infty} \frac{1}{T} \int_{t}^{t+T} f(x,s)\, ds \quad .$$

Avec cette définition, la moyenne est évidemment linéaire et vérifie les règles 1, 2 et 6.

D'autre part, on voit par un calcul élémentaire que, si la limite existe, elle est indépendante de t:

D'où

$$[9'] \qquad \overline{f}(x,t) = \overline{f}(x) = \lim_{T \to +\infty} \frac{1}{T} \int_{0}^{T} f(x,s)\, ds \quad .$$

Il en résulte que la règle 3', devenant identique à la règle 2, est toujours satisfaite.

D'autre part, pour que la 1ère partie de la règle 4 soit vérifiée il suffit que:

[10]
$$\lim_{T \to +\infty} \frac{f(x,T)}{T} = 0$$

qui entraîne:

$$\overline{\frac{\partial f}{\partial t}} = \frac{\partial \bar{f}}{\partial t} = 0 \quad .$$

En outre, on peut trouver diverses conditions suffisantes pour que la 2ème partie de cette même règle soit aussi satisfaite: par exemple, il suffit que:

[11]
$$\left| \frac{f(x+h,t) - f(x,t)}{|h|} - \sum_k \alpha_k \frac{\partial f}{\partial x_k} \right| < \varepsilon \quad , \qquad h_k = \alpha_k |h|$$

si $|h| < \delta(\varepsilon, x)$ uniformément en t pour $-\infty < t < +\infty$.

Par conséquent, si l'on suppose que, pour les 4 fonctions $u_j(x,t)$, $p(x,t)$ la limite [9] existe et que les conditions suffisantes [10] et [11] sont satisfaites, en prenant [9] comme définition de la moyenne, on a rigoureusement:

$$\overline{(N_j)} = (R_j)$$

mais le mouvement moyen du fluide défini par $\bar{u}_j(x)$, $p(x)$ est toujours nécessairement permanent.

Malgré son apparence précise, cet énoncé laisse encore la porte ouverte à une question fondamentale: en effet, il ne résout le problème posé pour la moyenne définie par [9] que "si la limite existe et si les conditions [10] et [11] sont satisfaites"; or, $u_j(x,t)$, $p(x,t)$ ne sont pas des fonctions quelconques, auxquelles nous pouvons imposer les propriétés mathématiques dont nous avons besoin, au gré de notre fantaisie; il est essentiel de ne pas perdre de vue - comme nous l'avons rappelé dans l'introduction - que $u_j(x,t)$ et $p(x,t)$ doivent être des intégrales des équations de NAVIER.

La question est donc posée: pour les intégrales des équations de NAVIER, suffisamment compliquées pour représenter un mouvement turbulent, la limite [9] existe-t-elle et les conditions [10] et [11] sont-elles satisfaites? En attendant la réponse, on peut se demander, si notre énoncé, malgré sa forme rigoureuse, n'est pas vide de tout contenu.

Dans beaucoup d'études théoriques, on à préféré a [9], l'expression symétrique:

$$[12] \qquad \bar{f}(x,t) = \lim_{T \to +\infty} \frac{1}{2T} \int_{t-T}^{t+T} f(x,s)\, ds$$

peut-être moins naturelle pour un expérimentateur, puisqu'elle fait appel à un retour vers un passé indéfiniment éloigné de l'instant choisi pour la mesure de la moyenne.

Un théorème, du à PLANCHEREL et POLYA [88], donne un résultat précis pour cette dernière définition de la moyenne.

Si: a) *la fonction* $f(t) \in L[a,b]$, *dans tout intervalle* $[a,b]$ *fini,*

$$\text{b)} \qquad \bar{f}(t) = \lim_{T \to +\infty} \frac{1}{2T} \int_{t-T}^{t+T} f(s)\, ds$$

existe pour tout t ,
on a alors nécessairement:

$$[13] \qquad \bar{f}(t) = at + b \quad .$$

Un théorème de Norbert WIᵣ ᵢER [97] (p. 155) vient compléter ce résultat:

Si: a) $f(t) \in L[a,b]$, *dans tout intervalle* $[a,b]$ *fini,*

b) $f(t)$ *est bornée au moins d'un côté, c'est à dire si l'on a:*

$$f(t) \geq m \qquad pour \quad -\infty < t < +\infty$$

ou

$$f(t) \leq M \qquad pour \quad -\infty < t < +\infty$$

c) $\bar{f}(0)$ *existe*

alors $\bar{f}(t)$ *existe pour tout* t *et:*

$$\bar{f}(t) = \bar{f}(0) = constante \quad .$$

Il est clair que si, comme dans le théorème de PLANCHEREL et PLOYA, on suppose seulement l'existence de $\bar{f}(t)$, les règles 1, 2 et 6 sont satisfaites; en outre, comme, avec la définition [12], on a:

$$\overline{at+b} = at+b$$

on voit de suite que la règle 5' et par conséquent la règle 5 le sont également.

Par contre, en général, la règle 3' ne sera pas satisfaite; en effet, en vertu de [13], $\overline{\overline{f}g}$ étant une moyenne sera linéaire en t, tandis que $\overline{f}\,\overline{g}$ étant le produit de deux moyennes, sera du second degré.

Nous sommes donc contraints d'adopter les hypothèses plus restrictives du théorème de WIENER; il ne semble d'ailleurs nullement absurde physiquement d'imposer la condition plus forte, mais symétrique, que, en tout point du fluide $f(x,t)$ est une fonction bornée de t

$$|f(x,t)| \leq M(x) \quad .$$

Nous pouvons affirmer alors que la moyenne définie par [12] (si la limite existe pour $t = 0$) est indépendante du temps et nous retrouvons le même résultat que pour la moyenne [9]:

$$\overline{f(x,t)} = \overline{f}(x) \quad .$$

Des raisonnements identiques à ceux développés à propos de la moyenne [9], prouvent alors que la moyenne [12] vérifie toutes les règles du jeu et l'on peut conclure que:

Si la moyenne est définie par [12] *et si les 4 fonctions* $u_j(x,t)$, $p(x,t)$ *sont bornées par rapport à* t *en chaque point* x *du fluide, les équations de REYNOLDS sont une conséquence rigoureuse des équations de NAVIER, mais le mouvement moyen* $\overline{u_j}(x)\,,\overline{p}(x)$ *ainsi défini est toujours nécessairement permanent.*

Pour satisfaire à la règle 3', nous avons ete contraints de supposer $u_j(x,t)\,,p(x,t)$ bornées; par le fait même, nous avons ecarte la possibilité, laissée ouverte par le theorème de PLANCHEREL et POLYA, dont BOUSSINESQ fait grand usage, des "mouvements lentement varies", c'est à dire où $\overline{u_j}(x,t)$ et $\overline{p}(x\,t)$ sont lineaires en t.

Si l'on remplace la moyenne temporelle, suggérée par BOUSSINESQ par la moyenne spatiale, suggérée par REYNOLDS:

$$[14] \qquad \bar{f}(x, t) = \lim_{N \to +\infty} \frac{3}{4\pi N^3} \int_{S_N(x)} f(y, t)\, dy$$

où l'on a choisi comme volume B_x la sphère $S_N(x)$ de centre x et de rayon N, on aboutit à la conclusione suivante:

Si l'on suppose que les 4 fonctions $u_j(x, t)$, $p(x, t)$ *sont bornées à tout instant* t :

$$|f(x, t)| \leq M(t) \quad \text{pour tout} \quad x$$

la moyenne définie par [14] *permet de déduire rigoureusement les équations de REYNOLDS de celles de NAVIER, mais* $\overline{u_j}(t)$ *et* $\bar{p}(t)$ *sont constantes à tout instant* t *dans tout l'espace.*

4 - Sur les transformations dans un anneaux de fonctions.

Il est clair que les solutions [9] et [14], cas limites des formules de BOUSSINESQ et de REYNOLDS, se sont présentées comme une traduction naturelle d'interprétations physiques, mais nullement comme les seules solutions logiques des règles du jeu.

En faisant correspondre à une fonction f sa moyenne $\bar{f}$, on définit une *transformation dans un certain ensemble de fonctions*; jusqu'ici, nous avons laissé la definition de cet ensemble dans le vague; pour avoir un problème mathématique bien posé, il convient d'abord de la préciser, puisque les sommes $f + g$ et les produits fg et αf figurent dans nos calculs, il est clair que l'ensemble des fonctions f doit être un *anneau*. D'autre part, si l'on examine les règles qui fixent les proprietes de $\bar{f}$, on constate que la nature de l'ensemble sur lequel est défini f, (ensemble qui, en Mecanique des fluides, est evidemment un domaine de l'espace euclidien à 4 dimensions) n'intervient que dans la règle 4 où figurent les derivees de f. *Si on laisse, provisoirement, de côte la règle* 4, on n'a plus a imposer aucune proprieté particulière à l'ensemble sur lequel f est défini, pour énoncer les règles 1, 2, 3, et 6

En 1949, nous avons été conduit à exprimer ces idees sous la forme suivante [45]:

Soit X un ensemble abstrait, $\mathfrak{R}$ anneau de fonctions $f(x)$ à valeurs réelles définies pour tout $x \in X$.

Nous dirons que la correspondance:

$$f \to Tf \qquad\qquad f, Tf \in \mathfrak{R}$$

définissant une application de $\mathfrak{R}$ sur une partie de lui-même, est une *transformation de REYNOLDS* si elle satisfait aux conditions suivantes:

(T_1) $\qquad\qquad\qquad\qquad T(f + g) = Tf + Tg$

(T_2) $\qquad\qquad\qquad\qquad\quad T(\alpha f) = \alpha \, Tf$

(T_3) $\qquad\qquad\qquad\qquad\; T(f \, Tg) = Tf \, Tg$

Les conditions (T_1) et (T_2) expriment que T est une *transformation linéaire;* c'est la condition (T_3) qui fait, en même temps, l'intérêt et la difficulté de l'étude des transformations de REYNOLDS.

La plupart des anneaux intéressants pour nous, sont des anneaux topologiques: par exemple, l'ensemble $C[a, b]$ de toutes les fonctions continues dans l'intervalle fermé $[a, b]$ de la droite réelle, muni de la topologie de la convergence uniforme; il est alors naturel de supposer la transformation T continue, c'est à dire:

(T_4) $\qquad\qquad\qquad g \in V(f) \Rightarrow Tg \in V(Tf)$.

Etant donnée une partie E de X, nous designerons par $c_E(x)$ sa fonction caractéristique, définie par:

$$c_E(x) = 1 \qquad x \in E$$
$$= 0 \qquad x \in X - E \;\; .$$

Toute fonction caractéristique, si elle appartient à $\mathfrak{R}$ est un *idempotent* de $\mathfrak{R}$ et réciproquement.

Pour que $\mathfrak{R}$ contienne les constantes, il faut et il suffit qu'il contienne $c_X \equiv 1$; cette condition n'est pas toujours réalisée: par exemple l'anneau des fonctions $C_0[a, b]$ telles que $f(x) \in C[a, b]$, $f(a) = f(b) = 0$, ne contient pas la constante 1; si cette condition est réalisée, nous supposerons toujours que:

$$(T_5) \qquad\qquad T c_\chi = c_\chi \quad .$$

Nous sommes ainsi conduits à formuler le problème suivant: *étant donné un anneau topologique $\mathfrak{R}$ de fonctions $f(x)$, déterminer toutes les transformations T satisfaisant les conditions* $(T_1), (T_2), (T_3), (T_4)$ et (T_5); ce problème a toujours un sens puisqu'il est évident qu'il existe toujours au moins une transformation de REYNOLDS, la transformation identique:

$$Tf = f \quad .$$

Etant donnée une transformation de REYNOLDS, toute fonction $f(x) \in \mathfrak{R}$ peut se mettre d'une manière et d'une seule sous la forme (décomposition de REYNOLDS):

$$f = m + n$$

telle que $Tm = m$, $Tn = 0$; il suffit de poser:

$$m = Tf \quad (moyenne) \ , \quad n = f - Tf \quad (fluctuation)$$

Dans notre premier travail [45], nous n'avons obtenu nous-même toutes les transformations de REYNOLDS que, dans le cas où l'ensemble X étant quelconque, l'anneau $\mathfrak{R}$ se compose de toutes les fonctions, dont chacune ne prend qu'un nombre fini de valeurs (ce nombre n'étant d'ailleurs pas borné supérieurement sur $\mathfrak{R}$).

L'un des résultats les plus heureux de ce travail, fut de provoquer une contribution de Garrett BIRKHOFF au Colloque d'Algèbre de Paris [5] qui attira aussitôt l'attention des Mathématiciens sur le problème, tandis que nos remarques de 1935 étaient restées complétement inapercues. Dans son mémoire, après une étude profonde des propriétés générales des transformations de REYNOLDS, G. BIRKHOFF résout le problème dans le cas ou X est un ensemble compact et $\mathfrak{R}$ l'anneau des fonctions continues sur X.

Depuis 1949, d'importantes contributions se sont rapidement succédées: J. SOPKA [93], Mme SHU-TEN-MOY [92], Mme DUBREIL-JACOTIN [16], [17], [18] et [19], J. ARBAULT [2], [3], I. MOLINARO [83], G.N. HIRSCHFELD [29];

nous-même [54], [55], [56], en 1954, avons résolu le cas où $\mathfrak{R}$ est l'anneau des fonctions mesurables sur un espace de mesure.

Nous avons récemment esquissé un tableau d'ensemble des résultats acquis, dans une conférence donnée à MILAN le 8 Mai 1956, à laquelle beaucoup d'entre vous ont assisté et dont le texte vient d'etre publié [63]; nous nous permettrons donc de renvoyer simplement aux pages 23 à 31 de cette publication, d'autant plus que Mme DUBREIL-JACOTIN et J. ARBAULT vous exposeront, ce soir, eux-mêmes leurs propres resultats.

Dans nos recherches, un rôle important est joue par les T-idempotents, c'est à dire par les parties F de l'ensemble X dont la fonction caractéristique c_F vérifie la condition:

$$T c_F = c_F .$$

L'importances des T-idempotents provient de la proposition suivante: *les valeurs prises par Tf sur un T-idempotent F ne dependent que des valeurs de f sur F.*

A tout T-idempotent F correspond donc une décomposition directe de $\mathfrak{R}$ en deux sous anneaux (G. BIRKHOFF).

Dans l'anneau $\mathfrak{R}$ des fonctions mesurables non-négatives definies sur un espace de mesure $(X, \mathfrak{J})$ ($\mathfrak{J}$ = σ-algèbre des parties mesurables de X), toute transformation de REYNOLDS régulière est définie:

(a) par la donnée d'une partition θ_T de X. la *partition finale,* telle que *tout T-idempotent soit l'union* (finie ou non) *de classes F_k de cette partition.*

(b) par le choix d'une *mesure de probabilité* v_k *sur chaque* σ-algèbre $\mathfrak{F}_k$ formée par tous les ensembles de la forme $E \cap F_k$, E étant une partie mesurable quelconque de X.

Exemple A. X est la droite réelle, $\mathfrak{J}$ l'ensemble de toutes les parties de X, $\mathfrak{R}$ l'anneau de toutes les fonctions reelles non négatives. Une classe F_k de θ_T est l'ensemble des $x = k$ (mod. 1), l'indice k pouvant prendre toutes les valeurs $0 \le k < 1$ la trace $\mathfrak{J}_k$ de $\mathfrak{J}$ sur F_k contient toutes les parties de l'ensemble denombrable F_k. On obtient la mesure de probabilité la plus génerale sur $\mathfrak{J}_k$ en plaçant une masse arbitraire $\nu_{k,n}$ au point $k+n$ (n entier) telle que:

$$\sum_{n=-\infty}^{n=+\infty} \nu_{k,n} = 1 \ .$$

La transformation de REYNOLDS régulière la plus générale correspondant à ces données est définie par:

$$Tf = \sum_{n=-\infty}^{n=+\infty} f(k+n)\nu_{k,n} \quad \text{pour} \quad x \equiv k \quad (\text{mod. } 1) \ .$$

Il est clair que la transformée Tf est une fonction périodique de période 1 en x.

Un exemple élémentaire s'obtient, en choisissant:

$$\nu_{k,0} = 1 \quad ; \quad \nu_{k,n} = 0 \qquad n \neq 0$$

d'où:

$$Tf = f(k) \quad , \quad \text{pour} \quad x \equiv k \quad (\text{mod. } 1)$$

c'est à dire que Tf est définie comme la fonction périodique de période 1 telle que:

$$Tf = f \quad \text{pour} \quad 0 \leq x < 1$$

Exemple B: X est la droite réelle, $\mathfrak{F}$ l'ensemble de toutes les parties de X; $\mathfrak{R}$ l'anneau de toutes les fonctions réelles non-négatives. Une classe F_k de θ_T est le couple de point $\{-k, +k\}$; 1 indice k pouvant prendre toutes les valeurs $0 \leq k < +\infty$; l'ensemble $\mathfrak{F}_T$ des T-idempotents est constitué par toutes les parties de X symétriques par rapport à 0.

La mesure de probabilité la plus générale sur $\mathfrak{F}_k$ s'obtient en plaçant une masse m_k au point $-k$ et la masse $1-m_k$ au point $+k$, $0 \leq m_k \leq 1$. La transformation de REYNOLDS régulière la plus générale correspondant à ces données est définie par:

$$Tf = m(|x|)f(-|x|) + [1-m(|x|)]f(|x|)$$

où la fonction $m(x)$ définie pour $0 \leq x < +\infty$ est seulement assujettie à:

$$0 \leq m(x) \leq 1 \ .$$

En prenant successivement $m(x) = 0$ et $m(x) = \frac{1}{2}$ on obtient les exemples élémentaires:

$$Tf = f(|x|)$$

et:

$$Tf = \frac{1}{2}\,[f(x) + f(-x)]$$

Exemple C: X est la droite réelle, $\mathfrak{J}$ l'ensemble de toutes les parties boréliennes de X; $\mathfrak{R}$ est donc l'anneau de toutes les fonctions non-négatives mesurables au sens de BOREL (fonctions de BAIRE); prenons pour ensemble K d'indices, l'ensemble des entiers $-\infty < k < +\infty$; une classe F_k de θ_T est l'intervalle:

$$F_k = \{x : \ k\tau \le x < (k+1)\tau\} \qquad \tau \text{ donné} > 0$$

il est clair que $\mathfrak{J}_k$ est l'ensemble de toutes les parties boréliennes de l'intervalle F_k. Nous définissons la mesure de probabilité ν_k la plus générale sur $\mathfrak{J}_k$, en choisissant une fonction non décroissante $\psi(x)$, pour $-\infty < x < +\infty$ telle que:

$$\int_{k\tau}^{(k+1)\tau} \alpha\,\psi(x) = 1 \ .$$

La transformation de REYNOLDS régulière la plus générale est définie sur chaque F_k par:

$$Tf = \int_{k\tau}^{(k+1)\tau} f(y)\,d\psi(y) \qquad\qquad x \in F_k \ .$$

Exemple D: X est une circonférence, c'est à dire l'intervalle $[0,1]$, où l'on considère les points 1 et 0 comme confondus (tore à une dimension); $\mathfrak{J}$ est l'ensemble de toutes les parties boreliennes de X; $\mathfrak{R}$ est l'anneau de toutes les fonctions non-negatives mesurables au sens de BOREL dans $[0,1]$ telles que:

$$f(1) = f(0) \ .$$

La partition θ_T ne comprend qu'une seule classe $F = X$; la mesure de probabilite ν definie sur $\mathfrak{J}$ est une mesure de LEBESGUE-STIELTJES definie par une fonction $\psi(x)$ non decroissante telle que:

$$\psi(1) - \psi(0) = 1 \quad .$$

On obtient la transformation de REYNOLDS régulière la plus générale en prenant pour Tf la constante:

$$Tf = \int_0^1 f(y)\, d\psi(y) \qquad \text{pour tout } x \in X \quad .$$

En particulier si $\psi(x) = x$

$$Tf = \int_0^1 f(y)\, dy \qquad \text{pour tout } x \in X$$

5 - Conclusions critiques.

En dehors de leur contribution à la théorie des transformations dans un anneau de fonctions, quel est l'apport des recherches précédentes à la notion de moyenne dans la théorie de la turbulence?

Nous pensons que, sur un point au moins, il est fondamental: nous savons désormais que, avec les conditions posées, pour définir une transformation de REYNOLDS, nous pouvons disposer, dans l'espace X sur lequel sont définies les fonctions $f(x)$, d'une partition arbitraire θ_T; sur chaque classe F_k de θ_T, la transformée a une valeur constante qui ne dépend, d'ailleurs, que des valeurs de f sur F_k; c'est le choix de θ_T qui fixe le type de la transformation; une fois θ_T choisie, le choix des mesures ν_k, sur les classes F_k, apparait comme secondaire.

Ceci nous donne un cadre général dans lequel nous devons nécessairement placer nos recherches d'une définition de la moyenne; nos essais ne sont plus maintenant livrés au hasard d'intuitions physiques plus ou moins heureuses; nous devrons simplement explorer systématiquement les conséquences des divers types de partitions de l'ensemble X. Mais avant d'aller plus loin, nous devons nous souvenir que, en formulant au § 4, les propriétés des transformations de REYNOLDS, nous avons laissé de côté une des règles que doit nécessairement satisfaire la moyenne: la règle 4.

Toute transformation de REYNOLDS ne conduit donc pas à une définition de la moyenne acceptable en Mécanique des fluides. *Aux conditions
générales* $(T_1), (T_2), (T_3), (T_4), (T_5)$, *nous devons adjoindre une condition
supplémentaire:*

$$(T_D) \qquad\qquad T(Df) = D(Tf)$$

qui exprime que T *permute avec un certain opérateur différentiel* D .

Bornons-nous, pour ne pas compliquer inutilement, au cas où la
grandeur f ne dépend que d'une variable et où X sera un intervalle
fini ou la droite réelle.

La condition (T_D) peut être interprétée dans deux sens:

(a) au sens étroit, on supposera que toute fonction $f \in \mathscr{R}$ admet une
dérivée $\dfrac{df}{dx}$, que $\dfrac{df}{dx} \in \mathscr{R}$ et que l'on a:

$$(T_D) \qquad\qquad T\!\left(\frac{df}{dx}\right) = \frac{d}{dx}(Tf)$$

pour toute $f \in \mathscr{R}$; cette interprétation implique évidemment que l'anneau
$\mathscr{R}$ ne contient que des fonctions indéfiniment dérivables.

(b) au sens large, en admettant que (T_D) doit être satisfaite chaque
fois que $\dfrac{df}{dx}$ et $\dfrac{d}{dx}(Tf)$ existent et appartiennent à $\mathscr{R}$; il peut y
avoir des fonctions de l'anneau pour lesquelles on ne donne aucun sens
à (T_D); par exemple, si $\dfrac{df}{dx}$ n'existe pas. C'est cette dernière interprétation que nous adopterons, en examinant comment se comportent, par
rapport à (T_D) les exemples donnés au § 4.

Considérons d'abord le cas particulier de l'exemple D, où

$$Tf = \int_0^1 f(y)\,dy \qquad\qquad \text{pour tout } x \in X ;$$

il est clair qu'il satisfait (T_D); en effet d'une part:

$$\frac{d}{dx}(Tf) = 0 \qquad\qquad \text{pour tout } x \in X$$

quelle que soit $f \in \mathfrak{R}$; d'autre part, si $\dfrac{df}{dx}$ existe

$$T\!\left(\frac{df}{dx}\right) = f(1) - f(0) = 0 \ .$$

Nous avons donc un exemple d'une transformation de REYNOLDS, [c'est à dire, rappelons-le, d'une transformation de $\mathfrak{R}$ en une partie de lui même satisfaisant tous les axiomes (T_1), (T_2), (T_3), (T_4) et (T_5)] *qui convient parfaitement pour la définition d'une moyenne, puisqu'elle vérifie aussi* (T_D).

Malheureusement, cette réussite mathématique ne doit pas nous faire illusion: elle est sans aucune importance pour d'éventuelles applications aux équations de REYNOLDS dans l'étude de la turbulence homogène; en effet, dans l'exemple **D**, X est un ensemble compact; or dans nos recherches nous avons toujours à considérer un fluide remplissant tout l'espace R^3, *qui n'est pas compact;* seuls les **exemple A, B, C** ou $X = R$ ont donc de l'intérêt pour nous.

Dans l'**exemple C**, la droite réelle X est partagée en une infinité dénombrable d'ensembles continus (intervalles de longueur τ); dans l'**exemple A**, X est partagée en une infinité continue d'ensembles dénombrables. Ces exemples sont les plus intéressants parce que leurs partitions finales θ_T représentent, en quelque sorte, les deux types extrêmes et opposés auxquels on peut naturellement songer. Bien entendu, il est facile de donner des variantes, par exemple, dans l'**exemple C**, on pourrait prendre des intervalles F_k ayant chacun une longueur différente; dans l'**exemple A**, on pourrait distribuer l'indice k sur un autre ensemble continu que l'intervalle $0 \le k < 1$. Mais on ne changerait ainsi aucune propriété essentielle de la transformation **T**.

La définition de la moyenne donnée par (C) serait probablement assez volontiers admise par un Physicien: sur chaque intervalle, Tf a une valeur constante, égale à la moyenne de f sur cet intervalle, prise avec un certain poids. Malheureusement, il est clair que (T_D) n'est pas satisfaite, puisqu'on aura évidemment:

$$\frac{d}{dx}\,(Tf) = 0 \qquad x \neq k\tau \ ; \qquad \frac{d}{dx}\,(Tf) = \pm\infty \qquad x = k\tau$$

or, d'autre part, il n'y a aucune raison que $T\!\left(\dfrac{df}{dx}\right) = 0$, en tout point intérieur d'un intervalle F_k , puisque la dérivée $\dfrac{df}{dx}$ peut être une fonction continue quelconque.

Les définitions (C) de la moyenne correspondant à des partitions de la droite réelle en intervalles, sont donc à rejeter: elles ne satisfont jamais à la règle 4.

Par contre, dans l'exemple élémentaire donné à la fin de (A): Tf périodique de période 1, égale à f dans l'intervalle $0 \leq x < 1$, il est clair que (T_D) sera satisfaite, sauf peut-être aux points $x \equiv 0 \pmod{1}$; on pourrait d'ailleurs, en restreignant la classe des fonctions $f(x)$, s'arranger pour que, même en ces points, la relation soit vérifiée.

La définition (A) pourrait, dans un anneau convenablement restreint de fonctions, satisfaire à toutes les règles imposées à la moyenne; mais un Physicien accepterait-il de dire qu'il prend la moyenne d'une fonction, lorsqu'il la remplace par une fonction périodique, égale à cette fonction sur une des périodes?

CHAPITRE IV

Mécanique statistique et fonctions aléatoires

1 - Rappels de mécanique statistique.

Jusqu'ici, dans toutes les définitions de la moyenne d'une grandeur physique $f(x,t)$, nous avons toujours supposé que cette moyenne $\bar{f}(x,t)$ était calculée sur un écoulement donné du fluide:

(a) soit en laissant le point x fixe et en suivant l'évolution de $f(x,t)$ quand t varie de 0 a $+\infty$ (BOUSSINESQ);

(b) soit à un instant t donné en mesurant $f(x,t)$ en tous les points x de l'espace (REYNOLDS);

(c) soit enfin, par les méthodes du § 4 du chapitre III, en faisant entrer en compte toutes les valeurs de (x,t) dans l'espace et dans le temps, l'ensemble abstrait X étant l'ensemble:

$$\{(x,t) : -\infty < x_j < +\infty , \ j = 1,2,3 , \ 0 < t < +\infty\} .$$

Or la Mécanique statistique, sous la forme que lui a donnée J. W. GIBBS, introduit une définition complètement différente de la moyenne; *on considere tous les états possibles d'un système matériel; c'est sur l'ensemble Ω de ces états que l'on calcule la moyenne.*

Pour prendre un exemple classique, considérons un système mécanique holonome conservatif, à liaisons indépendantes du temps, ayant k degrés de liberté; son état est défini par $2k$ variables q_j , p_j $(j = 1,2\ldots k)$, les *coordonnées* q_j fixant sa configuration géométrique et les p_j désignant les moments *conjuges*.

Les équations du mouvement du système s'écrivent alors sous la *forme canonique:*

$$[1] \qquad \frac{dq_j}{dt} = \frac{\partial H}{\partial p_j} \quad , \quad \frac{dp_j}{dt} = -\frac{\partial H}{\partial q_j} \qquad j = 1,2\ldots k ,$$

ou H, l'énergie totale du système, est une fonctions des variables q_j, p_j, mais ne dépend pas explicitement du temps.

Un théorème d'existence et d'unicité affirme qu'il y a un ensemble et un seul de $2k$ intégrales: $q_j(t)$, $p_j(t)$ des équations [1], déterminées pour $-\infty < t < +\infty$, prenant des valeurs données $q_j(0)$, $p_j(0)$ a l'instant initial $t = 0$.

Considérons un espace euclidien à $2k$ dimensions R^{2k} dont les points ω sont déterminés par les coordonnées q_j, p_j; alors, à chaque état du système correspond un point ω, défini de façon unique; soit Ω l'ensemble des points ω correspondant à tous les états possibles: $\Omega \subset R^{2k}$. On appelle Ω *l'espace des phases* du système matériel donné.

L'état initial du système étant représenté par le point ω ayant les coordonnées $q_j(0)$, $p_j(0)$, son état à un instant quelconque t postérieur ou antérieur, $-\infty < t < +\infty$, sera figuré par le point ω_t de coordonnées $q_j(t)$, $p_j(t)$. Puisque l'état à l'instant initial détermine de façon unique son état à un autre instant quelconque, le mouvement du point ω_t dans l'espace des phases Ω est déterminé de façon unique par la position initiale ω: le point ω_t décrit dans l'espace des phases une courbe, *la trajectoire* $\Gamma(\omega)$. *Le théorème d'unicité implique que par chaque point de l'espace des phases* Ω, *il passe une trajectoire et une seule.*

On peut interpréter les équations [1] comme définissant *l'écoulement d'un fluide fictif dans* Ω, la particule qui est en ω à l'instant 0 venant en ω_t à l'instant t; les $2k$ composantes $q'_j(t), p'_j(t)$ de la vitesse étant indépendantes du temps, cet écoulement est *permanent*. La correspondance biunivoque:

$$\omega \;\longleftrightarrow\; \omega_t$$

définit un groupe abélien de transformations à un paramètre t:

$$[2] \qquad\qquad \omega_t = T_t\,\omega$$

$$T_{t+s}\,\omega = T_t(T_s\,\omega) = T_s(T_t\,\omega)$$

$$T_{-t}(T_t\,\omega) = T_t(T_{-t}\,\omega) = \omega \;.$$

La première relation exprime une propriété évidente de l'écoulement permanent: on obtient le même point en partant de ω et en laissant s'écouler un intervalle $t+s$, ou en faisant l'opération en deux temps: on part de ω et on laisse s'écouler un intervalle s, puis l'on repart du point ω_s ainsi obtenu et on laisse s'écouler un intervalle t (ou vice versa).

Le *théorème de* LIOUVILLE établit que le fluide fictif est incompressible: le volume dans l'espace des phases est invariant par la transformation T_t :

$$\int_{T_t D} d\omega = \int_D d\omega \quad .$$

Soit $\rho(\omega)$ la densité du fluide fictif; la masse contenue dans le domaine D étant:

$$\mu(D) = \int_D \rho(\omega)\, d\omega \quad .$$

Le principe de la conservation de la masse exige que:

[3] $$\mu(T_t D) = \mu(D) \quad .$$

Une fonction $\rho(\omega)$ pourra définir une densité si et seulement si cette condition est satisfaite.

Supposons donc que $\psi_1(\omega), \ldots \psi_m(\omega)$ soient m intégrales premières des équations [1], c'est à dire que ces fonctions sont invariantes le long de chaque trajectoire $\Gamma(\omega)$; on pourra définir, en particulier la densité du fluide incompressible, en posant:

$$\rho(\omega) = M[\psi_1(\omega), \ldots \psi_m(\omega)]$$

ou la fonction arbitraire M a les propriétés suivantes:

(a) $$M \geq 0$$

(b) $$\int_\Omega M[\psi_1(\omega), \ldots \psi_m(\omega)]\, d\omega = 1 \quad .$$

Une Mécanique statistique du système repose sur l'hypothèse que l'on choisit au hasard l'état initial, prenant un point ω dans l'espace des phases Ω, de telle façon que la probabilité pour ω d'être dans un domaine D soit égale à la masse du fluide fictif contenu dans ce domaine:

[4] $\mathrm{Prob}[\omega \in D] = \mu(D)$.

Cette définition est cohérente; en effet, en vertu du théorème d'uni-
cité, la correspondance entre les points ω et les trajectoires $\Gamma(\omega)$
étant biunivoque, il revient au même de choisir au hasard un état ini-
tial ω ou la trajectoire $\Gamma(\omega)$ ensemble des états ω_t du système; que
l'on fasse le choix à l'instant initial ou à un instant t quelconque,
on doit obtenir la même probabilité pour la trajectoire $\Gamma(\omega)$.

Or précisèment:

$$\mathrm{Prob}[T_t\omega \in D] = \mathrm{Prob}[\omega \in T_{-t}D] = \mu(T_{-t}D) = \mu(D) = \mathrm{Prob}[\omega \in D] \quad .$$

Remarquons enfin que la condition (b) a pour but d'assurer:

$$\mathrm{Prob}[\omega \in \Omega] = 1 \quad .$$

Pour chaque définition particulière de la densité $\rho(\omega)$ on obtient
une Mécanique statistique bien déterminée pour le système donné; la pré-
férence donnée à une fonction $\rho(\omega)$ particulière (distribution canonique, etc...) reste toujours l'un des points délicats, quand on veut appliquer la Mécanique statistique de GIBBS.

2 - Variables et fonctions aléatoires.

Ces résultats classiques suggèrent naturellement une question: peut-
on étendre le point de vue de la Mécanique statistique de GIBBS a la
Mécanique des fluides?

Il saute aux yeux que, pour le faire, il faudra d'abord élargir la
notion de l'espace des phases: Ω ne pourra plus être une partie d'un
espace euclidien R^{2k}; l'état d'un fluide ne peut pas être caractérisé
par un nombre fini de coordonnées. Du point de vue d'EULER pour définir
l'état, à un instant t , d'un fluide remplissant tout l'espace, il faut
se donner quatre fonctions réelles u_1, u_2, u_3, p définies pour tout $x \in R^3$
[liées d'ailleurs par certaines équations par exemple, si le fluide est
incompressible, les u_j doivent vérifier l'équation de continuité (N_4)]

L'espace des phases doit donc devenir un *espace fonctionnel.*

C'est le Calcul des Probabilités, envisagé sous l'aspect de la théorie de la mesure, qui fournit l'outil bien adapté pour l'élargissement des notions classiques.

Résumons brièvement quelques unes des définitions essentielles. On dit qu'un nombre X, que l'on peut choisir au hasard sur la droite réelle R est un *nombre ou une variable aléatoire* lorsque l'on connait la loi de probabilité:

$$[5] \qquad \mathrm{Prob}[X < \mathcal{E}] = \mathfrak{F}(\mathcal{E}) \quad , \qquad \text{pour tout } \mathcal{E} \in R$$

$\mathfrak{F}(\mathcal{E})$ étant une fonction monotone non décroissante telle que:

$$\mathfrak{F}(-\infty) = 0 \qquad \mathfrak{F}(+\infty) = 1 \quad .$$

Il en résulte alors que, B désignant une partie quelconque de R mesurable par rapport à la mesure de LEBESGUE-STIELTJES definie par $\mathfrak{F}(\mathcal{E})$, on a:

$$\mathrm{Prob}[X \in B] = \int_B d\mathfrak{F}(\mathcal{E}) \quad .$$

Par définition, *la valeur moyenne* ou *espérance mathématique* de la variable aléatoire X a pour valeur:

$$[6] \qquad \bar{X} = E(X) = \int_{-\infty}^{+\infty} \mathcal{E}\, d\mathfrak{F}(\mathcal{E})$$

(lorsque l'intégrale a une valeur finie).

La théorie de la mesure permet de représenter une variable aléatoire par un *modèle* de la manière suivante:

Soit *un espace de mesure* que nous représenterons par un triple symbole $(\Omega, \mathcal{S}, \mu)$:

(a) Ω désigne un ensemble abstrait, (c'est à dire que pour bâtir la théorie générale, on n'a pas besoin de préciser la *nature* de ses point ω)

(b) $\mathcal{S}$ est une σ-algèbre de parties de Ω (ou corps borélien) c'est à dire un ensemble de parties de Ω possédant les deux propriétés:

$$(b_1) \qquad A \in \mathcal{S} \implies \Omega - A \in \mathcal{S}$$

$$(b_2) \qquad\qquad A_1 , \dots , A_n , \dots \in \mathcal{S} \Longrightarrow U_1^{+\infty} A_n \in \mathcal{S}$$

(c) μ est une mesure, c'est à dire une fonction d'ensemble non né-gative définie pour toute partie: $A \in \mathcal{S}$

$$\mu(A) \geq 0$$

et complètement additive:

$$\mu(U_1^{+\infty} A_n) = \Sigma_1^{+\infty} \mu(A_n) \quad , \qquad\qquad A_n \in \mathcal{S} \text{ disjoints .}$$

Lorsque:

$$\mu(\Omega) = 1$$

on dit que l'espace de mesure $(\Omega, \mathcal{S}, \mu)$ est *un espace de probabilité.* La probabilité de choisir un point ω dans une partie donnée de Ω est alors par définition:

$$[7] \qquad\qquad \mathrm{Prob}[\omega \in A] = \mu(A) \qquad\qquad A \in \mathcal{S}$$

Soit $f(\omega)$ une fonction à veleurs réelles, mesurable, c'est à dire que:

$$\{\omega : f(\omega) \in B\} \in \mathcal{S}$$

pour tout ensemble borélien B sur R ; si

$$\mu\{\omega : f(\omega) < \mathcal{E}\} = \mathfrak{J}(\mathcal{E}) \quad , \qquad \text{pour tout } \mathcal{E} \in R \ ,$$

on dit que $f(\omega)$ fournit un *modèle* de la variable aléatoire X : en ef-fet, en supposant que l'on choisit le point ω au hasard dans Ω selon la loi de probabilité [7], le nombre $X - f(\omega)$ admet la loi de proba-bilité [5]. Par définition même de l'intégrale |6|:

$$[8] \qquad\qquad \overline{X} = \overline{f(\omega)} = \int_{\Omega} f(\omega)\, d\mu$$

l'intégrale n'ayant d'ailleurs un sens que si $f(\omega) \in L(\Omega)$ par rapport à la mesure μ .

Un des avantages du *modèle* précédent, c'est qu'il se généralise très aisement à la représentation d'ensembles de variables aléatoires. Une *suite de variables aléatoires* $X_1 , \dots , X_n , \dots$ sera représentée par une suite de fonctions $f_1(\omega)$, ... $f_n(\omega)$, ... mesurables sur le même espace de probabilité $(\Omega, \mathcal{S}, \mu)$; la loi de probabilité d'un nombre fini de ces variables sera définie par:

$$\mu\{\omega : f_1(\omega) < \mathcal{E}_1 , \ldots f_n(\omega) < \mathcal{E}_n\} = \mathcal{F}_n(\mathcal{E}_1 , \ldots , \mathcal{E}_n) .$$

Plus généralement, étant donné un ensemble (abstrait) Θ , *une fonction aléatoire* sur Θ , est, par définition, une fonction $f(\theta, \omega)$ à valeurs réelles sur le produit $\Theta \times \Omega$, telles que pour $\theta \in \Theta$ fixé, $f(\theta, \omega)$ soit une fonction mesurable de ω sur l'espace de probabilité $(\Omega, \mathcal{S}, \mu)$; a ce point de vue, une fonction aléatoire apparait donc comme *un ensemble de variables aléatoires, une variable aléatoire* correspondant à chaque $\theta \in \Theta$; pour un ω donné, la fonction de θ définie sur Θ constitue un *échantillon* de la fonction aléatoire.

Si $f(\theta, \omega) \in L(\Omega)$ pour tout $\theta \in \Theta$, sa valeur moyenne est définie par:

$$[9] \qquad \bar{f}(\theta) = \overline{f(\theta, \omega)} = \int_\Omega f(\theta, \omega) \, d\mu \qquad\qquad \theta \in \Theta ;$$

il est clair que cette valeur moyenne est une fonction de θ seulement mais ne dépend plus de ω.

3 - Mécanique statistique généralisée.

Nous pouvons maintenant énoncer les résultats de la Mécanique statistique dans ce nouveau langage; reprenons le système matériel considéré au § 1.

Soit $f(\omega)$ une grandeur physique quelconque, dépendant de l'état ω du système; ses valeurs, quand le système évolue le long d'une trajectoire $\Gamma(\omega)$ dans l'espace Ω, sont données par $f(T_t \omega)$, or, évidemment:

$$f(T_t \omega) = F(t, \omega)$$

$F(t, \omega)$ étant ainsi définie sur l'espace produit $R \times \Omega$; si, selon l'idée fondamentale de la Mécanique statistique, on suppose que l'on choisit l'état initial ω selon la loi de probabilité [4], on voit que $F(t, \omega)$ est simplement une *fonction aléatoire* du temps t. C'est d'ailleurs une fonction aléatoire d'un type spécial: *stationnaire;* on exprime ainsi que, en vertu de la condition d'invariance du volume (Théorème de LIOUVILLE) *la loi de probabilité de la variable aléatoire* $F(t,\omega)$ *est indépendante de* t ; plus généralement, quels que soient $t_1, \ldots, t_n$, la loi de probabilité des n variables aléatoires $F(t_1,\omega), \ldots, F(t_n,\omega)$ ne change pas quand on remplace $t_1, \ldots, t_n$ par $t_1 + h, \ldots, t_n + h$, h étant arbitraire.

L'introduction de la notion de fonction aléatoire ne constitue pas seulement une novation de langage; elle est la clé qui nous ouvre la généralisation que nous recherchions. En effet, dans la Mécanique statistique de GIBBS, l'espace des phases Ω était, jusqu'à présent, une partie d'un espace euclidien à un nombre fini de dimensions. La notion de fonction aléatoire nous montre la voie: le fait que Ω à un nombre fini de dimensions ne joue aucun rôle essentiel; il suffit pour construire la théorie, de partir d'un espace de probabilité $(\Omega, \mathcal{S}, \mu)$; aucune propriété spéciale concernant le nombre de dimensions ou la structure (métrique) n'est imposée à Ω; en particulier Ω pourra, s'il est nécessaire, être un espace fonctionnel (par exemple, l'ensemble $C[a,b]$ de toutes les fonctions continues de x sur l'intervalle $[a,b]$); la *seule condition nécessaire, c'est que l'on sache construire une mesure* μ *sur* Ω, *telle que* $\mu(\Omega) = 1$.

Par conséquent, il devient possible d'étendre la Mécanique statistique à des systèmes matériels beaucoup plus généraux, en particulier à des milieux continus. Pour qu'une Mécanique statistique du même type que celle de J.W.GIBBS, puisse être construite, il faut et il suffit que les conditions suivantes soient satisfaites:

(a) l'ensemble Ω des états ω du systeme est susceptible, par un choix convenable d'une σ-algebre $\mathcal{S}$ et d'une mesure μ , de devenir un espace de probabilité $(\Omega, \mathcal{S}, \mu)$:

(b) les équations qui régissent l'évolution du système admettent un théorème d'unicité; l'état ω_t du système à un instant $t > 0$ quelconque est déterminé univoquement par l'état initial ω; l'ensemble des états ω_t correspondant à un etat initial ω donné, determine une et une seule trajectoire $\Gamma(\omega)$ dans Ω:

(c) le principe du déterminisme, sous la forme de HUYGHENS, est satisfait, c'est à dire que la transformation qui permet de passer de ω à ω_t :

[10]
$$\omega_t = T_t \omega$$

définit un *semi-groupe abélien*:

[11]
$$T_{t+s}\, \omega = T_t\,(T_s\,\omega) = T_s\,(T_t\,\omega) \quad .$$

Bien entendu, si l'état du système est aussi défini univoquement pour $t < 0$, comme c'est le cas dans la Mécanique classique, les transformations T_t définissent un groupe abélien et l'on a:

[11']
$$T_{-t}\,(T_t\,\omega) = T_t\,(T_{-t}\,\omega) \quad ;$$

(d) la mesure μ est invariante par la transformation T_t :

[12]
$$\mu(T_t\,A) = \mu(A) \qquad \text{pour tout } A \in \mathbb{S}$$

4 - Application à la corde vibrante.

Depuis que nous avons enoncé ces idées en 1949 [46], au cours d'une discussion des bases de la Mécanique statistique des fluides, nous nous sommes efforcés de prouver la validité de ce programme, en construisant, au moins, un exemple d'une Mécanique statistique d'un milieu continu; nous avons traité un exemple, qui n'a sans doute aucun intérêt d'actualité pour la Physique contemporaine: celui d'une corde vibrante [47] ; mais nous l'avons choisi parce que le mouvement du système est régi par une équation linéaire aux dérivées partielles de 2ème ordre, à coefficients constants; ceci nous permettait d'utiliser les méthodes que nous avions mises au point dans l'étude des intégrales aléatoires des équations aux dérivées partielles, par exemple l'intégrale aléatoire $u(x, t, \omega)$ de l'équation de la chaleur dans une barre infinie, lorsque la température initiale de la barre est une fonction aléatoire $v(x, \omega)$ [53] [57], [58], [61] (*).

(*) Voir aussi pour l'équation de la diffusion [64] et pour l'équation de LA-PLACE [52] et [59].

Par définition, l'ordonnée de la corde vibrante fixée aux deux points $x = 0$ et $x = 1$, satisfait l'équation:

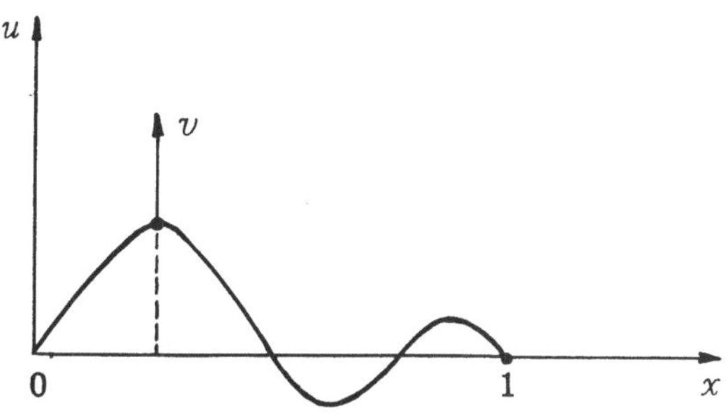

[13] $u_{tt} = u_{xx}$,

un état du système étant défini par la donnée du déplacement vertical u et de la vitesse verticale v en chaque point de la corde; l'espace des phases Ω est donc constitué ici par l'ensemble des couples:

$$\omega = [U(x) , V(x)]$$

de fonctions réelles $U(x)$, $V(x)$ $C_0[0, 1]$; nous désignons par $C_0[0, 1]$, l'ensemble des fonctions continues sur l'intervalle $[0, 1]$ et nulles aux deux extrémités; on voit donc que l'espace des phases est un espace produit:

$$\Omega = C_0[0, 1] \times C_0[0, 1] \quad .$$

Or, on sait définir des classes étendues de mesures dans l'espace $C_0[0, 1]$ (voir [68], [69]); de chaque mesure connue dans $C_0[0, 1]$ on déduit donc, par la méthode classique pour les espaces produits, une mesure μ dans Ω.

Après avoir donné un sens précis au problème aux limites

$$u(x, t) \rightarrow \dot{U}(x) \quad , \quad v(x, t) \rightarrow V(x) \quad ,$$

un théorème d'unicité définira la trajectoire $\Gamma(\omega)$ décrite par:

$$T_t \omega = [u(x, t) , v(x, t)]$$

représentant les états successifs de la corde dans Ω.

Ensuite il faudrait, pour achever le programme, établir l'invariance de la mesure μ par les transformations T_t (système conservatif); tous ces points, pour être exposés en détail, demandent quelques développements; ils seraient hors de propos ici et nous nous contenterons de traiter un cas particulier qui aura simplement l'intérêt d'illustrer les généralités du § 3.

Nous restreindrons le problème, en admettant que les seuls états initiaux possibles sont ceux pour lesquels:

(α) $U(x)$ est une fonction continue, dont la dérivée seconde $U''(x)$ peut être représentée dans $[0, 1]$ par une série de Fourier absolument et uniformément convergente.

(β) $V(x) = 0$, la corde est abandonnée sans vitesse initiale.

Pour construire une intégrale aléatoire de l'équation [13] nous partirons d'une suite de variables aléatoires $\eta_1, \dots, \eta_n, \dots$ quelconques, indépendantes ou non, assujetties seulement à vérifier la condition:

$$[14] \qquad \sum_1^{+\infty} n^2 \, \overline{|\eta_n|} < + \infty \ .$$

En vertu d'un critère connu (voir par exemple [67]) cette condition implique:

$$[15] \qquad \mathrm{Prob}\left[\sum_1^{+\infty} n^2 \, |\eta_n| < + \infty\right] = 1$$

et par conséquent:

$$\mathrm{Prob}\left[\sum_1^{+\infty} |\eta_n| < + \infty \, , \ \sum_1^{+\infty} n \, |\eta_n| < + \infty \, , \ \sum_1^{+\infty} n^2 \, |\eta_n| < + \infty\right] = 1 \, ,$$

la convergence de la série [15] entrainant necessairement celle des deux autres.

On en tire immediatement les conclusions suivantes:

(a) *Avec une probabilite egale à 1, les 4 séries:*

$$[16] \qquad u(x, t) = \sum_1^{+\infty} \eta_n \sin n\pi x \cos n\pi t$$

$$u_x(x, t) = \pi \sum_1^{+\infty} n \, \eta_n \cos n\pi x \cos n\pi t$$

$$[17] \qquad u_t(x, t) = - \pi \sum_1^{+\infty} n \, \eta_n \sin n\pi x \sin n\pi t$$

$$u_{tt} = u_{xx} = - \pi^2 \sum_1^{+\infty} n^2 \, \eta_n \sin n\pi x \cos n\pi t$$

convergent absolument et uniformement en (x, t) pour $x \in [0, 1]$ et $t \in$ $\in [a, b]$ fini quelconque (elles sont d'ailleurs periodiques de période 2 en t).

(b) *La série [16] définit une intégrale aléatoire de l'équation des cordes vibrantes [13]; $u(x, t)$ représente le déplacement de la corde,* *de même la série* [17] *représente la vitesse* $v(x,t) = u_t(x,t)$ *de la corde.*

(c) *A l'instant initial:*

[18] $$u(x,t) = U(x) \quad , \quad v(x,t) = 0$$

$U(x)$ *ainsi que ses deux dérivées* $U'(x)$ *et* $U''(x)$ *étant, avec une probabilité égale à* 1, *représentée par une série de FOURIER absolument et uniformément convergente dans* $[0,1]$.

On peut aisément traduire ces résultats dans le langage du § 3.

Dans l'espace R^∞ de toutes les suites de nombres réels:

$$\omega = [\eta_1, \ldots, \eta_n, \ldots]$$

considérons l'ensemble Ω des points ω satisfaisant la condition (*):

[19] $$\Sigma_1^{+\infty} n^2 \, |\eta_n| < +\infty \quad .$$

La donnée de la suite des variables aléatoires $\eta_1, \ldots, \eta_n, \ldots$ équivaut à la définition d'une mesure μ dans Ω. En effet, il suffit de considérer la σ-algèbre $\mathscr{S}$ des parties mesurables de Ω, comme engendrée par les domaines:

$$\{\omega : \eta_1 < \xi_1 , \ldots , \eta_n < \xi_n\} \qquad (n \text{ quelconque}, \xi_j \in R)$$

auxquels on donne comme mesure:

$$\mu\{\omega : \eta_1 < \xi_1 , \ldots , \eta_n < \xi_n\} = \text{Prob}[\eta_1 < \xi_1 , \ldots , \eta_n < \xi_n] \quad .$$

L'espace de mesure $(\Omega, \mathscr{S}, \mu)$ est bien un espace de probabilité puisque en vertu de [15] et [19]:

$$\mu(\Omega) = \text{Prob}[\Sigma_1^{+\infty} n^2 \, |\eta_n| < +\infty] = 1 \quad .$$

D'autre part, à chaque $\omega \in \Omega$ correspond une et une seule suite de coordonnées $\eta_1(\omega), \ldots, \eta_n(\omega), \ldots$ vérifiant la condition [19]; on peut donc

---

(*) Si l'on définissait une norme par:

$$\|\omega\| = \Sigma_1^{+\infty} n^2 \, |\eta_n|$$

Ω serait isomorphe a l'espace de Banach connu sous le nom de l (espace des séries absolument convergentes).

écrire les formules [16] et [17] en mettant en évidence ω :

$$[20] \quad \begin{cases} u(x, t, \omega) = \Sigma_1^{+\infty}\, \eta_n(\omega) \sin n\pi x \cos n\pi t \\[2mm] v(x, t, \omega) = -\,\pi\, \Sigma_1^{+\infty} n\, \eta_n(\omega) \sin n\pi x \sin n\pi t \quad . \end{cases}$$

Le déplacement et la vitesse apparaissent clairement ainsi comme des fonctions aléatoires. On peut les interpréter exactement dans le cadre de la Mécanique statistique généralisée, qui a été tracé au § 3.

Pour choisir un état initial de la corde, il faut, conformément à nos conventions, se donner une fonction:

$$U(x) = \Sigma_1^{+\infty} a_n \sin n\pi x$$

telle que:

$$\Sigma_1^{+\infty} n^2 |a_n| < +\infty \quad .$$

Les a_n étant choisis, déterminent un et un seul $\omega \in \Omega$ par les équations:

$$\eta_n(\omega) = a_n \quad .$$

Tous les états de la corde sont, alors, complètement déterminés pour $-\infty < t < +\infty$ par les équations [20].

Pour aller plus loin dans les applications, supposons maintenant que les η_n soient des *variables aléatoires normales indépendantes:*

$$\overline{\eta_n} = 0 \qquad \overline{\eta_n^2} = \sigma_n^2$$

$$\mathrm{Prob}\,[\eta_n < \xi] = \frac{1}{\sqrt{2\pi}\,\sigma_n} \int_{-\infty}^{\xi} e^{-\frac{s^2}{2\sigma_n^2}}\, ds$$

telles que:

$$[21] \qquad \Sigma_1^{+\infty} n^2 \sigma_n < +\infty \quad .$$

Notre définition donne au domaine $\{\omega : \eta_1 < \xi_1 , \ldots , \eta_n < \xi_n\}$ la mesure:

$$\prod_{j=1}^{j=n} \frac{1}{\sqrt{2\pi}\,\sigma_j} \int_{-\infty}^{\xi_j} e^{-\frac{s^2}{2\sigma_j^2}}\, ds \quad .$$

Comme pour une variable normale: $\overline{|\eta_n|} = \sqrt{\dfrac{\pi}{2}}\,\sigma_n$, il est clair que

[21] entraine la condition [14]; donc tous les résultats précédents s'appliquent.

Pour tout (x, t) fixés $u(x, t, \omega)$, $v(x, t, \omega)$ sont des variables aléatoires normales:

[22] $$\overline{u(x, t, \omega)} = 0 \qquad\qquad \overline{v(x, t, \omega)} = 0$$

[23] $$\overline{u(x, t, \omega)^2} = \sum_1^{+\infty} \sigma_n^2 \sin^2 n\pi x \, \cos^2 n\pi t$$

[24] $$\overline{v(x, t, \omega)^2} = \pi^2 \sum_1^{+\infty} n^2 \sigma_n^2 \, \sin^2 n\pi x \, \sin^2 n\pi t$$

les deux séries étant absolument et uniformément convergentes. Tous les autres moments se calculent aussi aisément; par exemple, le coefficient de corrélation du déplacement:

$$\rho(x, t, y, s) = \overline{u(x, t, \omega) \, u(y, s, \omega)}$$

a comme valeur:

[25] $$\rho(x, t, y, s) = \sum_1^{+\infty} \sigma_n^2 \sin n\pi x \, \sin n\pi y \, \cos n\pi t \, \cos n\pi s \ .$$

Il est intéressant de noter que ρ satisfait l'équation des cordes vibrantes par rapport à chacun des systèmes de variables (x, t), (y, s):

$$\rho_{tt} = \rho_{xx} \qquad\qquad \rho_{ss} = \rho_{yy}$$

Cette remarque est un cas particulier d'une propriété très générale des intégrales aléatoires d'équations linéaires aux dérivées partielles [57], [61], [62].

Si, au lieu de la Mécanique statistique des fluides, les Ingénieurs et les Physiciens s'intéressaient à une Mécanique statistique des cordes vibrantes, ce sont les moments tels que $\rho(x, t, y, s)$ qui seraient l'unique objet de leurs mesures; en admettant que les hypothèses faites ici pour simplifier les calculs, soient réalisées dans les mouvements réels des cordes vibrantes, le résultat des mesures des Physiciens, serait finalement de prouver qu'il existe (ou qu'il n'existe pas) une suite de nombres réels $\sigma_1, \ldots, \sigma_n, \ldots$ susceptibles de représenter, à l'approximation près des mesures, les nombres fournis par l'expérience pour $\rho(x, t, y, s)$ etc... par les séries [25] etc.

5 - Les moyennes et le théorème ergodique.

Revenons au système matériel considéré au § 1; nous sommes maintenant pour toute grandeur $f(\omega)$ dépendant de l'état du système, en présence de 2 moyennes différentes:

a) **La moyenne temporelle:**

$$[26] \qquad \overline{[f]}_t = \lim_{T \to +\infty} \frac{1}{2T} \int_{-T}^{T} f(T_t\omega)\, dt$$

calculée le long d'une trajectoire donnée $\Gamma(\omega)$; c'est la moyenne des valeurs prises par la grandeur physique quand on l'observe au cours d'un mouvement déterminé; en général, cette moyenne, lorsqu'elle existe, dépend de la trajectoire $\Gamma(\omega)$ le long de laquelle elle est calculée.

b) **La moyenne statistique ou moyenne d'ensemble:**

$$[8] \qquad \overline{f} = \int_{\Omega} f(\omega)\, d\mu$$

calculée pour tous les états possibles du système.

La Mécanique statistique considère en général, des moyennes du second type; mais, si nous désirons comparer les déductions de la théorie avec les données expérimentales, il est pratiquement impossible d'obtenir les valeurs de moyennes statistiques par des mesures directes, les données expérimentales fournissent toujours des moyennes temporelles. Le problème de la comparison des moyennes temporelles et des moyennes statistiques est donc d'une importance capitale.

Ce fut J.C. MAXWELL qui, en 1850, énonça l'hypothèse ergodique: pour les systèmes ayant un très grand nombre de degrés de liberté, comme par exemple, pour le gaz de la théorie cinétique, *la moyenne statistique est égale à la moyenne temporelle.*

MAXWELL croyait que, quand son hypothèse était satisfaite, c'était parce que chaque trajectoire $\Gamma(\omega)$ passait par tous les points de Ω. Mais cette supposition est logiquement contradictoire, comme l'a remarqué M. PLANCHEREL (1913); ce fait est évident puisque aucune trajectoire ne peut avoir de points multiples et, par suite, ne peut remplir tout l'espace Ω.

Ce fut en 1931-1932 que fut donnée la première solution rigoureuse du problème ergodique par G.D. BIRKHOFF (théorème ergodique individuel) et J. VON NEUMANN (théorème ergodique moyen); on trouvera dans l'ouvrage classique de E.HOPF [33], avec une bibliographie (très complète jusqu'en 1937), un exposé détaillé de cette théorie, que l'on peut, à bien des titres, considérer comme l'une des acquisitions les plus importantes des Mathématiques dans ces dernières décades.

Il est remarquable que les démonstrations du théorème ergodique dues à G.D. BIRKHOFF et à J. VON NEUMANN s'affranchissent du cadre étroit imposé d'abord par la Mécanique statistique de GIBBS et passent d'emblée au stade de généralisation, où l'on n'impose aucune autre propriété à Ω, que d'être un espace de probabilité. Voici l'énoncé du théorème ergodique individuel de G.D. BIRKHOFF:

Soit:

1) $(\Omega, \mathcal{S}, \mu)$ *un espace de probabilité;*

2) G *un groupe abelien de transformations biunivoques* T_t *de* Ω *en lui-même conservant la mesure:*

$$\mu(T_t A) = \mu(A) \ , \qquad \text{pour tout} \quad A \in \mathcal{S} \text{ et pour tout} \quad t \ ,$$

et satisfaisant a la condition de régularité suivante: $\mu(A \cap T_t B)$ *est une fonction mesurable de* t *pour tout* A *et* B *;*

3) $f(\omega)$ *une fonction à valeurs réelles ou complexes sur* Ω *et intégrable par rapport à la mesure* μ: $f(\omega) \in L(\Omega)$.

Alors la moyenne temporelle: $\overline{[f]}_t$ *(calculée le long de la trajectoire* $\Gamma(\omega)$ *déterminée par un point* ω) *existe, sauf peut-être au plus pour un ensemble de points* ω *de mesure nulle. En général* $\overline{[f]}_t$ *dépend de* ω; *on a* $\overline{[f]}_t \in L(\Omega)$ *et:*

$$\int_{\Omega} \overline{[f]}_t \, d\mu = \int_{\Omega} f(\omega) \, d\mu = \bar{f} \ .$$

Si le groupe abélien G *possède la transitivité métrique (c'est à dire si les ensembles invariants par les transformations* T_t, *ont tous pour mesure* 0 *ou* 1), *la moyenne temporelle a la même valeur pour toutes les trajecoires* $\Gamma(\omega)$ *(pour presque tout* ω) *et cette valeur indépen-*

dante de ω *est égale à la moyenne statistique:*

$$[27] \qquad \overline{[f]}_t = \bar{f} \quad .$$

6 - La moyenne statistique.

Nous avons tenté, au chapitre III, de montrer les difficultés qui se présentent, lorsque l'on cherche à donner une définition de la moyenne satisfaisant à toutes les règles de REYNOLDS; ces difficultés s'évanouissent, comme par miracle, si l'on considère une moyenne comme une moyenne statistique, la moyenne d'une fonction aléatoire $f(x, t, \omega)$:

$$[28] \qquad \bar{f}(x, t) = \overline{f(x, t, \omega)} = \int_\Omega f(x, t, \omega)\, d\mu \quad ;$$

au lieu de calculer la moyenne sur une fonction de (x, t), on la prend sur un ensemble de fonctions de (x, t).

Ecrivons à nouveau le tableau des regles de REYNOLDS:

Règle 1	$\overline{f + g} = \bar{f} + \bar{g}$
Règle 2	$\overline{\alpha f} = \alpha \bar{f}$
Règle 3'	$\overline{\bar{f} g} = \bar{f}\, \bar{g}$
Règle 4	$\overline{\dfrac{\partial f}{\partial t}} = \dfrac{\partial \bar{f}}{\partial t} \qquad \overline{\dfrac{\partial f}{\partial x_j}} = \dfrac{\partial \bar{f}}{\partial x_j}$
Règle 5 et 5'	$\overline{f'} = 0 \qquad \bar{\bar{f}} = 0$
Règle 6	$\bar{1} = 1 \quad .$

La règle 6 est évidemment vérifiée; pour que les moyennes $\bar{f}(x, t)$ et $\bar{g}(x, t)$ existent quand $(x, t) \in D$ il faut et il suffit que:

$$f(x, t, \omega) \,,\, g(x, t, \omega) \in L(\Omega) \,, \qquad \text{quand } (x, t) \in D$$

les règles 1, 2 et 5 sont alors immédiatement satisfaites; quant à la règle 3', elle devient identique à 2 puique $\bar{f}$ ne dépend pas de ω Pour que la règle 4 soit satisfaite, il suffit que:

(a) les dérivées $f_t(x,t,\omega)$, $f_{x_j}(x,t,\omega)$ existent pour presque tout $\omega \in \Omega$, quand $(x,t) \in D$

(b)
$$|f_t(x,t,\omega)| \le F(\omega)$$

pour $(x,t) \in D$

$$|f_{x_j}(x,t,\omega)| \le G_j(\omega)$$

avec $F(\omega)$, $G_j(\omega) \in L(\Omega)$.

Le chemin, qui paraissait hérissé d'embuches au chapitre III, devient une voie royale, quand on utilise la moyenne statistique; le but que nous visions en Mécanique des fluides: obtenir des mouvements moyens dépendant de x et de t, est atteint sans la moindre difficulté.

Il nous semble vraisemblable que nous touchons ici à l'explication profonde des règles 1 à 6; REYNOLDS n'a même pas pris la peine de les expliciter, parce qu'elles lui paraissaient évidentes et naturelles; il avait en effet, constamment présent à l'esprit, le passage de la théorie cinétique au mouvement d'un fluide continu, la vitesse $u(x,t)$ apparaissant comme une moyenne des vitesses $U^{(n)}$ des molécules situées à l'instant t, dans un voisinage du point x; les citations faites au chapitre III, suffisent à en faire foi et l'on pourrait les multiplier.

Voici comment REYNOLDS s'exprime au début de son mémoire [90] p.125:

"My object in this paper is to show that the theoretical existence of an inferior limit to the criterion follows from the equations of motion as a consequence:

(1) Of a more rigorous examination and definition of the geometrical basis on which the analytical method of distinguishing between molar-motions and heat-motions in the kinetic theory of matter is founded; and

(2) Of the application of *the same method of analysis*, thus definitely founded, to distinguish between mean-molar-motions and relative-molar-motions where, as in the case of steady-mean-flow along a pipe, the more rigorous definition of the geometrical basis shows the method to be strictly applicable, and in other cases where it is approximately applicable".

Nous nous sommes permis de mettre en italique les mots les plus révélateurs. Le "criterion" qui a donné son titre au mémoire et dont la justification constitue son objet essentiel, c'est la règle, découverte

expérimentalement par lui en 1885: l'écoulement dans un tuyau est laminaire ou turbulent selon que $\dfrac{Vd}{\nu}$ est plus petit ou plus grand que 2000.

Avant de conclure son introduction par la liste des propositions
(a), (b), (c), ..., (0) qui résument l'essentiel de ses résultats, REYNOLDS
écrit encore: [90] p. 128.

"Having thus placed the analytical method used in the kinetic theory
on a definite geometrical basis, and adapted so as to render it applicable to all systems of motion, by applying it to the dynamical theory of
viscous fluid, I have been able to show...".

Bien que le nom de James Clark MAXWELL ne soit mentionné nulle part
dans le mémoire d'Osborne REYNOLDS, on est très frappé par l'analogie
de ses raisonnements avec ceux de MAXWELL dans l'établissement de ses
fameuses "équations de transfert" (1868): la méthode par laquelle REY-
NOLDS cherche à tirer ses équations (R_j) des équations de NAVIER (N_j)
semble calquée sur celle par laquelle MAXWELL démontre (ou croit démontrer!...) les équations de NAVIER, à partir de la théorie cinétique.
Pour MAXWELL, aucun doute n'est possible: les moyennes sont des moyennes
statistiques; la fonction de distribution, qui équivaut à une loi de
probabilité dans l'espace des vitesses, intervient constamment: les règles 1 à 6 sont donc satisfaites. Quant à REYNOLDS, - dont la pensée
semble loin d'être arrivée à la maturité de celle de MAXWELL sur les
principes de base, - on a l'impression que, tandis qu'il pense dans son
subconscient en termes statistiques, sa plume écrit, en fait, des moyennes spatiales. Pour MAXWELL, cette transposition n'aurait soulevé, d'ailleurs, pas l'ombre d'une difficulté: moyennes statistiques, moyennes spatiales, moyennes temporelles étant toutes égales, en vertu d'un *principe ergodique,* qui lui apparaissait comme une évidence physique, pour les
systèmes possédant un très grand nombre de degrés de liberté.

Quoi que l'on pense de ces spéculations historiques sur l'origine
des règles de REYNOLDS, un fait reste fermement établi:

*La moyenne statistique satisfait toutes les règles 1 à 6: chaque
fois, par conséquent, que l'on aura pu prouver, soit dans l'espace, soit
dans le temps, un théorème ergodique pour une classe de fonctions aléatoires* $f(x, t, \omega)$, *il en résultera que la moyenne spatiale ou la moyenne*

temporelle, respectivement, - étant égale à la moyenne statistique pour presque tous les échantillons -, devra nécessairement, pour presque tous les échantillons, satisfaire aux règles 1 à 6.

Un exemple simple suffira pour illustrer cette proposition générale. Prenons pour Ω le tore à deux dimensions:

$$\omega = [\omega_1, \omega_2]$$

$$[\omega_1 + 1, \omega_2] \equiv [\omega_1, \omega_2 + 2] \equiv [\omega_1, \omega_2] \quad ;$$

soit μ la mesure de LEBESGUE:

$$\mu(A) = \iint_A d\omega_1 \, d\omega_2 \quad .$$

Définissons le groupe abélien de transformations par:

$$T_t \omega = [\omega_1 + t \ , \ \omega_2 + \sqrt{2}\ t] \qquad\qquad -\infty < t < +\infty \ ;$$

chaque transformation conserve la mesure μ et le groupe possède la transitivité métrique.

Considerons l'anneau $\mathcal{A}$ des fonctions réelles $f(\omega_1, \omega_2)$ telles que

(α) f est mesurable;   (β) f est bornée;   (γ) f est périodique en ω_1 et ω_2 :

$$f(\omega_1 + 1, \omega_2) = f(\omega_1, \omega_2 + 1) = f(\omega_1, \omega_2) \quad .$$

Pour toute $f \in \mathcal{A}$ la fonctions, définie sur $R \times \Omega$:

$$F(t, \omega) = f(\omega_1 + t, \omega_2 + \sqrt{2}\ t)$$

est une fonction aléatoire stationnaire de t . En vertu du théorème ergodique, on a:

$$\lim_{T \to \infty} \frac{1}{T} \int_0^T F(t, \omega)\, dt = \int_\Omega F(t, \omega)\, d\mu$$

pour presque tout echantillon $\omega \in \Omega$. Or la moyenne statistique:

$$\int_\Omega F(t, \omega)\, d\mu = \int_0^1 \int_0^1 f(\omega_1, \omega_2)\, d\omega_1\, d\omega_2 = \bar{f}$$

satisfait toutes les règles 1 à 6.

Pour les règles 1, 2, 3', 5, 5', 6, la vérification est immédiate; pour la règle 6:

$$\frac{\overline{df}}{dt} = \frac{d\overline{f}}{dt} = 0$$

elle est vérifiée (conformément à ce que nous avons dit au sujet de (T_D) au § 5 du chapitre III) chaque fois qu'elle a un sens, donc chaque fois que le premier membre existe; il suffit pour cela que la fonction $f(\omega_1,\omega_2)$ possède des dérivées f_{ω_1} et f_{ω_2} et que:

$$f_{\omega_1}(\omega_1,\omega_2) \quad , \quad f_{\omega_2}(\omega_1,\omega_2) \in L(\Omega) \quad .$$

La moyenne statistique satisfaisant les règles 1 à 6, il en est donc de même évidemment de la moyenne temporelle:

$$\lim_{T\to+\infty} \frac{1}{T}\int_0^T F(t,\omega)dt = \lim_{T\to+\infty} \frac{1}{T}\int_0^T f(\omega_1+t, \omega_2+\sqrt{2}\,t)\,dt \quad ,$$

chaque fois qu'elle lui est égale, c'est à dire pour presque tout $\omega \in \Omega$.

Remarquons en passant que pour chaque $f \in \mathcal{A}$ et, f étant donnée, pour presque tout $\omega \in \Omega$, nous obtenons une fonction de t :

$$g(t) = f[\omega_1+t, \omega_2+\sqrt{2}\,t]$$

pour laquelle la moyenne [9] du chapitre III, suggérée par la définition de BOUSSINESQ:

$$\overline{g} = \lim_{T\to+\infty} \frac{1}{T}\int_0^T g(t)\,dt$$

satisfait à toutes les règles du jeu.

Chaque fois que comme dans l'exemple précédent, le théorème ergodique s'applique à una classe de fonctions, l'égalité des moyennes statistiques et des moyennes temporelles ou spatiales est un principe fondamental qui doit dominer toute la théorie des moyennes.

C'est pourquoi, croyons-nous, s'il est parfaitement légitime du point de vue mathématique, de rechercher des définitions de la moyenne qui ne satisfont pas à toutes les règles de REYNOLDS, on ne peut, sans mûre réflexion, adopter ce point de vue en Mécanique des fluides; ceci équivaut à proclamer, par avance, dans la construction d'une Mécanique statistique des fluides, l'impossibilité d'un théorème ergodique.

CHAPITRE V

La turbulence homogène

1 - Introduction.

Pour nous, *la Mécanique statistique de la turbulence homogène repose essentiellement sur l'étude des champs de vitesses aléatoires*, c'est à dire d'un champ vectoriel $u_j(x, t, \omega)$ défini sur un espace produit $R^3 \times J \times \Omega$, ou $R^3 = \{x : -\infty < x_j < +\infty\}$, J désigne un intervalle de temps $J = \{t : 0 < t < \tau \leq +\infty\}$ et $(\Omega, \mathcal{S}, \mu)$ un espace de probabilité; la notion d'homogénéité correspond à la stationnarité du champ aléatoire, par rapport à x : *toutes les lois de probabilité de l'ensemble fini de $3n$ variables aléatoires:*

$$u_j(x^{(1)}, t_0, \omega) , \ldots , u_j(x^{(n)}, t_0, \omega)$$

(où l'instant t_0 est quelconque), *doivent être invariantes quand on imprime une translation arbitraire à l'ensemble de points* $x^{(1)}, \ldots, x^{(n)}$ *quel que soit l'ensemble fini de points choisi.*

Dans l'ensemble des champs vectoriels $u_j(x, t, \omega)$, un *échantillon*, correspondant à un choix d'un point particulier ω dans Ω, définit donc un mouvement du fluide dans tout l'espace et pour l'intervalle de temps $0 < t < \tau$.

2 - Champs de vitesses aléatoires.

La Cinématique de la turbulence homogène se propose de *décrire* le champ des vitesses à un instant donné, son évolution en fonction du temps t étant réservée à la Dynamique; le champ des vitesses étant observé à un instant t donné, il est inutile de faire figurer t dans les formules de la Cinématique; elle reposera donc sur l'étude d'un champ aléatoire stationnaire, c'est à dire de 3 fonctions $u_j(x, \omega)$ définies sur

$R^3 \times \Omega$, dont les propriétés statistiques doivent être invariantes pour toute translation.

Dans [50] et [60], nous avons développé une méthode qui conduit aisément à la construction de champs vectoriels aléatoires stationnaires: on peut l'appliquer chaque fois que l'on connait un groupe abélien de transformations à 3 paramètres:

$$[1] \qquad\qquad \omega = T_{x_1, x_2, x_3} \omega \qquad\qquad -\infty < x_j < +\infty$$

qui conserve la mesure dans Ω:

$$[2] \qquad\qquad \mu(T_{x_1, x_2, x_3} A) = \mu(A) \qquad\qquad \text{pour } A \in \mathcal{S} ;$$

il suffit alors de se donner 3 fonctions mesurables quelconques $f_j(\omega)$; les formules:

$$[3] \qquad\qquad u_j(x, \omega) = f_j(T_{x_1, x_2, x_3} \omega)$$

définissent un champ vectoriel aléatoire stationnaire.

Prenons par exemple, pour Ω un tore à six dimensions:

$$\omega = [\omega_1, \omega_2, \omega_3, \omega_4, \omega_5, \omega_6]$$

$$[\omega_1, \ldots, \omega_j + 1, \ldots, \omega_6] \equiv [\omega_1, \ldots, \omega_j, \ldots, \omega_6] \qquad j = 1, 2 \ldots 6$$

choisissons comme mesure μ la mesure de LEBESGUE et définissons le groupe abélien de transformations de Ω en lui-même par:

$$T_{x_1, x_2, x_3} \omega = [\omega_1 + x_1 , \omega_2 + \sqrt{2}\, x_1 , \omega_3 + x_2 , \omega_4 + \sqrt{3}\, x_2 , \omega_5 + x_3 , \omega_6 + \sqrt{5}\, x_3]$$

qui conserve évidemment la mesure.

Soient $f_j(\omega_1, \ldots, \omega_6)$ trois fonctions périodiques de période 1 par rapport à chaque ω_j et mesurables au sens de LEBESGUE; les formules:

$$u_j(x, \omega) = f_j(\omega_1 + x_1 , \omega_2 + \sqrt{2}\, x_1 , \omega_3 + x_2 , \omega_4 + \sqrt{3}\, x_2 , \omega_5 + x_3 , \omega_6 + \sqrt{5}\, x_3)$$

définissent un champ vectoriel aléatoire stationnaire; chaque échantillon du champ est presque périodique en x_1, x_2, et x_3 ; son allure correspond donc assez bien à celle que nous révèlent les observations du champ des vitesses d'une turbulence homogène.

3 - **Le tenseur de corrélation.**

Nous supposerons désormais que

[4]
$$f_j(\omega) \in L^2(\Omega)$$

ce qui implique:

[5]
$$f_j(\omega) \in L(\Omega) \quad .$$

Les moyennes statistiques des composantes de la vitesse sont données par:

$$\overline{u}_j(x) = \int_\Omega f(T_{x_1,\,x_2,\,x_3}\omega)\,d\mu \quad ;$$

or, puisque les transformations conservent la mesure, en faisant dans l'intégrale le changement de variable $\omega = T_{-x_1,\,-x_2,\,-x_3}\omega'$

$$\overline{u}_j(x) = \int_\Omega f_j(\omega')\,d\mu \quad .$$

Les moyennes ont donc une valeur constante $\overline{u}_j$ indépendante du point x dans R^3; on peut toujours, sans diminuer la généralité, supposer nulles ses valeurs constantes:

[6]
$$\overline{u}_j = 0$$

ou, ce qui revient au même, considérer les $u_j(x,\omega)$ comme représentant *les fluctuations de vitesse autour de la moyenne constante.*

Prenons deux points quelconques x et x' et posons:

[7]
$$x'-x = h \quad ; \quad x_j'-x_j = h_j \qquad j = 1,2,3 \quad .$$

Considérons le tenseur à neuf composantes·

$$u_j(x',\omega)\,u_k(x,\omega) \quad .$$

Les moyennes statistiques de ces neuf composantes sont données par:

$$\overline{u_j(x',\omega)\,u_k(x,\omega)} = \int_\Omega f_j(T_{x_1',\,x_2',\,x_3'}\omega)\,f_k(T_{x_1,\,x_2,\,x_3}\omega)\,d\mu \quad .$$

En vertu de l'invariance de la mesure en faisant le changement de variable: $\omega = T_{-x'_1, -x'_2, -x'_3}\omega'$, on obtient:

$$[8] \qquad \overline{u_j(x',\omega)\, u_k(x,\omega)} = \int_\Omega f_j(T_{h_1, h_2, h_3}\omega)\, f_k(\omega)\, d\mu = \rho_{j,k}(h)\ .$$

La moyenne statistique du tenseur $u_j(x',\omega)\, u_k(x,\omega)$ ne dépend pas de x et x', mais seulement de $x'-x$; elle est invariante pour une translation quelconque dans l'espace R^3.

Les neuf fonctions $\rho_{j,k}(h)$ *définissent le tenseur de corrélation d'une turbulence spatialement homogène.*

Il convient de noter que, quand ce tenseur fut introduit par Th. VON KÁRMÁN, ce fut en utilisant des moyennes d'une type différent; KARMAN ne considérait pas un ensemble de champs vectoriels $u_j(x,\omega)$ mais un champ vectoriel unique (un "échantillon" correspondant à un ω) dépendant non seulement de x, mais encore de t : $u_j(x,t,\omega_0)$; implicitement, se plaçant au point de vue habituel du Physicien, c'était donc, non aux moyennes statistiques calculées sur Ω, mais aux moyennes temporelles:

$$\lim_{T\to+\infty} \frac{1}{2T} \int_{t-T}^{t+T} u_j(x',s,\omega_0)\, u_k(x,s,\omega_0)\, ds$$

qu'il se référait.

Pour la nomenclature et la comparaison de toutes les définitions du tenseur de corrélation, on pourra consulter le mémoire de F.N. FREN-KIEL [20].

4 - Le tenseur spectral.

L'analyse harmonique du champ vectoriel aléatoire d'un écoulement turbulent spatialement homogène est un simple cas particulier de l'analyse harmonique des fonctions aléatoires strictement stationnaires sur un groupe abélien localement compact: le groupe G est celui des translations de l'espace euclidien.

On trouvera dans [50] un exposé de cette methode, avec une bibliographie des extensions successives de l'analyse harmonique, resolue de abord par H.CRAMER pour une fonction aléatoire stationnaire et étendue à des cas de plus en plus généraux; dans la méthode qui nous a conduit à l'extension la plus générale, l'analyse harmonique est une transposition de la formule de M.H.STONE dans la théorie de l'espace de HILBERT, connue sous le nom de décomposition de l'identité.

Le résultat essentiel peut se résumer de la façon suivante:

Introduisons un espace auxiliaire Λ , espace euclidien à 3 dimensions, l'espace des *nombres d'ondes* $\lambda_1, \lambda_2, \lambda_3$; à tout champ vectoriel aléatoire stationnaire correspond, dans Λ , un tenseur $S_{j,k}(\lambda)$, le *tenseur spectral,* les fonctions $S_{j,k}(\lambda)$ étant des fonctions complexes à variation bornée, telles que:

$$[9] \qquad \rho_{j,k}(h) = \int_{\Lambda} e^{i\lambda h} \, dS_{j,k}(\lambda)$$

$$\lambda h = \lambda_1 h_1 + \lambda_2 h_2 + \lambda_3 h_3 \quad .$$

Nous avons introduit (voir [50] pour la bibliographie détaillée) le tenseur spectral dans une Conférence générale donnée au VIIème Congrès International de Mécanique appliquée, Londres 1948; au même Congrès, G.K.BATCHELOR a proposé une définition du même tenseur, voisine de la nôtre; mais sa communication ne contient pas l'expression générale de ce tenseur pour un fluide incompressible que nous avions donnée dans notre exposé.

Il convient d'observer que la représentation du tenseur spectral par l'intégrale de FOURIER-STIELTJES [9] n'implique nullement, comme on l'a parfois admis à tort, que les échantillons du champ vectoriel $u_j(x,\omega)$ sont eux-mêmes représentables par des intégrales de FOURIER-STIELTJES:

$$u_j(x,\omega) = \int_{\Lambda} e^{i\lambda x} \, dW_j(\lambda,\omega)$$

où les fonctions W_j seraient à variation bornée sur Λ pour presque tout ω; il est aisé de montrer (voir [50] p.599) que cette conclusion est, généralement, fausse et que l'intégrale ne peut prendre de sens que, dans un contexte tout à fait différent, celui de la convergence forte dans un espace de HILBERT.

En général, les composantes $S_{j,k}$ du tenseur spectral peuvent être des fonction discontinues de λ; la situation est encore plus compliquée pour les fonctions à variation bornée de plusieurs variables que pour les fonctions d'une variable et on peut construire des types de spectres très éloignés des intuitions habituelles des Physiciens.

Le cas le plus simple et le plus intéressant, - si nous écartons la possibilité, dans le spectre d'un écoulement turbulent, d'une concentration de l'énergie cinétique sur des "lignes" pures, - est celui où les neuf composantes $S_{j,k}$ du tenseur spectral sont absolument continues dans Λ; c'est à dire que le tenseur de corrélation est le transformé de **FOURIER** d'un tenseur dont les composantes $\varphi_{j,k}(\lambda)$ appartiennent à $L(\Lambda)$:

$$[10] \qquad \rho_{j,k}(h) = \int_{\Lambda} e^{i\lambda h}\, \varphi_{j,k}(\lambda)\, d\lambda$$

nous appellerons le nouveau tenseur $\varphi_{j,k}$ *le tenseur de densité spectrale*.

On démontre que:

(a) les six composantes $\varphi_{j,k}(\lambda)$, $j \neq k$, sont des fonctions complexes et les trois composantes diagonales $\varphi_{j,j}(\lambda)$ sont des fonctions réelles non négatives:

$$[11] \qquad \varphi_{j,j}(\lambda) \geq 0$$

(b) le tenseur a la symmétrie hermitienne:

$$[12] \qquad \varphi_{j,k}(\lambda) = \varphi_{k,j}^{*}(\lambda)$$

(c) pour chaque $\lambda \in \Lambda$, quels que soient $\mathcal{E}_1, \mathcal{E}_2, \mathcal{E}_3$ complexes:

$$[13] \qquad \Psi = \sum_{j,k} \mathcal{E}_j \mathcal{E}_k^{*}\, \varphi_{i,k}(\lambda) \geq 0$$

c'est à dire que Ψ est une forme quadratique hermitienne définie positive.

Considérons l'invariant du tenseur de densité spectrale:

$$[14] \qquad \varphi(\lambda) = \sum_{j} \varphi_{j,j}(\lambda) \geq 0$$

D'après [8], on a:

$$[15] \qquad \int_\Lambda \varphi(\lambda)\, d\lambda = \sum_j \overline{u_j(x,\omega)^2} \quad .$$

Considérons dans l'espace R^3 une "boite" quelconque B telle que la masse du fluide emplissant B soit égale à l'unité. Pour l'échantillon du champ vectoriel correspondant à ω, l'énergie cinétique du fluide contenu dans B, est égale à

$$E(\omega) = \frac{1}{2}\int_B \sum_j u_j(x,\omega)^2\, dm \quad .$$

La moyenne statistique de l'énergie cinétique du fluide contenu dans la boite B est donnée par:

$$[16] \qquad \overline{E} = \overline{E(\omega)} = \frac{1}{2}\int_\Lambda \varphi(\lambda)\, d\lambda \quad .$$

Il suffit pour le montrer, d'intervertir les intégrations dans:

$$\overline{E(\omega)} = \int_\Omega \left[\frac{1}{2}\int_B \sum_j u_j(x,\omega)^2\, dm\right] d\mu$$

et d'utiliser [15].

Cette valeur, comme il était facile de le prévoir, *est complètement indépendante de la forme et de la position de la boite B dans l'espace.*

Ce résultat justifie le nom de "tenseur de densité spectrale";
$\frac{1}{2}\,\varphi(\lambda)\,d\lambda$ *représente la contribution à la valeur statistique moyenne de l'énergie cinétique du fluide, des nombres d'onde $\lambda_1,\lambda_2,\lambda_3$ appartenant au parallélépipède infinitésimal de centre λ et de volume $d\lambda = d\lambda_1 d\lambda_2 d\lambda_3$.*

Au lieu de la fonction $\varphi(\lambda)$ de trois variables $\lambda_1,\lambda_2,\lambda_3$, on considère souvent une fonction $\phi(\kappa)$ d'une seule variable, définie de la manière suivante; soit S une sphère de centre O et de rayon κ dans Λ; posons:

$$\phi(\kappa) = \int_S \varphi(\lambda)\, ds \qquad\qquad \kappa^2 = \lambda_1^2 + \lambda_2^2 + \lambda_3^2$$

où ds désigne l'aire sur la sphere unité (angle solide):

$$d\lambda = \kappa^2\, d\kappa\, ds \quad .$$

Avec cette notation [16] s'écrit:

$$\overline{E} = \frac{1}{2}\int_0^{+\infty} \kappa^2\, \phi(\kappa)\, d\kappa$$

$\phi(\kappa)$ apparait ainsi comme la contribution à la moyenne statistique de l'énergie cinétique des fluctuations dont les nombres d'ondes sont compris entre les deux sphères κ et $\kappa + d\kappa$: on convient de l'appeler le *spectre d'énergie* du champ vectoriel aléatoire.

5 - Les équations des composantes du tenseur spectral.

Pour que le fluide soit incompressible, il faut et il suffit que chaque échantillon vérifie l'équation:

$$(N_4) \qquad\qquad \sum_k \frac{\partial}{\partial x_k}\, u_k(x,\omega) = 0 \quad .$$

Nous supposerons désormais que le champ vectoriel aléatoire stationnaire satisfait aux conditions plus restrictives: pour un échantillon quelconque, les trois composantes $u_j(x,\omega)$ sont des fonctions continues de x, ayant des dérivées continues jusqu'à l'ordre 4; cette hypothèse implique que:

$$[17] \qquad\qquad \kappa^p\, \varphi_{j,k}(\lambda) \in L(\Lambda) \qquad\qquad p = 0,\ 1, 2, 3, 4$$

Nous devons souligner que les deux propositions ne sont nullement équivalentes; si les dérivées existent, [17] est satisfaite, mais - comme d'ailleurs pour la continuité statistique - la réciproque n'est pas vraie: [17] pourrait être satisfaite sans que les dérivées des $u_j(x,\omega)$ existent pour aucun échantillon du champ vectoriel.

La seule conséquence nécessaire de la condition [17], c'est, en vertu des propriétés classique des transformées de FOURIER, d'entrainer la existence des dérivées des $\rho_{j,k}$ jusqu'à l'ordre 4, les valeurs de ces dérivées étant obtenues en dérivant [9] sous le signe somme.

Si on multiplie l'équation (N_4) par $u_j(x', \omega)$, puis que l'on prenne la moyenne, on obtient les trois relations:

$$[18] \qquad \sum_k \frac{\partial}{\partial h_k}\, \rho_{j,k}(h) = 0 \quad , \qquad\qquad j = 1, 2, 3$$

A cause des hypothèses faites sur les $\varphi_{j,k}$, en dérivant sous le signe somme, on aboutit à la condition:

$$[19] \qquad \sum_k \lambda_k \varphi_{j,k}(\lambda) = 0 \quad , \qquad\qquad j = 1, 2, 3$$

Un des principaux avantages de la substitution du tenseur de densité spectrale au tenseur de corrélation dans la théorie statistique de la turbulence homogène est le fait que, les 3 équations aux dérivées partielles [18] sont remplacées par les conditions algébriques très simples [19].

Le tenseur de densité spectrale de la turbulence spatialement homogène d'un fluide incompressible est donc caractérisé par l'addition aux propriétés générales (a), (b), (c) énoncées plus haut, de la propriété (d) exprimée par les équations [19].

Or il est facile de démontrer que la forme générale d'un tenseur satisfaisant les conditions (a), (b), (c) et (d) est donnée par:

$$[20] \qquad \varphi_{j,k}(\lambda) = a_j(\lambda)\, a_k^*(\lambda) + b_j(\lambda)\, b_k^*(\lambda)$$

où a_j et b_j sont les six composantes de deux vecteurs complexes arbitraires, orthogonaux au vecteur fréquence λ et orthogonaux entre eux.

En posant: $a^2 = \sum_j |a_j|^2$, $b^2 = \sum_j |b_j|^2$ l'expression [20] prend la forme:

$$[21] \qquad \varphi_{j,k}(\lambda) = \left(1 - \frac{b^2}{a^2}\right) a_j a_k^* + \left(\delta_{j,k} - \frac{\lambda_j \lambda_k}{\kappa^2}\right) b^2$$

($\delta_{j,k}$ = tenseur unité: $\delta_{j,j} = 1$, $\delta_{j,k} = 0$, $j \neq k$)

Si $b^2 = a^2$, nous avons comme cas particulier:

$$[22] \qquad \varphi_{j,k}(\lambda) = \left(\delta_{j,k} - \frac{\lambda_j \lambda_k}{\kappa^2}\right) b^2 \qquad .$$

Si $b^2 \neq a^2$, en supposant $b^2 < a^2$, introduisons le vecteur:

$$c_j = \sqrt{1 - \frac{b^2}{a^2}} \, a_j$$

nous obtenons l'expression du tenseur de densité spectrale pour une turbulence spatialement homogène dans un fluide incompressible, sous la forme:

$$[23] \qquad \varphi_{j,k}(\lambda) = c_j(\lambda) \, c_k^*(\lambda) + \left(\delta_{j,k} - \frac{\lambda_j \lambda_k}{\kappa^2}\right) b^2(\lambda)$$

ou $c_j(\lambda)$ est un vecteur complexe arbitraire orthogonal au vecteur fréquence:

$$\sum_j \lambda_j c_j(\lambda) = 0$$

et $b^2(\lambda)$ un scalaire réel positif.

L'invariant du tenseur est égal à:

$$[24] \qquad \varphi(\lambda) = c^2 + 2\,b^2 \quad .$$

Si les propriétés statistiques du champ vectoriel aléatoire ne sont pas seulement invariantes pour une translation quelconque dans R^3, mais en outre, en chaque point x, pour une rotation quelconque autour d'un axe passant par x, on a un type plus particulier de turbulence appelée *homogène et isotrope;* presque toutes les recherches faites jusqu'à maintenant ont été limitées à ce type spécial; le fait saillant mis en évidence par Th. VON KÁRMÁN, c'est que, dans ce cas, on ne dispose que d'une seule fonction scalaire arbitraire.

Nous ne nous étendrons pas spécialement ici sur ce cas particulier; nous nous contenterons d'indiquer que, si le fluide est incompressible, il correspond pour le tenseur spectral, à la forme simplifiée [22].

6 - Corrélation et spectre du tourbillon.

Soit $v(x, \omega)$ le tourbillon du champ de vitesses $u(x, \omega)$, c'est à dire

$$v(x, \omega) = \text{rot } u(x, \omega)$$

les composantes de $v(x, \omega)$ sont définies par:

$$v_j(x, \omega) = \frac{\partial u_{j+2}}{\partial x_{j+1}} - \frac{\partial u_{j+1}}{\partial x_{j+2}} \qquad j = 1, 2, 3 \qquad j + 3 = j$$

Les neuf composantes du *tenseur de corrélation du tourbillon:*

$$\overline{v_j(x', \omega) \, v_k(x, \omega)}$$

sont des combinaisons de termes de la forme:

$$\overline{\frac{\partial}{\partial x'_r} u_j(x', \omega) \frac{\partial}{\partial x_s} u_k(x, \omega)} = \int_\Lambda e^{i\lambda h} \lambda_r \lambda_s \varphi_{j,k}(\lambda) \, d\lambda$$

obtenus en dérivant [8] par rapport à x'_r et x_s ; la dérivation sous le signe somme est légitime à cause de l'hypothèse [17].

Le tenseur $\psi_{j,k}(\lambda)$ *de densité spectrale du tourbillon* tel que:

$$\overline{v_j(x', \omega) \, v_k(x, \omega)} = \int_\Lambda e^{i\lambda h} \psi_{j,k}(\lambda) \, d\lambda$$

est alors donné en fonction de $\varphi_{j,k}$ par les formules:

[25]
$$\psi_{j,k} = \kappa^2 \left[-\varphi_{j,k} + \left(\delta_{j,k} - \frac{\lambda_j \lambda_k}{\kappa^2} \right) \varphi \right] \; .$$

Son invariant a pour valeur:

[26]
$$\psi(\lambda) = \sum_j \psi_{j,j}(\lambda) = \kappa^2 \varphi(\lambda) \; .$$

Considérons l'énergie tourbillonnaire du fluide contenu dans une boite B de masse unité:

$$J(\omega) = \int_B \sum_j v_j(x, \omega)^2 \, dm \; .$$

Par des calculs identiques à ceux effectués sur 1 energie cinétique, on obtient pour la moyenne statistique de l'energie tourbillonnaire:

[27]
$$\bar{J} = \overline{J(\omega)} = \int_\Lambda \psi(\lambda) \, d\lambda$$

ou, d'après [26]:

[28]
$$\bar{J} = \int_{\Lambda} \kappa^2 \, \varphi(\lambda) \, d\lambda \quad .$$

De [16] et [28] on tire:

[29]
$$\frac{\bar{E}}{\bar{J}} = \frac{\displaystyle\int_{\Lambda} \varphi(\lambda) \, d\lambda}{2\displaystyle\int_{\Lambda} \kappa^2 \, \varphi(\lambda) \, d\lambda} = L^2 \quad .$$

L est une longueur qui, du point de vue statistique, mesure *l'échelle moyenne* des tourbillons dans l'écoulement turbulent.

7 - Cinématique de la turbulence homogène.

Dans l'exposé qui précède, l'espace de probabilité $(\Omega, \mathbb{S}, \mu)$ est resté abstrait; les résultats demeurent exacts quels que soient les espaces de probabilité particuliers auxquels on les applique. A la limite, Ω pourrait ne contenir que deux points ω_1 et ω_2 et μ serait définie en affectant à chacun d'eux la masse ½; il n'y aurait alors que deux échantillons $u(x, \omega_1)$ et $u(x, \omega_2)$ du champ vectoriel aléatoire et la moyenne serait définie par:

$$\frac{1}{2} \, [u_j(x, \omega_1) + u_j(x, \omega_2)] \quad .$$

Nous obtiendrions ainsi un formalisme exact, mais vide de tout contenu intéressant pour la Mécanique des fluides.

Pour qu'un champ vectoriel aléatoire s'applique réellement à la Cinématique de la turbulence homogène, il faut que l'ensemble des échantillons contienne tous les champs vectoriels susceptibles de représenter à un instant donné, le champ des vitesses d'une turbulence homogène; il faut donc renverser, en quelque sorte, l'ordre des opérations. Au lieu d'aboutir à un ensemble d'échantillons, qui nous est imposé par un choix des $u_j(x, \omega)$, nous devons, au contraire, partir, a priori, d'un ensemble de champs vectoriels suffisamment ample; *c'est cet ensemble lui-même qui constitue* Ω.

Supposons, pour donner un exemple, que nous voulions considérer tous les champs vectoriels dont les composantes u_j sont des fonctions continues de x_1, x_2, x_3 dans R^3; Ω sera alors un espace produit:

$$\Omega = C(R^3) \times C(R^3) \times C(R^3) \quad .$$

Soit:

[30]
$$\omega = [V_1(x), V_2(x), V_3(x)]$$

un des champs vectoriels de l'ensemble considéré; on peut continuer, si on le désire, à utiliser la notation: $u_j(x, \omega)$, les fonctions u_j étant définies sur $R^3 \times \Omega$: mais cette notation prend ici le sens suivant:

$$u_j(x, \omega) = V_j(x)$$

les trois fonctions V_j étant précisèment celles qui correspondent au point particulier ω de Ω défini par [12].

Dans cette perspective, la donnée primitive est l'ensemble Ω des champs vectoriels; on vient simplement, ensuite, coller une "étiquette" ω sur chacun d'eux.

L'ensemble Ω ayant été choisi, pour que les $u_j(x, \omega)$ soient des fonctions aléatoires, il faut savoir définir sur Ω une mesure de probabilité μ; on est donc ramené, comme au § 4 du chapitre IV, à construire une mesure sur un espace fonctionnel convenablement choisi.

Or, s'il est relativement facile de définir une mesure de probabilité sur les espaces fonctionnels qui sont des espaces de BANACH (et en particulier des espaces de HILBERT), [62], [65], [66], [67], [68],]69], il se trouve malheureusement, ainsi que nous l'avons souligné au chapitre II, que les champs vectoriels utiles pour l'étude de la turbulence homogène, ne constituent pas des espaces de Banach, mais bien des espaces de G. MACKEY; leur topologie est définie, non par une norme, mais par une famille de pseudo-normes.

G. BIRKHOFF et moi-même publierons prochainement un travail: "Kinematics of homogeneous turbulence", où Ω est *l'ensemble de tous les champs vectoriels tels que l'énergie cinétique:*

$$\frac{\rho}{2}\int_{D} \sum_{j} V_j(x)^2 dx < +\infty$$

soit finie pour tout domaine D *compact:*

$$V_j(x) \in L^2(D) \quad , \quad D \text{ compact.}$$

La mesure μ , que nous définissons sur Ω , est une mesure *normale*, en ce sens que toute *fonctionnelle linéaire* sur Ω :

$$\int_{D} \sum_{j} V_j(x)\, \alpha_j(x)\, dx$$

suit une *loi de LAPLACE-GAUSS:*

$$\mu\{\omega: \ a \leq \int_{D} \sum_{j} V_j(x)\, \alpha_j(x)\, dx \leq b\} = \frac{1}{\sqrt{2\pi}\ \sigma}\int_{a}^{b} e^{-\frac{s^2}{2\sigma^2}}\, ds \quad .$$

La mesure μ est *homogène*, c'est à dire que toutes les propriétés statistiques sont invariantes pour une translation dans l'espace R^3.

Pour une définition convenablement précisée de l'équivalence de deux mesures μ_1 et μ_2 , à un spectre d'énergie donné $\phi(x)$ absolument continu, correspond une et une seule mesure μ .

L'ensemble des champs vectoriels essentiellement continus a la mesure 1; enfin, (théorème ergodique spatial) les moyennes statistiques sont égales aux moyennes spatiales pour presque tous les champs vectoriels appartenant à Ω.

8 - Le problème dynamique de la turbulence.

Après la description statistique du champ des vitesses à un instant t (Cinématique de la turbulence) on devrait naturellement passer a l'étude de son évolution en fonction du temps t (Dynamique de la turbulence). C'est à ce moment précis qu'il faut faire un choix crucial: *Supposerons-nous, oui ou non, que le champ des vitesses doit satisfaire aux équations de NAVIER?*

Puisque, comme nous avons essayé de le montrer dans l'Introduction, nous n'avons aujourd'hui aucune raison qui nous contraigne impérativement à rejeter les équations de NAVIER, acceptons-les, au moins provisoirement. *Cette décision implique que les fonctions aléatoires* $u_j(x,t,\omega)$, $p(x,t,\omega)$ *- dont l'étude constituera essentiellement la Mécanique statistique de la turbulence, - doivent être des intégrales aléatoires des équations de NAVIER.* C'est ce qui fait la profonde différence entre la Cinématique et la Dynamique de la turbulence homogène: pour développer la Cinématique de la turbulence homogène, nous pouvions choisir n'importe quel champ vectoriel aléatoire, défini par des fonctions aléatoires $u_j(x,\omega)$ stationnaires en x; maintenant nous sommes liés par une condition; pour construire la Dynamique de la turbulence homogène, parmi les champs vectoriels aléatoires stationnaires en x, nous sommes contraints de nous limiter à ceux où les fonctions $u_j(x,t,\omega)$ sont, comme fonctions de (x,t), des intégrales des équations de NAVIER.

A ce point de vue, toute Dynamique de la turbulence doit donc être basée sur certains ensembles d'intégrales des équations de NAVIER; si l'on se contente d'un formalisme, laissant complètement dans le vague la définition et la nature de cet ensemble, on peut reprendre toutes les notions introduites aux § 2, 3, 4 et définir:

(a) une vitesse moyenne:

$$\bar{u}_j(t) = \int_\Omega u_j(x,t,\omega)\, d\mu$$

(indépendante de x, en vertu de la stationnarité en x du champ vectoriel).

(b) un tenseur de corrélation:

$$\rho_{j,k}(h,t) = \int_\Omega u_j(x',t,\omega)\, u_k(x,t,\omega)\, d\mu$$

(c) un tenseur de densité spectrale, lié au précédent par:

$$\rho_{j,k}(h,t) = \int_\Lambda e^{i\lambda h}\, \varphi_{j,k}(\lambda,t)\, d\lambda \quad .$$

L'évolution du spectre d'énergie se tire alors de l'équation des forces vives; en multipliant chacune des équations (N_j) par u_j et en ajoutant les résultats, on obtient l'équation (*):

$$\frac{1}{2}\frac{\partial}{\partial t}\left(\sum_j u_j^2\right) + \sum_{j,k}\frac{\partial}{\partial x_k}(u_j^2 u_k) = \nu\sum_j u_j\Delta u_j - \frac{1}{\rho}\sum_j\frac{\partial}{\partial x_j}(p\,u_j) \ .$$

On intègre cette équation dans une boite quelconque B contenant une masse de fluide égale à l'unité; puis on prend la moyenne statistique; il est clair que:

$$\frac{1}{2}\int_\Omega\left[\iint_B \sum_j u_j(x,t,\omega)^2\,dm\right]d\mu = \overline{E(t,\omega)} = \bar{E}(t)$$

et une transformation connue montre que:

$$\int_\Omega\left[\iint_B \sum_j u_j\Delta u_j\,dm\right]d\mu = -\,\overline{J(t,\omega)} = \bar{J}(t)$$

où $E(t,\omega)$ et $J(t,\omega)$ désignent respectivement l'énergie cinétique et l'énergie tourbillonnaire du fluide contenu dans B à l'instant t, pour l'échantillon ω.

D'autre part, l'homogénéité spatiale du champ vectoriel entraine, comme le montrent des calculs faciles (voir [50] p. 615-616):

$$\int_\Omega\left[\iint_B \sum_{j,k}\frac{\partial}{\partial x_k}(u_j^2 u_k)\,dm\right]d\mu = 0$$

$$\int_\Omega\left[\iint_B \sum_j\frac{\partial}{\partial x_j}(p\,u_j)\,dm\right]d\mu = 0 \ .$$

On obtient ainsi l'équation d'évolution de l'énergie cinétique moyenne:

[31] $$\frac{d}{dt}\bar{E}(t) = -\,\nu\,\bar{J}(t)$$

en appliquant les formules [16] et [28] on en tire pour l'invariant

____

(*) On suppose qu'il n'y a pas de forces exterieures: $X_j = 0$.

$\varphi(\lambda, t)$ du tenseur de densité spectrale:

$$[32] \qquad \int_{\Lambda} \left[\frac{\partial \varphi}{\partial t} + 2\nu \, \kappa^2 \, \varphi \right] d\lambda = 0 \ .$$

La fonction définie par

$$[33] \qquad \theta(\lambda, t) = \frac{\partial}{\partial t} \, \varphi(\lambda, t) + 2\nu \, \kappa^2 \, \varphi(\lambda, t)$$

peut s'appeler la *fonction balance,* puisqu'elle donne la balance entre l'énergie cinétique moyenne reçue par les tourbillons correspondant aux nombres d'onde $\lambda_1, \lambda_2, \lambda_3$, et l'énergie dissipée par la viscosité; elle est simplement assujettie à la condition:

$$[32'] \qquad \int_{\Lambda} \theta(\lambda, t) \, d\lambda = 0 \ .$$

Nous avons, dans l'Introduction, sommairement rappelé les nombreux travaux consacrés, depuis 1940, à des tentatives de détermination de $\theta(\lambda, t)$; l'hypothèse la plus naïve consiste à supposer:

$$[34] \qquad \theta(\lambda, t) = 0 \ .$$

Les tourbillons de diametres différents n'échangent pas, en moyenne, d'énergie entre eux; toute l'énergie des tourbillons correspondant aux nombres d'onde $\lambda_1, \lambda_2, \lambda_3$ est directement dissipée par viscosité. On tire immédiatement de l'équation [33] la loi d'évolution:

$$\varphi(\lambda, t) = \varphi_0(\lambda) \, e^{-2\nu\kappa^2 t}$$

l'énergie des petits tourbillons (κ grand) se dissipe plus rapidement que celle des grands. En particulier, si l'on suppose que le spectre d'énergie est donné à l'instant initial par:

$$\phi_0(\kappa) \sim 4 \, \kappa^2$$

on obtient "la loi du décrement de la turbulence" de LOITSIANSKY [82],

$$\overline{E}(t) = B(\nu t)^{-5/2} \ ,$$

qui eut son heure de célébrité.

Nous n'irons pas plus loin dans cette voie, nous permettant de renvoyer à l'ouvrage de G.K. BATCHELOR [4], pour un exposé des recherches sur l'évolution du spectre d'énergie, basée sur des hypothèses plus subtiles que [34].

Si nous ne développons pas davantage cet exposé, c'est parce que nous ne perdons pas de vue, que les résultats précédents ne cessent d'être purement formels qu'à partir du moment où nous précisons l'espace de probabilité $(\Omega, \mathfrak{S}, \mu)$ placé à la base de la construction des $u_j(x, t, \omega)$. Bien entendu, comme nous le rappelions au § 7, cet espace peut-être très maigre; il peut, à la limite, ne contenir que deux points ω_1 et ω_2 ; le formalisme précédent aurait alors le sens suivant: on considère 2 intégrales $u_j(x, t, \omega_1), p(x, t, \omega_1)$ et $u_j(x, t, \omega_2), p(x, t, \omega_2)$ des équations de NAVIER; toutes les moyennes sont définies sur l'ensemble de ces deux intégrales.

Les formules cessent d'être vides; mais aurons-nous la naïveté de croire qu'elles nous apprennent quelque chose sur la turbulence?...

Pour que notre théorie puisse avoir quelque valeur, il faut que le ensemble des intégrales des équations de NAVIER, soit, au contraire, le plus ample que possible, de façon à n'éliminer, a priori, aucun des champs vectoriels dont l'allure générale s'accorde avec les observations de la turbulence homogène.

C'est donc la méthode du § 3 du chapitre IV qui s'impose: il faut se donner un espace fonctionnel Ω très large, par exemple, celui que nous avons introduit au § 7: l'ensemble de tous les champs vectoriels $\omega = [V_1(x), V_2(x), V_3(x)]$ tels que l'énergie cinétique soit finie pour tout domaine compact; l'ensemble des champs vectoriels $\omega_t = [U_1(x,t), U_2(x,t), U_3(x,t)]$ sera alors constitué par toutes les intégrales des équations de NAVIER qui prennent la valeur initiale ω, le sens du mot "integrale" et de la phrase "prenant la valeur" ayant au préalable été précisé, par exemple, dans le sens suggéré au § 5 du chapitre I... Cet énoncé nous montre clairement que nous cherchons à bâtir un édifice dans le vide: comment aller plus loin, sans un théorème d'existence et d'unicité pour la classe considérée d'intégrales des équations de NAVIER?...

Arrivés à ce point crucial, il nous semble inutile d'insister: comment chercher à construire des mesures μ sur un espace fonctionnel dont nous ignorons les propriétés les plus essentielles?

Contentons-nous de noter [46] que, si, comme nous l'espérons, la Mécanique statistique de la turbulence homogène peut un jour franchir, ou tourner, le mur qui barre sa route, elle différera sur un point essentiel du schéma général esquissé au § 3 du chapitre IV; en effet, *un fluide visqueux n'est pas un système conservatif*. Cette remarque a des conséquences importantes: elle remet en question l'invariance de la mesure μ par les transformations du semi-groupe (théorème de LIOUVILLE). On peut se demander également, si le théorème ergodique, que G. BIRKHOFF et moi-même croyons avoir démontré pour les moyennes spatiales, ne tombe pas en défaut pour les moyennes temporelles.

9 - Conclusion.

Tandis que je vous parle, j'aperçois à travers les arcades blanches de la Villa Monastero, les rives enchantées du lac de Côme; un brin de poésie me sera sûrement pardonné, dans un tel cadre. Permettez - donc que, pour ma conclusion, j'emprunte des images à votre immortel DANTE. Dans le microcosme des recherches sur la turbulence homogène, je crois retrouver les trois divisions de la Divine Comédie:

Paradiso, Purgatorio, Inferno.

Dans le Paradis, avec son soleil rayonnant de gloire, je placerai hardiment toute la partie de la Cinématique basée sur la notion de fonction aléatoire stationnaire; des retouches de détails restent possibles, mais l'essentiel parait définitivement acquis.

Au contraire, la Dynamique me semble attendre dans les larmes du Purgatoire; récitons un *De Profundis*, pour que les progrès de la théorie des équations de NAVIER permettent, un jour, de faire monter au Paradis tant de belles recherches basées sur des intuitions physiques profondes.

Mais ne nous dissimulons pas que certaines de ces intuitions n'auront été que les illusions d'un jour; quand leur contradiction avec l'ensemble des prémisses aura été démontrée, elles tomberont, pour toujours, dans les flammes rougeoyantes de l'Enfer.

B.I B L I O G R A P H I E

[1] L. AGOSTINI et J. BASS – "Les théories de la turbulence".
Public. Scien. et techn. Ministère de l'Air N° 237
Paris, 1950.

[2] J. ARBAULT – "Nouvelles propriétés des transformations de Reynolds".
Comptes-Rendus Acad. Sciences t. 239. 1954. p. 858-860.

[3] J. ARBAULT – "Sur les transformations de Reynolds quasi régulières".
Comptes-Rendus Acad. Sciences t. 239. 1954. p. 949-951.

[4] G. K. BATCHELOR – "The theory of homogeneous turbulence".
1 volume Cambridge University Press. 1953.

[5] G. BIRKHOFF – "Moyennes des fonctions bornées".
Colloque d'Algèbre et de théorie des Nombres. Paris
Septembre 1949. p. 149-153.

[6] G. BIRKHOFF et J. KAMPÉ DE FÉRIET – "Sur un modèle de turbulence homogène isotrope". Comptes-Rendus Acad. Sciences t. 239. 1954.
p. 16-18.

[7] G. BIRKHOFF et J. KAMPÉ DE FÉRIET – "Champs de vitesses aléatoires".
Proc. IXème International Congress Applied Mech.
Bruxelles Septembre 1956 (Sous presse).

[8] S. BOCHNER et K. CHANDRASEKHARAN – "Fourier transforms".
1 volume Princeton University Press. 1949. 219 pages.

[9] J. BOUSSINESQ – "Essai sur la théorie des eaux courantes" (1872).
Mém. Sav. Etr. Acad. Sciences Paris t. 23. 1877. p. 1-680.

[10] J. M. BÜRGERS – "Application of a model system to illustrate some
points of the Statistical theory of turbulence".
Proc. Kon. Ned. Akad. Vet nsch. t. 43. 1940. p. 2-12.

[11] J. M. BÜRGERS – "The formation of vortex sheets on simplified type
of turbulent motion".
Proc. Kon. Ned. Akad. Wetensch t. 53. 1950. p. 122.

[12] J. M. BÜRGERS – "A mathematical model illustrating the theory of
turbulence".
Advances Applied Mechanics t. 1. 1948. p. 171-199.

[13] E. CHANDRASEKHAR – "Theory of Turbulence".
Phys. Rev. t. 102. 1956. p. 941.

[14] J. L. B. COOPER – "The uniqueness of the solution of the equation of
heat conduction".
Journal of the London Mathematical Society. t. 25.
1950. p. 173-180.

[15] G. DOETSCH — "Les équations aux derivees partielles du type parabolique".
Enseignement Math. t.35. 1936. p.43-87.

[16] Mme DUBREIL-JACOTIN — "Propriétés algébriques des transformations de Reynolds".
Comptes-Rendus Acad. Sciences t.236. 1953. p.1136-1138.

[17] Mme DUBREIL-JACOTIN — "Propriétés algébriques des transformations de Reynolds".
Comptes-Rendus Acad. Sciences t.236. 1953. p.1950-1951.

[18] Mme DUBREIL-JACOTIN — "Propriétés générales des transformations de Reynolds".
Comptes-Rendus Acad. Sciences t.239. 1954. p.856-858.

[19] Mme DUBREIL-JACOTIN — "Sur le passage des équations de Navier-Stokes aux équations de Reynolds".
Comptes-Rendus Acad. Sciences t.244. 1957. p.2887-2890.

[20] F.N. FRENKIEL — "Etude statistique de la turbulence: fonctions spectrales et coefficients de corrélation".
G.R.A. Rapport technique N° 34. Paris 1948.

[21] M. GEVREY — "Sur les équations aux dérivées partielles du type parabolique".
Journ. de Math. t.9. 1913. p.305-471 et t.10. 1914 p.105-148.

[22] M. GEVREY — "Sur la nature analytique des solutions des équations aux dérivées partielles".
Annales de l'Ecole Norm. Sup. t.35. 1918. p.129-190.

[23] J. HADAMARD — "Principes de Huyghens et prolongement analytique".
Bull. Soc. Math. France t.52. 1924. p.241-278.

[24] Ph. HARTMAN et A. WINTNER — "On the solution of the equation of heat conduction".
American Journal of Math. t.72. 1950. p.367-395.

[25] E. HILLE — "A note on Cauchy's problem".
Ann. S.té polonaise Math. t.25. 1952. p.56-68.

[26] E. HILLE — "Une généralisation du probleme de Cauchy".
Ann. Inst. Fourier t.4. 1952. p.31-48.

[27] E. HILLE — "Le problème abstrait de Cauchy".
Universita' e Politecnico di Torino. Seminario Matematico t.12. 1952-53. p.95-103.

[28] E. HILLE — "Quelques remarques sur l'équation de la chaleur".
Consiglio nazionale delle ricerche. Pubblicazioni dell'Istituto per le applicazioni del Calcolo.
Roma t.15. Serie V. 1956. fasc.1-2 p.1-17.

[29] R. HIRSCHFELD — "Sur les semi-groupes de transformation de Reynolds".
Comptes-Rendus Acad. Sciences t.245. 1957. p.1493-1495.

[30] E. HOLMGREN — "Om Cauchys problem vid de lineara partiella differentialekvationerna af 2.dra ordningen".
Arkiv för Mat. Astr. och Fys. t.2. 1905-06. Nr 24.

[31] E. HOLMGREN — "Sur une application de l'equation intégrale de M. Volterra".
Arkiv för Mat. Astr. och Fys. t.3. 1906-07. Nr 12.

[32] E. HOLMGREN   — "Sur l'équation de la propagation de la chaleur".
Arkiv för Mat. Astr. och Fys. t.4 1908. Nr 14. et
t.4 1908. Nr 18.

[33] E. HOPF   — "Ergodentheorie".
1 volume J. SPRINGER. Berlin 1937.

[34] E. HOPF   — "A mathematical example Displaying Features of turbulence".
Communications pure appl. Math. t.1. 1948. p.303-322.

[35] E. HOPF   — "The partial differential equation $u_t + u\,u_x = \mu\,u_{xx}$".
Communications pure appl. Math. t.3. 1950. p.201-230.

[36] E. HOPF   — "Über die Anfangewertaufgabe für die hydrodynamis-
chen Grundgleichungen".
Mathematische Nachrichten t.4. 1950-51. p.215-231.

[37] E. HOPF   — "Statistical hydromechanics and Functional Calculus".
Journal of Rational Mech. and Analysis t.1. 1952. p.87-123.

[38] E. HOPF et E. W. TITT   — "On certain special solutions of the ϕ-equations of
Statistical Hydrodynamics".
Journ. of Rational Mech. and Analysis t.2. 1953. p.587-591.

[39] A. A. ISAKSON   — "Exposé de J. M. BÜRGERS".
3ème Congrès Inter. Mec. Appl. Stockholm 1930. p.18-21.

[40] P. JANSSENS   — "Sur le rôle des corrélations en turbulence homogène".
Mémoires Acad. Royale Belgique t.30. 1957. Fasc.5 p.3-112.

[41] J. KAMPÉ DE FÉRIET   — "L'état actuel du problème de la turbulence".
La Science Aéronautique t.3. 1934. p.9-34 et t.4.
1935. p.12-52.

[42] J. KAMPÉ DE FÉRIET   — "Les fonctions aléatoires stationnaires et la théorie statistique de la turbulence homogène".
Annales S.té Scientifique Bruxelles t.59. 1939. p.145-196.

[43] J. KAMPÉ DE FÉRIET   — "Sur la moyenne des mesures dans un écoulement turbulent des anémometres dont les indications sont in-
dépendantes de la direction".
La Météorologie. 4ème série N° 2. 1946. p.133-143.

[44] J. KAMPÉ DE FÉRIET   — "La notion de moyenne dans les équations du mouvement turbulent d'un fluide".
VIème Congrès International Mec. Appliquée Paris 1946.

[45] J. KAMPÉ DE FÉRIET   — "Sur un problème d'algèbre abstraite pose par la définition de la moyenne dans la theorie de la turbulence".
Annales S.te Scientifique Bruxelles t.63. 1949. p.156-172.

[46] J. KAMPE DE FÉRIET   — "Sur la mecanique statistique des milieux continus".
Congrès Inter. Philosophie des Sciences. Paris Octobre 1949.
t.3. 1951 Actualites Scientifiques t.137. p.129-144.

[47] J. KAMPE DE FERIET   — "Statistical mechanics of a continuous medium (vi-
brating string with fixed ends)".
Proc. 2nd Symposium on Mathematical Statistics and
Probability. Berkeley. August 1950 p.553-566.

[48] J. KAMPÉ DE FÉRIET   — "Averaging processes and Reynolds equations in atmospheric turbulence".
Journal of Meteorology t.8. 1951. p.358-361.

[49] J.KAMPÉ DE FÉRIET   — "L'unicité du mouvement d'un fluide visqueux incom-
                           pressible et l'équation de la chaleur".
                           VIIIème Congrès International de Mécanique Théorique
                           et Appliquée. Istanbul, août 1952. t.1. p.281.

[50] J.KAMPÉ DE FÉRIET   — "Fonctions aléatoires et théorie statistique de la
                           turbulence".
                           Chapitre 14 (p.568-623) de l'ouvrage: Théorie des
                           Fonctions aléatoires de A.BLANC-LAPIERRE et R.FORTET.
                           MASSON éditeur Paris 1953.

[51] J.KAMPÉ DE FÉRIET   — "Zür definition des Mittels in der statistichen Theorie
                           der Turbulenz".
                           Physikalische Verhandlungen t.3. 1953. p.37-38.

[52] J.KAMPÉ DE FÉRIET   — "Fonctions aléatoires harmoniques dans un demi-plan".
                           Comptes-Rendus Acad. Sciences t.237. 1953. p.1632-1634.

[53] J.KAMPÉ DE FÉRIET   — "L'intégration de l'équation de la chaleur pour des
                           données initiales aléatoires".
                           Jubilé scientifique de M. Dimitri RIABOUCHINSKY Pub.Sci.
                           et techn. Ministère de l'Air. Paris 1954. p.153-169.

[54] J.KAMPÉ DE FÉRIET   — "Transformations de Reynolds opérant dans un ensem-
                           ble de fonctions mesurables non négatives".
                           Comptes-Rendus Acad. Sciences t.239. 1954. p.787-789.

[55] J.KAMPÉ DE FÉRIET   — "Construction des transformations de Reynolds régulières".
                           Comptes-Rendus Acad. Sciences t.239. 1954. p.934-936.

[56] J.KAMPÉ DE FÉRIET   — "Problèmes mathématiques posés par la mécanique sta-
                           tistique de la turbulence".
                           Proc. Intern.Congress Math. Amsterdam 1954. t.3. p.237-242.

[57] J.KAMPÉ DE FÉRIET   — "Intégrales aléatoires d'équations aux dérivées par-
                           tielles à coefficients constants".
                           Institut Henri Poincaré. Séminaire Calcul des Pro-
                           babilités 7 Janvier 1955. p.1-22.

[58] J.KAMPÉ DE FÉRIET   — "Intégrales aléatoires de l'équation de la chaleur
                           dans une barre infinie".
                           Comptes-Rendus Acad. Sciences t.240. 1955. p.710-712.

[59] J.KAMPÉ DE FÉRIET   — "Fonctions harmoniques aléatoires dans le cercle unité".
                           80ème Congrès S té Savantes Lille Juin 1955. p.411-415.

[60] J.KAMPÉ DE FÉRIET   — "Introduction to the Statistical Theory of Turbulence".
                           Journ. Soc. Indust. Appl. Math. t.2.   March 1954.
                           p.1-9; September 1954. p.143-174;   December 1954.
                           p.244-271; t.3 September 1955. p.90-117.

[61] J.KAMPÉ DE FÉRIET   — "Random solutions of partial differential equations".
                           Proc. 3rd Symposium on Mathematical Statistics and
                           Probability. Berkeley 1955. t.3. p.199-208.

[62] J.KAMPÉ DE FÉRIET   — "Représentation d'un champ vectoriel aleatoire ayant
                           une matrice de covariance donnee".
                           Institut Henri Poincaré. Séminaire Calcul des Pro-
                           babilités. 20 Janvier 1956. p.1-23.

[63] J.KAMPÉ DE FÉRIET   — "La notion de moyenne dans la théorie de la turbulence".
                           Rendiconti del Seminario Matematico e Fisico di Mi-
                           lano t.27. 1955-56. p.1-43.

[64] J. KAMPÉ DE FÉRIET   — "Solutions aléatoires de l'équation de la diffusion".
Comptes-Rendus Acad. Sciences t. 243. 1956. p. 929-932.

[65] J. KAMPÉ DE FÉRIET   — "Construction de mesures dans certains espaces fonctionnels en vue des applications à la Physique mathématique".
Séminaire sur les problèmes mathématiques de la Physique théorique. Lille 10 Janvier 1957. p. 1-22.

[66] J. KAMPÉ DE FÉRIET   — "Une classe de mesures de probabilité sur les espaces l^p et L^p $(p \geq 1)$".
Comptes-Rendus Acad. Sciences t. 244. 1957. p. 1119-1122.

[67] J. KAMPÉ DE FÉRIET   — "Mesures de probabilité sur un espace de Hilbert séparable".
Comptes-Rendus Acad. Sciences t. 244. 1957. p. 1850-1853.

[68] J. KAMPÉ DE FÉRIET   — "Mesures de probabilité sur les espaces de Banach admettant une base dénombrable".
Comptes-Rendus Acad. Sciences t. 244. 1957. p. 2450-2454.

[69] J. KAMPÉ DE FÉRIET   — "Mesures de probabilité sur l'espace de Banach $C[0,1]$".
Comptes-Rendus Acad. Sciences t. 245. 1957. p. 813-816.

[70] J. KAMPÉ DE FÉRIET. A. MARTINOT-LAGARDE et G. ROLLIN — "Etude sur l'utilisation des anémomètres dans un courant d'air turbulent".
Publications Scientifiques et Techniques du Ministère de l'Air N° 156. 1939. 1 volume 52 pages.

[71] J. KAMPÉ DE FÉRIET et R. BETCHOV — "Theoretical and experimental averages of a turbulent function".
Proc. Kon. Ned. Akad. Wetensch. t. 53. 1951. p. 389-398.

[72] Th. VON KÁRMÁN et C. C. LIN — "On the concept of similarity in the theory of isotropic turbulence".
Advances Applied Mechanics t. 2 p. 1.

[73] L. KELLER et A. FRIEDMANN — "Differentialgleichungen für die turbulente Bewegung einer Kompressibler Flüssigkeit".
Proc. 1st. International Congress Applied Mechanic 1924. p. 394-405.

[74] A. KOLMOGOROFF   — "The local structure of turbulence in incompressible viscous fluid for very large Reynolds numbers".
Comptes-Rendus Acad. Sciences U.R.S.S. t. 30. 1941. p. 301-305.

[75] A. KOLMOGOROFF   — "On degeneration of isotropic turbulence in an incompressible viscous liquid".
Comptes-Rendus Acad. Sciences U.R.S.S. t. 31. 1941. p. 538-541.

[76] A. KOLMOGOROFF   — "Dissipation of energy in locally isotropic turbulence".
Comptes-Rendus Acad. Sciences U.R.S.S. t. 32. 1941. p. 16-18.

[77] L. KOVASZNAY   — "Spectrum of locally isotropic turbulence".
Journ. Aero. Sci. t. 15. 1948. p. 745-753.

[78] J. LERAY   — "Sur le mouvement d'un liquide visqueux emplissant l'espace".
Acta Math. t. 63. 1934. p. 193-248.

[79] C. C. LIN   — "Remarks on the spectrum of turbulence".
Proc. 1st. Symposium in Applied Mathematics. Amer. Soc. 1947. p. 81.

[80] C.C. LIN — "On the law of decay and the spectrum of isotropic turbulence". Proc. 7th International Congress Applied Mechanic t.2. 1948. p.27.

[81] C.C. LIN — "Note on the law of decay of isotropic turbulence". Proc. Nat. Acad. Sci. Washington t.34. 1948. p.540-543.

[82] L. LOITSIANSKY — "Some basic laws of isotropic turbulent flow". Rep. Cent. Aero Hydrodyn. Inst. Moscow. N° 440.

[83] I. MOLINARO — "Détermination d'une $\mathcal{R}$ transformation de Reynolds". Comptes-Rendus Acad. Sciences t.244. 1957. p.2890-2893.

[84] A. OBUKHOFF — "On the distribution of energy in the spectrum of turbulent flow". Comptes-Rendus Acad. Sciences U.R.S.S. t.32. 1941. p.19-21.

[85] L. ONSAGER — "The distribution of energy in turbulence (abstract)". Phys. Rev. t.68. 1945; p.286.

[86] L. ONSAGER — "Statistical Hydrodynamics". Nuovo Cimento t.6. 1949. p.279-287.

[87] C.W. OSEEN — "Das Turbulenzproblem". 3ème Congrès International Mech. Appl. Stockholm t.1. 1930. p.3-18.

[88] M.PLANCHEREL et G.POLYA — "Sur les valeurs moyennes des fonctions réelles définies pour toutes les valeurs de la variable". Commentarii Mathematici Helvetici t.3. 1931. p.114-120.

[89] O. REYNOLDS — "An experimental investigation of the circumstances which determine whether the motion of water shall be direct or sinuous and the law of resistance in parallel channels". Philos. Trans. R. Soc. A. t.74 Partie III. 1883. p.935-982.

[90] O. REYNOLDS — "On the dynamical theory of incompressible viscous fluids and the determination of the criterion". Philos. Trans. R. Soc. A. t.86 Partie I. 1895. p.123-164.

[91] L. SEDOV — "Decay of isotropic turbulent motions of incompressible fluid". Comptes-Rendus Acad. Sciences U.R.S.S. t.42. 1944. p.116-119.

[92] Mme SHU-TEH-CHEN-MOY — "Characterisation of conditional expectation as a transformation on function spaces". Pacific Journal of Math. t.4 March 1954. p.47-63.

[93] J. SOPKA — "On the Characterization of Reynold's - Operators on the Algebra of all continuous Functions on a compact Hausdorf Space". Thesis Harvard University 1950.

[94] A. TYCHONOFF — "Théorème d'unicité pour l'équation de la chaleur". Matematiceskii Sbornik t.42. 1935. p.199-216.

[95] C. VON WEIZSÄCKER — "Das Spektrum der Turbulenz bei grossen Reynoldschen zahlen". Z.Phys. t.124. 1948. p.614.

[96] D.V. WIDDER — "Positive temperatures on an infinite rod". Trans. Amer. Math. Soc. t.55. 1944. p.85-95.

[97] N. WIENER — "The Fourier integral and certain of its applications". 1 volume Cambridge University Press 1933.

SEZIONE B

M. L. DUBREIL - JACOTIN
(Faculté des Sciences - Université de Paris)

SUR LES AXIOMES DES MOYENNES

JEAN ARBAULT
(Faculté des Sciences - Université de Dijon)

TRANSFORMATIONS DE REYNOLDS SUR UN ENSEMBLE FINI

ODDVAR BJÖRGUM
(Matematisk Institutt - Universitetet i Bergen)

ON THE POSSIBILITY OF A MATHEMATICAL THEORY OF SHEAR - FLOW TURBULENCE

JOHN LAUFER
(Jet Propulsion Laboratory - California Institute of Technology)

THE HOT - WIRE TECHNIQUE IN SUPERSONIC RESEARCH

HITZDRAHTMESSUNGEN IN FREIEN GRENZSCHICHTEN
(Kármánsche Wirbelstrasse und Freistrahl)

Prof. Dr. R. WILLE - Dr. O. WEHRMANN

M. L. DUBREIL - JACOTIN

(Faculté des Sciences - Université de Paris)

SUR LES AXIOMES DES MOYENNES

Nous considérons une famille $\mathcal{A}$ de fonctions réelles d'une ou plusieurs variables réelles définies sur un ensemble X qui, dans le cas d'une seule variable, sera le plus souvent un segment ou la droite toute entière. Cette famille sera en général un anneau, ce qui veut dire que si f est une fonction de la famille $(f \in \mathcal{A})$ il en sera de même de $-f$ et qu'avec f et g, $\mathcal{A}$ contient $f+g$ et fg. De plus nous supposons qu'avec la fonction f, $\mathcal{A}$ contient la fonction kf où k est un nombre réel quelconque. On aurait sans doute avantage à supposer seulement que $\mathcal{A}$ est un espace vectoriel dans lequel on peut multiplier certains couples d'éléments: nous supposerons ici, comme J. KAMPÉ de FÉRIET que $\mathcal{A}$ est à la fois un espace vectoriel et un anneau. Enfin nous supposons que la fonction e, $\{e(x) = 1$ pour tout $x \in X\}$, appartient a $\mathcal{A}$, grâce à quoi d'une part l'anneau possède un élément unité et, d'autre part, nous n'éliminons pas a priori les moyennes usuelles qui sont des constantes.

Définir une moyenne dans $\mathcal{A}$ c'est donner une correspondance $f \to \bar{f}$ qui à chaque fonction f de $\mathcal{A}$ fait correspondre une fonction $\bar{f}$ bien déterminée de $\mathcal{A}$, satisfaisant à certaines propriétés que nous allons préciser. D'abord il ne s'agira ici que de moyennes linéaires conservant les constantes, c'est-à-dire vérifiant les axiomes:

$$
L \begin{cases} \overline{f+g} = \bar{f} + \bar{g} & [1] \\ \overline{kg} = k\,\bar{g} & [2] \\ \bar{e} = e & [3] \end{cases}
$$

Les axiomes [1] et [2] expriment la linéarité, [3] que la constante 1 est conservée, [2] entraîne alors en faisant $g = e$ que toute constante non nulle est conservée; mais [2] entraîne encore $\overline{(-f)} = -\bar{f}$ et [1], en faisant $g = -f$, donne aussi $\bar{0} = 0$.

Pour simplifier nous écrirons le plus souvent k pour la fonction ke égale à k en tout point de X; nous pourrons alors écrire $\bar{k} = k$ et remarquer que ceci entraîne $\bar{\bar{k}} = \bar{k}$.

Si les moyennes $\bar{f}$ étaient toutes des constantes, [2] entraînerait:

$$(T) \qquad \overline{\overline{f}\,\overline{g}} = \overline{f}\,\overline{g}$$

Mais comme on aurait $\bar{\bar{g}} = \bar{g}$, ceci entraînerait $\overline{\overline{f}\,\overline{g}} = \overline{f}\,\overline{\overline{g}} = \overline{f}\,\overline{g}$; on aurait donc en tenant compte de [1]:

$$(R) \qquad \overline{\overline{f}\,g + f\,\overline{g}} = \overline{f}\,\overline{g} + \overline{\overline{f}\,\overline{g}}$$

Ainsi donc pour des moyennes constantes les conditions T et R sont trivialement satisfaites. La condition (T) est celle utilisée par J. KAMPÉ de FÉRIET depuis son article de 1935 dans "la Science aérienne" pour caractériser ce qu'il appelle les moyennes ou transformations de Reynolds. La condition (R) pour une moyenne vérifiant les axiomes L, s'écrit en posant $f = \bar{g} + f'$, $g = \bar{g} + \dot{g}'$ sous la forme équivalente:

$$(R^*) \qquad \overline{fg} = \overline{f}\,\overline{g} + \overline{f'\dot{g}'}$$

c'est ce que J. KAMPÉ de FÉRIET appelle la "relation classique pour les moyennes de produits de variables aléatoires" (BLANC-LAPIERRE et FORTET, formule (14-23-4), p. 612).

Le problème de la recherche des moyennes de Reynolds consiste à rechercher parmi les moyennes vérifiant les conditions L toutes celles grâce auxquelles le passage des équations de Navier-Stokes aux équations de Reynolds est légitime.

On en trouvera une famille extrêmement large en imposant outre la condition (R), la condition:

$$(D) \qquad \overline{\frac{\partial f}{\partial \mathcal{E}}} = \frac{\partial \bar{f}}{\partial \mathcal{E}} \quad \text{pour toutes les variables } \mathcal{E} \text{ intervenant dans } f$$

(voir M-L. DUBREIL-JACOTIN. - C. R. Acad. Sc. Paris, t. 244, 12 juin 1957, p. 2887).

Dans tous ses travaux depuis 1935, J. KAMPÉ de FÉRIET n'a pris en considération que la condition (T); s'il a bien reconnu récemment que le passage des équations de Navier-Stokes aux équations de Reynolds utilise non pas (T) mais seulement (R), il n'en a pas moins tout de suite ajouté la condition $\overline{\overline{f}} = \overline{f}$, ou la condition équivalente $\overline{f'} = 0$, pour se ramener à l'étude de son système antérieur, (Conférence de Milan, Rendiconti del Seminario Matematico e Fisico di Milano, Vol. XXVII, 1955-56, p. 12).

Nous voulons montrer par quelques considérations algébriques simples l'intérêt qu'il y a à rejeter la condition (T) et à adopter la condition (R) pour définir les moyennes de Reynolds.

Nous avons déjà rappelé que dans le cas de moyennes qui seraient des constantes (R) et (T) sont sans intérêt puisque l'une et l'autre sont trivialement conséquence de [2]. Nous nous plaçons donc dans le cas général des moyennes $\overline{f}$ non nécessairement constantes; et rappelons quelques résultats généraux: (voir: G. BIRKHOFF - Colloque d'Algèbre, Paris 1949, Th. 1, p. 145).

1) Toute moyenne du type (L) vérifiant (T) vérifie (R):
En effet, en faisant $g = e$ dans (T), il vient $\overline{\overline{f}} = \overline{f}$ d'où, en remplaçant g par $\overline{g}$ dans (T) $\overline{\overline{f}\,\overline{g}} = \overline{f}\,\overline{g}$ et par suite $\overline{\overline{f}\,g + g\overline{f}} = 2\overline{f}\,\overline{g} = \overline{f}\,\overline{g} + \overline{\overline{f}\,\overline{g}}$ qui est bien la condition (R).

2) Les moyennes vérifiant (L) et (R) vérifient (T) si et seulement si $\overline{\overline{f}} = \overline{f}$. La condition est évidemment nécessaire en vertu de ce qui précède; elle est suffisante comme on le voit en prenant dans (R) pour fonction g la fonction $\overline{h}$ où h est une fonction arbitraire; il vient $\overline{\overline{f}\,\overline{h} + f\overline{\overline{h}}} = \overline{f}\,\overline{\overline{h}} + \overline{\overline{f}\,\overline{h}}$ c'est-à-dire, puisque $\overline{\overline{h}} = \overline{h}$, $\overline{f\overline{h}} = \overline{f}\,\overline{h}$ qui est bien la condition (T).

Nous ne laisserons donc échapper aucune moyenne de Reynolds vérifiant (L , T , D) en recherchant les moyennes de Reynolds vérifiant (L , R , D); si donc nous montrons que (L , T , D), dans des conditions assez larges n'a pas de solution (autre que $\overline{f} = f$ pour toute fonction f, solution qui vérifie évidemment trivialement aussi bien le système (L , R , D) que le système (L , T , D)) et que (L , R , D) en possède une inté-

ressante non seulement algébriquement mais physiquement, nous serons en droit de conclure à l'intérêt de rejeter la condition (T) au profit de la condition (R). C'est précisément ce que nous allons faire.

Auparavent faisons remarquer qu'à la suite de J. KAMPÉ de FÉRIET la condition (D) a été laissée de côté par les algébristes qui ont d'abord étudié le problème général de la recherche des transformations de Reynolds vérifiant (L) et (T). Dans cet esprit, j'ai proposé l'étude des transformations vérifiant (L) et (R) dont l'aspect symétrique et la signification statistique ne semblaient plus satisfaisants que (T). Je renvoie à ma conférence du Colloque d'Algèbre de Bruxelles (décembre 1956) pour les propriétés algébriques de ces transformations, ainsi qu'aux mémoires à paraître dans les publications de l'Université d'Alger de MM. ARBAULT et MOLINARO pour ce qui concerne le cas où X est fini, cas qui fait d'ailleurs l'objet de la conférence de J. ARBAULT qui fait suite à la mienne.

Comme l'a fait I. MOLINARO, nous allons faire jouer ici à la condition (D) un rôle prépondérant. Mais il nous faut encore préciser dans quel anneau de fonctions nous allons nous placer. Comme nous voulons faire jouer à la condition (D) un rôle important, il nous faut supposer que $\mathcal{A}$ contient en même temps que f la fonction $\dfrac{\partial f}{\partial \mathcal{E}}$. Si donc nous nous bornons à des fonctions d'une seule variable, nous nous placerons dans l'anneau des fonctions indéfiniment dérivables qui est le plus grand dans lequel on puisse considérer cette condition. Rappelons qu'étant donnée une moyenne définie dans un anneau $\mathcal{A}^*$, on dit qu'elle a une *restriction* au sous-anneau $\mathcal{A}$ de $\mathcal{A}^*$ si cette moyenne associe à toute fonction f de $\mathcal{A}^*$ qui appartient à $\mathcal{A}$ une moyenne $\bar{f}$ appartenant à $\mathcal{A}$; on dit inversement qu'une moyenne définie dans $\mathcal{A}$ est extensible à $\mathcal{A}^*$ si on peut définir dans $\mathcal{A}^*$ une moyenne au moins ayant une restriction à $\mathcal{A}$ identique à la moyenne considérée. Il est bien évident que pour que de l'étude de toutes les moyennes dans $\mathcal{A}^*$ on puisse déduire l'étude de toutes les moyennes dans $\mathcal{A}$, il faut d'abord que toute moyenne dans $\mathcal{A}$ soit extensible à $\mathcal{A}^*$ et, d'autre part, que l'on sache déterminer parmi les moyennes de $\mathcal{A}^*$ celles qui ont une restriction dans $\mathcal{A}$. Tout ceci n'est pas simple et on n'a pas intérêt, en général, à se placer dans un anneau plus grand que celui que l'on a en vue de étudier.

Soit donc une moyenne supposée existant dans l'anneau des fonctions indéfiniment dérivables d'une variable réelle définies soit sur un segment soit sur la droite toute entière; nous supposons que cette moyenne vérifie (L , T , D) et nous cherchons quelle fonction $\bar{x}$ peut etre moyenne de $f = x$.

On a, en vertu de (D) :

$$\frac{\partial \bar{x}}{\partial x} = \bar{e} = e$$

d'où en intégrant

$$\bar{x} = x + \alpha$$

où α est une constante.

Cherchons alors la transformée $\overline{x^2}$ de la fonction $f = x^2$. La condition (D) donne:

$$\frac{d\overline{x^2}}{dx} = \overline{2x} = 2\bar{x} = 2x + 2\alpha$$

d'où, en intégrant

$$\overline{x^2} = x^2 + 2\alpha x + \beta$$

où β est une constante arbitraire. Mais la condition (T) elle aussi est constructive; faisons dans (T) $f = g = x$, $\bar{f} = \bar{g} = x + \alpha$, il vient:

$$\overline{x(x+\alpha)} = (x+\alpha)^2$$

d'où

$$\overline{x^2} = (x+\alpha)^2 - \alpha(x+\alpha) = x^2 + \alpha x$$

L'axiome (T) est donc contradictoire avec les axiomes (D) et (L) si l'on suppose $\alpha \neq 0$, c'est-à-dire $\bar{x} \neq x$. Plus simplement d'ailleurs, on peut dire que l'idempotence $\bar{\bar{f}} = \bar{f}$, conséquence de (T), est contradictoire avec $\bar{x} = x + \alpha$, $\alpha \neq 0$; mais le calcul précédent est intéressant car il montre bien la différence qu'il y a entre les conditions (R) et (T); (R) donne en effet dans les mêmes conditions

$$2\overline{x(x+\alpha)} = (x+\alpha)^2 + \overline{(x+\alpha)^2}$$

d'où

$$\overline{x^2} = x^2 + 2\alpha x + 2\alpha^2$$

qui est bien la relation donnée par (D) si l'on y prend $\beta = \alpha^2$.

Mais revenons à notre moyenne que nous supposons vérifier (L, T, D);
nous devons prendre $\alpha = 0$. Soit alors n le plus petit entier, s'il
existe, tel que $\overline{x^n} \neq x^n$. La condition (D) entraîne encore

$$\frac{\overline{dx^n}}{dx} = \overline{n\,x^{n-1}} = n\,x^{n-1} \; ,$$

d'où

$$\overline{x^n} = x^n + \alpha$$

la constante α étant par hypothèse différente de zéro. Mais cette re-
lation entraîne encore $\overline{\overline{x^n}} = \overline{x^n} + \alpha = x^n + 2\alpha \neq \overline{x^n}$ ce qui est contradictoire avec (T) . Nous pouvons donc énoncer: dans l'anneau des fonctions
dérivables, toute moyenne de Reynolds vérifiant (L , T , D) applique toute
puissance de x sur elle-même donc laisse invariant l'anneau des polynômes et ceci d'ailleurs quel que soit l'ensemble sur lequel sont définies les fonctions [segment $(a \leq x \leq b)$ ou droite toute entière]. Autrement dit, on peut énoncer: dans l'anneau des polynômes en excluant
toujours la solution identique $\bar{f} = f$ le système d'axiomes (L , T , D)
n'a pas de solution. Ce résultat n'a évidemment pas beaucoup d'intérêt
physique, mais nous allons en déduire un théorème important.

Nous allons quitter le domaine de l'algèbre pure, nous allons donc
imposer aux moyennes une condition de nature topologique. Nous prendrons
celle préconisée par G. BIRKHOFF qui est d'ailleurs une simple condition
d'ordre:

$$(0) \qquad\qquad f < g \Longrightarrow \bar{f} \leq \bar{g}$$

et nous allons démontrer que: *dans l'anneau des fonctions indéfiniment
dérivables définies sur un segment le systeme d'axiomes (L , T , D , O) de
J. KAMPÉ de FÉRIET n'a pas de solution autre que la solution identique.*

En effet nous avons là des fonctions continues définies sur un
compact, le théorème d'approximation de Weierstrass est valable; on a
sur tout l'ensemble de définition, pour tout ε donné réel et positif
aussi petit que l'on veut et pour chaque fonction f de $\mathcal{A}$, une représentation

$$f = P + \Theta$$

où P est un polynôme et où la fonction $\ominus$ vérifie

$$- \varepsilon < \ominus < \varepsilon \ .$$

De cette égalité résulte

$$\bar{f} = \bar{P} + \overline{\ominus}$$

d'où, en vertu du théorème précédent

$$\bar{f} = P + \overline{\ominus}$$

d'ou

$$\bar{f} - f = \overline{\ominus} - \ominus \ .$$

Mais la condition (0) entraine $-\varepsilon \leq \overline{\ominus} \leq \varepsilon$ et par suite $|\bar{f} - f| \leq$ $\leq 2\varepsilon$ d'où résulte $\bar{f} = f$ pour toute fonction de l'anneau ce qui démontre notre théorème.

Dans les mêmes conditions les axiomes (L , R , D) ont donné pour $\bar{x}$, $\overline{x^2}$, une solution unique fonction d'un paramètre arbitraire, expression linéaire pour $\bar{x}$, trinome du second degré pour $\overline{x^2}$; on détermine ainsi par récurrence $\overline{x^n}$ et on voit que tout polynôme P a, avec ces axiomes, une moyenne $\bar{P}$ qui est un polynôme de même degré fonction d'un paramètre α .

A partir de ce qui précède, I. MOLINARO a construit pour une fonction f définie sur la droite et développable en série entière convergente sur toute la droite en supposant non seulement (L) mais l'additivité dénombrable $(\overline{\sum_{i=1}^{\infty} f_i} = \sum_{i=1}^{\infty} \bar{f_i}$ pour toute série convergente) l'expression:

$$\bar{f} = a\, e^{-ax} \int_{-\infty}^{x} f(t)\, e^{at}\, dt \quad \text{(a nombre réel positif)}$$

(I. MOLINARO - C. R. Acad. Sc. Paris, t. 244, 12 juin 1957, p. 2890).

Considérons cet opérateur, il a un sens dans l'espace vectoriel des fonctions intégrables au sens de Lebesgue qui ne deviennent pas trop grandes quand x tend vers $-\infty$ (par exemple, pour x assez grand en valeur absolue et négatif, plus petites que $K^2\, e^{-a'x}$ ou $0 \leq a' < a$) Si dans cet ensemble on définit une moyenne par cette expression, on vérifie sans peine que les conditions (L) sont satisfaites et, toujours moyennant des conditions à l'infini, que (R) est satisfaite; enfin dans l'anneau des fonctions dérivables, (D) est vérifiée. Nous avons ainsi dans l'anneau des fonctions indéfiniment dérivables en tout point de la droite une solution du problème des moyennes de Reynolds satisfaisant à (L , R , D) dont la restriction à l'anneau des polynômes existe et est la solution considérée précédemment.

Mais ce qui est inattendu et particulièrement intéressant c'est que cette solution obtenue par des considérations abstraites se trouve avoir une signification et un intérêt physique. J. KAMPÉ de FÉRIET m'a en effet signalé le travail qu'il a écrit en collaboration avec BETCHOV (Proc. Akad. Wet. Amsterdam, t. 53, 1951, p. 389-395) dans lequel il expose que MM. BURGERS et FANO ont utilisé des moyennes expérimentales vérifiant l'équation différentielle

$$\bar{f} + \tau \frac{d\bar{f}}{dx} = f$$

dans laquelle τ est une constante caractéristique des appareils, et que les solutions de cette équation ne vérifiant malheureusement pas $\overline{f'} = 0$ l'axiome (T) n'est pas satisfait. MM. KAMPÉ de FÉRIET et BETCHOV calculent alors la quantité $\overline{\bar{f}\,g} - \bar{f}\,\bar{g}$ et cherchent des conditions suffisantes pour que cette quantité ne soit pas trop grande afin que le passage des équations de Navier-Stokes aux équations de Reynolds soit *approximativement* légitime.

Ce qui est remarquable c'est justement que l'opérateur de Molinaro est solution particulière de cette équation pour la valeur $a = \frac{1}{\tau}$. Nous avons donc ainsi, donée par un opérateur simple et immédiatement inversible:

$$\bar{f}(x_1, x_2, x_3, t) = \alpha \, e^{-a\xi} \int_{-\infty}^{\xi} f e^{as} \, ds$$

où α est un nombre réel et positif et ξ l'une quelconque des variables x_i ou t (variable remplacée par s dans f) - une moyenne expérimentalement intéressante et, ce qui n'a pu être établi que grâce à l'axiome (R), assurant *rigoureusement* le passage des équations de Navier-Stokes aux équations de Reynolds.

SEZIONE B

JEAN ARBAULT
(Faculté des Sciences - Université de Dijon)

TRANSFORMATIONS DE REYNOLDS SUR UN ENSEMBLE FINI

I. La notion de transformation de Reynolds que nous a exposée M. KAMPÉ de FÉRIET et sur laquelle nous venons d'entendre Mme DUBREIL est définie axiomatiquement. On donne un ensemble X et une famille (anneau) $\mathcal{A}$ de fonctions réelles définies sur X. A toute $f \in \mathcal{A}$, on associe sa moyenne $\bar{f} \in \mathcal{A}$, satisfaisant aux règles

$$1') \qquad \overline{f + g} = \bar{f} + \bar{g}$$

$$2') \qquad \overline{\lambda f} = \lambda \bar{f}$$

$$3') \qquad \overline{f \bar{g}} = \bar{f} \bar{g}$$

$$4') \qquad f < g \Rightarrow \bar{f} \leq \bar{g}$$

$$5') \qquad \bar{\bar{f}} = \bar{f} \quad .$$

En réalité seuls les axiomes 1') et 2') sont indiscutables; les 3 autres peuvent être remplacés par d'autres plus ou moins larges. L'axiome 4') peut être remplacé par une condition topologique. Mais nous ne l'utiliserons pas dans cette conférence.

5') peut être remplacé par $5'_1$): $\bar{e} = e$ (*); alors de 3') on déduit:

$$\bar{\bar{f}} = \overline{e \bar{f}} = \bar{e} \bar{f} = e \bar{f} = \bar{f}$$

Inversement de 5') et 3'), on déduit:

$$\bar{e} = \bar{\bar{e}} = \overline{e \bar{e}} = (\bar{e})^2 \quad .$$

Par suite $\bar{e}$ ne peut prendre que les valeurs 0 et 1. En supposant 3') on voit donc que $5'_1$) est plus restrictif que 5').

Mais, Mme DUBREIL vient de nous montrer quelques raisons impérieu-

---

(*) e désigne la fonction égale à 1 en tout point de X.

ses qui militent pour l'abandon de l'axiome 3') et son remplacement par
l'axiome plus symétrique:

$$3) \qquad \overline{f\,\overline{g} + \overline{f}\,g} = \overline{f}\,\overline{g} + \overline{\overline{f}\,\overline{g}}$$

équivalent à:

$$\overline{f\,g} = \overline{f}\,\overline{g} + \overline{f'\,g'} \qquad \text{où} \qquad f' = f - \overline{f} \quad .$$

Cette dernière forme montre que 3) et 5') entraînent 3') puisque
$f'(\overline{g})' = 0$.

Le but de cette conférence est de montrer l'équivalence des deux
systèmes d'axiomes:

$$A: \quad 1)\ 2)\ 3) \qquad \text{et} \qquad A': \quad 1')\ 2')\ 3')\ 5') \quad ,$$

dans le cas où $\mathcal{A}$ est l'anneau des fonctions définies sur un ensemble
X constitué par un nombre fini d'éléments.

L'exposé de Mme Dubreil nous a montré que cette 'equivalence n'est
plus réalisée si X est un ensemble infini (par exemple, la droite nu-
mérique). Mais le cas fini - outre son intérêt théorique - pourrait avoir
quelque intérêt pratique, soit que l'on raisonne sur un système expérimental, nécessairement fini, soit que l'on se place à l'échelle moléculaire comme, du reste, l'a fait Reynolds lui-même.

Nous nous trouvons en présence de deux systèmes d'axiomes différents. Il nous sera commode de prendre des notations différentes dans
ces deux cas et, pour cela, nous désignerons par Tf et $\mathcal{R}f$ resp. les
transformées de la fonction f dans les systèmes A' et A resp. (au lieu
de $\overline{f}$).

II. L'ensemble fini X comprend n éléments numérotés de 1 à n.
Une fonction f, définie sur X est connue si on se donne sa valeur
en chaque point de X. $f = \sum\limits_{i=1}^{n} \alpha_i\, C_i$ où C_i est la fonction caractéristique de l'élément i et α_i la valeur de f en ce point. L'ensemble
$\mathcal{A}$ des fonctions f définies sur X constitue un espace vectoriel E
dont l'ensemble des C_i est une base. Nous pourrons donc considérer f
comme un vecteur de cet espace.

Une transformation de Reynolds est une opération linéaire de E en
lui-même satisfaisant à 3). Cette transformation est connue si on se

donne les transformés $\Re C_i$ de la base. Posons

$$\Re C_i = \sum_j \lambda_{ij} \, C_j \ .$$

Il nous suffit donc de connaître la matrice M de la transformation:

$$M = \begin{pmatrix} \lambda_{11} & \lambda_{21} & \cdots & \lambda_{n1} \\ \lambda_{12} & \lambda_{22} & \cdots & \lambda_{n2} \\ & & & \\ & & & \\ \lambda_{1n} & \lambda_{2n} & \cdots & \lambda_{nn} \end{pmatrix}$$

en plaçant, selon l'usage, sur une colonne les coordonnées sur la base $\{C_i\}$ des transformés des vecteurs de cette base. Notre but est d'étudier les transformations $\Re$ satisfaisant à:

$$3^*) \qquad \Re(f\Re g + g\Re f) = \Re f \, \Re g + \Re(\Re f \Re g)$$

Il nous suffit d'écrire cette relation vectorielle pour les vecteurs de la base en faisant $f = C_i$; $g = C_j$; les j prenant toutes les valeurs possibles de 1 à n. Pour i et j fixés, cette relation vectorielle est équivalente, par projection, à n égalités scalaires, de la forme:

$$\lambda_{ji} \, \lambda_{ik} + \lambda_{ij} \, \lambda_{jk} = \lambda_{ik} \, \lambda_{jk} + \sum_r \lambda_{ir} \, \lambda_{jr} \, \lambda_{rk}$$

la permutation de i et j donne la même équation de sorte que les n^2 inconnues λ_{ij} doivent satisfaire à $\dfrac{n^2(n+1)}{2}$ équations distinctes. Le système admet pourtant des solutions, même une infinité puisqu'il est vérifié par toutes les transformations du type T.

Cas de $n = 2$: Les 6 équations s'écrivent alors, après réduction:

$$\lambda_{11}^2 = \lambda_{11}^3 + \lambda_{12}^2 \, \lambda_{21} \qquad\qquad 2\lambda_{11} \, \lambda_{12} = \lambda_{12}^2 + \lambda_{11}^2 \, \lambda_{12} + \lambda_{12}^2 \, \lambda_{22}$$

$$\lambda_{12} \, \lambda_{21} = \lambda_{11}^2 \, \lambda_{21} + \lambda_{12} \, \lambda_{21} \, \lambda_{22} \qquad\qquad \lambda_{12} \, \lambda_{21} = \lambda_{11} \, \lambda_{21} \, \lambda_{12} + \lambda_{12} \, \lambda_{22}^2$$

$$\lambda_{22}^2 = \lambda_{22}^0 + \lambda_{21}^2 \, \lambda_{12} \qquad\qquad 2\lambda_{22} \, \lambda_{21} = \lambda_{21}^2 + \lambda_{22}^2 \, \lambda_{21} + \lambda_{21}^2 \, \lambda_{11}$$

La résolution est facilitée par le fait que 4 des 6 équations se décomposent; on obtient alors les solutions:

$$\begin{pmatrix} 0 & 0 \\ 0 & 0 \end{pmatrix} \begin{pmatrix} 1 & 0 \\ 0 & 0 \end{pmatrix} \begin{pmatrix} 0 & 0 \\ 0 & 1 \end{pmatrix} \begin{pmatrix} 1 & 0 \\ 0 & 1 \end{pmatrix} \begin{pmatrix} \alpha & 1-\alpha \\ \alpha & 1-\alpha \end{pmatrix}$$

avec α quelconque. Dans tous les cas $\Re^2 f = \Re\,(\Re f) = \Re f$. Malheureusement, la méthode devient inextricable si $n > 2$: même pour $n = 3$, nous n'avons pas pû résoudre le système par des calculs élémentaires. Il est vrai qu'on se trouve en présence de 18 équations du $3°$ degré.

  III. I.MOLINARO s'est lancé dans la résolution en prenant un système convenable d'équations avec des inconnues auxiliaires $(\lambda_{ij}\ \lambda_{ji})$ les coefficients qui sont des λ étant supposés connus. La théorie des déterminants lui donne des relations qui lui permettent la résolution d'où résulte l'équivalence. Mais, il utilise de manière fondamentale l'axiome 4): $f < g \Rightarrow \Re f \leq \Re g$. Sa réussite et l'analyse du cas $n = 2$ m'ont suggéré que le résultat devait être indépendant de cet axiome supplémentaire, ce que j'ai pû arriver à montrer par une méthode plus synthétique sans avoir à écrire les équations scalaires.

  Etudions le spectre de la matrice M. Soit f un vecteur propre: $\Re f = S f$. En portant dans 3), on voit que:

$$S(2 - S)\,\Re\,(f^2) = S^2 f^2$$

si $S \neq 0$, f est vecteur propre de valeur caractéristique $S_1 = \dfrac{S}{2 - S}$

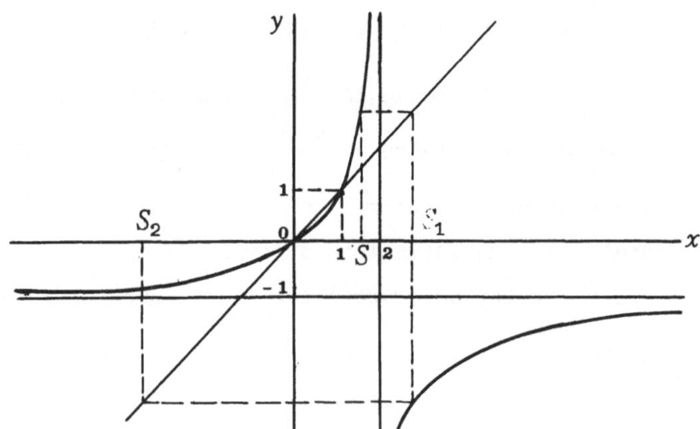

L'étude de la fonction $\dfrac{x}{2 - x}$ montre que si S, différent de 0 et 1, est valeur caractéristique, il y a une infinité de valeurs caractéristiques, ce qui est impossible pour une matrice d'ordre fini.

THEOREME I : Une matrice de Reynolds ne peut avoir pour valeurs caractéristiques que 0 et 1.

Si 0 n'est pas valeur caractéristique, le déterminant de la matrice est non nul. L'équation $\Re f = g$ où g est donnée a une solution et une seule et la transformation est biunivoque. Soit f_i la fonction appliquée sur $C_i \cdot \Re f_i = C_i$. Dans 3) avec $f = g = f_i$ résulte: $2\Re(f_i C_i) = = C_i + \Re C_i$. Si β_i est la composante de f_i sur C_i, il vient: $(2\beta_i - 1)\Re C_i = C_i$ donc C_i est vecteur propre et $f_i = C_i$

THEOREME II : Si 1 est seule valeur caractéristique d'une $\Re$-transformation de Reynolds, celle-ci est l'identité.

IV. Le cas où 0 apparait comme valeur caractéristique est plus délicat et repose sur l'étude de la dépendance linéaire des colonnes de la matrice. Cette étude utilise 2 résultats très simples:

LEMME I : Si une fonction h est telle que $h + \Re h = 0$, elle est nulle identiquement.

Sinon h serait un vecteur propre de valeur caractéristique -1.

APPLICATIONS : 1) Si $f\Re f = 0$, de 3) résulte avec $g = f$:
$0 = (\Re f)^2 + \Re(\Re f)^2$; donc $f\Re f = 0$ entraine $\Re f = 0$:

2) Si $f = C_i$, $C_i\Re C_i = 0$ entraine $\Re C_i = 0$.

Si la transformée de la fonction caractéristique d'un point est nulle en ce point, alors elle est nulle partout.

LEMME II : Si f est $\Re$-annulant, $f\Re g$ l'est aussi quel que soit g car dans 3), tous les termes sont nuls par hypothèse sauf $\Re(f\Re g)$.

THEOREME III : Si deux colonnes non nulles d'indices i et k de la matrice M sont proportionnelles, les lignes i et k sont égales.

Prenons $i = 1$, $k = 2$ et soit $\Re C_2 = A\,\Re C_1$; $AC_1 - C_2$ est $\Re$-annulant, donc aussi (lemme 2) $(AC_1 - C_2)\Re C_j$ quel que soit j, donc:

$$A\lambda_{j_1}\Re C_1 - \lambda_{j_2}\Re C_2 = 0$$

Nous avons deux relations linéaires entre $\mathcal{R}C_1$ et $\mathcal{R}C_2$; elles sont équivalentes: $\lambda_{j1} = \lambda_{j2}$ ou la seconde est triviale: $\lambda_{j1} = 0 = \lambda_{j2}$. C'est le résultat annoncé. La réciproque se démontre aussi simplement. Des calculs reposant sur les mêmes principes (application du lemme I en particulier) montrent:

THEOREME IV : 1) Si $\lambda_{11} \neq 0$, $\lambda_{12} = 0$ entraine $\lambda_{21} = 0$.

2) Deux colonnes i et j sont indépendantes si et seulement si $\mathcal{R}\,C_i\,\mathcal{R}C_j = 0$, chacun des facteurs n'étant pas identiquement nul.

THEOREME V: Si des colonnes sont indépendantes et si une autre colonne en dépend linéairement, elle est proportionnelle a l'une des premières.

Soit, en effet, $\mathcal{R}C_k = \Sigma\,\alpha_i\mathcal{R}C_i$, $i = 1, 2, \ldots, h$, α_j par exemple est non nul. En vertu du théorème V

$$\mathcal{R}C_j\,\mathcal{R}C_k = \alpha_j(\mathcal{R}C_j)^2 \neq 0 \quad \text{car} \quad \mathcal{R}C_i\,\mathcal{R}C_j = 0 \qquad i \neq j \ .$$

Les vecteurs $\mathcal{R}C_j$ et $\mathcal{R}C_k$ ne sont pas indépendants. Ils sont proportionnels.

V. Ces théorèmes nous permettent d'aborder la structure d'une $\mathcal{R}$-transformation. Soit une colonne, non nulle que, en réordonnant au besoin, on peut supposer la première. Un certain nombre de colonnes lui, sont proportionnelles, qu'on peut toujours ranger à la suite jusqu'à l'ordre i_1 . Toutes les lignes jusqu'à l'indice i_1 sont égales. Soit H_1 l'ensemble des points j $(1 \leq j \leq i_1)$: $\mathcal{R}C_j = \alpha_j(C_{H_1} + \sum_{r \geq i_1} \beta_r C_r)$, les β n'étant non nuls que sur des points annulants dont la réunion est h_1 . L'application de la règle 3) nous conduit par des calculs faciles, mais un peu longs à: $\beta_r = 1$ $r \in h_1$ $K_1 = H_1 \cup h_1$ est $\mathcal{R}$-invariant de sorte que $\mathcal{R}\,C_j = \alpha_j\,C_{K_1}$. L'ensemble X est ainsi partagé en ensembles $\mathcal{R}$-invariant: $K_1, K_2, \ldots, K_u$ et éventuellement des points $\mathcal{R}$-annulants C_v. Une fonction quelconque f a une moyenne localisée sur $K = \bigcup_{i \leq u} K_i$

$\mathcal{R}f = \sum_{i \leq u} \mu_i\, C_{K_i}$, μ_i constant, de sorte que $\mathcal{R}\,(\mathcal{R}f) = \mathcal{R}f$ d'où résulte l'équivalence de l'axiome 3) et des axiomes 3') et 5'). En particulier $\mathcal{R}e = C_k$ ne prend que les valeurs 0 et 1.

VI REMARQUE: Les axiomes 3) et 3') ne sont pas équivalents. Si on ne suppose pas $T^2 = T$, cette assertion peut être fausse comme le montre l'exemple $TC_1 = 2C_1$ avec X réduit à un seul point. On vérifie aisément que $T(C_1\,TC_1) = (TC_1)^2$. Mais $2\,T(C_1\,T\,C_1) \neq (TC_1)^2 + T(TC_1)^2$ De même la matrice $\begin{pmatrix} 1 & -1 \\ 1 & -1 \end{pmatrix}$ vérifie $T(fTg) = Tf\,Tg$ mais n'est pas de type $\mathcal{R}$

Je crois utile de faire remarquer que pour un ensemble fini, la condition $\mathcal{R}$ est plus forte que la condition T dont elle n'est qu'un cas particulier alors que pour l'ensemble des fonctions définies sur la droite réelle, $\mathcal{R}$ semble plus faible puisqu'on trouve avec l'axiome $\mathcal{R}$ des solutions à des problèmes qui n'en ont plus en prenant l'axiome T.

SEZIONE B

ODDVAR BJÖRGUM

(Matematisk Institutt - Universitetet i Bergen)

ON THE POSSIBILITY OF A MATHEMATICAL THEORY OF SHEAR-FLOW TURBULENCE

In this note the following assumptions are introduced:

I) That Navier-Stokes equations may be applied to the study of shear-flow turbulence.

II) That steady-state turbulent flows exist.

Assumption I) furnishes us with dynamical laws which are to be valid "microscopically" in turbulent flows. The problem is then to invent mathematical processes which yield the corresponding "macroscopic" laws.

In the case of a boundary layer the main problem may be said to be the determination of the mean-velocity distribution. To this end it is not necessary to endeavour to derive a theory valid for all classes of fluctuations. If the consideration of a special class of fluctuations yields the correct answer one should be satisfied.

Because of this fact I have tentatively considered only two-dimensional fluctuations, although the treatment might be easily extended to three-dimensional fluctuations. However, the mathematics would then be much more complicated.

From a theoretical point of view the flow between two parallel planes is simpler than a boundary layer. I shall therefore consider the former case although the same considerations may be applied to boundary layers when the usual approximations are introduced.

Let the mean velocity $U(y)$ be directed in the x direction and let the flows extend to infinity in both x directions. The process of averaging I shall define by integration over x and time t, i.e. the average $\bar{f}$ of a quantity $f(x,y,t)$ shall be defined by

[1]
$$\bar{f} = \lim_{X,\,T\to\infty} \frac{1}{4\,X\,T} \int_{-X}^{X} dx \int_{-T}^{T} dt\, f(x,y,t) \ .$$

In order that the stream function $\psi(x,y,t)$ of the fluctuations shall be a stationary random function with respect to x and t we must have

[2]
$$\psi(x,y,t) = \int\!\!\int_{\alpha\,\beta} e^{i(\alpha x - \beta t)}\, dS(\alpha,\beta)$$
$$= \int\!\!\int_{\alpha\,\beta} \varphi(y,\alpha,\beta)\, e^{i(\alpha x - \beta t)}\, dA(\alpha,\beta)$$

where, for convenience, I have put

[3]
$$dS(y,\alpha,\beta) = \varphi(y,\alpha,\beta)\, dA(\alpha,\beta)$$

where $\varphi(y,\alpha,\beta)$ may be normalized in some way. The integration in [2] has to be extended ove all real values of α and β The integrals have to be stochastic Fourier-Stieltjes integrals.

In order that ψ shall be real we must have

[4]
$$\varphi(y,-\alpha,-\beta) = \varphi^*(y,\alpha,\beta) \qquad dA(-\alpha,-\beta) = dA^*(\alpha,\beta)$$

and in order that ψ shall not contribute to the mean motion we must have

[5]
$$dA(0,0) = 0 \ .$$

For the problem considered, the vorticity equation is

[6]
$$\frac{\partial \nabla^2 \psi}{\partial t} + U\frac{\partial \nabla^2 \psi}{\partial x} - U'' \frac{\partial \psi}{\partial x} + \frac{\partial(\nabla^2\psi,\psi)}{\partial(x,y)} = \frac{1}{R}\left(U''' + \nabla^4 \psi\right)$$

where R denotes Reynolds number.

Averaging this equation we obtain

[7]
$$U''' = R\,\frac{\overline{\partial(\nabla^2\psi,\psi)}}{\partial(x.\,y)}$$

Adding [6] and [7] we obtain

$$[8] \qquad \nabla^4\psi - R\frac{\partial\nabla^2\psi}{\partial t} - RU\frac{\partial\nabla^2\psi}{\partial x} + RU'''\frac{\partial\psi}{\partial x} = R\frac{\partial(\nabla^2\psi,\psi)}{\partial(x,y)} - R\overline{\frac{\partial(\nabla^2\psi,\psi)}{\partial(x,y)}}$$

Making use of the representation [2] Eq. [8] reads

$$[9] \qquad L\varphi(y,\alpha_0,\beta_0)\,dA(\alpha_0,\beta_0)$$

$$= R\iint_{\alpha}{}_{\beta} Q(\varphi(y,\alpha,\beta)\,,\,\varphi(y,\alpha_0-\alpha,\beta_0-\beta))\,dA(\alpha,\beta)\,dA(\alpha_0-\alpha,\beta_0-\beta)$$

where α_0 and β_0 cannot vanish simultaneously and where the linear operator L is defined by

$$[10] \qquad L\varphi(y,\alpha,\beta)$$

$$= \varphi'''' - \{2\alpha^2 + i\alpha RU - iR\beta\}\,\varphi'' + \{\alpha^4 + i\alpha^3 RU - i\alpha^2 R\beta + i\alpha RU''\}\,\varphi$$

and the quadratic operator Q is defined by

$$[11] \qquad Q(\varphi(y,\alpha,\beta)\,,\,\varphi(y,\alpha_0-\alpha,\beta_0-\beta))$$

$$= \alpha\{\varphi''(\alpha,\beta)\,\varphi'(\alpha_0-\alpha,\beta_0-\beta) - \varphi(\alpha,\beta)\,\varphi'''(\alpha_0-\alpha,\beta_0-\beta)$$

$$+ \alpha(\alpha_0-\alpha)\,\varphi(\alpha,\beta)\,\varphi'(\alpha_0-\alpha,\beta_0-\beta)\} \ .$$

As a first approximation we may neglect the non-linear terms of [9]. We then obtain

$$[12] \qquad L\dot\varphi(y,\alpha,\beta) = 0$$

for all values of α and β for which $dA(\alpha,\beta)$ does not vanish. Eq. [12] is the stability equation of Orr and Sommerfeld. The boundary conditions are that φ and $\dot\varphi'$ have to vanish at the boundaries. This furnishes us with a determinantal equation. The problem is then to determine $U(y)$ such that β becomes real for all values of α in question. The investigations of Malkus (1956) indicate that this problem is not determinate. Indeed, in applying Lin's results which were obtained by the use of asymptotic series, Malkus assumed in addition a maximum rate of dissipation of potential energy into heat. The question is then if other approximations applied to Orr-Sommerfeld's equation and/or a process of successive approximations in which the non-linear terms of [9] are taken into account can make the problem determinate. If in addition it may be proved that such a process converges we should have a mathematical theory of shear flow turbulence.

REFERENCES

[1] C.C. LIN   – Quart. Appl. Math., Vol.III, pp. 117-142, 218-234, 277-301 (1945).

[2] W.V.R. MALKUS – Journ. Fluid Mech., Vol.I, pp. 521-539 (1956).

SEZIONE B

JOHN LAUFER

(Jet Propulsion Laboratory - California Institute of Technology)

THE HOT-WIRE TECHNIQUE IN SUPERSONIC RESEARCH

INTRODUCTION.

For the last few years considerable attention has been turned to the problem of turbulence in supersonic flows. There are several new aspects to the compressible case that are of great academic and practical interest. In particular, one should mention the problems of the onset of supersonic turbulence (transition) and of the aerodynamic noise. Although considerable theoretical research has been done on these subjects, progress is seriously hampered by the lack of experimental work.

The experimental difficulties encountered in studying this problem are obvious. One deals with a flow field in which all the fluid properties, thermodynamic and flow variables, are random functions of the time. Furthermore, the frequencies of the fluctuations are orders of magnitudes higher than those encountered in low speed flows. Finally, length scales are usually very much smaller which limits the physical size of the sensing element. These facts make the choice of a proper experimental device to study supersonic turbulence extremely difficult. Until the present time, such devices have been tried as the corona discharge, glow discharge, pressure transducers, the hot-wire and some optical techniques. All of these have some serious disadvantages. The hot wire has proved to be the only instrument with which some quantitative measurements have been made so far. The technique, as used at present, was developed by Kovasznay and Morkovin (Refs. 1 and 2). This note will essentially outline their method.

General Remarks.

The hot-wire technique proved to be extremely successful in low speed turbulence research. It was therefore logical to try to extend its use to high speed work also. The sensing element has two inherent advantages: It is small, has a diameter of 1 to 4 microns and can be used fractions of a millimeter length; second, its response to high frequency fluctuations can be extended to fairly high frequencies (2 to 3×10^5 cycles) although not without considerable difficulties. The principle of the method may be described very briefly as follows: The wire is heated by an electric current while it is exposed to a stream with a mean velocity U, which cools the wire. Under these conditions the wire will attain an equilibrium mean temperature (i.e., a mean resistance, R_w). The velocity (or temperature or density) fluctuation with time will cause a change in the wire resistance or voltage: $i\dot{R}_w'(t) = \dot{e}'(t)$ where i is the current in the wire (approximately constant); $\dot{R}_w'$ and $\dot{e}'$ are the resistance and voltage fluctuations, respectively. (In the following discussion, we are assuming that with the use of electronic circuits the wire voltage is compensated to give proper frequency response). Unfortunately, in a supersonic stream the cooling rate of the wire is influenced by not only the velocity but other parameters also. The principal problem of the hot-wire technique therefore is to determine sufficient number of relationships between the voltage fluctuation $\dot{e}'$ and the fluctuations of the flow parameters of the form

$$e' = f(\dot{u}', \dot{\rho}', T') = f \text{ (velocity, density, temperature fluctuations)}$$

so that $\dot{u}', \dot{\rho}', T'$ could be obtained explicitly. It is to be noted that any three flow parameters may be chosen here as the independent variable, but, as will be seen later, these - rather the combination of these - are the ones to which the hot wire heat loss is directly sensitive.

The Steady Case.

In order to establish the required relationship described above, let us consider the steady heat loss from a heated cylinder to a supersonic stream. It is shown (Refs. 3, 4) that the nondimensional heat loss parameter, N_u, is a function of the Reynolds number and cylinder temperature only and is independent of the Mach number (for $M > 1.2$ only):

$$N_u = N_u(R_e , \tau)$$

where

$$N_u = \frac{ei}{\pi l \, (T_w - T_e)k_t} \quad , \quad R_e = \frac{\rho U d}{\mu_t} \quad , \quad \tau = \frac{T_w - T_e}{T_t}$$

(l = wire length; T_w , T_e = heated and unheated wire temperatures; T_t = = stagnation temperature; ρU = free stream mass flow; $k_t = k(T_t)$, $\mu_t =$ = $\mu(T_t)$ are the conductivity and viscosity of the fluid based on *stagnation* conditions; d = wire diameter). Furthermore, if the wire is unheated it is shown (Ref. 4) that its temperature depends on the Reynolds number only:

$$\eta \equiv \frac{T_e}{T_t} = \eta(R_e) \quad .$$

These two relationships together with the well known empirical law between wire resistance and temperature establish the dependence of mean wire voltage on the mean flow properties.

The "Hot-Wire Equation".

From the mean equations it is seen that the wire voltage is an explicit function of the mean mass flow and the stagnation temperature. If we assume now that the fluctuations of the flow field are small, i.e.,

$$\frac{(\rho u)'}{\overline{\rho U}} \ll 1 \quad , \quad \frac{T_t'}{\overline{T_t}} \ll 1$$

it is easily shown that the wire voltage fluctuation e' may be written as (Ref. 1 and 2)

$$e' = \Delta e_T \frac{T_t'}{T_t} - \Delta e_m \frac{(\rho u)'}{\overline{\rho U}}$$

where Δe_m and Δe_T are the so-called mass flow and temperature sensitivity coefficients. They are linear functions of the derivatives $\dfrac{\partial N_u}{\partial R_e}$, $\dfrac{\partial N_u}{\partial \tau}$, $\dfrac{\partial \eta}{\partial R_e}$

In practice one measures usually the mean square of $\dot{e}'$ which, using the hot-wire equation, may be written as:

$$\overline{e'^2} = \Delta e_T^2 \frac{\overline{T_t'^2}}{\overline{T_t^2}} - 2\Delta e_T \Delta e_m \frac{\overline{(\rho u)' T_t'}}{\overline{\rho U}\ \overline{T_t}} + \Delta e_m^2 \frac{\overline{(\rho u)'^2}}{\overline{\rho U^2}}$$

Note that this equation contains three unknowns: The mean square values of the mass flow, stagnation temperature fluctuations, and the correlation between them. One needs, therefore, three independent equations in order to get a solution. Fortunately, in a given flow field, the parameter τ is at the disposal of the experimenter. By carrying out measurements at three different values of τ (and therefore different Δe_m, Δe_T), three independent algebraic equations are obtained, leading to a solution.

Some Special Cases.

It has been shown that with a hot wire it is possible to measure quantitatively mass flow and stagnation temperature fluctuation in a supersonic stream. However, in studying a fluctuating field one would usually like to obtain information on the pressure and density fluctuations also. Clearly this cannot be done unless additional assumptions regarding the flow field are made. In the following, two special cases will be discussed. In these certain simplifications will permit the complete determination of the fluctuating field.

The stagnation temperature fluctuation may be easily expressed in terms of a velocity and temperature fluctuation by the use of the energy equation

$$c_p T_t = c_p T + U^2/2 \quad .$$

A perturbation gives

$$T_t'/T_t = \alpha\, T'/\overline{T} + \beta\, \dot{u}'/\overline{U} \qquad \text{where} \qquad \alpha = \cfrac{1}{1 + \dfrac{\gamma - 1}{2} M^2}$$

$$\beta = \alpha(\gamma - 1) M^2$$

(γ is the ratio of the specific heats)

The "hot wire equation" becomes

$$e' = \Delta e_T \left(\alpha \frac{T'}{\bar{T}} + \beta \frac{u'}{\bar{U}} \right) - \Delta e_m \left(\frac{\rho'}{\bar{\rho}} + \frac{u'}{\bar{U}} \right) .$$

a) As the simplest case one may consider an isentropic fluctuation field. For instance the free stream turbulence level in a high Mach number $(M > 4)$ wind tunnel is expected to be caused by the pressure radiation from the turbulent boundary layers on the tunnel walls. Using the isentropic relation

$$\Pi \equiv \frac{P'}{\gamma \bar{P}} = \frac{\rho'}{\bar{\rho}}$$

and since $\dfrac{T'}{T} = (\gamma - 1)\Pi$, the voltage fluctuation becomes

$$e' = \Delta e_T \left[\alpha(\gamma - 1)\Pi + \beta \frac{u'}{\bar{U}} \right] - \Delta e_m \left[\Pi + \frac{u'}{\bar{U}} \right]$$

$$= [\Delta e_T \, \alpha(\gamma - 1) - \Delta e_m]\Pi + (\Delta e_T \, \beta - \Delta e_m) \frac{u'}{\bar{U}} .$$

For the particular case of a far field (that is for plane waves) the relation between the pressure and velocity jump is

$$\Pi = (u'_n / \bar{U})M$$

where $u'_n = u' n_x$ is the velocity normal to the wave front with direction cosine n_x. The "hot wire equation" will have the form

$$e' = \left[\Delta e_T \, \alpha(\gamma - 1) - \Delta e_m + (\Delta e_T \, \beta - \Delta e_m) \frac{n_x}{M} \right] \Pi$$

$$= \left[\Delta e_T \, \alpha(\gamma - 1)(1 + M n_x) - \Delta e_m \left(1 + \frac{n_x}{M} \right) \right] \Pi .$$

With this relation the complete fluctuation field is determined.

b) The assumption of isentropy cannot be made, of course, inside the turbulent zone of a free shear layer such as a jet or wake. One might assume in this case, that the fluctuating field is dominated by vorticity and temperature fluctuations and that the pressure disturbances are

of second order. This assumption is expected to hold for moderate Mach
numbers only and its justification is still to be proven. Thus, if

$$\frac{T'}{\overline{T}} = - \frac{\rho'}{\overline{\rho}}$$

$$e' = \left(\Delta e_T\, \alpha + \Delta e_m\right)\, \frac{T'}{\overline{T}} + \left(\Delta e_T\, \beta - \Delta e_m\right)\, \frac{u'}{\overline{U}}\ .$$

Again this determines the whole fluctuation field.

Concluding Remarks.

It has been shown that with the assumption of small fluctuations
the use of the hot wire technique permits the determination of the mass
flow and total temperature fluctuations. In order to obtain the fluctuating pressure or density, one more independent measurement is required.
In lacking this, it is necessary to make an assumption regarding the
flow field. Kovasznay suggested the use of "modediagrams" (Ref. 1) which
might give some indication of the nature of the field and would facili-
tate making the proper assumptions. With the above limitation, the technique is the only successful one used so far for supersonic turbulence
measurement and it has the potentiality of helping to understand at least
certain phases of this difficult problem.

REFERENCES

- 133 -

[1] L. S. G. KOVASZNAY — "Turbulence in Supersonic Flow", Journal   Aeronautical
Sciences, Vol. 20, No. 10, p. 657, October 1953.

[2] MORKOVIN, MARK V. — "Fluctuations and Hot-Wire Anemometry in Compressible
Flows", AGARDograph 24, November 1956.

[3] L. S. G. KOVASZNAY — "Turbulence Measurements", Section F,   pp. 213 - 283 of
Vol. 9, "High-Speed Aerodynamics and Jet Propulsion",
Princeton University Press, 1954.

[4] LAUFER, JOHN and McCLELLAN, ROBERT — "Measurements of Heat Transfer from
Fine Wires in Supersonic Flows", Reprinted from Journal
of Fluid Mechanics, Vol. 1, Part 3, p. 276, September 1956.

HITZDRAHTMESSUNGEN IN FREIEN GRENZSCHICHTEN
(Kármánsche Wirbelstrasse und Freistrahl)

—

Prof. Dr. R. WILLE - Dr. O. WEHRMANN

1 - Einleitung.

Geschwindigkeitsmessungen in Gasen und Flüssigkeiten können prinzipiell nach zwei Methoden vorgenommen werden: 1) Durch Druckmessungen mit dem Prandtlschen Staurohr und 2) Durch Bestimmung des Wärmeverlustes, den ein elektrisch erwärmter Körper durch die Strömung erfährt. Für den Fall, daß die Strömungsvorgänge quasistationär sind, können beide Methoden mit gleichem Erfolg verwendet werden. Anders sind die Verhältnisse, wenn kurzzeitige Geschwindigkeitsschwankungen vorherrschen, deren Größe und Richtung bestimmt werden sollen. Hier gibt allein die Hitzdrahtmeßtechnik die Möglichkeit, infolge der Trägheitslosigkeit des Hitzdrahtes, Messungen vorzunehmen. Bei dieser Methode wird der elektrische Widerstand eines extrem kurzen und dünnen Drahts, l = 1-5 mm, d = 2,5-15 μ, als Maß für die Luftgeschwindigkeit benutzt.

Die ersten meßtechnischen Untersuchungen und eine mathematische Behandlung des Wärmeüberganges eines angeblasenen Hitzdrahtes wurden von L. V. King [1] 1912 vorgenommen. Er erkennt, daß für den stationären Fall die pro Zeiteinheit abgeführte Wärmemenge eine Funktion der Strömungsgeschwindigkeit, der Temperatur des aufgeheizten Drahtes und der Temperatur des Drahtes ohne Heizung (Raumtemperatur) sein muß, wobei die Bestimmung der Temperatur des Drahtes durch die Wheatstonesche Brückenschaltung in eine Widerstandsmessung umgewandelt werden kann.

Es ergeben sich grundsätzlich zwei Meßmethoden, nämlich:

1) Bestimmung der Temperaturänderung durch Widerstandsmessung in

Abhängigkeit von der Strömungsgeschwindigkeit (Heizstrom konstant) oder

2) Bestimmung der abgeführten Wärmemenge durch Strommessung in Abhängigkeit von der Strömungsgeschwindigkeit (Widerstand bzw. Temperatur des Hitzdrahtes konstant).

Beide Fälle sind von King behandelt worden, und die Ergebnisse liegen als Gleichungen vor.

Eine Gesamtdarstellung des Standes der Hitzdraht-Meßtechnik bis zum Jahre 1930 ist von J.H.Burgers [2] gegeben worden. Eine Zusammenfassung des heutigen Standes der Technik wurde von O.Wehrmann [3] gegeben.

2 - Meßmethoden der Hitzdrahtmeßtechnik.

Die eingangs erwähnten beiden Meßmethoden für die Bestimmung der mittleren Geschwindigkeit sollen nunmehr kurz erläutert werden.

2.1 - Methode: Konstanter Strom (Bild 1).

Bei der Methode "Konstanter Strom" wird der Hitzdraht in Serie mit einer Batterie und einem Widerstand so geschaltet, daß der Hitzdrahtstrom

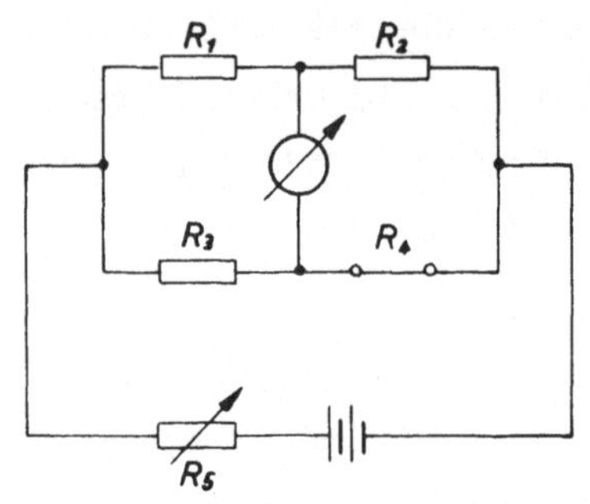

Bild 1 - Prinzip einer Hitzdrahtmeßbrücke
Methode: Konstanter Strom

für die Messung der mittleren Geschwindigkeit unter allen Meßbedingungen konstant gehalten wird. Der zugeführte Hitzdrahtstrom wird während des Meßvorganges nicht verändert. Aus diesem Grunde bezeichnet man diese Meßart mit Methode "Konstanter Strom". Beim Anblasen kühlt sich der Hitzdraht ab. In Abhängigkeit von der Strömungsgeschwindigkeit findet ein exponentieller Abfall

des elektrischen Widerstandes statt. Die Spannung, die längs des Hitzdrahtes abfällt, ist dann ein Maß zur Bestimmung der mittleren Geschwindigkeit $\bar{c}$, und der Zusammenhang kann durch Eichung bestimmt werden. Eine typische Eichkurve ist in Bild 2 gegeben. Man erkennt, daß kein linearer Zusammenhang zwischen Meßwert und Strömungsgeschwindigkeit besteht und daß

besonders bei niedrigen Geschwindigkeiten die Empfindlichkeit, bezogen
auf den Endausschlag, sehr groß
ist. Da die Geschwindigkeit c aus
der Summe von $\bar{c}$ und c' besteht,
kann der Wert von c' für den Fall,
daß $\dfrac{c'}{\bar{c}} \leq 10\%$ ist, durch Anwendung
eines Spezialverstärkers zum Ausgleich
der Frequenzabhängigkeit (s. 2.3)
des Hitzdrahtes und einen Oszillo-
graphen bestimmt werden.

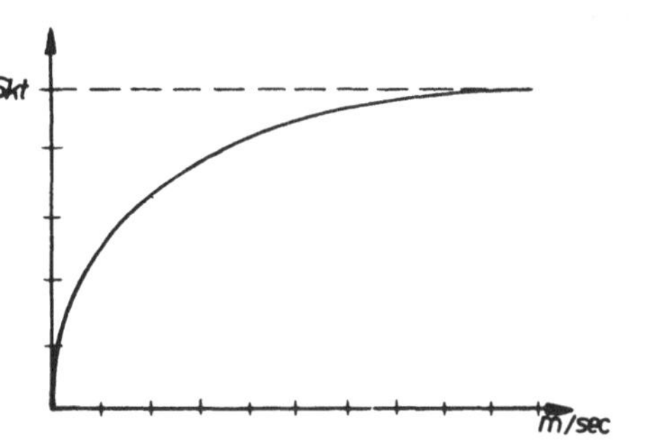

Bild 2 - Eichkurve eines Hitzdrahtmeßgerätes
Methode: Konstanter Strom

    Der Meßbereich eines solchen
Meßgerätes ist nach oben auf ca. 15 bis 20 m/s begrenzt durch die Tatsache,
daß zur Bildung des Meßwertes eine Widerstandsänderung des Hitzdrahtes
nötig ist.

2.2 - Methode: Konstanter Widerstand (Bild 3).

    Bei der zweiten Methode bildet der Hitzdraht einen Arm einer Wheat-
stoneschen Brücke. Die Widerstandswerte der übrigen drei Widerstände

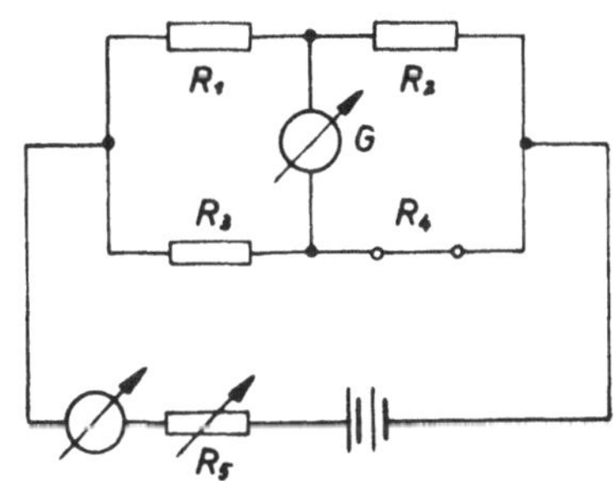

werden so gewählt, daß die Brücke für
einen bestimmten Wert der Hitzdrahttem-
peratur im Gleichgewicht ist. Der Strom,
der bei der Strömungsgeschwindigkeit
Null durch die Brücke geschickt wird,
wird so eingestellt, daß sich durch
Erwärmung des Drahtes der festgelegte
Hitzdrahtwiderstand einstellt. Der
Hitzdrahtstrom, der beim Einsetzen der
Luftströmung zusätzlich zugeführt wird,

Bild 3 - Prinzip einer Hitzdrahtmeßbrücke
Methode: Konstanter Widerstand

um die Brücke in das Gleichgewicht zu bringen, ist dann ein Maß für die
Geschwindigkeit. Aus diesem Grunde spricht man von der Methode "Konstanter
Widerstand" oder Methode "Konstante Temperatur". Der Vorteil gegenüber
der Methode "Konstanter Strom" besteht in der Möglichkeit, den Meßbereich
beliebig zu vergrößern. Die Grenze der Anwendung ist bei dieser Methode

durch die mechanischen Eigenschaften des verwendeten Hitzdrahtes gegeben, nicht durch seine elektrischen. Eine Darstellung des Vorganges in Form einer Gleichung wurde, wie erwähnt, 1912 von L.V.King [1] gegeben. Er findet

$$I^2 = A\sqrt{u} + B \qquad\qquad [1]$$

sowohl theoretisch als auch experimentell. Die Konstante B gibt den Wert des Hitzdrahtstromes bei der Strömungsgeschwindigkeit Null an; A ist eine Konstante, die durch die Dimensionen des Drahtes gegeben ist. Auch bei dieser Meßmethode besteht kein linearer Zusammenhang zwischen Geschwindigkeit und elektrischem Strom; außerdem ist zur Erfassung jeden Meßwertes eine manuelle Nachregelung des Stromes erforderlich. Bei quasistationären Vorgängen ist dies einfach; im instationären Fall werden besondere elektronische Regelorgane verwendet. Diese Meßmethode wird verwendet, wenn das Verhältnis der Schwankungen c' zur mittleren Geschwindigkeit $\bar{c}$ größer als 10% ist.

2.3 - Verhalten des Hitzdrahtes bei instationären Vorgängen.

Bei instationären Vorgängen muß bei beiden Meßmethoden der Frequenzgang des Meßwertes des Hitzdrahts berücksichtigt werden. Der Hitzdraht stellt ein Wärmereservoir dar, dessen Wärmemenge nur mit einer bestimmten Trägheit entnommen oder zugeführt werden kann. Wenn man sehr kleine Hitzdrahtdurchmesser in der Größenordnung von 2,5 bis 15 μ verwendet, ist die thermische Kapazität des Hitzdrahtes zwar sehr klein, aber nicht zu vernachlässigen. Wie bekannt ist [4], wird von dem Hitzdraht die Meßspannung

$$E_1 = E_0 \, \frac{1}{\sqrt{1 + \omega^2 M^2}} \, e^{-i\varphi} \qquad\qquad [2]$$

abgegeben, wobei man den Phasenwinkel φ mit $\mathrm{artg}\,(\omega M)$ bezeichnet. Hierbei sind $\omega/2\pi$ die Frequenz der harmonischen Fluktuation und M die sogenannte Zeitkonstante des Hitzdrahtes.

3 - Anwendungen der Hitzdrahtmeßtechnik.

Im nachfolgenden sollen Messungen in freien Grenzschichten in der

Kármánschen Wirbelstraße und in einem Freistrahl besprochen werden. Bei diesen Messungen kann man, von Ausnahmen abegesehen, voraussetzen, daß das Verhältnis

$$\frac{c'}{\overline{c}} \leqq 10\%$$

ist. Dann ermöglicht die Methode "Konstanter Strom" folgende Messungen:

a) Die Bestimmung der Verteilung der mittleren Geschwindigkeit $\overline{c}$ Hierzu wird der Hitzdraht gemäß der Kingschen Formel geeicht.

b) Die Bestimmung der Amplitude der Geschwindigkeitsschwankungen $\dot{c}'$. Für den Fall, daß diese Schwankungen durch das Auftreten periodischer Ringwirbel hervorgerufen werden, kann die Geschwindigkeitsverteilung eines Einzelwirbels bestimmt werden. Hierzu ist eine Eichung des Hitzdrahtes nach der Kingschen Formel für den $\overline{c}$-Wert und eine gesonderte Eichung für den c'-Wert erforderlich. Eine Beschreibung der c'-Eichung für diesen Fall wurde von O.Wehrmann [5] angegeben.

c) Die Frequenzmessung der periodisch entstehenden Ringwirbel. Hierzu ist keine Eichung erforderlich, da die auf dem Oszillographenschirm sichtbar werdenden Schwankungen nur in ihrer Frequenz bestimmt werden.

d) Die Messung des Abstandes zweier Ringwirbel. Hierzu werden zwei Sonden verwendet, von denen eine fest und die andere beweglich ist. Durch Phasenmessungen kann der Abstand der Ringwirbel bestimmt werden.

e) Die Messung des Spektrums der voll ausgebildeten Turbulenz. Hierzu sind erforderlich: Eine $\overline{c}$-Wert-Eichung, eine c'-Eichung und eine Eichung der Frequenzlinearisierung des Verstärkers des Hitzdrahtmeßgerätes.

Mit diesen Meßmöglichkeiten können demnach bestimmt werden:

a) Bei der Kármánschen Wirbelstraße: Das Teilungsverhältnis, das Frequenzgesetz, der Wirbelabstand und die Wirbelstärke. Der besondere Fall der einreihigen Wirbelstraße wird im nachfolgenden näher erläutert.

b) Bei Untersuchungen am Freistrahl:

Das Feld der mittleren Geschwindigkeit $\bar{c}$, die Wirbelstärke der Ringwirbel, der Wirbelabstand, die Wirbeltransportgeschwindigkeit und die Frequenz der periodisch entstehenden Ringwirbel.

3.1 - Messungen an der Kármánschen Wirbelstraße.

Aus den Messungen von L.S.G. Kovásznay [6] und A.Roshko [7] in Luft und von A.Timme [8] in Wasser ist bekannt, daß hinter einem Kreiszylinder im Bereich $30 \leq Re \leq 120$ eine stabile periodische Wirbelstraße entsteht. Bei den Versuchen wurde gleichfalls der erwähnte Reynoldsbereich gewählt. Der erzeugende Zylinder wurde in einem Freistrahl angeordnet. Der Hitzdraht von $1,5\,\mu$ Durchmesser wurde auf einem Verstellmechanismus befestigt, der Einstellungen der Sonde in der x- und y-Richtung erlaubte. Während der ersten Messungen wurde gefunden, daß die Interpretation der Hitzdrahtsignale in der Kármánschen Straße schwierig ist. Dies rührt daher, daß an jedem Ort des Strömungsfeldes die Geschwindigkeitsänderungen der beiden Straßenreihen erfaßt werden und es nicht möglich ist, die Geschwindigkeitsschwankungen eines einzelnen Wirbels bzw. einer Reihe zu analysieren.

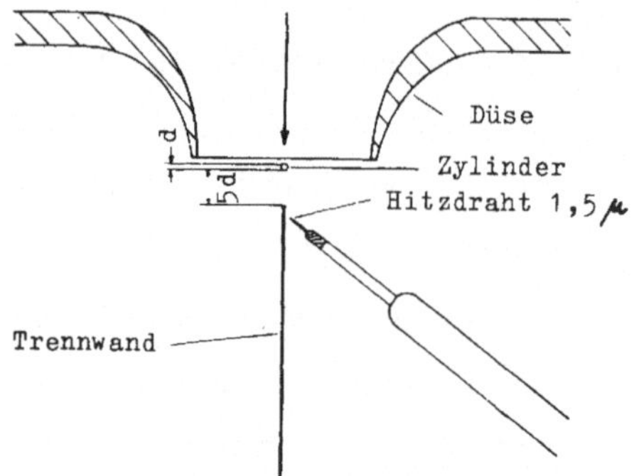

3.11 - Erzeugung der einreihigen Wirbelstraße.

Aus diesem Grunde wurde stromab vom Zylinder parallel zur Anströmrichtung eine dünne Platte von $0,1$ mm Dicke befestigt, die die zweireihige Wirbelstraße nach ihrer Entstehung in zwei einreihige Straßen aufspaltete. Der Abstand Zylinder: Trennwand betrug $\dfrac{x'}{d} =$ = 6 bis 7. Kovásznay [6] stellte

Bild 4 - Aufbau der Versuchsanlage

fest, daß in diesem Abstand die größte Variation der Geschwindigkeitsam-
plitude auftritt, was als Anzeichen für die Beendigung der Wirbelbildung
aus dem Ablösevorgang angesehen werden kann. Bild 4 zeigt die Meßapparatur.

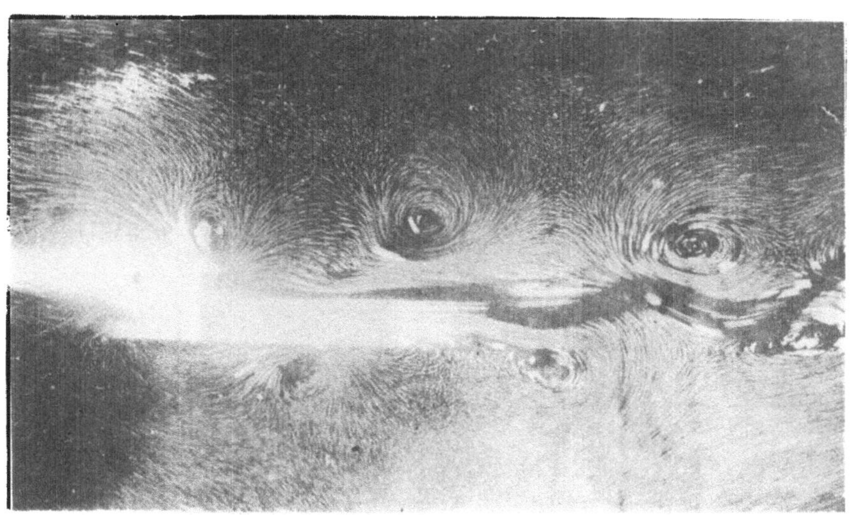

Bild 5 - Aufgespaltene Wirbelstraße in einem Schlepptank

Bild 5 zeigt eine Photographie der aufgespaltenen Wirbelstraße auf
der Wasseroberfläche eines Schlepptanks. Das Bild wurde von einer fest-
stehenden Kamera aufgenommen, unter der der Zylinder und die Trennwand
entlanggeführt wurden; man erkennt, daß die Wirbel nach der Straßenspaltung
erhalten bleiben und zumindest im Bereich des Wirbelkerns durch die
Nachbarschaft der Trennwand nicht gestört werden.

3.12 - Hitzdrahtsignale, die Wirbeln entsprechen.

In Bild 6 sind für den als Beispiel herausgegriffenen Fall $U = 212$
cm/sec, entsprechend $Re_z = 106$ bei einem Zylinderdurchmesser von $d =$
= 0,75 mm, einige Hitzdrahtsignale zusammengestellt worden. Die einzelnen
Signale entsprechen steigenden Abständen senkrecht zur Trennwand, während
der Abstand in Stromungsrichtung mit $x = 1$ mm stromab   hinter   der
Eintrittskonstante konstant gehalten wurde. In jeder Photographie ist
eine Periode des Vorganges aufgezeichnet, wobei wegen der Anschaulichkeit
auf die Einhaltung des gleichen Amplitudenmaßstabes verzichtet wurde

In der Nähe der Wand, $y = 0,2$ mm, ist das Hitzdrahtsignal sinusförmig.

Mit wachsendem Abstand, bis zu $y = 0,7$ mm, nimmt die Amplitude zunächst zu, wird dann aber im Bereich von $y = 0,9$ und $1,0$ mm wieder kleiner.

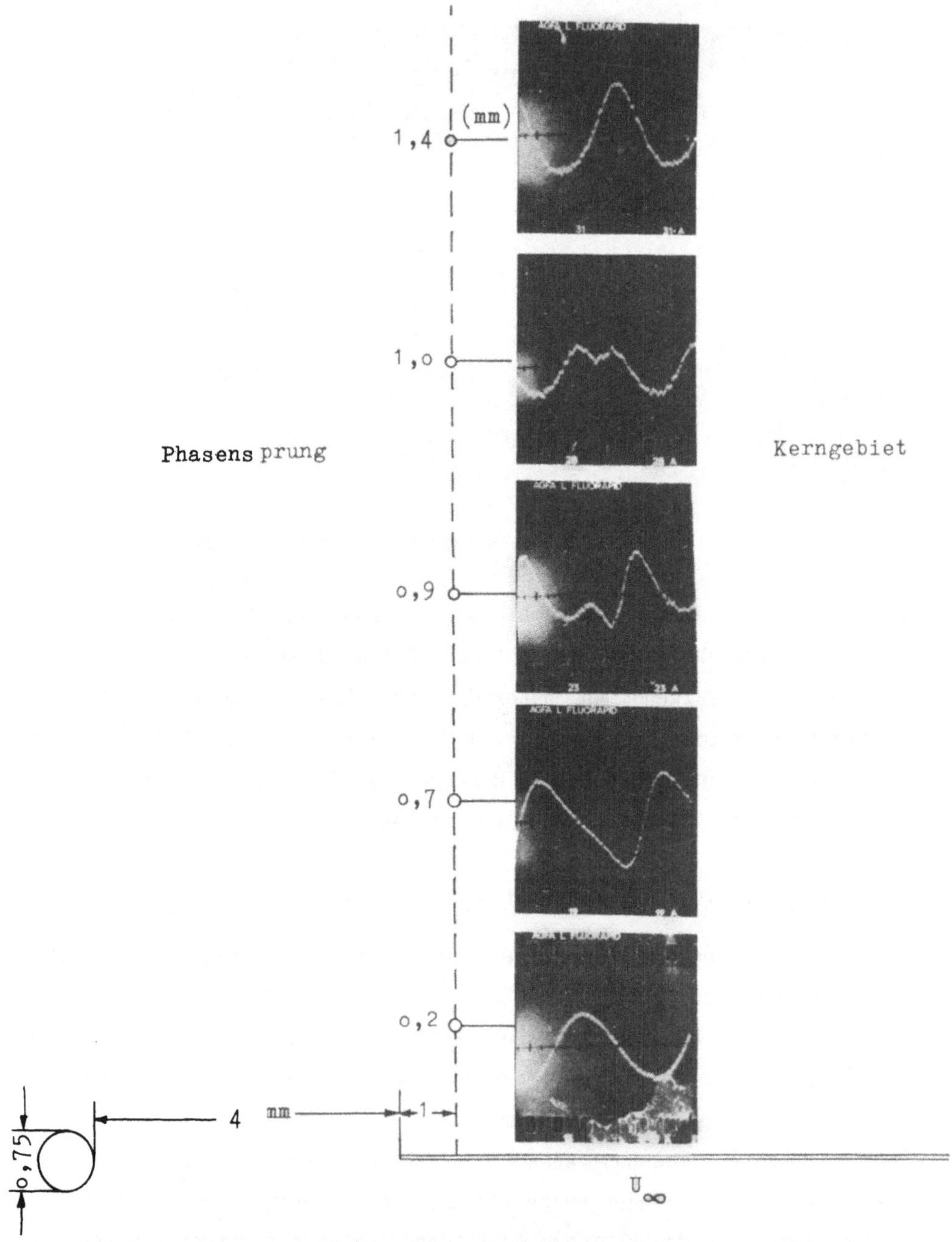

Bild 6 - Hitzdrahtsignale einer aufgespaltenen Wirbelstraße quer zur
Strömungsrichtung $U = 212$ cm/sec; $Re_z = 106$

In diesem Bereich erscheint eine Einsattelung, und zwar zunächst nach oben und dann nach unten. Bei größerem Abstand verschwindet diese, und die Amplitude wächst wieder an. Weiter nach außen (ab $y = 1,9$ mm) fällt die Amplitude ab.

Ein einfaches kinematisches Modell, Bild 7, kann das Verständnis der Signale erleichtern. Im linken Teil der Zeichnung ist die typische Geschwindigkeitsverteilung eines Wirbels in realer Flüssigkeit dargestellt,

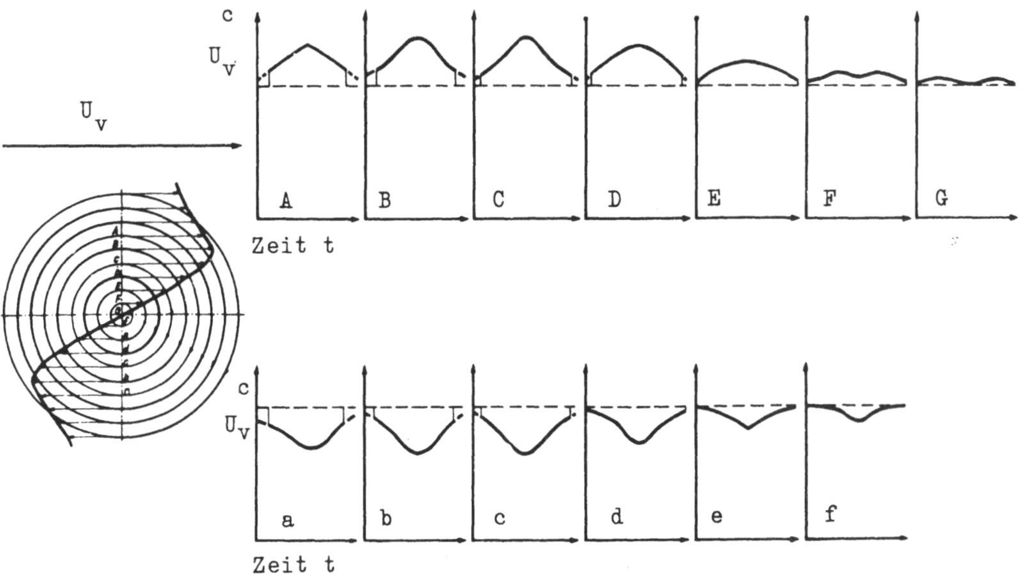

Bild 7 - Geschwindigkeitsvariationen beim Durchgang eines Wirbels in
einem homogenen Geschwindigkeitsfeld

und es wird angenommen, daß dieser Wirbel sich mit einer vorgegebenen Geschwindigkeit U_v in einem homogenen Strömungsfeld bewegt. Die Geschwindigkeit U_v ist immer kleiner als die des Strömungsfeldes, die mit U_∞ bezeichnet wird und nicht konstant ist. Der zeitliche Gang der Geschwindigkeitsbeträge ergibt sich im Modell durch die punktweise Vektoraddition von U_c und U_v. Der resultierende Vektor $\vec{c}$, der sich beim Durchgang eines Wirbels laufend ändert, wird vom Hitzdraht registriert. Dieser Betrag entspricht bei der elektrischen Messung in jedem Zeitelement der Summe aus dem zeitlichen Mittelwert $\bar{c}$ und der Geschwindigkeitsschwankung c'. Die im kinematischen Modell ermittelten Geschwindigkeitsschwankungen sind auf der rechten Seite von Bild 7 für verschiedene Abstände der

Symmetrieachse dargestellt. Nähert man sich von außen dem Mittelpunkt des Wirbels, so steigt die Amplitude der Geschwindigkeitsvariation zunächst an, Phasen A, B, C. Beim Eintreten in den Bereich des Wirbelkerns, Phasen D bis G, wird die Amplitude wieder kleiner. Im Bereich des Kernes erscheint ein doppeltes Maximum mit einer Einsattelung dazwischen, Phasen F und G.

Unter der Symmetrieachse des Wirbels ist der Geschwindigkeitsbetrag kleiner als oberhalb, da in diesem Falle der Vektor der Umfangsgeschwindigkeit und der der Transportgeschwindigkeit in verschiedene Richtung zeigen. Die Amplitude der Geschwindigkeitsvariation steigt zuerst an und nimmt weiter außen ab. Jetzt ist die Zeitfolge der Maxima und Minima umgekehrt worden, was einer Phasenverschiebung des Hitzdrahtsignals von 180° entspricht.

3.13 - Kriterien für Wirbelsignale.

Entsprechend den in 1.2 geschilderten Vorgängen lassen sich für Hitzdrahtsignale drei Kriterien aufstellen, die zusammen das Auftreten von Wirbeln anzeigen:

A) Bei der Untersuchung eines Strömungsfeldes mit überlagerten Schwankungen muß ein abgrenzbarer Bereich gefunden werden, in dem die Frequenz auf den doppelten Wert gegenüber der Umgebung ansteigt. Dieser Bereich entspricht dem Wirbelkern.

B) Wenn die Sonde quer zur Hauptrichtung der Strömung innerhalb des Kernbereiches bewegt wird, gibt es eine Stelle, wo eine Phasenverschiebung des Signals von 180° erscheint. Dies geschieht, wenn die Sonde von einem Bereich $U_{C_{max}}$ in Richtung U_∞ in einen Bereich $U_{C_{max}}$ entgegengesetzt U_∞ bewegt wird oder umgekehrt. Die Phasenverschiebung und die Einsattelung geben den Ort des Wirbelkerns an.

C) Wenn man vom Wirbelzentrum ausgeht und die Sonde quer zur Hauptrichtung der Strömung bewegt, steigt die Amplitude des Signals zunächst and und fällt wieder ab. Dies geschieht in beiden Richtungen.

3.14 - Geschwindigkeitsmessungen.

Das wichtigste Ziel ist die Bestimmung der Umfangsgeschwindigkeit der Wirbel als Funktion des Wandabstands, $U_c = f(y)$. Nach den Methoden der Hitzdrahtmeßtechnik ergeben sich die beiden Werte $\bar{c}$ und c'.

3.141 - $\bar{c}$-Verteilung. In Bild 8 ist $\bar{c}$ als Funktion des Abstandes y von der Trennwand aufgetragen worden. Entsprechend der Definition von $\bar{c}$

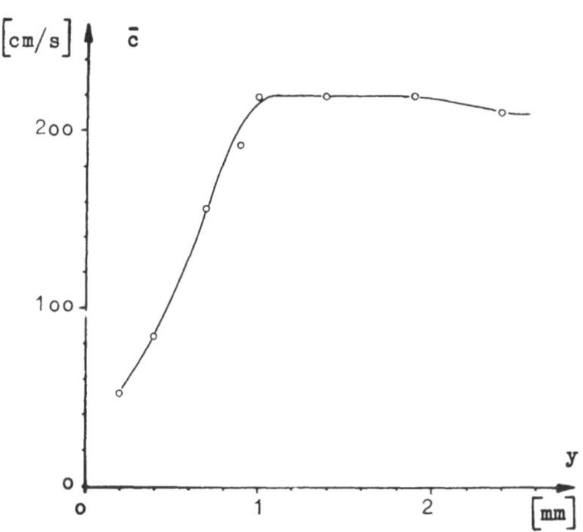

Bild 8 - Verteilung der mittleren Geschwindigkeit an der Trennwand

ist diese Kurve nicht ein "Geschwindigkeitsprofil" im üblichen Sinne, da sie nicht die Geschwindigkeitskomponente $\bar{u}$ parallel zur x-Achse darstellt.

3.142 - c'-Verteilung. In Bild 9 ist die maximale Amplitude von c' für

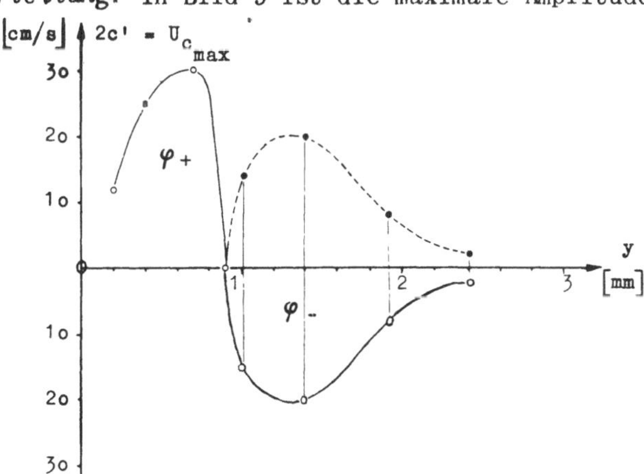

Bild 9 - Bestimmung der Geschwindigkeitsverteilung eines Wirbels
aus den Amplitudenmessungen an der Trennwand

verschiedene Abstände von der Trennwand aufgetragen. Die Kurve über der
Abszisse gibt die gemessenen Werte an. Beachtet man, daß beim Durchgang
durch das Wirbelzentrum die Phase um 180° gedreht wird, was einem Rich-
tungswechsel der Amplitude entspricht, dann erhält man die schwarz ausge-
zogene Kurve, wenn man die Werte nach dem Phasensprung unterhalb der
Abszisse aufträgt. Die *s*-förmige Kurve gibt dann die radiale Geschwindigkeitsverteilung senkrecht zur Wand an, wobei das Meßergebnis aus den
Beiträgen vieler hintereinander herlaufender Wirbel entstanden ist. Aus
Bild 9 läßt sich ablesen, daß die Wirbel nicht rotationssymmetrisch sind.

3.143 - *Bestimmung der Gruppengeschwindigkeit.* Die Gruppengeschwindigkeit
U_v der Wirbel wurde durch Frequenz- und Phasenmessung der Signale zweier
Hitzdrahtsonden bestimmt. Der Abstand der Sonden bei einer Phasenverschiebung der Signale von 180° entspricht der Hälfte des Abstandes zweier
aufeinanderfolgender Wirbel. Als Ergebnis von vier Versuchsreihen mit
vier Zylindern von d = 0,75; 1,7; 2,3 und 3,5 mm ϕ, entsprechend einem
Bereich $40 \leq Re \leq 120$, wurde U_v = 0,7 ... 0,9 · U_∞ gefunden.

3.144 - *Gruppengeschwindigkeit und geometrischer Ort der Wirbel.* Es
ergeben sich zwei Bestimmungsgrößen:

a) Die Messung der Transportgeschwindigkeit U_v durch die Phasenmessung
mit dem Ergebnis U_v = 0,85 U_∞. Da die Frequenz der Wirbelfolge gemessen
werden kann, ergibt sich der Abstand der Kernzentren in Strömungsrichtung

$$x_c = \frac{0,85 \cdot U_\infty}{f}$$

b) Die Auswertung der $\bar{c}$-Verteilung unter Zuhilfenahme der Wirbel-
kriterien gemäß 3.13 ergibt die Möglichkeit, den Abstand des Wirbelkerns
von der Trennwand zu bestimmen. Man erhält dadurch den Wert y_c.

Setzt man voraus, daß die Wirbel im Kern eine rotationssymmetrische
Geschwindigkeitsverteilung U_c = $r \cdot \omega$ haben, dann müßte $\frac{x_c}{2}$ = y_c sein.
Da dies nicht der Fall ist, muß man schließen, daß die Geschwindigkeitsverteilung im Wirbelkern nicht rotationssymmetrisch ist. Dieses Ergebnis
wurde auch von Timme [8] gefunden.

3.15 - Die zeitliche Änderung der Umfangsgeschwindigkeit und des Wirbeldurchmessers.

Die einzelnen Aufnahmeserien für verschiedene Abstände von der Kante
der Trennwand (x-Werte) sind wie unter 3.142 ausgewertet worden. Hierbei
wurde die maximale Umfangsgeschwindigkeit $U_{C_{max}}$ in Abhängigkeit von x
und die gleichzeitige Veränderung des Wirbeldurchmessers r_C aufgetragen.
Eine Beschreibung für das Verhalten eines Wirbels in einer realen Flüssigkeit mit zeitlich wachsendem Durchmesser findet man bei Oseen [9] und
Hamel [10]. Aus der Integration der Navier-Stokesschen Geichung ergibt
sich die Lösung

$$U_C = \frac{\Gamma}{2\pi r}\left(1 - e^{\frac{-r^2}{4\nu t}}\right) \tag{3}$$

Hierbei beschreibt die Gleichung einen Wirbel, der aus einem realen
Wirbelkern und einem Potentialwirbel besteht, die beide durch ein Übergangsgebiet miteinander verbunden sind, in dem die Umfangsgeschwindigkeit
einen maximalen Wert hat. Das Maximum ist gegeben durch

$$U_{C_{max}} = 0{,}72\,(\Gamma/2\pi r_C) \tag{3a}$$

und hat den radialen Abstand

$$r_C = 2{,}24\,(\nu \cdot l)^{\frac{1}{2}} \tag{3b}$$

Die beiden Gleichungen [3a] und [3b] geben für das zeitliche Verhalten
einen charakteristischen Aufschluß. Es folgt nämlich:

Der Radius der maximalen Geschwindigkeit wächst mit $t^{\frac{1}{2}}$, und die
maximale Geschwindigkeit verkleinert sich mit $t^{-\frac{1}{2}}$.

3.16 - Die Überprüfung der Meßergebnisse mit der Gleichung von Oseen-
Hamel.

Die Auswertung von $U_{C_{max}}$ (Bild 10) zeigt, daß die Amplitude mit der
Weglänge in X-Richtung (oder auch der Zeit) nach folgendem Gesetz abnimmt:

$$U_{C_{max}} \sim X^{-\frac{1}{2}}$$

Der Exponent - 0,5 gibt damit eine Übereinstimmung mit der Theorie.

Die Auswertung des Ganges des Durchmessers erfolgte von der Stelle ab, wo die Schwingungen des Wirbelkerns aufhören (Bild 11). Es ergeben

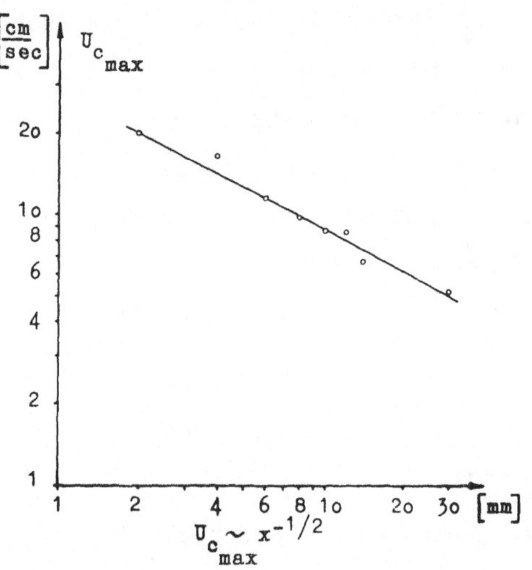

Bild 10 - Örtlicher bzw. zeitlicher Gang der maximalen Umfangsgeschwindigkeit eines Wirbels an der Trennwand

sich dann in dimensionsloser Form zwei Gleichungen: für den Wirbeldurchmesser und für die maximale Umfangsgeschwindigkeit:

$$\frac{2r_c}{d} = 0{,}63 \left(\theta - 6\right)^{\frac{1}{2}} \qquad [4]$$

$$\frac{U_{c_{max}}}{U_\infty} = 0{,}2 \left(\theta - 6\right)^{-\frac{1}{2}} \qquad [5]$$

Aus den Gleichungen [4] und [5] ergibt sich die Möglichkeit, die Wirbelstärke für den vorliegenden Fall mit Γ = 14,5 [cm²/sec] zu bestimmen. Eine weitere Größe, das Teilungsverhältnis der einreihigen Wirbelstraße, wurde bestimmt. Bei den vorgenommenen Messungen wurde

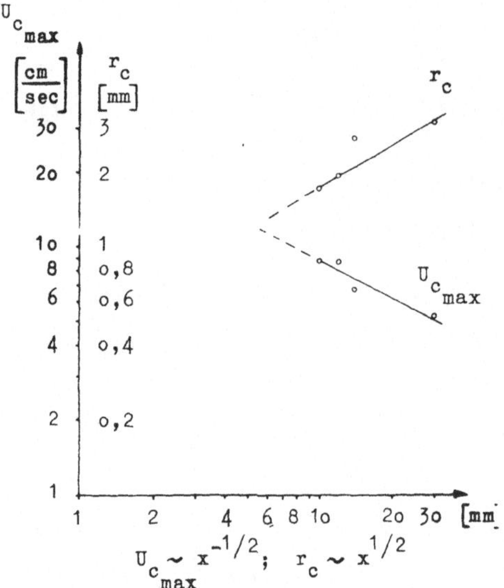

Bild 11 - Örtlicher bzw. zeitlicher Gang der maximalen Umfangsgeschwindigkeit und des Kernradius von Wirbeln.

das Verhältnis des Wirbelkernabstandes x_c zweier sich folgender Wirbel zu dem Wandabstand y_c des Wirbelzentrums bestimmt, wobei man findet, daß für verschiedene Zylinder und *Re*-Zahlen dieses Verhältnis ungefähr 0,3 ist. Dieser Wert zeigt, daß die aufgespaltene Wirbelstraße ungefähr die doppelte Breite der Kármánschen Wirbelstraße hat.

3.2 - Messungen im Freistrahl.

3.21 - Ältere Arbeiten.

Die turbulente Ausbreitung von Freistrahlen in größerem Abstand von der Düsenmündung ist oft, und besonders im Hinblick auf die Verifizierung der Prandtlschen Mischungswegtheorie, behandelt worden. Die Verteilung der mittleren Geschwindigkeit wurde von Tollmien [11], Görtler [12], Förthmann [13] und Reichardt [14] behandelt. Messungen der mittleren Geschwindigkeit wurden von Zimm [15] und Ruden [16] ausgeführt. Eine zusammenfassende Darstellung findet sich bei Schlichting [17] im Kapitel "Freie Turbulenz". Die Verteilung der mittleren Geschwindigkeit in der Nähe der Düsenmündung ist von Kuethe [18] sowie von Squire und Trouncer [19] untersucht worden.

Der Mechanismus der Geschwindigkeitsschwankungen bei voll ausgebildeter Turbulenz des Freistrahls war Gegenstand der Arbeiten von Corrsin [20], Uberoi [21] und Liepmann und Laufer [22].

Die Untersuchung der Wirbelvorgänge in der Randzone eines Freistrahls wurde durch die Arbeiten von Domm [23] über die Kármánsche Wirbelstraße ausgelöst. Gemeinsame Merkmale der freien Strahlgrenzschicht und der von einem umströmten Körper abgelösten Strömung sind von Wille und Domm [24] beschrieben worden. Theoretische Untersuchungen über die Stabilität abgelöster Grenzschichten stammen von Lessen [25] und Lin [26].

Erste Ergebnisse über Hitzdrahtmessungen im laminar-turbulenten Übergangsgebiet der Freistrahlgrenzschicht sind in zwei Berichten von Domm, Fabian, Wehrmann und Wille [27, 28] enthalten. In diesen Arbeiten findet sich auch eine erste Darstellung des Frequenzgesetzes der Wirbelbildung im Freistrahl, das für die ebene, von der Hinterkante einer Platte abgelösten Grenzschicht seine Parallele in einer Arbeit von Sato [29] findet.

Als Konsequenz der in [27] und [28] mitgeteilten Ergebnisse stellte in einer weiteren Arbeit Domm [30] die Hypothese auf, daß die Konzentration von mittlerer Wirbelstärke zu Wirbelstraßen eine charakteristische Erscheinung im Übergang zur Turbulenz ist und daß der Zerfall der Wirbel nach Erreichung einer kritischen Stärke mit dem Einsatz der Turbulenz identisch ist.

Außerhalb des Problems Freistrahl wurden periodische Ringwirbel als Übergangsphänomene zur voll ausgebildeten Turbulenz auch bei abgelöster Strömung in Rohreinläufen beobachtet. Hierüber unterrichten die Arbeiten von Schiller [31], Naumann [32] und Kurzweg [33].

3.22 - Strömungsvorgänge in der Strahlgrenzschicht.

3.221 - *Verteilung der mittleren Geschwindigkeit.* Bei den Versuchen wurde Luft durch die Düse in eine Unterdruckkammer gesaugt, deren Querschnitt und Länge groß gegenüber den Düsenabmessungen sind: Düsendurchmesser D = 10 - 25 - 50 - 75 - 100 - 150 mm ϕ, Durchmesser der Kammer D_K = 2000 mm ϕ, Länge der Kammer L = 4000 mm (Bild 12). Die Kontur der Düsen entspricht den VDI-Meßdüsen, DIN 1952, wie sie zur Mengenmessung in Rohrleitungen verwendet werden.

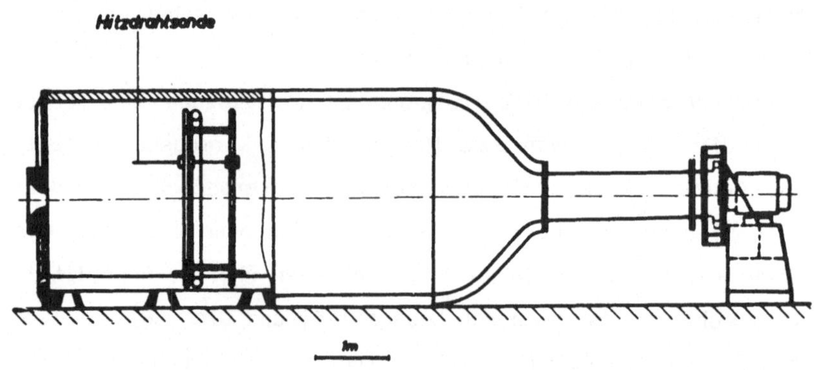

Bild 12 - Unterdruckmeßkammer für Hitzdrahtmessungen

Die Strahlgeschwindigkeiten liegen im Bereich 1,5 m/s ÷ 20 m/s ; Einflüsse der Kompressibilität der Luft sind hierbei vernachlässigbar. Die Reynoldszahlen liegen im Bereich 2500 $\leq Re_D \leq$ 40000. Die Reynoldssche Zahl ist definiert durch $Re_D = \dfrac{U \cdot D}{\nu}$ (ν = kinematische Zähigkeit der Luft). Einzelheiten der Versuchsanlage können der unter [27] zitierten Arbeit entnommen werden.

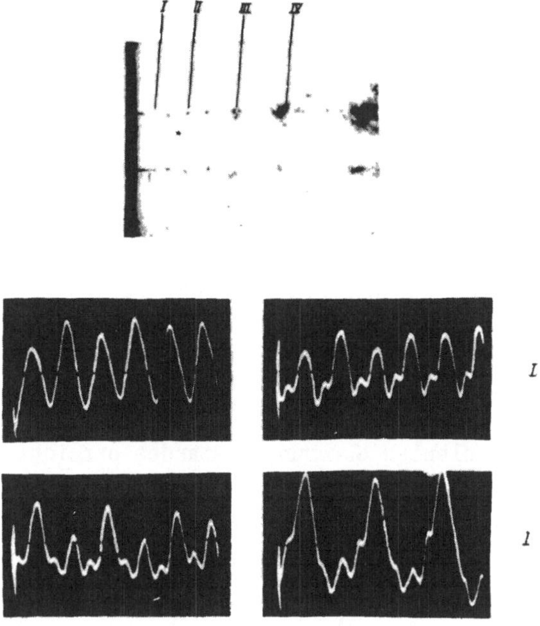

Bild 13 - Farbfaden- und Hitzdrahtmessungen an
den Wirbeln der Strahlgrenzschicht

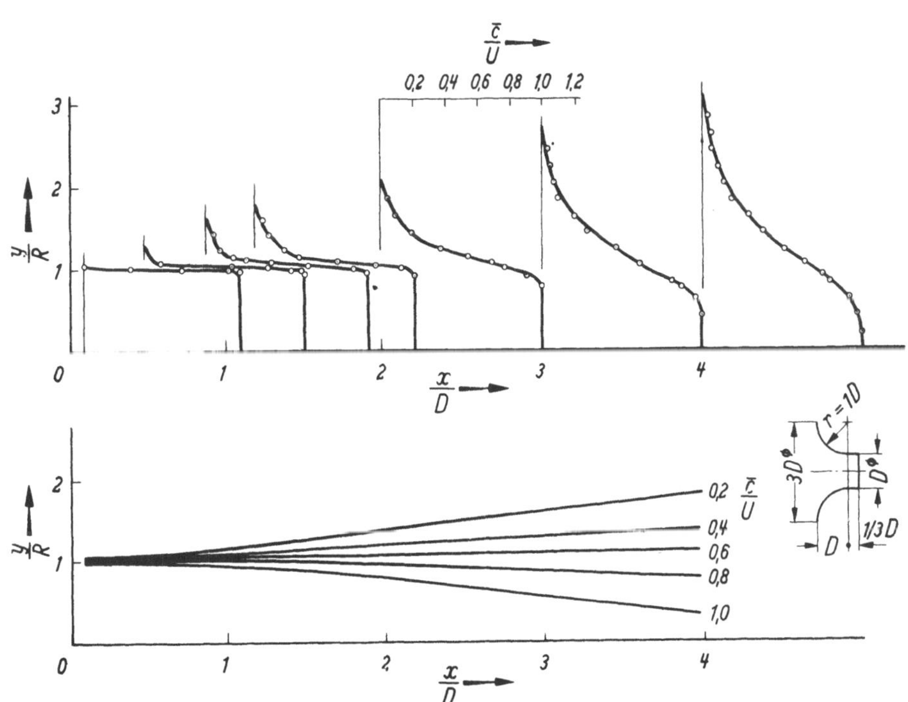

Bild 14 - Verteilung der mittleren Geschwindigkeit im Freistrahl bei $Re_D = 5000$

Das Ziel der Untersuchung ist, die Strömungsvorgänge in unmittelbarer Nähe stromab von der Düse, etwa im Bereich $0 \leq \dfrac{x}{D} \leq 2$, in Einzelheiten zu beschreiben.

Bild 14 zeigt die mit dem Hitzdraht gemessene Verteilung der mittleren Geschwindigkeit und die Linien gleicher Geschwindigkeit im Freistrahl mit $Re_D = 5000$ und Bild 15 das gleiche für $Re_D = 20000$. Zu dieser Darstellung ist zu bemerken, daß zum Beispiel für den Strahl mit $Re_D = 20000$ im Abstand $\dfrac{x}{D} = 4$ noch ein "Potentialkern" existiert, während, wie später gezeigt werden wird, die Strahlgrenzschicht bereits im Abstand $\dfrac{x}{D} = 2$ den Einsatz des turbulenten Strömungszustandes erreicht hat.

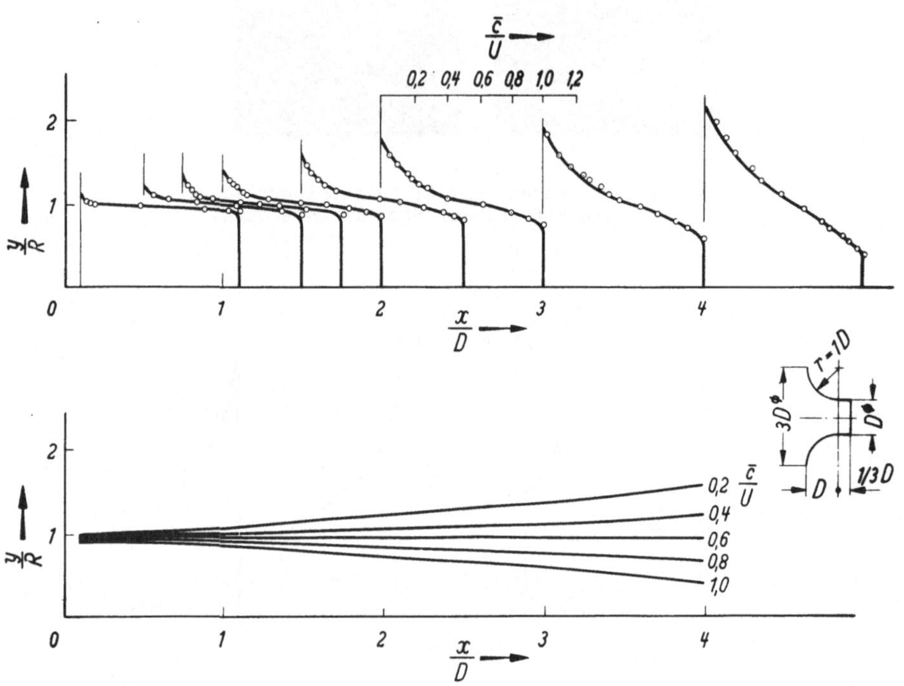

Bild 15 - Verteilung der mittleren Geschwindigkeit im Freistrahl bei $Re_D = 20000$

Bild 16 zeigt die Geschwindigkeitsverteilung zwischen dem äußeren Strahlrand und dem Potentialkern, also in dem Bereich, der oft als "Mischungszone" bezeichnet wird. Die Darstellung folgt dem Vorschlag von Kuethe [18]. Aufgetragen wurden auf der Ordinate das zeitliche Mittel $\bar{c}$ der Geschwindigkeit im Verhältnis zur Strahlgeschwindigkeit U im Mündungsquerschnitt, und auf der Abszisse der Quotient $\theta = \dfrac{y-a}{b}$ (y = radialer

Abstand des Meßpunktes von der Strahlachse, $a = a(x)$ = Radius des Poten-

tialkerns, $b = b(x)$ = radiale Breite der Mischungszone). Die Kurven zeigen,

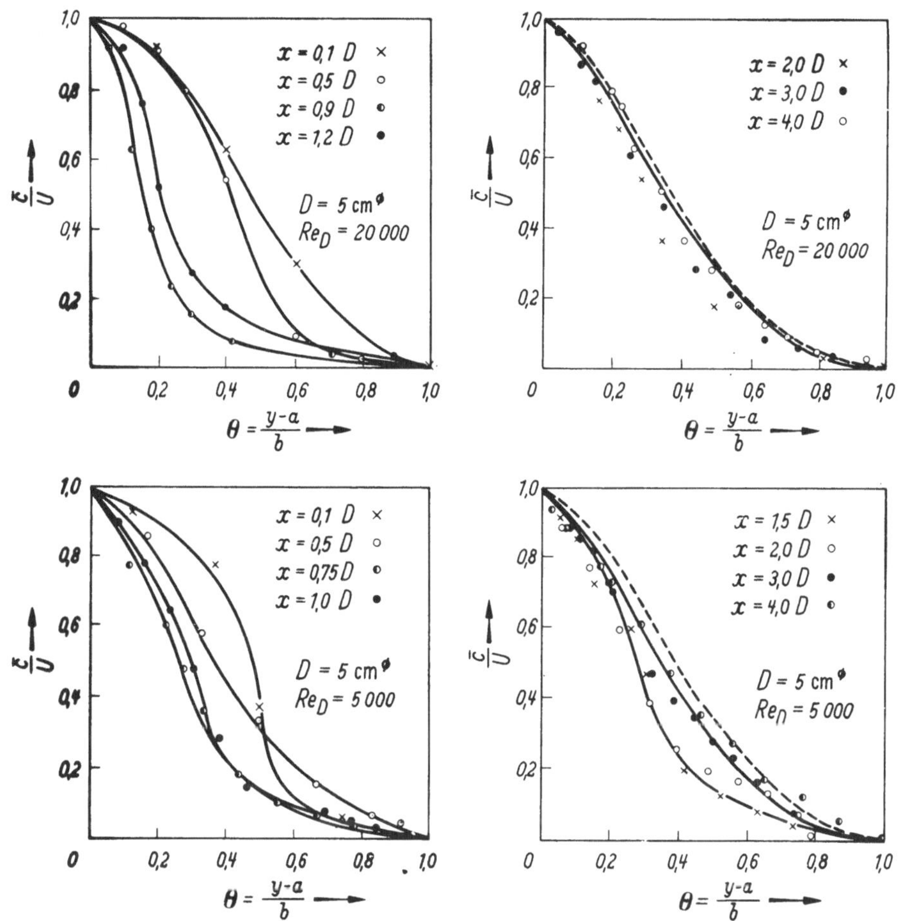

Bild 16 - Verteilung der mittleren Geschwindigkeit in der Randzone
des Freistrahls bei $Re_D = 5000$ und $Re_D = 20000$

daß affine Geschwindigkeitsprofile erst in Abständen $\dfrac{x}{D} > 2$ existieren

und dann gut mit der Lösung von Tollmien [11] übereinstimmen, die in den

rechts liegenden Diagrammen gestrichelt eingezeichnet ist. Der unter-

schiedliche Kurvenlauf im Bereich $0 < \dfrac{x}{D} \leq 2$ deutet an, daß in unmittel-

barer Nähe der Düse die Randzone des Strahls von Strömungsvorgängen

beherrscht wird, die nicht durch das zeitliche Mittel der Geschwindigkeit hinreichend genau beschrieben werden können. Weitere Meßergebnisse dieser Art sind in den unter [27] und [28] zitierten Arbeiten enthalten.

3.222 - *Ringwirbel der Strahlgrenzschicht.* Die Untersuchungen des Freistrahls wurden zunächst Wasser in Wasser bei $Re_D = 10000$ vorgenommen. Filmaufnahmen und eine Beschreibung der Versuchsanlage sind in der unter [24] zitierten Arbeit zu finden. Bei diesen Filmaufnahmen wurde die Randzone des Strahls an zwei gegenüberliegenden Punkten durch Farbzufuhr sichtbar gemacht. Es zeigte sich, daß die anfänglich ungestörte Farbschicht sich später zu definierten Bereichen zusammenzieht, wobei Wirbelringe entstehen, die das weitere Geschehen beherrschen. Die Ringwirbel - Straße, die den Strahl umgreift, enthält nur wenige voneinander unterscheidbare Wirbel- ringe. Infolge kleiner Unstabilitäten können die Wirbel Relativbewegungen gegeneinander ausführen, wobei es zu Schlüpfvorgängen mit nachfolgender Vereinigung zweier Wirbel kommen kann. Eine theoretische Betrachtung zu diesem Vorgang ist in einer Arbeit von Domm [30] enthalten. An dieser Stelle sei vermerkt, daß der Schlüpf- und Vereinigungsprozeß vornehmlich bei niedrigen Strahlgeschwindigkeiten beobachtet wird. Der Farbfadenversuch zeigt weiter, daß die Ringwirbel schließlich ihre Gestalt verlieren und in eine allgemeine Mischbewegung übergehen.

Die Filmaufnahme des angefärbten Freistrahls in Wasser zeigt die Gesamtheit der Erscheinungen gleichzeitig an verschiedenen Raumpunkten. Zum Vergleich sind bei Bild 13 Hitzdrahtsignale wiedergegeben, die in einem Luftfreistrahl aufgenommen wurden. Die Hitzdrahtsignale geben den zeitlichen Verlauf der Geschwindigkeit an verschiedenen Raumpunkten an. Es handelt sich also um die Darstellung $c' = c'(t)$. x = Parameter.

In unmittelbarer Nähe der Düse zeigt das Hitzdrahtsignal nur sehr geringe Schwankungen. Weiter stromab werden die Amplituden größer, und man erkennt, daß es sich um eine sinusförmige, periodische Geschwindig- keitsvariation handelt, deren Frequenz über der Zeit und bei verschiedenen axialen Abständen im Mittel konstant bleibt. Dies gilt bis zum Punkt $\frac{x}{D}$ = 0,9. Bei größerem Abstand ist die Frequenz des Signals auf die Hälfte gefallen, während die Amplitude weiter gewachsen ist. Dieser Frequenzabfall ist einfach zu erklären: Im Bereich $0,8 \leq \frac{x}{D} \leq 1$ haben sich zwei aufeinanderfelgende Wirbel zu einem vereinigt. Bei noch größeren Abständen, etwa bei $\frac{x}{D} = 1,2$, erfährt das Hitzdrahtsignal eine Veränderung. Dem periodischen Signal sind hochfrequente Schwingungen überlagert, die in zeitlich unregelmäßiger Folge auftreten. Diese "Turbulenzausbrüche" können, je nachdem, ob man die Erscheinung zeitlich oder räumlich deuten will, als "turbulent fläshes" (Reynolds) oder als "turbulent spots" (Emmons) bezeichnet werden; sie kennzeichnen den intermittierenden Einsatz der Turbulenz, der zuerst von Townsend [34] beschrieben wurde.

3.223 - *Geschwindigkeitsverteilung der Wirbel der Strahlgrenzschicht.* Die periodischen Hitzdrahtsignale entstehen genau wie bei der unter 3.1 beschriebenen Kármánschen Wirbelstraße dadurch, daß ein Wirbel am Hitzdraht vorbeiläuft. Bild 17 zeigt Hitzdrahtsignale im Gebiet der Ringwirbelstraße

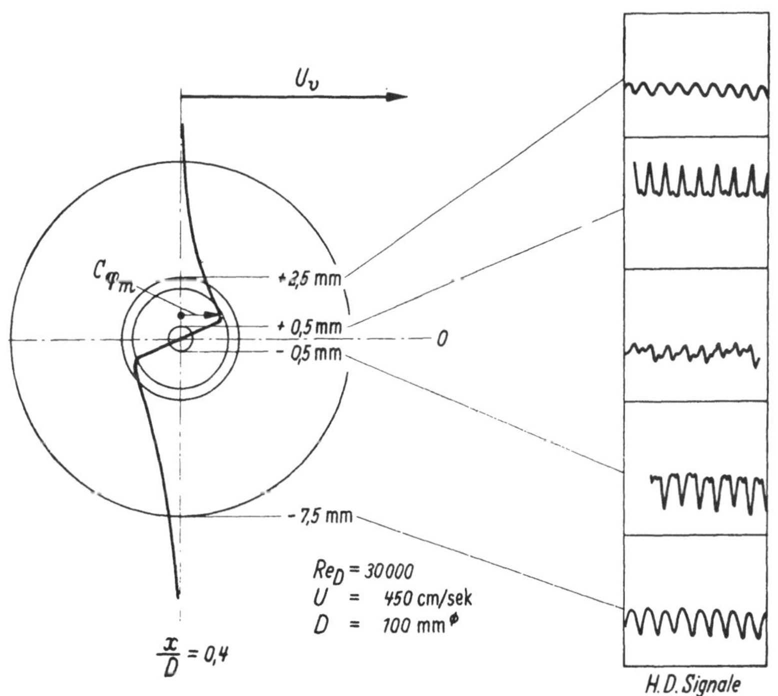

Bild 17 - Hitzdrahtsignale beim Durchgang eines Ringwirbels am Ort der Hitzdrahtsonde.
Linke Bildhälfte Schematische Darstellung der Geschwindigkeitsverteilung eines Wirbels

für verschiedene radiale Abstände von der Strahlachse. Die schematische

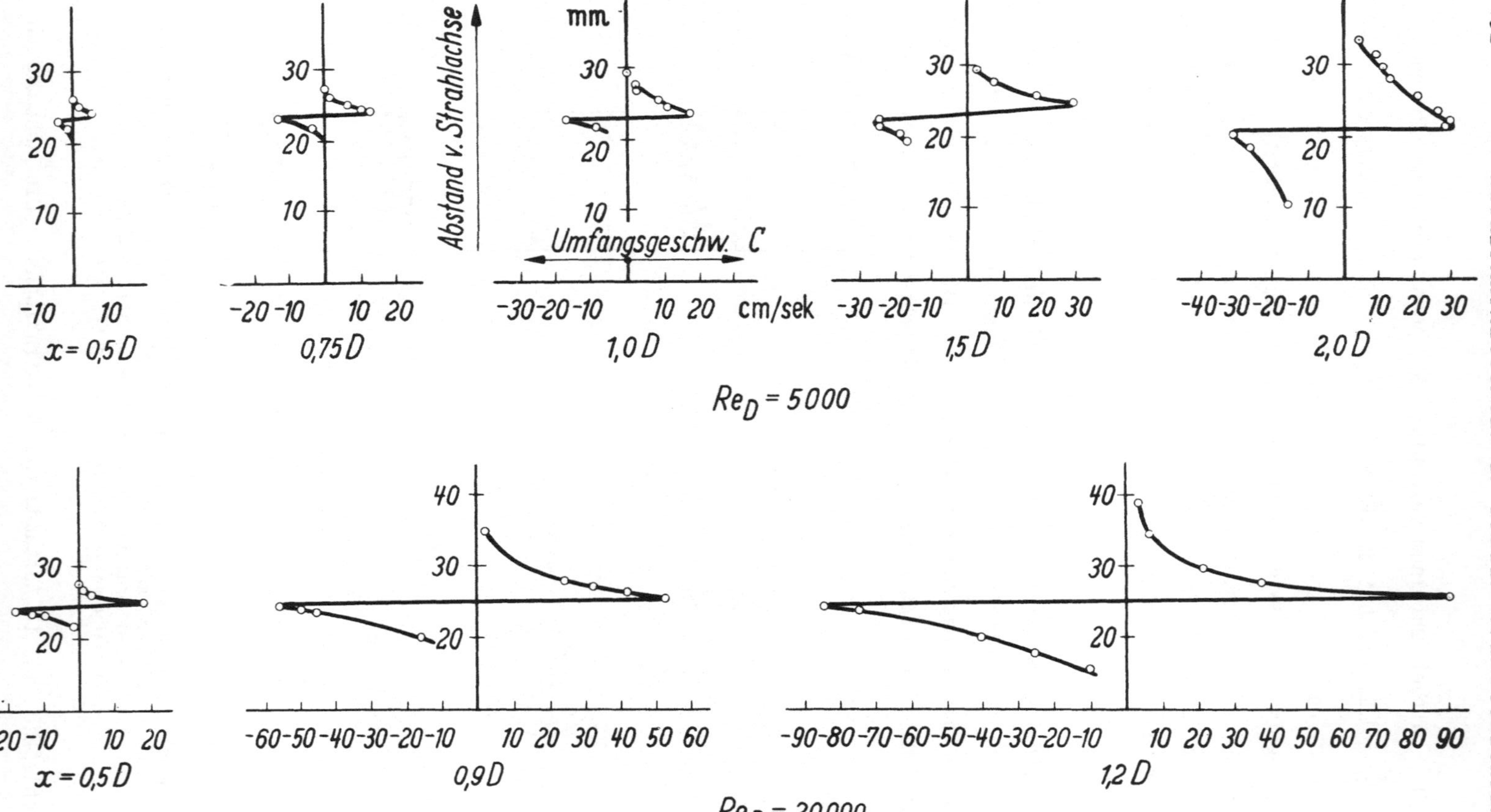

Bild 18 - Geschwindigkeitsverteilung in Wirbeln der Strahlgrenzschicht
bei $Re_D = 5000$ und $Re_D = 20000$

Darstellung eines Wirbels in der linken Hälfte des Bildes erläutert die Entstehung der verschiedenen Signalformen: der Hitzdraht mißt stets den Betrag der Geschwindigkeit, der am Meßort aus der vektoriellen Addition der Umfangsgeschwindigkeit U_c und der Transportgeschwindigkeit U_v des Wirbels resultiert.

In Bild 18 sind Geschwindigkeitsverteilungen in Wirbeln der Strahlgrenzschicht als Ergebnisse der Hitzdrahtmessungen dargestellt. Die obere Reihe gilt für einen Strahl mit Re_D = 5000, die untere Reihe für einen Strahl mit Re_D = 20000. Man erkennt, daß mit wachsendem Abstand von der Düse die Umfangsgeschwindigkeiten wachsen. Für die Wirbel, die Re_D = 5000 (obere Reihe) zugeordnet sind, gilt, daß im Bereich $1,0 \leq \dfrac{x}{D} \leq 1,5$ sich zwei Wirbel vereinigt haben. Die Verschmelzung erfolgt sehr schnell; denn die Geschwindigkeitsverteilung für $\dfrac{x}{D} = 1,5$ hat die gleichen allgemeinen Eigenschaften wie die Geschwindigkeitsverteilungen, die vor der Vereinigung liegen.

Würde man die Werte der Umfangsgeschwindigkeit U_c für verschiedene y längs des Abstands $\dfrac{x}{D}$ auftragen, so ergäbe sich eine "Anfachungskurve" der Geschwindigkeitsschwankungen.

3.224 - *Charakteristische Daten der Wirbel der Strahlgrenzschicht*. In Bild 19 sind charakteristische Daten der Grenzschichtwirbel in Diagrammform dargestellt. Es handelt sich hierbei um die Größen: Maximale Umfangsgeschwindigkeit der Wirbel $C_{\varphi\,max}$ und Durchmesser des Wirbelkerns d_k, der hier gleich dem Durchmesser des Kreises der maximalen Umfangsgeschwindigkeit gesetzt worden ist. In die Darstellung sind Meßwerte für vier Strahl-Reynoldszahlen aufgenommen worden: Re_D = 5000 - 20000 - 30000 - 40000. Zwei geometrisch ähnliche Düsen mit $D = 50$ mm ϕ und $D = 100$ mm ϕ wurden hierbei verwendet.

In den beiden Diagrammen sind die Meßpunkte über dem relativen Düsenabstand $\dfrac{x}{D}$ aufgetragen, und zwar oben die maximale Umfangsgeschwindigkeit $C_{\varphi\,max}$ als Bruchteil der Strahlgeschwindigkeit U, und unten der Kerndurchmesser d_k, mit der Verdrängungsdicke δ^+ der Grenzschicht an der Düsenmündung dimensionslos gemacht.

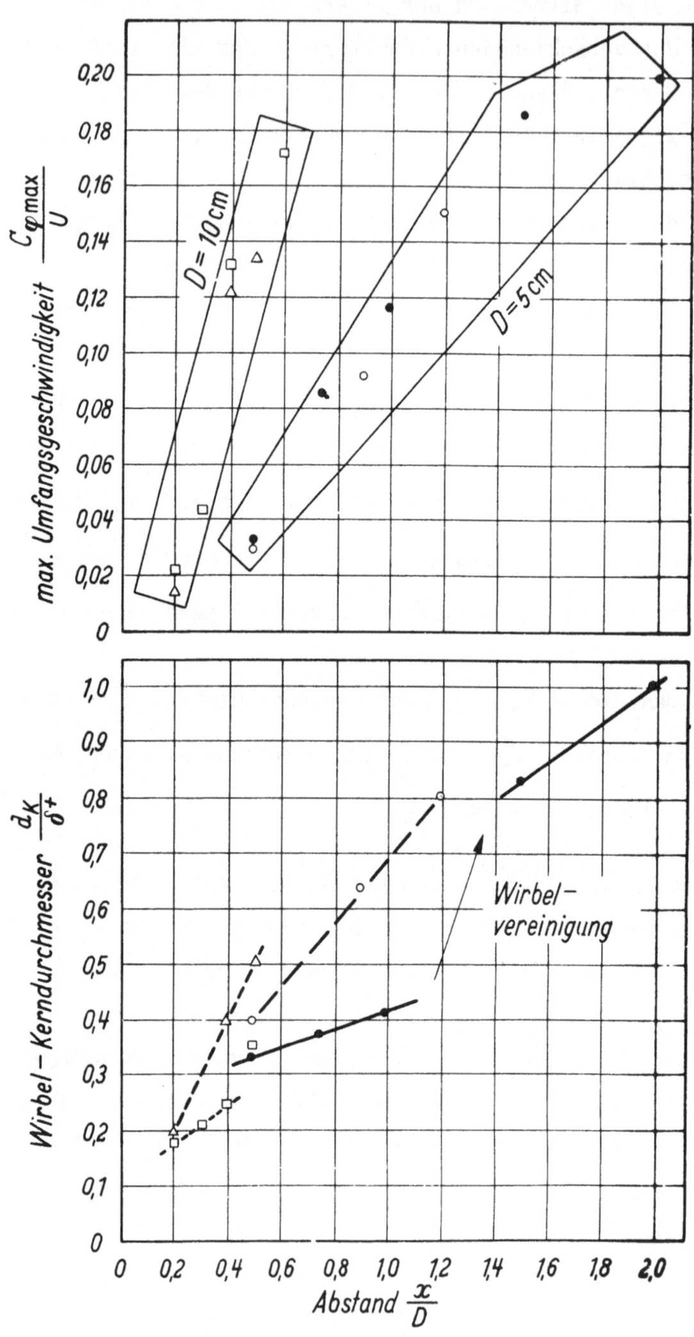

Bild 19a - Charakteristische Daten der Wirbel
der Strahlgrenzschicht

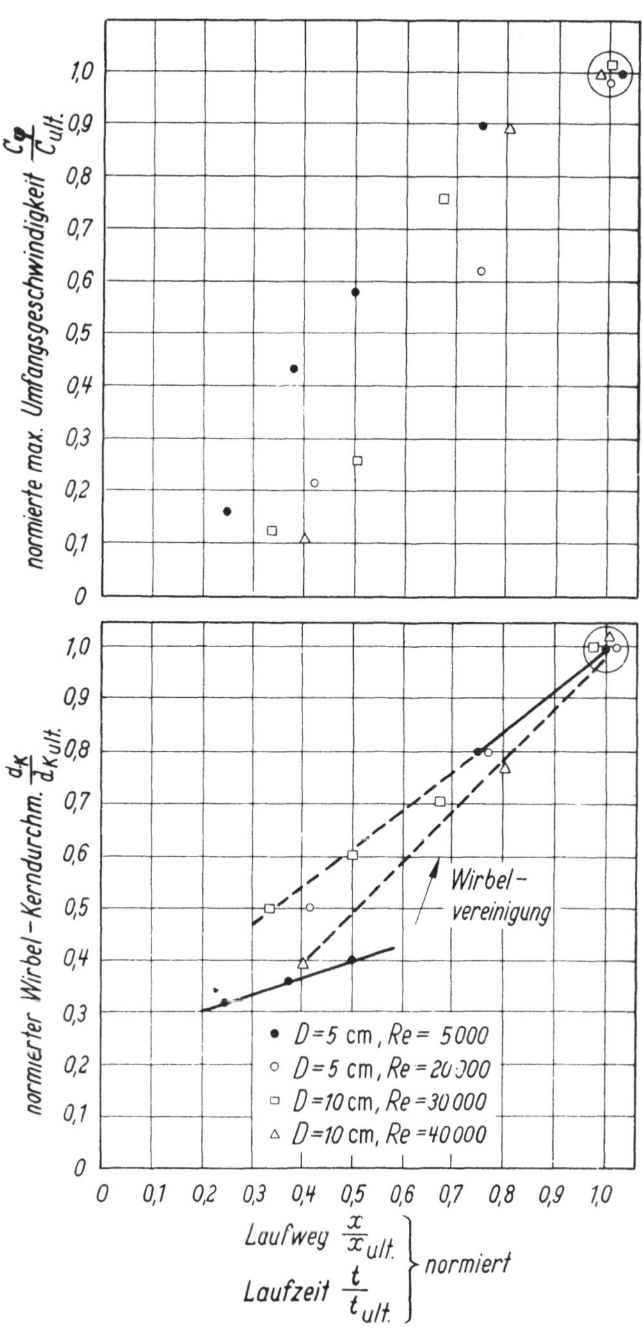

Bild 19b - Normierte Wirbeldaten

In Bild 19b sind die gleichen Meßwerte noch einmal in einer normierten Darstellung aufgetragen. Der Normierung sind "ultimate" Werte, Grenzwerte der Wirbelströmung, zugrunde gelegt worden, die denjenigen Hitzdrahtsignalen entnommen wurden, bei denen sich die ersten hochfrequenten Turbulenzausbrüche zeigten. Die intermittierende Turbulenz kennzeichnet nämlich das Ende der Existenz eines Wirbelrings.

Die Auftragung der Werte $C_{\varphi\,max}$ und d_k läßt kein Ordnungsprinzip erkennen; nur eines tritt klar hervor, nämlich, daß mit wachsendem Laufweg, oder, was dasselbe ist, daß mit wachsendem Lebensalter der Wirbel sowohl die maximale Umfangsgeschwindigkeit als auch der Kerndurchmesser zunehmen. Das Schlüpfen zweier aufeinanderfolgender Wirbel und ihre Vereinigung zeigt sich bei Re_D = 5000 besonders deutlich an der Zunahme des Kerndurchmessers.

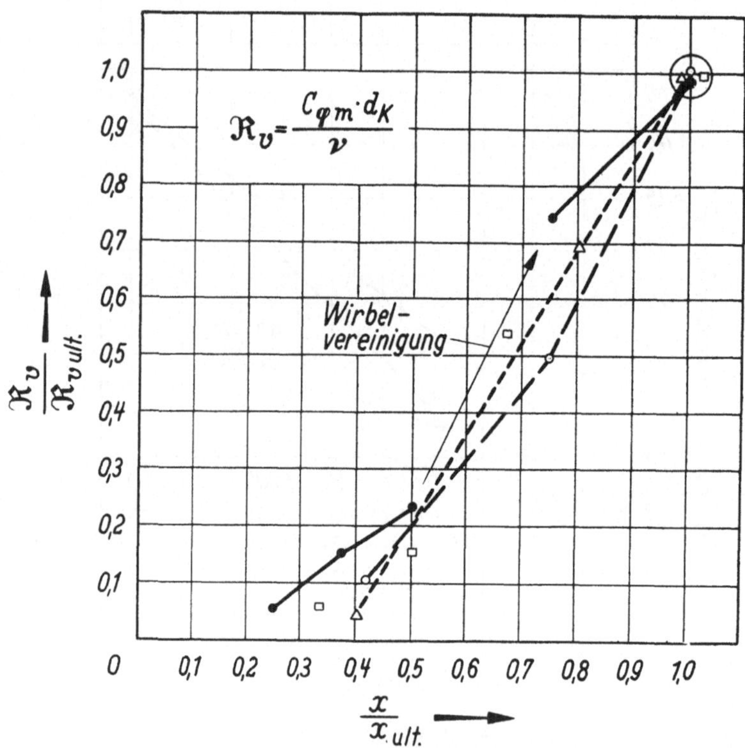

Bild 20 - Anwachsen der Wirbel-Reynoldszahl mit dem Laufweg der Wirbel

Es liegt nahe, das Ordnungsprinzip in einer Reynoldszahl der Wirbelströmung zu suchen, wie dies schon früher vorgeschlagen worden ist 27, 28.

Als charakteristische Länge wird hierbei der Wirbelkerndurchmesser d_k
und als charakteristische Geschwindigkeit wird die diesem Kerndurchmesser
zugeordnete maximale Umfangsgeschwindigkeit $C_{\varphi\,max}$ gewählt. Die Reynoldssche
Zahl der Wirbel lautet demnach

$$Re_v = \frac{C_{\varphi max} \cdot d_k}{\nu}$$

In Bild 20 ist diese Größe in normierter Form über dem normierten Laufweg
aufgetragen. Die Kennzeichnung der aus den Meßwerten errechneten Punkte
erfolgte in gleicher Weise wie in Bild 19.

Man erkennt, daß Re_v ein Ordnungsprinzip für die wachsenden Wirbel
der Strahlgrenzschicht darstellt. Die Streuung der Zahlenwerte ist in der
Natur des Vorgangs und in der Schwierigkeit der Messungen begründet.

3.225 - *Vergleich mit den Messungen an einer Plattengrenzschicht.* Die
Bildung der Grenzschicht-Ringwirbel, ihr Anwachsen und ihr dreidimensionaler
Zerfall finden in einem Bereich des Freistrahls statt, in den im Innern
des Strahls noch ein Potentialkern existiert.

Die Reynoldszahl der Wirbel Re_v enthält im Zähler die Zirkulation
$\Gamma = C_{\varphi\,max} \cdot d_k$ längs des Kreises mit dem Durchmesser d_k des Wirbelkerns.
Für die Ringwirbel der freien Strahlgrenzschicht, die aus der Konzentration
der mittleren Wirbelstärke eines Abschnitts der aus der Düse austretenden
laminaren Grenzschicht entstehen, ist es charakteristisch, daß dieser
Zahlenwert ständig wächst.

Dies steht in Übereinstimmung mit der Auffassung, daß zwischen den
Tollmienschen Wellen der labilen laminaren Grenzschicht und dem durch
"Intermittency-"Signale angezeigten Beginn der Turbulenz ein "Anfachungs-
vorgang" liegt. Für die freie Strahlgrenzschicht kann gezeigt werden, daß
die "angefachten Störungen" durch wachsende Ringwirbel hervorgerufen werden,
deren Eigenschaften definiert werden können.

Der Einsatz der Turbulenz in der Randzone des Strahls ist identisch
mit dem Zerfall der Ringwirbel. Fabian [35] untersucht zur Zeit, ob
hierfür eine kritische Größe angegeben werden kann, wie sie von Domm [30]
in seiner Hypothese der Turbulenzentstehung gefordert worden ist.

Die Wirbelstärke des zerfallenen Ringwirbels findet sich in einer

Vielzahl kleinerer Wirbel wieder, deren Drehachsen, wie qualitative Messungen mit einem Drallrädchen zeigten, bevorzugt in Richtung der Strahlachse liegen. Die von Görtler [27] berechneten Wirbel der dreidimensionalen Störungen treten offenbar als drittes Stadium des Übergangs laminar-turbulent in der Strahlgrenzschicht auf.

3.23 - Frequenzgesetz der Strahlgrenzschicht.

Das "Frequenzgesetz" beschreibt die Abhängigkeit der gemessenen Störungsfrequenzen der Strahlgrenzschicht von der Mündungsgeschwindigkeit

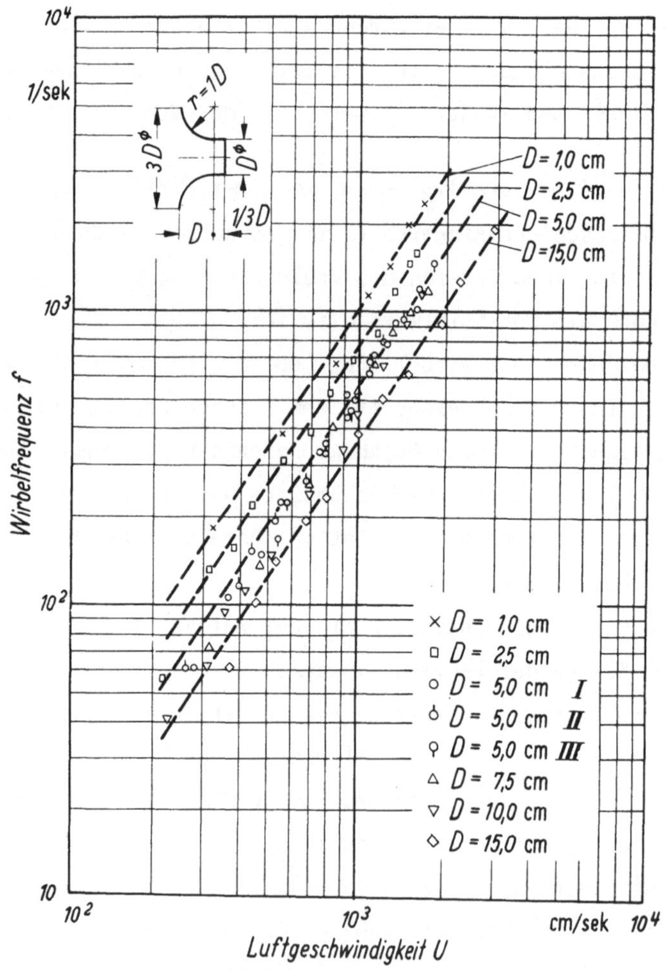

Bild 21 - Wirbelfrequenzen verschiedener Freistrahlen

U in der Düse. Nach den Ausführungen unter 2 ist die "Störungsfrequenz" identisch mit der Bildungsfrequenz der Ringwirbel.

Bei den Messungen wurden sechs geometrisch ähnliche Düsen mit Mündungsdurchmessern D = 10 - 25 - 50 - 75 - 100 - 150 mm verwendet. Als Sonde wurde ein Hitzdraht von 6 μ Dicke und 2 mm Länge verwendet, der auf den Meßort $\dfrac{x}{D}$ = 0,2 , $\dfrac{y}{D}$ = 0,45 eingestellt war.

Die Frequenzmessungen wurden sowohl an einem Freistrahl, der aus der Umgebung in einer Unterdruckkammer gesaugt wurde, als auch an einem Strahl, der aus einer Überdruckkammer in die Umgebung austrat, vorgenommen.

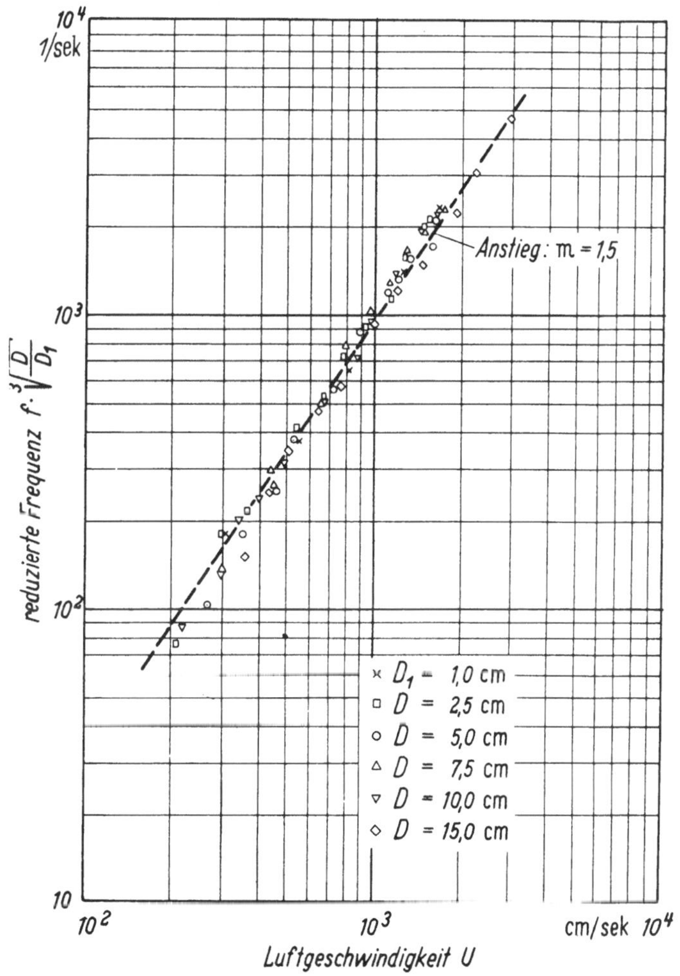

Bild 22 - Reduzierte Wirbelfrequenz

Es sei erwähnt, daß die Art der Strahlerzeugung keinen Einfluß auf das Frequenzgesetz hat.

Bild 21 gibt die Meßergebnisse wieder. Die gemessenen Frequenzen f sind über der Mündungsgeschwindigkeit U des Strahls aufgetragen. In der doppelt-logarithmischen Darstellung lassen sich die Meßpunkte auf Geraden mit der Steigung 3/2 anordnen, wobei der Düsendurchmesser D als Parameter eingeht. Die Meßpunkte der Düse $D = 5,0$ (III) gelten für den Strahl, der aus einer Überdruckkammer austrat, während alle anderen Punkte in Strahlen gemessen wurden, die in eine Unterdruckkammer gesaugt wurden.

In Bild 22 ist eine andere Auftragung der Meßpunkte gewählt worden. Die Ordinate stellt die "reduzierte" Frequenz $f_{red} = f \cdot \sqrt[3]{\dfrac{D}{D_1}}$ dar, wobei die Berechnung der Zahlenwerte für f_{red} auf den Düsendurchmesser $D_1 = 1$ cm bezogen ist. Die Werte für f_{red} lassen sich gut längs einer einzigen Geraden mit der Steigung 3/2 anordnen.

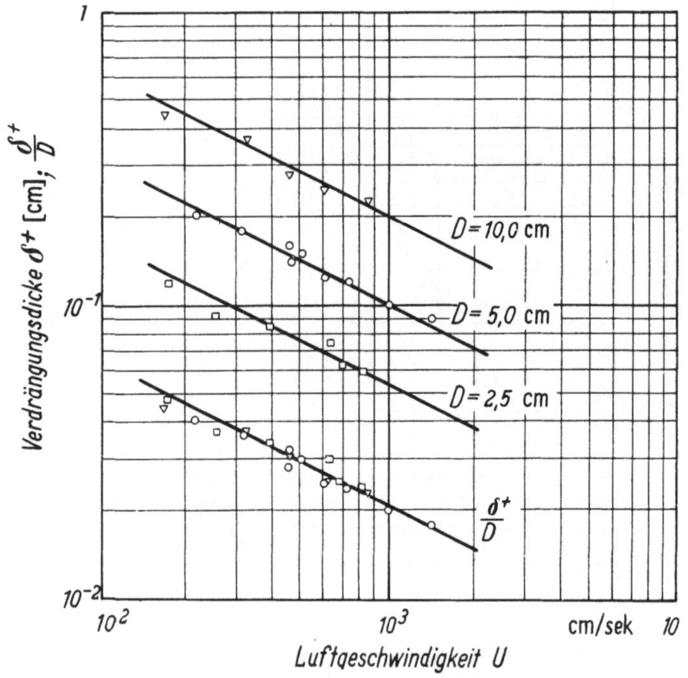

Bild 23 - Grenzschichtdicke an der Düsenmündung

Für die Gültigkeit des Ordnungsprinzips läßt sich zunächst noch keine theoretische Begründung geben.

Für die reduzierte Frequenz läßt sich, nach dem experimentellen Befund, ein Gesetz angeben in der Form:

$$f_{red} = A \cdot U^{\frac{3}{2}}$$

Der Exponent 3/2 der Mündungsgeschwindigkeit deutet darauf hin, daß die Grenzschichtdicke an der Düsenmündung sich mit $U^{-1/2}$ ändert. Dieses Gesetz wird durch die Meßergebnisse, wie Bild 23 zeigt, gut bestätigt. Hierbei ist auf die Ordinate die Verdrängungsdicke δ^+ der Düsengrenzschicht in der Definition [27]

$$\delta^+ = \int_0^R \left(1 - \frac{u}{U}\right) \frac{y}{R}\, dy$$

aufgetragen.

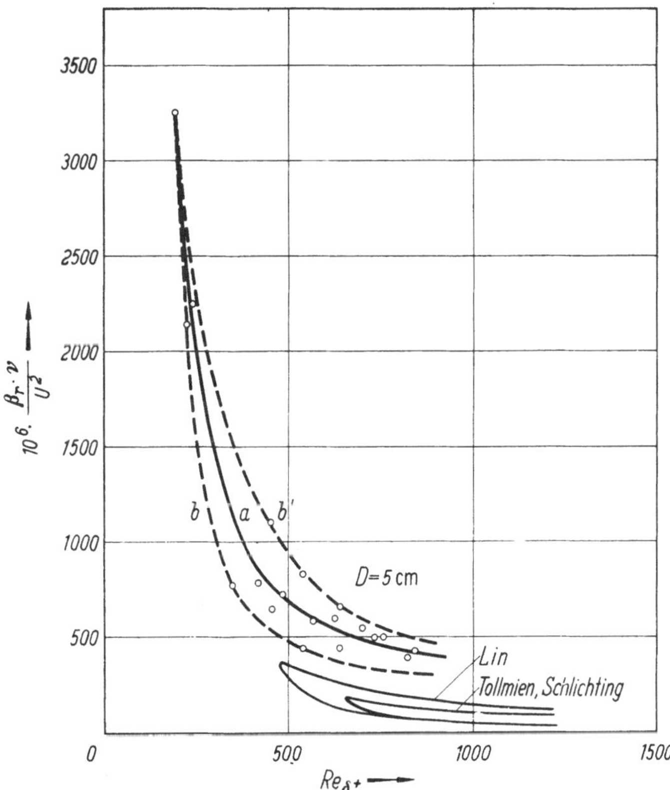

Bild 24 - Bereich der Wirbelfrequenzen im Freistrahl.
Zum Vergleich: Neutrale Störungsfrequenzen
der Plattengrenzschicht

Die gleichfalls in Bild 23 aufgetragene Gesetzmäßigkeit $\dfrac{\delta^+}{D} \sim U^{-1/2}$

findet eine Stütze in der von Schlichting angegebenen Lösung für die Grenzschichtdicke einer ebenen Senkenströmung längs einer geraden Wand. In unserem Falle handelt es sich zwar um eine räumliche Senkenströmung längs einer gekrümmten Wand, für die keine "ähnliche" Lösung der Grenzschicht-Differentialgleichung existiert, aber es kann offenbar eine Analogiebetrachtung angestellt werden.

Es liegt nahe, die an der Düsenmündung gemessenen Wirbelfrequenzen in gleicher Weise wie die Störungsfrequenzen in der Plattengrenzschicht darzustellen. Dabei ergibt sich Bild 24. Die Ordinate enthält die dimensionslose Frequenz $\dfrac{\beta_r \cdot \nu}{u^2}$ mit $\beta_r = 2\pi f$ und die Abszisse enthält die mit der Verdrängungsdicke δ^+ an der Düsenmündung gebildete Reynoldszahl. Am unteren Bildrand sind, um einen Vergleichsmaßstab zu haben, die Indifferenzkurven für neutrale Störungsfrequenzen bei der längs angeströmten ebenen Platte nach den Rechnungen von Tollmien, Schlichting und Lin eingetragen. Die Meßergebnisse von Schubauer und Skramstad [37] gruppieren sich längs der Lin-Kurve.

Die in die obere Bildhälfte vorstoßenden Kurvenzüge gelten für die Frequenzmessungen am Freistrahl. Die innere Kurve a gibt den Verlauf der natürlich auftretenden Wirbelfrequenzen an. Die beiden äußeren Kurven b, b' geben die Grenzen an, innerhalb der durch akustische Beeinflussung Wirbelfrequenzen angeregt werden können. Die hierbei verwendete Versuchstechnik und ältere Ergebnisse sind in der unter [28] zitierten Arbeit zu finden, und weitere Eigenschaften der akustischen Beeinflussung des laminar-turbulenten Übergangs im Freistrahl sind von O. Wehrmann [38] mitgeteilt worden.

Die experimentell bestimmte Grenzkurve $b - b'$ der Wirbelfrequenzen des Freistrahls hat, streng genommen, nicht die gleiche Bedeutung wie die ähnlich aussehenden Kurven der Plattengrenzschicht. Für die Plattengrenzschicht geben die Kurven "neutrale", d.h. weder wachsende noch vergehende Störungen an; beim Freistrahl konnten nur wachsende Störungen, d.h. wachsende Ringwirbel festgestellt werden. Das Innere des von den Kurven eingehüllten Bereichs hat aber beim Freistrahl und bei der Plattengrenzschicht die gleiche Bedeutung: nur im umschlossenen Bereich können Störungen entstehen.

LITERATURVERZEICHNIS

[1] L.V. KING   - "Phil. Trans." **214**   (1914), Seite 373-432.

[2] J.M. BURGERS   - "Handb. der Experimentalphysik" von Wien-Harms, IV, 1.Teil,
Seite 637-667.

[3] O.WEHRMANN   - "Methoden und Anwendungen der Hitzdrahtme technik für Strömungsvorgänge". Erscheint demnächst in der "Konstruktion".

[4] H.L. DRYDEN und A.M. KUETHE - "NACA", Rep.320, 1929.

[5] O.WEHRMANN   - "Deutsche Versuchsanstalt für Luftfahrt" Bericht Nr.43, Juli
1957.

[6] L.S.G. KOVÁSZNAY - "Proc.Roy.Soc.", Ser.A, **198** (1949).

[7] A.ROSHKO   - "NACA", TN 2913.

[8] A.TIMME   - "Dissertation Technische Universität Berlin", Juli 1956
"Ing.Arch.".

[9] C.S. OSEEN   - "Ark.f.Mat.Astron. och Fys." 7 (1911), Nr.14
und "Hydrodynamik", Leipzig 1927, Seite 82.

[10] G.HAMEL   - "Jahresbericht der deutschen Mathematiker-Vereinigung" **25**
(1917), Seite 34-60.

[11] W.TOLLMIEN   - "ZAMM" 6, 468 (1926).

[12] H.GÖRTLER   - "ZAMM" **22**, 244 (1942).

[13] E.FÖRTHMANN   - "Ing.Arch." **5**, 42 (1934).

[14] H.REICHARDT   - "VDI-Forschungsheft" **414** (1942).

[15] W.ZIMM   - "VDI-Forschungsheft" **234** (1921).

[16] P.RUDEN   - "Naturwiss."21 (1933).

[17] H.SCHLICHTING - "Grenzschicht-Theorie" (1951).

[18] A.M. KUETHE   - "Journ.Appl.Mech." 2,No.3 (1935).

[19] H.B. SQUIRE, J.TROUNCER - "British ARC Rand M 1974" (1944).

[20] S.CORRSIN   - "NACA" Wartime Rep. W-94 (1943).

[21] M.S. UBEROI, S.CORRSIN – "NACA", TN 2124 (1950).

[22] H.W. LIEPMANN, J.LAUFER – "NACA", TN 1257 (1947).

[23] U.DOMM   – "Ing.Archiv" 22 (1954).

[24] R.WILLE, U.DOMM – "Jahrb. S.T.G." 46 (1952).

[25] M.LESSEN   – "NACA", Tech.Rep. 979 (1950).

[26] C.C. LIN   – "NACA", TN 2887 (1953).

[27] DOMM, FABIAN, WEHRMANN, WILLE – "AF Tech.Rep. AFOSR" 56-9 (1955).

[28] R.WILLE, O.WEHRMANN, H.FABIAN – "AFOSR-TR" 57-31 (1956).

[29] H.SATO   – "Journ.Phys.Soc. Japan", 11, 6 (1956).

[30] U.DOMM   – "Deutsche Versuchsanstalt für Luftfahrt", Bericht Nr. 23 (1956).

[31] L.SCHILLER, A.NAUMANN – "Ing. Arch." XI (1940).

[32] A.NAUMANN   – "Forsch.Ing.Wes." 2 (1931).

[33] H.KURZWEG   – "Ann.d.Phys." 5, Bd.18 (1933).

[34] A.A. TOWNSEND – "Proc.Roy.Soc." A, 197 (1949).

[35] H.FABIAN   – "Dissertation Technische Universität Berlin" (noch nicht veröffentlicht).

[36] H.GÖRTLER   – "ZAMM" 21, 250 (1941).

[37] G.B. SCHUBAUER und H.K. SKRAMSTAD – "J.Aero.Sci." 14 (1947).

[38] O.WEHRMANN   – "Jahrbuch der WGL 1957".

ERRATA-CORRIGE

ERRATA	CORRIGE
Pag. 40 riga 10	
$\mathcal{R}_{e,\tau}$	$R_{e,\tau}$
Pag. 45 formula [1']	
$\dfrac{\bar{p}}{\rho} + \dfrac{1}{2}\,\overline{v'^2} = P_0$	$\dfrac{\bar{p}}{\rho} + \overline{v'^2} = P_0$
Pag. 49 riga 10	
$c_f = 2k\gamma^2$	$c_f = 2k^2\gamma^2$
Pag. 55 riga 8	
$(0,0725)$	$(0,0795)$
Pag. 58 riga 3	
$\dfrac{\partial T}{\partial y}\,\overline{u'v'}$	$\dfrac{\partial \bar{T}}{\partial y}\cdot\overline{u'v'}$
Pag. 60 formula [39']	
$\left(\dfrac{\partial T'}{\partial y}\right)^2$	$\left(\overline{\dfrac{\partial T'}{\partial y}}\right)^2$
Pag. 65 riga 17	
$\dfrac{\partial}{\partial y}\,[(\nu+\varepsilon)]\,\dfrac{\partial \bar{T}}{\partial y}$	$\dfrac{\partial}{\partial y}\left[(\nu+\varepsilon)\,\dfrac{\partial \bar{T}}{\partial y}\right]$

2

Pag. 75   formula [84]

$$\bar{\rho}\, U + \overline{\rho' u'} = -\, \rho_\infty l \,\frac{\partial \psi}{\partial x} \qquad\qquad \bar{\rho}\, V + \overline{\rho' v'} = -\, \rho_\infty l \,\frac{\partial \psi}{\partial x}$$

Pag. 75   riga 13

$$\frac{\partial}{\partial \psi^*}\left[\frac{\rho^2}{\rho_\infty^2}\,\frac{U}{U_\infty}\,\frac{\partial}{\partial \psi}\left(\frac{U}{U_\infty}\right)\right] \qquad\qquad \frac{\partial}{\partial \psi^*}\left[\frac{\rho^2}{\rho_\infty^2}\,\frac{U}{U_\infty}\,\frac{\partial}{\partial \psi^*}\left(\frac{U}{U_\infty}\right)\right]$$

Pag. 79   formula [99]

$$\frac{k\,U_\infty}{\sqrt{\dfrac{\tau_0}{\rho_p}}} + \int_0^{U/U_\infty}\cdots \qquad\qquad \frac{k\,U_\infty}{\sqrt{\dfrac{\tau_0}{\rho_p}}}\cdot \int_0^{U/U_\infty}\cdots$$

Pag. 79   formula [99']

$$=\frac{k\eta}{B}\sqrt{\frac{\tau_0}{\rho_p U_\infty^2}}\sqrt{\frac{\rho}{\rho_p}}\left[1-\frac{m}{2}\left(\frac{U}{U_\infty}\right)^2+\dots\right] \qquad =k\,\eta B\sqrt{\frac{\rho_p U_\infty^2}{\tau_0}}\sqrt{\frac{\rho}{\rho_p}}\left[1+\frac{m}{2}\left(\frac{U}{U_\infty}\right)^2+\dots\right]$$

Pag. 89   riga 2

$$\frac{1}{2}\,\frac{dU_e^2}{dx} \qquad\qquad \frac{1}{2\,U^2}\,\frac{dU_e^2}{dx}$$

Pag. 89   formula [19]

$$=mf_{\eta^*\eta^*\eta^*} \qquad\qquad m + f_{\eta^*\eta^*\eta^*}$$

Pag. 90   riga 13

$$\eta = \text{cost} = \eta_\delta \qquad\qquad \eta^* = \text{cost.} = \eta_\delta^*$$

Pag. 91   formula [23] riga 3

$$+\,\text{cost.}\; l^2\,\eta_\delta^{*2}\dots \qquad\qquad +\,\text{cost.}\; \eta_\delta^{*2}\dots$$

Pag. 91   formula [26]

$$\int_{0}^{X} \dots \qquad\qquad \int_{0}^{X/l^2} \dots$$

Pag. 93   formula [34]

$$\left[1 + \text{cost.}\ \frac{\eta_\delta^{*2}}{1 - \text{cost.}\ \eta_\delta^{*2}\, m}\right] \qquad\qquad \left[1 + \text{cost.}\ \frac{\eta_\delta^{2}\, m}{1 - \text{cost.}\ \eta_\delta^{*}\, m}\right]$$

Pag. 94   riga 8

$$(2.\,\text{II}) \qquad\qquad\qquad (2.\,\text{III})$$

Pag. 95   formula [38]

$$\left[\frac{3m - 1}{2}\ I_2 + m\, I_1\right] \qquad\qquad \left[\frac{3m + 1}{2}\ I_2 + m\, I_1\right.$$

Pag. 95   riga 11

$$\frac{1}{2}\frac{d}{dX}\left(\frac{U_e}{U_\infty}\right)^2 + \dots \qquad\qquad \frac{1}{2}\frac{d}{dx}\left(\frac{U_e}{U_\infty}\right)^2 + \dots$$

TURBOLENZA DI PARETE

CARLO FERRARI

CAPITOLO I

Equazioni del flusso turbolento a contatto di una parete. Le tensioni di Reynolds Equazioni per le funzioni di correlazione. Equazioni della dissipazione dell'energia e della dissipazione della vorticita'.

INTRODUZIONE.

I problemi che qui si considerano sono quelli relativi ad una corrente turbolenta in presenza di una parete solida, ossia, secondo la denominazione correntemente usata, alla *turbolenza di parete*. Sono questi i problemi che presentano per la tecnica la maggiore importanza, perche' intimamente legati alla determinazione del flusso attorno ad un ostacolo od entro ad un condotto, e alla corrispondente forza esercitata dal fluido sulla parete lambita, e al calcolo della trasmissione termica tra questa e la corrente esterna; disgraziatamente sono anche i problemi pei quali le ricerche teoriche sono le meno progredite per le maggiori difficolta' da essi presentate particolarmente rispetto alla *turbolenza omogenea*, ed anche nei riguardi della *turbolenza libera*, cioe' quella che si manifesta in strati dello stesso fluido o di fluidi diversi che si muovono a contatto con diversa velocita': tale maggiore difficolta' e' dovuta alla *maggiore organizzazione*, ossia alla *minore casualita'*, che presenta il moto, ed al *maggior numero dei parametri* che influenzano il moto stesso.

E' facile rendersi conto della natura di queste difficolta', ed e' quello che sara' subito indicato nei numeri seguenti, in cui il problema verra' considerato da un punto di vista di grande generalita': questo non tanto per mettere in evidenza le difficolta', quanto perche' dalle equazioni generali, che cosi' si ottengono, si possono trarre utili informazioni, che, se non sono sufficienti a risolvere il problema, gettono pero' alquanta luce su di esso, e possono servire di base per una ricerca piu' approfondita. Detta ricerca non sara' subito affrontata: verranno dapprima considerati *casi semplici di turbolenza di parete*, nei quali, qualora si limiti il proprio scopo a quello di determinare il fenomeno in *media* nel tempo, facendo opportune ipotesi di lavoro, che se possono essere giustificate a priori, hanno pero' la loro giustificazione essenziale a posteriori, dal confronto dei risultati cui esse conducono con quelli sperimentali, e' possibile arrivare a soluzioni soddisfacenti. Sara' infine esposto qualche tentativo fatto per porre la teoria della turbolenza di parete su piu' solide basi razionali.

1 - Equazioni del flusso turbolento: equazioni di Reynolds. Tensioni di Reynolds. Funzioni di correlazione.

Si considerano ora correnti di fluido *incompressibile*, in media *stazionarie*, cosi' che abbia significato il parlare di *valore medio* di ogni determinata grandezza nel tempo; piu' precisamente si ammette che, per ogni grandezza Q, funzione del tempo t e del *posto*, *esista* il limite

$$\overline{Q}(P) = \lim_{T=\infty} \frac{1}{T} \int_{t_0 - \frac{T}{2}}^{t_0 + \frac{T}{2}} Q(P,t)\, dt$$

e che detto limite, come indicato nella formula, sia *indipendente* dal particolare istante t_0 a partire dal quale si misurano gli intervalli di tempo per la valutazione della media. Detti valori medi si indicano col soprassegno sopra il simbolo che definisce la grandezza in esame; assunto un sistema di assi cartesiani ortogonali, costituenti un sistema *destro* di riferimento, si indica gli assi col simbolo x_i ($i = 1, 2, 3$), se non esiste nel campo di moto alcuna direzione privilegiata, che occorra mettere in evidenza; qualora invece detta direzione

esista, si prendera' uno degli assi secondo detta direzione e lo si in-
dichera' col simbolo x assumendo sempre $x \equiv x_1$; gli altri due assi
saranno allora designati coi simboli y $(y \equiv x_2)$ e z $(z \equiv x_3)$. Per le
componenti della velocita' istantanea si usa il simbolo u_i , mentre il
valor medio di u_i si indica con U_i $(\bar{u}_i = U_i)$; si indica invece col-
l'*apice* lo *scarto* tra il valore *istantaneo* ed il valore *medio* $(u_i' =$
$= u_i - U_i)$. Quando ad indicare gli assi si useranno i simboli x, y, z ,
le corrispondenti componenti della velocita' istantanea saranno rappre-
sentate dai simboli u, v, w , le *oscillazioni turbolente* della velocita'
da u', v', w', e le componenti della velocita' media da U, V, W.

Si ammette infine che, *in ogni istante*, valgano le equazioni di
Stokes-Navier

$$[1] \qquad \frac{\partial}{\partial t}(U_i + u_i') + \Sigma_k (U_k + u_k') \frac{\partial}{\partial x_k} (U_i + u_i') =$$

$$= - \frac{1}{\rho} \frac{\partial}{\partial x_i} (\bar{p} + p') + \nu \Delta (U_i + u_i')$$

dove ρ e' la densita', p la pressione, e ν la viscosita' cinematica.

Vale inoltre certamente l'*equazione di continuita'*, che per la supposta incompressibilita' ha la forma

$$[2] \qquad \Sigma_i \frac{\partial}{\partial x_i} (U_i + u_i') = 0 \ .$$

Prendendo nella [2] i valori medi si ha subito

$$[2'] \qquad \Sigma_i \frac{\partial U_i}{\partial x_i} = 0$$

di guisa che sottraendo la [2'] dalla [2] risulta pure

$$[2''] \qquad \Sigma_i \frac{\partial u_i'}{\partial x_i} = 0 \ .$$

Prendendo i valori medi nelle [1], osservando che e'

$$\Sigma_k (U_k + u_k') \frac{\partial}{\partial x_k} (U_i + u_i') = \Sigma_k \frac{\partial}{\partial x_k} (U_k + u_k')(U_i + u_i')$$

in grazia della [2], e tenuto conto della stazionarieta' del moto medio si ha

$$[3] \quad \Sigma_k \frac{\partial}{\partial x_k}(U_i\,U_k) = -\frac{1}{\rho}\frac{\partial}{\partial x_i}(\overline{p}) + \nu\Delta U_i - \Sigma_k \frac{\partial}{\partial x_k}(\overline{u_i'\,u_k'}) \quad (i = 1, 2, 3)$$

che sono le *equazioni di Reynolds* per il deflusso turbolento. Si pone

$$[4] \quad \Pi_{i,k} = \rho\left[\nu\left(\frac{\partial U_i}{\partial x_k} + \frac{\partial U_k}{\partial x_i}\right) - \overline{u_i'\,u_k'}\right] ;$$

le $\Pi_{i,k}$ sono manifestamente le componenti di un *tensore doppio simme-trico*, di cui la parte costruita colle velocita' medie non e' altro che il *tensore delle tensioni viscose:* in effetto le sue componenti sono proporzionali alle corrispondenti componenti del *tensore delle velocita' di deformazione* nel moto medio. Ci si puo' rendere conto che un significa-cato analogo a quello delle $\rho\,\nu\left(\frac{\partial U_i}{\partial x_k} + \frac{\partial U_k}{\partial x_i}\right)$ hanno le $-\rho\,\overline{u_i'\,u_k'}$: in ef-fetto per un elemento $d\sigma_k$ perpendicolare all'asse x_k la $\rho\,u_k'\,d\sigma_k\,dt$ da' la massa fluida che attraversa $d\sigma_k$ nell'intervallo di tempo ele-mentare dt in virtu' del moto di agitazione turbolento; essa ha una com-ponente di quantita' di moto secondo x_i data dalla $dq_i' = \rho\,u_k'\,u_i'\,d\sigma_k\,dt$; questo *trasporto di quantita' di moto* attraverso a $d\sigma_k$ e' equivalente dal punto di vista dinamico all'applicazione allo stesso elemento di una forza $\dfrac{dq_i'}{dt}$ diretta e orientata secondo x_i ed esercitata dalle parti-celle fluide che stanno, rispetto a $d\sigma_k$, dalla parte della normale ne-gativa sul fluido che sta dalla parte della normale positiva (orientata come x_k). Per il principio di azione e reazione ne risulta, per ogni elemento superficiale perpendicolare a uno degli assi x_k, una forza trasmessa dal fluido che si trova dalla parte della x_k positiva al fluido posto dall'altra parte uguale a

$$-\frac{dq_i'}{dt} = -\rho\,u_i'\,u_k'\,d\sigma_k$$

ed uguale quindi in media a

$$d\sigma_k \cdot \tau_{k,i}^{(t)} = -\rho\,\overline{u_i'\,u_k'}\,d\sigma_k$$

posto

[5]
$$\tau^{(t)}_{k,i} = -\,\rho\,\overline{u'_i\,u'_k}\;.$$

Alla $\tau^{(t)}_{k,i}$ si da' il nome di *tensione turbolenta,* in quanto e' conseguenza del moto di agitazione turbolenta, od anche di *tensione di Reynolds;* le tensioni di Reynolds appaiono cosi' essere le componenti di un *tensore* (tensore delle tensioni turbolente), che si somma al tensore delle tensioni viscose, e poiche' la [3], tenuto conto delle [4] e [2'] puo' pure essere scritta nella forma

[3']
$$\Sigma_k \frac{\partial}{\partial x_k}\,(U_i\,U_k) = -\,\frac{1}{\rho}\,\frac{\partial}{\partial x_i}\,(\bar{p}) + \Sigma_k \frac{\partial \Pi_{k,i}}{\partial x_k}\,\frac{1}{\rho}$$

appare che le *equazioni del moto medio nel flusso turbolento (equazioni di Reynolds) sono formalmente identiche a quelle di Stokes-Navier nel flusso laminare, la differenza consistendo nel fatto che il tensore degli sforzi interni nel flusso laminare si riduce a quello delle tensioni viscose, mentre nel flusso turbolento risulta dalla somma di detto tensore e di quello delle tensioni di Reynolds.*

Ed ecco subito la difficolta' fondamentale dei flussi turbolenti: mentre le tensioni viscose si sanno esprimere per mezzo delle derivate delle velocita' medie, le tensioni di Reynolds appaiono come *nuove funzioni incognite,* come funzioni cioe' la cui dipendenza dalle grandezze caratteristiche del moto medio non e' nota.

Il rapporto del tensore delle $\tau^{(t)}_{i,k}$ a $(-\rho)$ prende il nome di *tensore di correlazione* (doppia), cosi' come le $\overline{u'_i\,u'_k}$ sono chiamate *funzioni di correlazione* (doppia): il numero delle equazioni indefinite che devono essere soddisfatte nel moto medio e' pertanto sempre uguale a *quattro* (le tre equazioni di Reynolds [3'] e l'equazione di continuita' [2']), mentre le funzioni incognite sono diventate *dieci* (le U_i, $\bar{p}$, e le sei funzioni di correlazione).

2 - Equazioni per le funzioni di correlazione.

Si puo' cercare di determinare le equazioni cui devono soddisfare le funzioni di correlazione moltiplicando ciascuna delle [1] per u'_j e prendendo quindi il valor medio di ogni termine. Si ottiene

$$[6] \qquad \overline{u_j' \frac{\partial u_i'}{\partial t}} + \Sigma_k U_k \overline{u_j' \frac{\partial u_i'}{\partial x_k}} + \Sigma_k \overline{u_j' u_k'} \frac{\partial U_i}{\partial x_k} + \Sigma_k \overline{u_j' u_k' \frac{\partial u_i'}{\partial x_k}} =$$

$$= -\frac{1}{\rho} \overline{u_j' \frac{\partial p_i'}{\partial x_i}} + \nu \overline{u_j' \Delta u_i'} \quad .$$

Scambiando tra loro gli indici i e j si ha

$$[6'] \qquad \overline{u_i' \frac{\partial u_j'}{\partial t}} + \Sigma_k U_k \overline{u_i' \frac{\partial u_j'}{\partial x_k}} + \Sigma_k \overline{u_i' u_k'} \frac{\partial U_j}{\partial x_k} + \Sigma_k \overline{u_i' u_k' \frac{\partial u_j'}{\partial x_k}} =$$

$$= -\frac{1}{\rho} \overline{u_i' \frac{\partial p'}{\partial x_j}} + \nu \overline{u_i' \Delta u_j'} \quad .$$

Poiche' e'

$$\Sigma_k \frac{\partial}{\partial x_k} \overline{(u_i' u_j' u_k')} = \overline{u_i' u_j' \Sigma_k \frac{\partial u_k'}{\partial x_k}} + \Sigma_k \overline{u_i' u_k' \frac{\partial u_j'}{\partial x_k}} + \Sigma_k \overline{u_k' u_j' \frac{\partial u_i'}{\partial x_k}} =$$

$$= \Sigma_k \overline{u_i' u_k' \frac{\partial u_j'}{\partial x_k}} + \Sigma_k \overline{u_k' u_j' \frac{\partial u_i'}{\partial x_k}}$$

$$\Delta \overline{u_i' u_j'} = \overline{u_i' \Delta u_j'} + \overline{u_j' \Delta u_i'} + 2 \Sigma_k \overline{\frac{\partial u_i'}{\partial x_k} \frac{\partial u_j'}{\partial x_k}}$$

$$\frac{\partial}{\partial x_i} \overline{(u_j' p')} = \overline{u_j' \frac{\partial p'}{\partial x_i}} + \overline{p' \frac{\partial u_j'}{\partial x_i}}$$

sommando membro a membro le [6] e [6'] si ottiene, per la supposta stazionarieta',

$$[7] \quad \Sigma_k U_k \frac{\partial}{\partial x_k} \overline{(u_i' u_j')} + \Sigma_k \overline{u_j' u_k'} \frac{\partial U_i}{\partial x_k} + \Sigma_k \overline{u_i' u_k'} \frac{\partial U_j}{\partial x_k} - \overline{\frac{p'}{\rho} \left(\frac{\partial u_i'}{\partial x_j} + \frac{\partial u_j'}{\partial x_i} \right)} +$$

$$+ \Sigma_k \frac{\partial}{\partial x_k} \left[-\nu \frac{\partial}{\partial x_k} \overline{u_i' u_j'} + \overline{u_i' u_j' u_k'} + \right.$$

$$\left. + \overline{(\delta_{ik} u_j' + \delta_{jk} u_i') \frac{p'}{\rho}} \right] + 2 \nu \Sigma_k \overline{\frac{\partial u_i'}{\partial x_k} \frac{\partial u_j'}{\partial x_k}} = 0$$

in cui δ_{ik} e' il simbolo di *Kronecker* ($\delta_{ik} = 1$ per $i = k$; $\delta_{ik} = 0$ per $i \neq k$). Di equazioni come le [7] se ne possono scrivere tante quante sono le combinazioni a due a due dei tre indici, ossia *sei*, e quindi proprio nel numero corrispondente a quello delle funzioni di correlazione doppia: ma queste equazioni introducono pero' altre incognite. In effetto esse contengono le $\overline{u_i' \, u_j' \, u_k'}$, che costituiscono le componenti di *un tensore triplo* completamente *simmetrico* (che sono le cosiddette funzioni di correlazione tripla), ed il numero delle componenti *distinte* di detto tensore e', come e' noto, *dieci;* inoltre nelle stesse [7] appaiono i termini $-\overline{\dfrac{p'}{\rho} \dfrac{\partial u_i'}{\partial x_j}} + \dfrac{\partial}{\partial x_j}\left(\overline{u_i' \dfrac{p'}{\rho}}\right) = \overline{u_i' \dfrac{\partial p'}{\partial x_j}}$ che sono anch'essi incogniti e costituiscono le cosiddette *funzioni di correlazione pressione-velocita'.*

Appare pertanto che si sono, e' vero, scritte altre equazioni in numero uguale a quello delle funzioni di correlazione contenute nelle [3'], ma si sono aggiunte, e in numero alquanto piu' grande, altre funzioni incognite. Il procedimento puo' essere continuato, in modo del tutto analogo a quello seguito per passare dalle [3'] alle [7], ricavando le *10* equazioni cui devono soddisfare le funzioni di correlazione tripla, ma si ottiene che in queste sono contenute le $\overline{u_i' \, u_j' \, u_k' \, u_l'}$, che costituiscono le componenti di un *tensore quadruplo completamente simmetrico,* e si sa che il numero delle componenti distinte di detto tensore e' *venti*. Appare pertanto che il procedimento indicato porta a un *numero infinito* di equazioni, nelle quali ogni funzione di correlazione di rango n risulta definita per mezzo delle funzioni di correlazione di rango $n + 1$: per risolvere il problema per questa via e' necessario *rompere la catena,* e questo puo' essere fatto solo facendo *ipotesi* sulle funzioni di correlazione di rango maggiore. Qualche tentativo in questo senso e' stato fatto, e di esso sara' fatto cenno nel Cap. IV.

3 - Equazione della dissipazione dell'energia.

Le equazioni finora ricavate, se sono del tutto insufficienti per la risoluzione del problema, permettono tuttavia gia' di dedurre qualche conseguenza interessante.

La [7] scritta per $j = i$ e moltiplicata per $\dfrac{\rho}{2}$ dà

$$[7']\qquad \frac{\rho}{2}\,\Sigma_k\,U_k\,\frac{\partial}{\partial x_k}\,(\overline{u_i'^2}) + \Sigma_k\,\rho\,\overline{u_i'\,u_k'}\,\frac{\partial U_i}{\partial x_k} - \overline{p'\,\frac{\partial u_i'}{\partial x_i}} +$$

$$+ \Sigma_k\,\frac{\partial}{\partial x_k}\left[-\frac{\mu}{2}\,\frac{\partial \overline{u_i'^2}}{\partial x_k} + \overline{u_k'\Big(\frac{\rho}{2}\,u_i'^2 + \delta_{ik}\,p'\Big)} \right] + \mu\,\Sigma_k\,\overline{\Big(\frac{\partial u_i'}{\partial x_k}\Big)^2} = 0 \ .$$

Se si sommano le [7'] scritte per i vari i si ha, posto $E_t = \dfrac{1}{2}\,\Sigma_i\,\overline{u_i'^2}$

$$[8]\qquad \overbrace{\rho\,\Sigma_i\,U_i\,\frac{\partial E_t}{\partial x_i}}^{(1)} + \overbrace{\Sigma_i\,\Sigma_k\,\rho\,\overline{u_i'\,u_k'}\,\frac{\partial U_i}{\partial x_k}}^{(2)} +$$

$$+ \Sigma_k\,\frac{\partial}{\partial x_k}\overbrace{\left[-\mu\,\frac{\partial E_t}{\partial x_k} + \overline{u_k'\Big(\rho\,\Sigma_i\,\frac{u_i'^2}{2} + p'\Big)} \right]}^{(3)\qquad\qquad (4)} + \overbrace{\mu\,\Sigma_i\,\Sigma_k\,\overline{\Big(\frac{\partial u_i'}{\partial x_k}\Big)^2}}^{(5)} = 0$$

che definisce il *bilancio energetico* per le oscillazioni turbolente: E_t è infatti l'energia cinetica dell'unità di massa corrispondente al moto di agitazione turbolenta; il primo termine della [8] dà perciò la variazione nell'unità di tempo dell'energia cinetica turbolenta per unità di volume dovuta al *trasporto* per effetto del *moto medio (variazione per convezione)*; il *secondo termine* definisce la *produzione* di detta energia corrispondente al *lavoro delle tensioni di Reynolds* sempre 'per effetto del moto medio; il *terzo termine* dà poi la variazione dell'energia per effetto della *diffusione molecolare*, mentre il *quarto termine* corrisponde alla variazione per effetto della *diffusione turbolenta* e alla *presso-diffusione*, ed infine il *quinto* dà l'energia dissipata per viscosità.

E' utile considerare insieme alla [8] l'equazione del *bilancio energetico* per il *moto medio*, che si ottiene dalle [3'] moltiplicando ciascuna per U_i e sommando rispetto all'indice i: risulta, posto $E_m = \dfrac{1}{2}\,\Sigma_i\,U_i^2$

$$[8']\qquad \rho\,\Sigma_i\,U_i\,\frac{\partial E_m}{\partial x_i} - \Sigma_i\,\Sigma_k\,\rho\,\overline{u_i'\,u_k'}\,\frac{\partial U_i}{\partial x_k} + \overbrace{\Sigma_i\,\Sigma_k\,\frac{\partial}{\partial x_k}\,(\rho\,\overline{u_i'\,u_k'}\,U_i)}^{(3)} +$$

$$+ \Sigma_i\,\frac{\partial}{\partial x_i}\,(\bar{p}\,U_i) - \mu\,\Delta E_m + \mu\,\Sigma_i\,\Sigma_k\,\Big(\frac{\partial U_i}{\partial x_k}\Big)^2 = 0 \ .$$

Appare dalla [8'] che la *produzione di energia cinetica turbolenta* dovuta al *lavoro delle tensioni di Reynolds* per effetto del moto medio corrisponde a una *uguale perdita dell'energia cinetica del moto medio* prodotta dalla stessa causa, di guisa che *le tensioni di Reynolds appaiono essere l'agente che determina un trasferimento dell'energia dal moto medio al moto di agitazione turbolenta;* l'interazione di questo moto sulla variazione dell'energia cinetica del moto medio si esplica poi ancora in un *apporto* di energia corrispondente al *flusso di energia* definito dal termine [3] della [8'].

4 - Discussione della equazione della energia. Diverso comportamento e diversa funzione della regione esterna e della regione interna dello strato limite. Influenza della presso-diffusione.

E' importante osservare che se per le varie grandezze contenute nelle [8] e [8'] il problema del loro calcolo, per ogni particolare dato problema, e' di tale difficolta' che la sua soluzione si puo' dire praticamente impossibile, la determinazione sperimentale di esse, tutte ad eccezione del termine della presso-diffusione, non solo e' possibile, ma e' stato fatto con grande accuratezza in diversi casi, e la considerazione dei risultati ottenuti permette di porre in evidenza un carattere comune che presentano i moti turbolenti in presenza di parete.

Ma prima di indicare tale carattere, che ha una importanza notevole per lo sviluppo ulteriore delle ricerche, e' necessario introdurre fin d'ora un concetto che sara' piu' avanti ripreso e precisato.

Si consideri ad es. il flusso di una corrente all'infinito uniforme lungo una lamina piana semi indefinita, od anche attorno a un profilo alare: i diagrammi che indicano la legge di variazione dei vari termini della equazione [8] lungo una retta normale alla parete lambita hanno l'andamento tipico indicato in fig. (1, I) (vedi [1], [2], [3], [4]). Col crescere della distanza y dalla parete, a partire almeno da un dato valore y_0 della y, tutti i termini tendono ad annullarsi piu' o meno rapidamente, cosi' che si puo' dire che l'azione combinata della vi-

scosita' e della turbolenza conseguente alla presenza della parete si fa
risentire *solo* in uno *strato di spessore piccolo* rispetto ad es. alla
lunghezza della corda del profilo, che costituisce il cosiddetto *strato
limite:* al di fuori di detto strato la corrente si puo' considerare come
quella di un *fluido perfetto*.

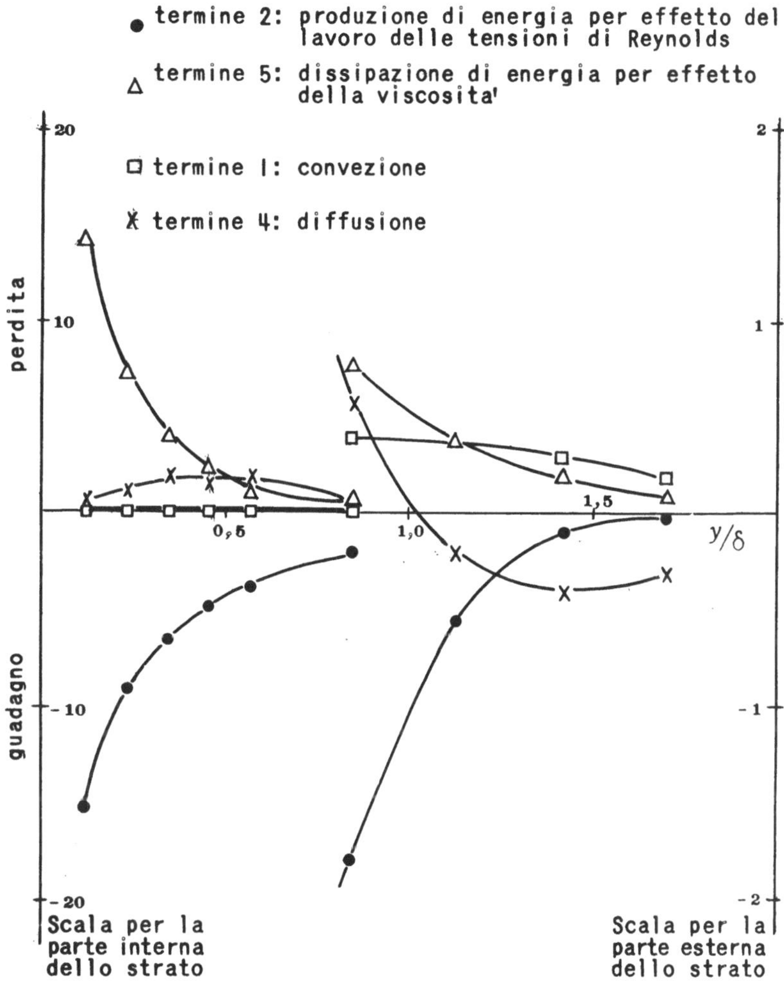

Fig. (1, I) - Bilancio dell'energia cinetica
turbolenta nello strato limite.

Ora i diagrammi sperimentali indicano che nella *regione interna* dello strato limite, quella cioe' piu' vicina alla parete solida, i termini

della [8] di gran lunga preponderanti nel bilancio energetico sono quelli corrispondenti alla *produzione di energia cinetica turbolenta* per effetto delle tensioni di Reynolds (termine [2]) e alla *dissipazione* per effetto della viscosità (termine [5]), che sono all'incirca uguali e contrari; risulta inoltre che i valori assoluti di detti termini sono pure di gran lunga più grandi di quelli corrispondenti agli altri termini in tutto lo strato. Appare pertanto che la *regione interna, dello strato si trova in uno stato di quasi-equilibrio energetico,* in quanto *produzione locale* e *dissipazione locale* quasi si uguaglianc (essendovi però una prevalenza del termine produttivo, lieve ma di grande importanza come apparirà fra poco), e che di conseguenza si può arguire che *in essa il fenomeno di moto turbolento e' essenzialmente regolato da condizioni locali.*

Nella *regione esterna* dello strato limite invece risulta che i termini *preponderanti* (che sono però alquanto più piccoli in valore assoluto di quelli già indicati per la parte vicina alla parete) sono quelli *convettivo* [1] e *dissipativo* [5], che sono dello stesso segno, e quello *diffusivo* che li bilancia. In detta regione pertanto, a differenza della precedente, il fenomeno *non* dipende soltanto dalle condizioni locali, ma da *tutta* la *storia* del moto. Questo appare nel modo più chiaro se si considera il termine corrispondente alla *presso-diffusione:* e' opportuno a questo riguardo riconoscere come la funzione di correlazione pressione-velocità si possa esprimere per mezzo delle funzioni di correlazione delle sole componenti della velocità.

Se si deriva ciascuna delle [1] rispetto a x_i e si sommano le equazioni così ottenute si ricava

$$\frac{1}{\rho}\,\Delta(\bar{p}+p') = -\,\Sigma_k\,\Sigma_i\,\frac{\partial(U_k+u_k')}{\partial x_i}\,\frac{\partial(U_i+u_i')}{\partial x_k}$$

da cui, prendendo i valori medi,

$$\frac{1}{\rho}\,\Delta\bar{p} = -\,\Sigma_k\,\Sigma_i\left(\frac{\partial U_k}{\partial x_i}\,\frac{\partial U_i}{\partial x_k} + \frac{\partial^2\,\overline{u_k'\,u_i'}}{\partial x_k\,\partial x_i}\right)$$

e sottraendo dalla precedente

$$[9] \qquad \frac{1}{\rho} \Delta p' = - \Sigma_k \Sigma_i \, 2 \, \frac{\partial U_i}{\partial x_k} \, \frac{\partial u_k'}{\partial x_i} - \Sigma_k \Sigma_i \left(\frac{\partial^2 u_k' \, u_i'}{\partial x_k \, \partial x_i} - \frac{\partial^2 (\overline{u_k' \, u_i'})}{\partial x_k \, \partial x_i} \right)$$

La oscillazione della pressione percio', al pari della pressione media, soddisfa all'equazione di *Poisson*; la soluzione generale della [9] puo' essere scritta nella forma

$$[10] \qquad \frac{1}{\rho} \, p' = \frac{1}{2\pi} \Sigma_k \Sigma_i \iiint \frac{\partial U_i}{\partial x_k'} \, \frac{\partial u_k'}{\partial x_i'} \, \frac{d\tau}{r} \, +$$

$$+ \frac{1}{4\pi} \Sigma_k \Sigma_i \iiint \left(\frac{\partial^2 u_k' \, u_i'}{\partial x_k' \, \partial x_i'} - \frac{\partial^2 (\overline{u_k' \, u_i'})}{\partial x_k' \, \partial x_i'} \right) \frac{d\tau}{r} \, +$$

$$+ \frac{1}{4\pi\rho} \iiint \left\{ \frac{1}{r} \frac{\partial p'}{\partial n'} - p' \, \frac{\partial}{\partial n'} \left(\frac{1}{r} \right) \right\} dS'$$

in cui i primi due integrali estesi a tutta la regione occupata dal fluido in moto sono gli integrali particolari della [9] completa, mentre il terzo integrale e' la soluzione dell'equazione [9] resa omogenea espressa per mezzo dei valori di p' e della sua derivata normale sulla superficie S' che delimita il campo di moto; le x_k' sono le coordinate del punto generico P' del volume a cui l'integrale e' esteso, ed infine r e' la distanza di P' dal punto P (di coordinate x_k) in cui si calcola la p'. In punti lontani dalla S', come quelli appartenenti alla regione *esterna* dello strato limite, che e' proprio quella in cui la correlazione pressione-velocita' ha importanza, l'integrale esteso alla S' puo' essere trascurato, e di conseguenza si deduce

$$[11] \qquad \frac{1}{\rho} \, \overline{p' u_j'} = \frac{1}{2\pi} \Sigma_k \Sigma_i \iiint \frac{\partial U_i}{\partial x_k'} \, \frac{\partial}{\partial x_i'} \, \overline{[u_k' \, (P') \, u_j' \, (P)]} \, \frac{d\tau}{r} \, +$$

$$+ \frac{1}{4\pi} \Sigma_k \Sigma_i \iiint \frac{\partial^2}{\partial x_k' \, \partial x_i'} \, \overline{[u_k' \, (P') \, u_i' \, (P') \, u_j' \, (P)]} \, \frac{d\tau}{r}$$

in cui colle $u' \, (P')$ si sono designate le componenti della velocita' di oscillazione calcolate nel punto (P'), e con $u' \, (P)$ le analoghe componenti in (P) Le *funzioni di correlazione pressione-velocita'* vengono cosi' espresse per mezzo delle *funzioni generali di correlazione doppia e tripla* della *sola* velocita': esse sono cosi' chiamate perche' *non* coincidono colle funzioni gia' definite nei numeri precedenti, come risulta subito osservando che in queste si considerano i valori medi dei prodotti delle componenti della velocita' in un *medesimo punto* $(P \equiv P')$, mentre nella [11] si devono considerare i valori medi dei prodotti delle componenti della velocita' in *due* punti distinti $(P' \neq P)$. E' possibile ottenere per le funzioni generali di correlazione le equazioni cui devono soddisfare, procedendo in modo analogo a quello *seguito* nel n° 2; ma quello che ora interessa soltanto di porre in evidenza e' che le $\overline{p' u_k'}$ *non dipendono* solo dalle *condizioni locali* del flusso, bensi' da *tutto* il campo di moto.

5 - Flusso di energia nello strato limite.

Dalla discussione fatta al n° precedente sono apparse le diverse caratteristiche del flusso turbolento nella regione *interna* dello strato limite, in cui esso si puo' considerare regolato dalle *condizioni locali*, e nella regione *esterna* in cui si *risente l'influenza di tutta la storia precedente del moto.* Queste due parti pero' *non* si comportano *indipendentemente* l'una dall'altra, ma l'una interferisce sull'altra: gia' e' stato detto come la *produzione* di energia turbolenta per effetto delle tensioni di Reynolds sia leggermente superiore a quella dissipata, e questa piccola differenza e' quella che regola l'interazione tra le due parti dello strato. Per riconoscere come questa si esplica e definire meglio il flusso dell'energia nello strato e' conveniente considerare accanto ai diagrammi di fig. (1, I) relativi al flusso dell'energia turbolenta, i diagrammi di fig. (2, I) relativi al flusso dell'energia del moto medio. In questi sono indicate le leggi di variazione dei termini dell'equazione [8°] che hanno maggiore importanza nel bilancio energetico in una sezione trasversale generica dello strato; poiche' e'

$$-\Sigma_i \Sigma_k \rho \, \overline{u_i' u_k'} \, \frac{\partial U_i}{\partial x_k} + \Sigma_i \Sigma_k \frac{\partial}{\partial x_k} \left(\rho \, \overline{u_i' u_k'} \, U_i\right) = \Sigma_i \Sigma_k \frac{\partial}{\partial x_k} \rho \, \overline{u_i' u_k'}$$

appare che l'*estrazione dell'energia* dal moto medio e' compiuta dal *gradiente delle tensioni di Reynolds*; la *conversione* di questa energia estratta in energia del moto turbolento e' compiuta *dalle tensioni di Reynolds* in grazia del lavoro da esse svolto nel moto medio; in vicinanza

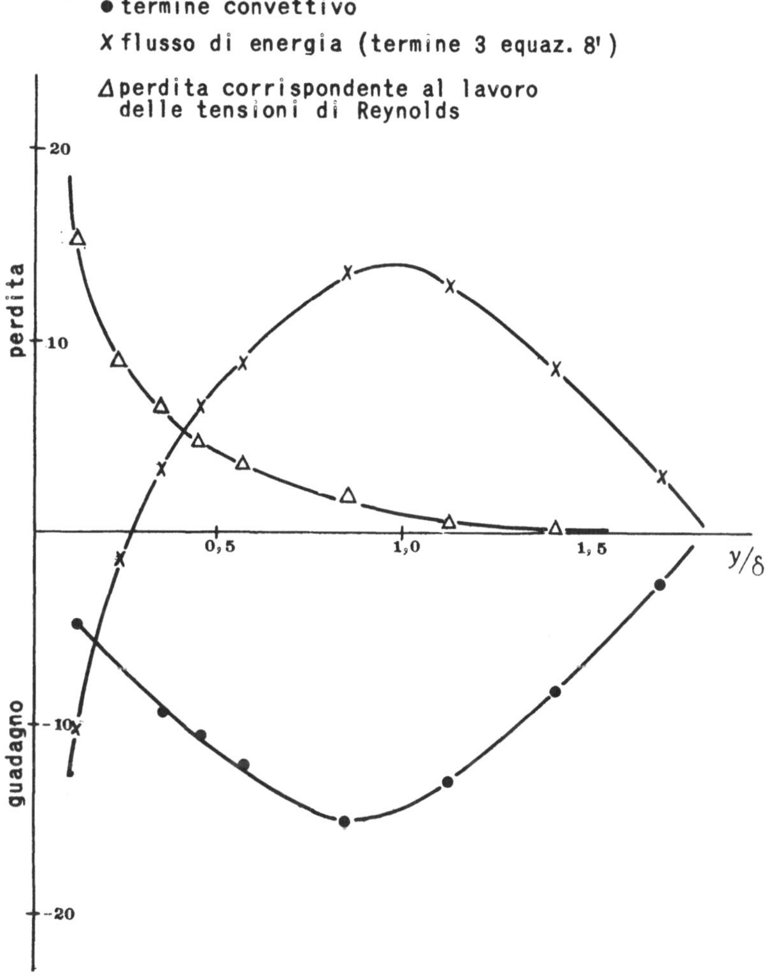

Fig. (2, I) - Bilancio dell'energia del moto medio
nello strato limite.

della parete la maggior parte dell'energia turbolenta prodotta e' *dissipata* dalle azioni viscose, e quello che rimane in *eccesso* della energia prodotta *e' diffusa* nella regione esterna, cosi' che ne risulta il *siste-*

ma di trasporto di energia indicato schematicamente nella fig. (3, I) (*diagramma di Townsend,* vedi [1] pag. 236).

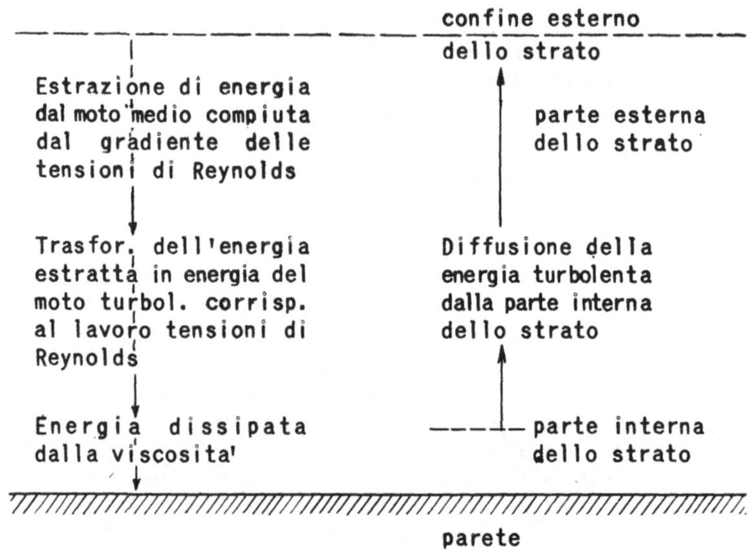

Fig. (3, I) - Diagramma di Townsend.

Ora l'ammontare della tensione tangenziale alla parete e' intimamente connesso colla dissipazione di energia nello strato, e quindi, per lo schema sopra indicato, alla *estrazione* della energia dal moto medio compiuta dal gradiente delle tensioni di Reynolds nella regione esterna; d'altra parte, la principale sorgente della energia turbolenta (e quindi del gradiente delle stesse tensioni) in detta regione e' la diffusione dalla regione interna. Ne risulta una mutua interazione delle due regioni dello strato, per la quale, tenuto presente il carattere locale del flusso nell'una e quello non locale nell'altra, la tensione tangenziale alla parete e' determinata dalla *struttura locale* dello strato esterno, che a sua volta dipende dalla *distribuzione* della tensione tangenziale alla parete per una certa estensione di questa.

6 - Equazione della dissipazione della vorticita'.

Dalla [1] eliminando la pressione, ed indicando con $\omega_i = \dfrac{\partial u_k}{\partial x_j} - \dfrac{\partial u_j}{\partial x_k}$ le componenti della *vorticita'*, si ottengono le

$$[12] \qquad \frac{\partial \omega_i}{\partial t} + \Sigma_k \, u_k \, \frac{\partial \omega_i}{\partial x_k} - \Sigma_k \, \omega_k \, \frac{\partial u_i}{\partial x_k} = \nu \, \Delta \omega_i$$

che sono le *equazioni di Helmholtz* generalizzate per il fluido viscoso. Prendendo i valori medi, ed indicando con Ω_i le componenti della vorticita' media, con ω_i' le componenti della *oscillazione* turbolenta della vorticita', si ha

$$[13] \qquad \Sigma_k \, U_k \, \frac{\partial \Omega_i}{\partial x_k} + \Sigma_k \, \overline{u_k' \, \frac{\partial \omega_i'}{\partial x_k}} - \Sigma_k \, \Omega_k \, \frac{\partial U_i}{\partial x_k} - \Sigma_k \, \overline{\omega_k' \, \frac{\partial u_i'}{\partial x_k}} = \nu \Delta \Omega_i$$

che si puo' anche scrivere nella forma

$$[14] \qquad \Sigma_k \, U_k \, \frac{\partial \Omega_i}{\partial x_k} - \Sigma_k \, \Omega_k \, \frac{\partial U_i}{\partial x_k} = \nu \Delta \Omega_i + \Sigma_k \, \frac{\partial}{\partial x_k} \, \overline{(u_i' \, \omega_k' - \omega_i' \, u_k')}$$

od anche, se si indicano con $\pi_{i,k}$ le componenti del *tensore doppio emisimmetrico* definito dalle

$$[15] \qquad\qquad \pi_{i,k} = \overline{u_i' \, \omega_k' - \omega_i' \, u_k'} \qquad ,$$

$$[14'] \qquad \Sigma_k \, U_k \, \frac{\partial \Omega_i}{\partial x_k} - \Sigma_k \, \Omega_k \, \frac{\partial U_i}{\partial x_k} = \nu \Delta \Omega_i + \Sigma_k \, \frac{\partial \pi_{i,k}}{\partial x_k}$$

Appare pertanto che, per quanto si riferisce al moto medio, *l'agitazione turbolenta e' equivalente ad una distribuzione di sforzi interni corrispondenti, per ogni elemento di superficie, ad una forza sulla stessa superficie e ad una coppia.*

Se si moltiplica ciascuna delle [12] per Ω_i e si sommano le varie equazioni, dopo averne presa la media, si ha

$$[16] \quad \frac{1}{2} \Sigma_k \, U_k \, \frac{\partial \Omega^2}{\partial x_k} - \Sigma_i \, \Sigma_k \, \Omega_i \, \Omega_k \, \frac{\partial U_i}{\partial x_k} - \Sigma_i \, \Sigma_k \, \Omega_i \, \frac{\partial}{\partial x_k} \, \overline{(u_i' \, \omega_k' - \omega_i' \, u_k')} =$$

$$= \nu \, \Sigma_i \, \Omega_i \, \Delta \, \Omega_i = \frac{\nu}{2} \, \Delta \, \Omega^2 - \nu \, \Sigma_i \, \Sigma_k \left(\frac{\partial \Omega_i}{\partial x_k} \right)^2$$

che esprime il *bilancio della vorticita' media*. Moltiplicando poi per ω_i' e sommando, in modo analogo si ha

$$\frac{1}{2} \Sigma_k U_k \frac{\partial}{\partial x_k} \overline{\omega'^2} + \frac{1}{2} \Sigma_k u_k' \overline{\frac{\partial \omega'^2}{\partial x_k}} + \Sigma_i \Sigma_k \overline{\omega_k' \omega_i'} \frac{\partial \Omega_i}{\partial x_k} - \Sigma_i \Sigma_k \Omega_k \overline{\omega_i' \frac{\partial u_i'}{\partial x_k}} -$$

$$- \Sigma_i \Sigma_k \overline{\omega_k' \omega_i'} \frac{\partial U_i}{\partial x_k} - \Sigma_i \Sigma_k \overline{\omega_k' \omega_i' \frac{\partial u_i'}{\partial x_k}} = \nu \Sigma_i \overline{\omega_i' \Delta \omega_i'}$$

che si puo' trasformare nella

$$[17] \qquad \frac{1}{2} \Sigma_k \overline{(U_k + u_k') \frac{\partial \omega'^2}{\partial x_k}} + \Sigma_i \Sigma_k \Omega_i \frac{\partial}{\partial x_k} \overline{(u_i' \omega_k' - \omega_i' u_k')} +$$

$$+ \Sigma_i \Sigma_k \frac{\partial}{\partial x_k} (\Omega_i \overline{u_k' \omega_i'}) - \Sigma_i \Sigma_k \overline{(\omega_k' \Omega_i + \omega_i' \Omega_k + \omega_k' \omega_i') \frac{\partial u_i'}{\partial x_k}} =$$

$$= \frac{\nu}{2} \Delta \overline{\omega'^2} - \nu \Sigma_i \Sigma_k \overline{\left(\frac{\partial \omega_i'^2}{\partial x_k}\right)}$$

essendo $\overline{\omega'^2} = \Sigma_i \overline{\omega_i'^2}$. La [17] esprime il bilancio della vorticita' turbolenta, e per confronto colla [16] appare che *il trasferimento dalla vorticita' media alla vorticita' turbolenta avviene attraverso il lavoro del gradiente delle coppie di Reynolds;* risulta inoltre che l'influenza della vorticita' turbolenta sulla vorticita' media si esplica *soltanto* attraverso questo lavoro, mentre quella della vorticita' media sulla vorticita' turbolenta e' piu' complessa.

CAPITOLO II

CASI SEMPLICI DI MOTO TURBOLENTO:

Moto in condotti piani a sezione costante. La distribuzione logaritmica della velocita' media nella parte del condotto vicina alle pareti. Legge di resistenza. Coefficiente di trasporto. Percorso di mescolamento. Macroscala e microscala della turbolenza. Distribuzione della velocita' media nella parte centrale del condotto. Raccordo delle leggi di variazione della velocita' media nelle varie parti del condotto. Influenza della rugosita'.

1 - Equazioni del moto.

Le difficolta' pressocche' insormontabili indicate nel Cap. I per una trattazione generale del problema della turbolenza fanno ben comprendere l'opportunita' di considerare casi semplici di moto, che consentano, appunto per la loro semplicita', uno studio piu' approfondito del fenomeno, cosi' da arrivare ad una soluzione del problema colla introduzione di ipotesi di lavoro presentanti un grado di arbitrarieta' il piu' piccolo possibile. Si considera pertanto qui innanzi tutto il moto di un fluido incompressibile entro un condotto limitato da due pareti piane indefinite e parallele fig. (1, II). Il moto *medio* in queste condizioni e' ovviamente *piano*; poiche' esiste ora una direzione privilegiata, quella dell'asse del condotto, gli assi del sistema di riferimento sono indicati [come gia' detto in (1, I)] con $x \equiv x_1$, nel piano del moto e parallelo alle pareti; $y \equiv x_2$ nello stesso piano e normale alle pareti; $z \equiv x_3$ perpendicolare al piano del moto, mentre le corrispondenti componenti della velocita' si rappresentano con $u \equiv u_1$; $v \equiv u_2$; $w \equiv u_3$
Si ha ora

$$\overline{u_1' \, u_3'} = \overline{u' \, w'} = \overline{u_2' \, u_3'} = \overline{v' \, w'} = 0$$

poiche' il moto e' *statisticamente* uguale in tutti i piani paralleli al

piano del moto medio. Poiche' poi le linee di corrente di   questo moto
medio sono rette parallele alla parete si ha

[1] $$U_1 = U(y) \quad ; \quad U_2 = V = W = 0$$

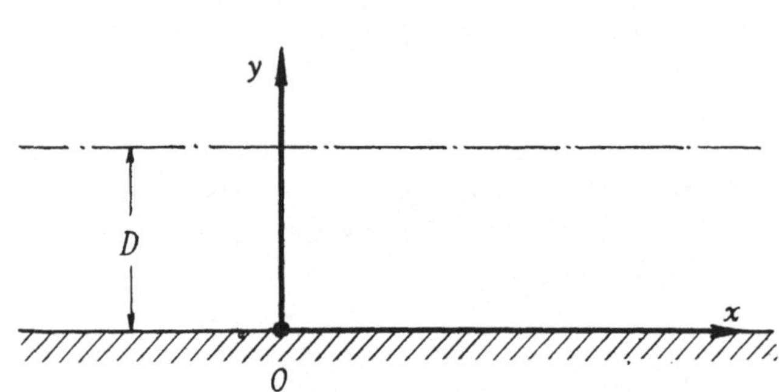

Fig. (1, II) - Flusso in un canale.

ed il moto e' *statisticamente* uguale in tutti i punti di ogni retta del
piano (x, y) parallela all'asse x. Le equazioni (3, I) si riducono percio' alle

[2] $$\begin{cases} \dfrac{d}{dy} \, \overline{u'v'} = -\dfrac{1}{\rho} \dfrac{\partial \overline{p}}{\partial x} + \nu \dfrac{d^2 U}{dy^2} \\[3mm] \dfrac{d}{dy} \, \overline{v'^2} = -\dfrac{1}{\rho} \dfrac{\partial \overline{p}}{\partial y} \end{cases}$$

Si ricava subito

[2'] $$\frac{\overline{p}}{\rho} + \overline{v'^2} = \frac{p_0}{\rho} = P_0$$

in cui P_0 e' funzione della sola x. Dalla prima delle [2] si ha percio'

[3] $$\overline{u'v'} = -\frac{dP_0}{dx} \, (y - D) + \nu \frac{dU}{dy}$$

poiche' $\overline{v'^2}$ *non* dipende da x, e se si indica con D la semilarghezza del condotto; per ragioni di simmetria deve essere

$$\left(\overline{u'\,v'}\right)_{y=D} = 0 \quad ; \quad \left(\frac{dU}{dy}\right)_{y=D} = 0$$

La tensione tangenziale τ, somma della tensione viscosa e di quella di Reynolds, risulta cosi'

[4]
$$\frac{\tau}{\rho} = \nu \frac{dU}{dy} - \overline{u'\,v'} = -D \frac{dP_0}{dx}\left(1 - \frac{y}{D}\right).$$

Ma e', se con τ_0 si indica la tensione tangenziale alla parete (ossia per $y = 0$),

[5]
$$\frac{\tau_0}{\rho} = -D \frac{dP_0}{dx}$$

che esprime la nota relazione tra la *caduta di pressione* lungo il condotto e la tensione tangenziale alla parete; la [4] si puo' pertanto scrivere nella forma

[4']
$$\tau = \tau_0 \left(1 - \frac{y}{D}\right)$$

da cui appare che per $\dfrac{y}{D} \ll 1$, ossia nella parte del condotto vicina alla parete, la tensione tangenziale puo' essere considerata *costante*, uguale a τ_0.

E' da osservare poi che per $y = 0$, essendo $u' = v' = 0$, qualunque sia t, e' $\left(\overline{u'\,v'}\right)_{y=0} = 0$, cosi' che e'

[5']
$$\tau_0 = \mu \left(\frac{dU}{dy}\right)_{y=0}$$

come per il flusso laminare. D'altra parte, se si fa il rapporto tra la tensione di Reynolds e quella viscosa si ottiene

[6]
$$n = \frac{\rho\,\overline{|u'\,v'|}}{\mu \dfrac{dU}{dy}} = \left(\frac{q}{U_m}\right)^2 a^2 \frac{\mathscr{R}_{x,y}}{\dfrac{d\cdot U/U_m}{d\cdot y/D}} \frac{U_m\,D}{\nu} = A\,R_{e,m}$$

se si indica con q^2 la $\left(\overline{u'^2} + \overline{v'^2}\right)$ e con U_m la velocita' media corrispondente alla portata attraverso al condotto; $\mathscr{R}_{x,y}$ e' il coefficiente di correlazione tra le u' e v', a e' un coefficiente numerico dell'ordine di grandezza dell'unita', ed infine $R_{e,m}$ e' il *numero di Reynolds* riferito alla velocita' media, ossia e' $R_{e,m} = \dfrac{U_m D}{v}$. Dalla [6] appare che se e' $A \gg R_{e,m}^{-1}$, e questo avviene *quasi* in tutto il campo, e' $n \gg 1$, e percio' la tensione turbolenta e' di gran lunga preponderante rispetto a quella viscosa. Poiche' pero' a contatto di ogni parete e' certo $q = 0$, e quindi $A = 0$, si deve ammettere che *adiacente* ad ogni parete deve esistere un *piccolo strato* σ in cui e' $n \ll 1$, e percio' le tensioni viscose prevalgono su quella di Reynolds: a detto piccolo strato σ si da' il nome di *sottostrato laminare*.

Ora, esternamente a questo sottostrato, ma nelle vicinanze di esso, e quindi della parete, per le considerazioni generali esposte al n° (4, I) il moto e' statisticamente determinato *solo* dalle condizioni locali, e poiche' a questa regione corrispondono valori di y/D *molto minori* di *uno* e quindi in essa si ha $\tau \simeq$ costante $= \tau_0$, si puo' ritenere che le *sole* grandezze che intervengono a determinare in essa la legge di variazione della velocita' U siano la τ_0 e la v. Si puo' di conseguenza scrivere

$$U = U(\tau_0, v, y)$$

da cui, per semplici considerazioni di *omogeneita' fisica*, si deduce che in vicinanza di σ e'

$$[7] \qquad U = \left(\frac{\tau_0}{\rho}\right)^{1/2} F\left(\left(\frac{\tau_0}{\rho}\right)^{1/2} \frac{y}{v}\right)$$

D'altra parte, nella regione in cui la turbolenza e' completamente sviluppata, a sufficiente distanza da σ, la tensione di Reynolds, per quanto sopra e' stato osservato, e' molto piu' grande di quella viscosa, e pertanto il moto e' determinato da essa; ma la correlazione tra le oscillazioni u' e v' e' dovuta quasi esclusivamente alle componenti di piu' bassa frequenza, quelle cioe' prodotte dai vortici di maggiori dimensioni, sui quali la viscosita' ha influenza trascurabile. Ne deriva che in questa parte del campo si puo' porre

$$[8] \qquad -\overline{u'v'} = u_0^2\, g\,(y/D)$$

in cui la viscosita' non e' direttamente contenuta, mentre la u_0 e' una velocita' di riferimento di cui e' facile ottenere l'espressione. In effetto, assumendo che la regione a tensione tangenziale costante si estenda anche nella parte del campo per cui e' valida la [8], poiche' in questa e' $\tau \simeq -\rho\,\overline{u'v'} \simeq \tau_0$, risulta per la [8] $u_0 = \left(\dfrac{\tau_0}{\rho}\right)^{1/2}$, ponendo alla g la condizione che $(g)_{y/D \ll 1} \simeq g(0) = 1$.

Se U_1 e' la velocita' per $y = D$, si puo' di conseguenza porre

$$[9] \qquad U = U_1 + u_0\, f\,(y/D) = U_1 + \left(\frac{\tau_0}{\rho}\right)^{1/2} f\,(y/D)$$

se $f(1) = 0$.

2 - La distribuzione logaritmica della velocita' media. Legge di resistenza.

Se il numero di Reynolds e' sufficientemente alto, la regione in cui la tensione tangenziale si puo' ritenere costante, ed in cui e' valida la [7], si estende nella parte in cui il moto corrisponde alla [9], di guisa che c'e' tutta una regione Σ in cui le [7] e [9] debbono essere contemporaneamente valide. Questa condizione e' sufficiente a determinare la forma delle funzioni F e f: in effetto, nella regione Σ si deve avere

$$[10] \qquad F\!\left(\left(\frac{\tau_0}{\rho}\right)^{1/2} \frac{y}{\nu}\right) = f(y/D) + \frac{U_1}{\left(\dfrac{\tau_0}{\rho}\right)^{1/2}}$$

Ora $\dfrac{U_1}{\left(\dfrac{\tau_0}{\rho}\right)^{1/2}}$ non dipende che dal numero di Reynolds $R_{e,m}$, od anche dal numero di Reynolds $R_{e,\tau} = \dfrac{\left(\dfrac{\tau_0}{\rho}\right)^{1/2} D}{\nu}$ riferito alla velocita' $\left(\dfrac{\tau_0}{\rho}\right)^{1/2}$, (che e' chiamata *velocita' di attrito*), in quanto $R_{e,\tau}$ e' in corrispondenza biunivoca con $R_{e,m}$. La [10] si puo' percio' anche scrivere nella forma

$$[10'] \qquad F\left[\frac{\left(\frac{\tau_0}{\rho}\right)^{1/2} D}{\nu}\; \frac{y}{D}\right] = F(R_{e,\tau}\; y/D) = f(y/D) + \text{funzione di } R_{e,\tau}$$

per tutti i valori di y/D appartenenti a Σ, e per grandi $R_{e,\tau}$. Si deduce percio' che deve essere

$$[11] \qquad F\left[\frac{\left(\frac{\tau_0}{\rho}\right)^{1/2} y}{\nu}\right] = \frac{1}{k}\left[\log \frac{\left(\frac{\tau_0}{\rho}\right)^{1/2} y}{\nu} + A\right] \qquad f(y/D) = \frac{1}{k}\left[\log(y/D) + A'\right]$$

in cui k, A, e A' sono costanti assolute, e di conseguenza si ha, nelle vicinanze di σ,

$$[7'] \qquad U = \left(\frac{\tau_0}{\rho}\right)^{1/2} \frac{1}{k}\left[\log \frac{\left(\frac{\tau_0}{\rho}\right)^{1/2} y}{\nu} + A\right]$$

che costituisce, come si vedra' piu' avanti (Cap. III e IV) *la legge universale di distribuzione della velocita' media in vicinanza della parete nel moto turbolento (legge logaritmica di parete)*; la k e' la costante di *Prandtl-Kàrmàn*.

Si ricava poi dalla [10], tenendo presenti le [11],

$$[12] \qquad \frac{U_1}{\left(\frac{\tau_0}{\rho}\right)^{1/2}} = \frac{1}{k}\left[\log \frac{\left(\frac{\tau_0}{\rho}\right)^{1/2} D}{\nu} + A - A'\right]$$

mentre, se si trascura per il calcolo della portata attraverso al condotto, il contributo del flusso attraverso al sottostrato laminare, la velocita' media $U_m = \frac{1}{D}\int_0^D U\,dy = U_1 + \left(\frac{\tau_0}{\rho}\right)^{1/2}\int_0^1 f(X)\,dX$ risulta data dalla

$$[13] \qquad \frac{U_m}{\left(\frac{\tau_0}{\rho}\right)^{1/2}} = \frac{1}{k}\left[\log \frac{\left(\frac{\tau_0}{\rho}\right)^{1/2} D}{\nu} + A - A' + k\int_0^1 f(X)\,dX\right]$$

di guisa che il rapporto tra la *velocita' media* e la *velocita' massima*
(nel centro del condotto) risulta

$$[14] \qquad \frac{U_m}{U_1} = \frac{\log \dfrac{\left(\dfrac{\tau_0}{\rho}\right)^{1/2} D}{\nu} + A - A' + k \displaystyle\int_0^1 f(X)\, dX}{\log \dfrac{\left(\dfrac{\tau_0}{\rho}\right)^{1/2} D}{\nu} + A - A'}$$

Gli esperimenti hanno brillantemente confermato la validita' delle formule ricavate, e dànno per le costanti k e A rispettivamente i valori 0,4 e 2,4.

Dalla [12] poi, se si indica con $R_{e,1}$ il numero di Reynolds riferito alla velocita' U_1, e si definisce un *coefficiente di resistenza*
del condotto colla $c_f = \dfrac{\tau_0}{\frac{1}{2}\, \rho\, U_1^2}$, si ricava senz'altro la *legge di
resistenza*

$$[15] \qquad \left(\frac{2}{c_f}\right)^{1/2} = \text{cost} + \frac{1}{k} \log \left[R_{e,1}\,(c_f)^{1/2}\right].$$

3 - Coefficiente di trasporto. Percorso di mescolamento. Macroscala e microscala della turbolenza.

Si esprime la tensione di Reynolds $\tau_t = -\rho\, \overline{u'v'}$ per mezzo della

$$[16] \qquad \frac{\tau_t}{\rho} = -\overline{u'v'} = \varepsilon \frac{dU}{dy} \ ;$$

al coefficiente ε, che ha le dimensioni della viscosita' cinematica, si
da' il nome di *coefficiente di trasporto* (turbolento) della quantita' di
moto. E' da osservare che la [16] fu introdotta gia' da *Boussinesq* per
esprimere la tensione turbolenta con formula analoga a quella che da' la
tensione viscosa: la sua applicazione ora appare perfettamente legitti-
ma, perche' essa serve *non* a calcolare τ_t, ma a determinare ε, poiche' la U e' ora funzione *nota* di y. Esprimendo infatti la $\dfrac{dU}{dy}$ per

mezzo della [7'], e la $\overline{u'v'}$ colla [8] si ricava

$$[17] \qquad g(y/D) = \varepsilon\left(\frac{\tau_0}{\rho}\right)^{-1/2} \frac{1}{k}\,\frac{1}{y}$$

da cui appare che deve essere in Σ

$$[17'] \qquad \varepsilon = k\,y\left(\frac{\tau_0}{\rho}\right)^{1/2}$$

D' altra parte, se si esprime, come si puo' fare almeno da un punto di vista formale, ε colla

$$[17''] \qquad \varepsilon = \text{cost}.\,L.\,E_t^{1/2}$$

alla L, che ha la dimensione fisica di una lunghezza, si da' il nome di *percorso di mescolamento* per la analogia che presenta la [17''] colla formula che nella teoria cinetica dei gas si ricava per la viscosita' cinematica, e anche per ragioni storiche, poiche' detta denominazione e' stata usata da *Prandtl* e da *Taylor* che per primi, e indipendentemente, introdussero questo concetto. Per confronto delle [17'] e [17''] si ricava

$$[18] \qquad L = \text{cost}\ \frac{\left(\dfrac{\tau_0}{\rho}\right)^{1/2}}{E_t^{1/2}}\ y$$

L' equazione (8, I) da' poi

$$[19] \qquad \rho\,\overline{u'v'}\,\frac{dU}{dy} + \mu\,\Sigma_i\,\Sigma_k\,\overline{\left(\frac{\partial u_i'}{\partial x_k}\right)^2} = 0$$

se si trascurano i termini *diffusivi* e *convettivo*, come e' lecito perche' il loro ordine di grandezza e' assai piu' piccolo di quello dei termini conservati nella [19].

    Ora la $-\rho\,\overline{u'v'}$ da' la τ_t, che, calcolata colla [16], per la legge ricavata di $U(y)$ coincide colla τ_0, mentre si puo' porre

$$[20] \qquad \Sigma_i\,\Sigma_k\,\overline{\left(\frac{\partial u_i'}{\partial x_k}\right)^2} = \frac{E_t}{\lambda^2}\ \text{cost}.$$

dove, in analogia colla formula corrispondente per la turbolenza isotropica, si da' alla lunghezza λ il nome di *microscala* della turbolenza:
essa infatti ha un significato perfettamente analogo alla grandezza introdotta da *Taylor* nello studio della turbolenza isotropica ed indicata
appunto collo stesso simbolo λ, ossia definisce le dimensioni dei *piccoli vortici* (*) che producono la dissipazione dell'energia turbolenta.

(*) Si considerino in effetto due punti P e P' posti su una retta parallela
all'asse x_k e distanti ξ_k tra loro; e'

$$\left(\overline{\frac{\partial u_i'}{\partial x_k}}\right)^2 = \lim_{\xi_k=0} \overline{\left[\frac{\partial}{\partial x_k} u_i'(P)\right]\left[\frac{\partial}{\partial x_k} u_i'(P')\right]} \ .$$

Si osservi poi che e'

$$\frac{\partial}{\partial x_k}\overline{[u_i'(P)\,u_i'(P')]} = \frac{\partial}{\partial x_k}\overline{[u_i'^2(P)\,\mathcal{R}_{i,i}]}$$

se si ammette che la $\overline{u_i'^2}(P)$ e la $\overline{u_i'^2}(P')$ siano uguali, il che e' lecito, generalmente, perche' $\mathcal{R}_{i,i}$ diminuisce rapidamente colla distanza ξ_k dei punti
P e P', cosi' che l'ampiezza dell'intervallo per cui $\mathcal{R}_{i,i}$ differisce sensibilmente da zero e' molto piccolo. Ora $\mathcal{R}_{i,i}$ e' funzione sia della coordinata
x_k di P, sia della distanza ξ_k di P e P', di guisa che si ha

$$\frac{\partial}{\partial x_k}\overline{[u_i'^2\mathcal{R}_{i,i}]} = \frac{\partial}{\partial x_k}\overline{[u_i'^2\mathcal{R}_{i,i}]}_{\xi_k} + \frac{\partial}{\partial \xi_k}\overline{[u_i'^2\mathcal{R}_{i,i}]}_{x_k}$$

in cui il primo termine indica la derivata calcolata per ξ_k costante (ossia
per PP' = cost.), e il secondo la derivata per x_k costante, ossia per P
fisso. Ma la rapidita' di variazione di $\mathcal{R}_{i,i}$ con ξ_k e' molto piu' grande di
quella rispetto a x_k, di guisa che si puo' porre

$$(*) \qquad \frac{\partial}{\partial x_k}\overline{[u_i'^2\mathcal{R}_{i,i}]} \cong \frac{\partial}{\partial \xi_k}\overline{[u_i'^2\mathcal{R}_{i,i}]}_{x_k} = \overline{u_i'^2\frac{\partial\mathcal{R}_{i,i}}{\partial \xi_k}} = \overline{u_i'(P)\frac{\partial u_i'(P')}{\partial \xi_k}}$$

Derivando rispetto alla coordinata x_k di P, si ha ancora, colla stessa approssimazione della (*)

$$-\overline{u_i'^2}\frac{\partial^2\mathcal{R}_{i,i}}{\partial(x_k)_P\,\partial(x_k)_{P'}} = \overline{\frac{\partial}{\partial x_k}[u_i'(P)]\frac{\partial}{\partial x_k}[u_i'(P')]}$$

e passando al limite per $P' \to P$

$$\left(\overline{\frac{\partial u_i'}{\partial x_k}}\right)^2 = -\overline{u_i'^2}\left(\frac{\partial^2\mathcal{R}_{i,i}}{\partial \xi_k^2}\right)_{\xi_k=0}$$

Per contrapposto la L si chiama anche *macroscala* della turbolenza, in quanto essa viene ad assumere il significato di *dimensione* dei *grandi vortici*, a cui essenzialmente si deve la correlazione tra le u' e v'. Si puo' pertanto scrivere

$$\tau_t \frac{dU}{dy} = \text{cost.} \; \frac{E_t}{\lambda^2} \mu$$

mentre e'

$$\tau_t = \text{cost.} \; \rho \, L \, E_t^{1/2} \frac{dU}{dy} \; ;$$

eliminando la $\dfrac{dU}{dy}$ si ha cosi'

$$L \, E_t^{3/2} \frac{\nu}{\lambda^2} = \text{cost.} \; \frac{\tau_t^2}{\rho^2} \; ,$$

Ma e' pure

$$\overline{u'v'} = (\overline{u'^2})^{1/2} (\overline{v'^2})^{1/2} \mathcal{R}_{x,y} = \text{cost.} \; E_t = -\frac{\tau_t}{\rho}$$

se si ammette come ipotesi plausibile che, almeno nella regione di validita' della [7'] il coefficiente di correlazione $\mathcal{R}_{x,y}$ si possa considerare *costante* e $(\overline{u'^2})^{1/2}$ e $(\overline{v'^2})^{1/2}$ proporzionali a E_t. Ne risulta cosi'

[21] $$L = \text{cost.} \; \frac{E_t^{1/2} \lambda^2}{\nu}$$ e per la [18]

[22] $$\lambda^2 = \text{cost.} \; \frac{\nu y}{E_t^{1/2}} = \text{cost.} \; \frac{\nu y}{\left(\dfrac{\tau_0}{\rho}\right)^{1/2}}$$

'/. Si ha pertanto

$$\Sigma_i \Sigma_k \overline{\left(\frac{\partial u_i'}{\partial x_k}\right)^2} = -\Sigma_i \overline{u_i'^2} \Sigma_k \left(\frac{\partial^2 \mathcal{R}_{i,i}}{\partial \mathcal{E}_k^2}\right)_{\mathcal{E}_k=0} = -E_t \Sigma_i a_i \Sigma_k \left(\frac{\partial^2 \mathcal{R}_{i,i}}{\partial \mathcal{E}_k^2}\right)_{\mathcal{E}_k=0} = \frac{E_t}{\lambda^2} \text{cost.}$$

se si scrive $\overline{u_i'^2} = a_i E_t$, e si assume

$$\frac{1}{\lambda^2} = -\Sigma_i a_i \Sigma_k \left(\frac{\partial^2 \mathcal{R}_{i,i}}{\partial \mathcal{E}_k^2}\right)_{\mathcal{E}_k=0} \; .$$

da cui anche

[21'] $L = \text{cost} \; y$

Ne risultano cosi' i seguenti caratteri del moto turbolento ora in esame:
la dimensione dei piccoli vortici cresce colla radice quadrata della distanza dalla parete, mentre la macroscala e' proporzionale a detta distanza; la macroscala e' poi *indipendente* dal numero di Reynolds, mentre
la microscala *diminuisce* col crescere del numero di Reynolds

$$R_{e,\tau} = \frac{\left(\dfrac{\tau_0}{\rho}\right)^{1/2} D}{\nu}$$, il che significa che la struttura del campo turbolen-

to diventa sempre *piu' fine* coll'aumentare di $R_{e,\tau}$.

4 - Determinazione del moto medio nella parte centrale del canale.

La legge determinata al n° 2 per la velocita' media vale solo nella
regione per cui si puo' ammettere *costante* la tensione tangenziale τ,
che a distanza sufficiente dal sottostrato laminare coincide sostanzial-
mente colla τ_t : poiche', come gia' e' stato detto al n° 3, si puo' in questa regione supporre statisticamente simile il campo di moto turbolento,
e' pure il coefficiente di correlazione $\mathfrak{R}_{x,y}$ costante, di guisa che gli
scarti quadratici medi delle oscillazioni delle componenti della velocita' risultano anch'essi costanti in detta regione. Ora la costanza del
coefficiente di correlazione e' verificata per un dominio alquanto piu'
esteso di quello per cui vale la $\tau_t' = \text{cost.}$, di guisa che si puo' spe-
rare di arrivare a una determinazione piu' approssimata della legge di
variazione di E_t se si conserva la condizione

[23] $\mathfrak{R}_{x,y} = \text{cost.}$

e si fa variare la τ_t secondo la legge definita dalla [4']. Si ottiene

$$\tau_0 \left(1 - \frac{y}{D}\right) \cong - \rho \, \mathfrak{R}_{x,y} \sqrt{\overline{u'^2}} \; \sqrt{\overline{v'^2}}$$

e ponendo $\sqrt{\overline{u'^2}} \; \sqrt{\overline{v'^2}} = a E_t$, in cui a varia in effetto con y, ma abbastanza lentamente perche' nell'intervallo dei valori di y corrispondente alla [23] si possa considerare senza grave errore a *costante*. Si deduce allora

$$[24] \qquad \frac{E_t}{(E_t)_0} = 1 - \frac{y}{D}$$

Si deve subito osservare che la [24] *non vale* nella regione centrale del condotto, dove la costanza di $\mathfrak{R}_{x,y}$ vien meno, e poiche' e' $(\mathfrak{R}_{x,y})_{\frac{y}{D}=1} = 0$, appare che $\sqrt{\overline{u'^2}}$ e $\sqrt{\overline{v'^2}}$ sono *differenti* da zero anche sull'asse del canale.

Per una determinazione piu' completa del moto medio ci si puo' valere della [16] assumendo per ε nella regione centrale l'espressione

$$[25] \qquad \varepsilon = \text{cost.} \left(\frac{\tau_0}{\rho}\right)^{1/2} D$$

che costituisce la piu' ovvia estensione della [17'] nella regione ora in esame: la correlazione tra le componenti u' e v' e' infatti dovuta, come gia' si e' detto, ai vortici di piu' grande dimensione, e tale dimensione e', nella regione centrale, appunto dell'ordine di grandezza di D. Rimandando per una ulteriore giustificazione della [25] al numero seguente, si osserva qui che coll'assunzione [25] si ricava, indicando con h una opportuna costante,

$$h \left(\frac{\tau_0}{\rho}\right)^{1/2} D \frac{dU}{dy} = \frac{\tau_0}{\rho} \left(1 - \frac{y}{D}\right)$$

da cui

$$\frac{d}{d\left(\frac{y}{D}\right)} \left(\frac{U}{\left(\frac{\tau_0}{\rho}\right)^{1/2}}\right) = \frac{1}{h}\left(1 - \frac{y}{D}\right)$$

e percio'

$$[26] \qquad \frac{U}{\left(\frac{\tau_0}{\rho}\right)^{1/2}} = \frac{1}{h}\frac{y}{D}\left(1 - \frac{y}{2D}\right) + H$$

con H costante. Poiche' per $\dfrac{y}{D} = 1$ e' $U = U_1$. si ricava

$$\frac{U_1}{\left(\dfrac{\tau_0}{\rho}\right)^{\!1/2}} = \frac{1}{2h} + H \ , \quad \text{da cui} \quad H = \frac{U_1}{\left(\dfrac{\tau_0}{\rho}\right)^{\!1/2}} - \frac{1}{2h} \ , \qquad \text{e}$$

[26']
$$\frac{U_1 - U}{\left(\dfrac{\tau_0}{\rho}\right)^{\!1/2}} = \frac{1}{2h}\left[1 - \frac{2y}{D}\left(1 - \frac{y}{2D}\right)\right]$$

che concorda bene coi risultati sperimentali.

5 - Giustificazione della espressione assunta per il coefficiente di trasporto.

In corrispondenza della parte centrale del condotto, nella equazione della energia turbolenta (8, I) predominano, come gia' si e' detto, il termine *diffusivo* (turbolento) e quello *dissipativo*, di guisa che l'equazione stessa puo' in detta parte scriversi nella forma

[27]
$$\frac{\partial}{\partial x_2}\left[\overline{u_2'\left(\rho \, \Sigma_i \, \frac{u_i'^2}{2} + p'\right)}\right] + \mu \, \Sigma_i \, \Sigma_k \overline{\left(\frac{\partial u_i'}{\partial x_k}\right)^2} = 0 \ ,$$

Ora si puo' porre

$$\overline{u_2' \, (u_1'^2 + u_2'^2 + u_3'^2)} = (E_t)_c^{3/2} \, \Sigma_i \, T_{i,\,i,\,2}\left(\frac{x_2}{D}\right)$$

in quanto in vicinanza dell'asse del condotto le $(\overline{u_i'^2})$ non differiscono molto fra loro, ed indicando con $(E_t)_c$ il valore di E_t nella parte centrale. Si ha percio'

$$\left\{\frac{\partial}{\partial x_2}\left[\overline{u_2' \, \Sigma_i \, \frac{\rho}{2} \, u_i'^2}\right]\right\}_{y/D = 1} = \frac{(E_t)_c^{3/2}}{D} \, \mathcal{A} \, \rho$$

in cui e'

[28]
$$\mathcal{A} = \left[\Sigma_i \, \frac{\partial}{\partial x_2/D} \, T_{i,\,i,\,2}\left(\frac{x_2}{D}\right)\right]_{\frac{x_2}{D} = 1}$$

Tenendo presente poi la (11. I) si ha

$$\frac{\overline{p'}}{\rho}\, u_2' = \frac{1}{2\pi} \iiint \frac{dU}{dx_2'}\, \frac{\partial}{\partial x_1'}\, \overline{[u_2'(P')\, u_2'(P)]}\, \frac{d\tau}{r} \; +$$

$$+ \frac{1}{4\pi}\, \Sigma_k\, \Sigma_i \iiint \frac{\partial^2}{\partial x_k'\, \partial x_i'}\, \overline{[u_k'(P')\, u_i'(P')\, u_2'(P)]}\, \frac{d\tau}{r} \quad .$$

Per il calcolo del primo integrale si osserva di nuovo, come gia' al n° 3, che la funzione generale di correlazione $\mathcal{R}_{2,2}^* = \overline{u_2'(P')\, u_2'(P)}$ considerata funzione di P e di $(P'-P)$ ha una rapidita' di variazione con $(P'-P)$ molto maggiore di quella corrispondente alla variazione di P, e poiche' essa diminuisce molto rapidamente col crescere di $|P'-P|$, si puo' senza grave errore porre

$$\frac{d}{dx_2'}\, [U(P')] = \frac{d}{dx_2}\, [U(P)] \quad ; \quad \overline{u_2'(P')\, u_2'(P)} = \overline{u_2'^2}\, \mathcal{R}_{2,2}^*$$

$$\frac{\partial}{\partial x_1'}\, \overline{[u_2'(P')\, u_2'(P)]} = -\, \overline{u_2'^2}\, (P)\, \frac{\partial \mathcal{R}_{2,2}^*}{\partial \mathcal{E}_1}$$

in cui e' $\mathcal{E}_1 = x_1 - x_1'$. Si puo' cosi' scrivere

$$\frac{1}{2\pi} \iiint \frac{dU}{dx_2'}\, \frac{\partial}{\partial x_1'}\, \overline{[u_2'(P')\, u_2'(P)]}\, \frac{d\tau}{r} = -\, \frac{dU}{dy}\, \overline{u_2'^2} \iiint \frac{\partial \mathcal{R}_{2,2}^*}{\partial \mathcal{E}_1}\, \frac{d\tau}{r} =$$

$$= -\, \text{cost.}\; E_t\, \frac{dU}{d\, y/D} \iiint \frac{\partial \mathcal{R}_{2,2}^*}{\partial \mathcal{E}_1^*}\, \frac{d\tau^*}{r^*}$$

posto $\mathcal{E}_1^* = \dfrac{\mathcal{E}_1}{D}$; $d\tau^* = \dfrac{d\tau}{D^3}$; $r^* = \dfrac{r}{D}$.

Per il calcolo del secondo integrale procedendo in modo analogo si ricava

$$\frac{1}{4\pi}\, \Sigma_k\, \Sigma_i \iiint \frac{\partial^2\, \overline{[u_k'(P')\, u_i'(P')\, u_2'(P)]}}{\partial x_k'\, \partial x_i'}\, \frac{d\tau}{r} =$$

$$= -\, \text{cost.}\; E_t^{3/2}\, \Sigma_k\, \Sigma_i \iiint \frac{\partial^2\, T_{k,i,2}^*}{\partial \mathcal{E}_k^*\, \partial \mathcal{E}_i^*}\, \frac{d\tau^*}{r^*}$$

e pertanto si ha, in analogia colla [28],

$$\left\{\frac{\partial}{\partial x_2}\,[\overline{u_2'\,p'}]\right\}_{y/D=1} = -\,\rho\,\frac{(E_t)_c^{3/2}}{D}\left[\frac{d^2\,U/(E_t)_c^{1/2}}{d\,(y/D)^2}\right]_{y/D=1} B - \rho\,\frac{(E_t)_c^{3/2}}{D}\,C$$

Poiche' e' ancora

$$\left[\Sigma_i\,\Sigma_k\left(\overline{\frac{\partial u_i'}{\partial x_k}}\right)^2\right]_{y/D=1} = \text{cost.}\;\frac{(E_t)_c}{\lambda_c^2}$$

si deduce

$$\mu\,\frac{(E_t)_c}{\lambda_c^2} = \text{cost.}\;\frac{(E_t)_c^{3/2}}{D}\,\rho$$

da cui

[29]
$$\lambda_c = \text{cost.}\;\frac{D^{1/2}\,\nu^{1/2}}{(E_t)_c^{1/4}}$$

che sostituisce la [22]. Poiche' sull'*asse* del condotto la turbolenza si puo' considerare come *isotropa,* si puo' accettare come relazione che lega la *macroscala* L_c alla *microscala* λ_c la medesima relazione che vale appunto per la turbolenza isotropa (ad elevato numero di Reynolds $\dfrac{(E_t)_c^{1/2}\,L}{\nu}$)

[29']
$$L_c = \text{cost.}\;\frac{\lambda_c^2\,(E_t)_c^{1/2}}{\nu}$$

e di conseguenza si ha $L_c = \text{cost.}\,D$, e pertanto esprimendo la ε colla [17''] si ritrova la [25] (potendosi ritenere, come gia' accennato al n°(3, I), $\left(\dfrac{\tau_0}{\rho}\right)^{1/2} = \text{cost.}\;(E_t)_c^{1/2}$).

Non e' privo di interesse osservare che la deduzione della [25] dalla [29] puo' essere fatta anche senza fare ricorso alla [29'] procedendo come qui indicato.

Il fenomeno turbolento e' senza dubbio un fenomeno *diffusivo:* le masse fluide in agitazione trasportano nel loro movimento le varie grandezze fisiche *(massa, quantita' di moto, temperatura)* che le caratterizzano, ed e' nel contatto che esse vengono a prendere col fluido circostante,

ossia diffondendosi in esso, che le proprieta' fisiche diverse, che esse
hanno, gradualmente si adattano alle condizioni dell'ambiente in cui vengono a trovarsi. Questo adattamento porta necessariamente ad uno *scam-
bio* di dette grandezze fisiche tra le particelle e il fluido esterno ad
esse, e la oscillazione (rispetto al valor medio) del valore che ciascuna delle grandezze stesse presenta in un dato punto del campo si puo'
considerare come la differenza tra il valore, che in media detta grandezza ha per le varie particelle che passano per il punto in esame, ed
il valore corrispondente alla particella che passa per esso nell'istante generico.

Si prende qui in esame un *modello* di moto turbolento che si puo'
cosi' schematizzare: il movimento risulta dalla sovrapposizione di una
corrente di velocita' $\bar{u}$ diretta secondo x e funzione della sola y
con un moto di agitazione turbolenta di componenti u' e v'.

Considerando il moto dal punto di vista Lagrangiano, l'equazione del
moto di una generica particella puo' essere scritta nella forma

$$[30] \qquad\qquad \rho\,\frac{du}{dt} = F_x - k\,\rho\,(u - \bar{u})$$

in cui F_x e' la componente secondo x del risultante delle pressioni
che si esercitano sulla particella in esame, k un coefficiente (che
ha la dimensione fisica dell'*inverso di un tempo*) proporzionale alla *resistenza* che si oppone al moto della particella in conseguenza della
differenza tra la sua velocita' e quella *media* del fluido circostante nel
punto attualmente da essa occupato.

E' opportuno subito riconoscere quale e' il significato fisico di k:
se si considera la [30] resa *omogenea* si deduce che k e' l'*inverso* del
tempo necessario per ridurre la velocita' della particella da *uno* a $1/e$;
appare percio' che k e' legato al *tempo di esistenza* della particella
stessa come *individuo* che si differenzia dal fluido circostante: ma dalla (8, I) risulta che la *velocita' di dissipazione* dell'energia delle
oscillazioni turbolente $\left(\dfrac{dE_t}{dt}\right)$ e' proporzionale a $\dfrac{E_t}{\lambda^2}\,\nu$, e pertanto e'

legittimo assumere tale *tempo* proporzionale a $\dfrac{\lambda^2}{v}$, ossia

$$[30'] \qquad\qquad k = \text{cost}\,\frac{v}{\lambda^2}$$

L' integrale della [30] si puo' scrivere nella forma

$$[31] \qquad u = k\,e^{-kt}\!\int_{-\infty}^{t} e^{kt'}\,\bar{u}(t')\,dt' + \frac{1}{\rho}\,e^{-kt}\!\int_{-\infty}^{t} e^{kt'}\,F_x(t')\,dt'$$

$$= k\int_{0}^{\infty} e^{-k\tau}\,\bar{u}(t-\tau)\,d\tau + \frac{1}{\rho}\int_{0}^{\infty} e^{-k\tau}\,F_x(t-\tau)\,d\tau$$

Si puo' ammettere che la $\bar{u}$ vari linearmente colla y per l'intervallo dei valori della y che sono interessati dal fenomeno di diffusione della particella in esame, e quindi si puo' porre

$$[32] \qquad\qquad \bar{u} = c + by \qquad \text{con} \qquad b = \frac{d\bar{u}}{dy}$$

D' altra parte la coordinata y all'istante $t-\tau$ si puo' determinare colla

$$[33] \qquad\qquad y = y_0 - \int_{0}^{\tau} v'(t-t'')\,dt''$$

se y_0 e' il valore di y corrispondente a $\tau = 0$. Si ricava cosi' il valore di $\bar{u}$ per la coordinata y alla quale la particella mobile si trova all'istante $t-\tau$

$$[34] \qquad\qquad u(t-\tau) = c + by_0 - b\int_{0}^{\tau} v'(t-t'')\,dt''$$

che sostituita nella [31] da'

$$[35] \qquad u = k(c+by_0)\int_{0}^{\infty} e^{-k\tau}\,d\tau - bk\int_{0}^{\infty} e^{-k\tau}\left[\int_{0}^{\tau} v'(t-t'')\,dt''\right]d\tau +$$

$$+ \frac{1}{\rho}\int_{0}^{\infty} e^{-k\tau}\,F_x(t-\tau)\,d\tau = c + by_0 - b\int_{0}^{\infty} e^{-k\tau}\,v'(t-\tau)\,d\tau +$$

$$+ \frac{1}{\rho}\int_{0}^{\infty} e^{-k\tau}\,F_x(t-\tau)\,d\tau .$$

Il primo termine a secondo membro non e' altro che il **valore medio di** u
alla coordinata a cui l'elemento in esame si trova all'istante t, ed e'
pertanto indipendente dal particolare elemento considerato. Si puo' percio' scrivere

$$u' = u - \bar{u} = -b \int_0^\infty e^{-k\tau} \, v'(t-\tau) \, d\tau + \frac{1}{\rho} \int_0^\infty e^{-k\tau} \, F_x(t-\tau) \, d\tau$$

Il trasporto di quantita' di moto risulta cosi' dato *in media* dalla

$$[36] \quad \rho \, \overline{u'v'} = -\rho b \int_0^\infty e^{-k\tau} \, \overline{v'(t) \, v'(t-\tau)} \, d\tau + \int_0^\infty e^{-k\tau} \, \overline{F_x(t-\tau) \, v'(t)} \, d\tau$$

dove il valor medio ha il significato di media dei valori di $\overline{u'v'}$ per
tútte le particelle che in un medesimo istante t attraversano il piano y = cost.: pero', se, come supposto, il moto medio e' stazionario,
$\overline{v'(t) \, v'(t-\tau)}$ non differisce sensibilmente da quello calcolato rispetto a t, e tenendo τ costante, considerando il moto *sempre di una medesima particella*, ed e' pertanto da assumersi uguale alla correlazione
Lagrangiana per il moto della particella in esame. Si fa ora l'ipotesi
che la correlazione tra la F_x e la v' sia *nulla*, e che la correlazione Lagrangiana fra $v'(t)$ e $v'(t-\tau)$ sia funzione *solo* della differenza degli istanti t e $t-\tau$ in corrispondenza dei quali si considerano le v'. Si scrive percio'

$$[37] \quad \rho \, \overline{u'v'} = -\rho b \int_0^\infty e^{-k\tau} \, \overline{v'^2} \, \mathfrak{R}(k\tau) \, d\tau =$$

$$= -\rho \, \frac{b}{k} \, E_t \int_0^\infty e^{-k\tau} \, \mathfrak{R}(k\tau) \, d(k\tau) = -\text{cost.} \, \rho \, \frac{dU}{dy} \, E_t \, \frac{\lambda^2}{\nu}$$

tenendo presente la [30'] e assumendo $\overline{v'^2}$ proporzionale a E_t. Ponendo per λ^2 la espressione [29] si ottiene la [25].

6 - Raccordo delle leggi di variazione della velocita' media nelle varie parti del condotto.

Per prolungare la legge di variazione della velocita' media data dalla [7'] valida nella regione vicina al sottostrato laminare, ma abbastanza lontana da questo perche' la turbolenza in essa sia completamente sviluppata, attraverso al sottostrato fino alla parete, e' necessario ricavare innanzi tutto l'espressione della tensione turbolenta nelle immediate vicinanze della parete stessa.

A tale scopo si osserva che in detta parte del campo le equazioni del moto si riducono alle

$$[38] \quad \nu \frac{\partial^2 u}{\partial y^2} - \frac{1}{\rho} \frac{\partial p}{\partial x} = 0 \;\; ; \;\; \nu \frac{\partial^2 v}{\partial y^2} - \frac{1}{\rho} \frac{\partial p}{\partial y} = 0 \;\; ; \;\; \nu \frac{\partial^2 w}{\partial y^2} - \frac{1}{\rho} \frac{\partial p}{\partial z} = 0 \;.$$

D'altra parte vicino alla parete si puo' porre in ogni istante

$$u' = \left(\frac{\partial u'}{\partial y}\right)_0 y + \frac{1}{2} \left(\frac{\partial^2 u'}{\partial y^2}\right)_0 y^2 + \ldots$$

$$v' = \frac{1}{2} \left(\frac{\partial^2 v'}{\partial y^2}\right)_0 y^2 + \ldots \quad ; \quad w' = \left(\frac{\partial w'}{\partial y}\right)_0 y + \frac{1}{2} \left(\frac{\partial^2 w'}{\partial y^2}\right)_0 y^2 + \ldots$$

Si ricava di conseguenza

$$u'^2 = \left(\frac{\partial u'}{\partial y}\right)_0^2 y^2 + \left(\frac{\partial u'}{\partial y}\right)_0 \left(\frac{\partial^2 u'}{\partial y^2}\right)_0 y^3 + \ldots$$

Ma e' per la prima delle [38] $\dfrac{\partial^2 u'}{\partial y^2} = \dfrac{1}{\rho \nu} \cdot \dfrac{\partial p'}{\partial x}$, e percio'

$$[39] \quad \overline{u'^2} = \left(\frac{\overline{\partial u'}}{\partial y}\right)^2 y^2 + \frac{1}{\rho \nu} \left(\frac{\partial u'}{\partial y}\right)_0 \left(\frac{\partial p'}{\partial x}\right)_0 y^3 + \ldots$$

Analogamente si ha

$$[40] \quad \begin{cases} \overline{v'^2} = \dfrac{1}{4} \left(\dfrac{\overline{\partial^2 v'}}{\partial y^2}\right)^2 y^4 + \ldots = \dfrac{1}{4\rho^2 \nu^2} \left(\dfrac{\overline{\partial p'}}{\partial y}\right)^2 y^4 + \ldots \\[3ex] \overline{w'^2} = \left(\dfrac{\overline{\partial w'}}{\partial y}\right)_0^2 y^2 + \dfrac{1}{\rho \nu} \left(\overline{\dfrac{\partial w'}{\partial y} \dfrac{\partial p'}{\partial z}}\right)_0 y^3 + \ldots \\[3ex] \overline{u'v'} = \dfrac{1}{2\rho \nu} \left(\overline{\dfrac{\partial u'}{\partial y} \dfrac{\partial p'}{\partial y}}\right)_0 y^3 + \ldots \end{cases}$$

La terza delle [40] da' la relazione cercata, da cui appare che il coef
ficiente di trasporto ε alla parete cresce col *cubo* della distanza da
questa: l'espressione della ε data dalla [17'] deve pertanto essere
variata, e se si scrive la ε nella forma

$$[41] \qquad \varepsilon = \text{cost.}\ \nu\,\varphi(y^*)$$

dove $y^* = \left(\dfrac{\tau_0}{\rho}\right)^{1/2} \dfrac{y}{\nu}$, deve essere

$$\lim_{y^* \to \infty} \varphi(y^*) = y^* \quad ; \quad \lim_{y^* \to 0} \frac{\varphi(y^*)}{y^{*3}} = \text{cost.}$$

Queste condizioni non sono ovviamente sufficienti a determinare la
$\varphi(y^*)$: si puo' ancora ammettere, in accordo coi risultati sperimentali,
che ci sia *massimo raccordo* tra la $\varphi(y^*)$ e la sua espressione asinto-
tica per $y^* \to \infty$, e che pertanto

$$\lim_{y^* \to \infty} \left(\frac{d^n\varphi}{dy^{*n}}\right) = 0 \quad \text{per} \quad n > 1 \ .$$

Una funzione φ che soddisfa a tutte le dette condizioni e bene inter-
preta i risultati sperimentali si ha assumendo

$$[41'] \qquad \varepsilon = \nu\, y^* \left(1 - \frac{y_1^*}{y^*}\, \text{tgh}\, \frac{y^*}{y_1^*}\right) \qquad \text{(formula di *Reichardt*)}$$

in cui y_1^* e' una opportuna costante. Si ricava cosi'

$$[42] \qquad \frac{\tau}{\tau_0} \cong 1 = \frac{dU^*}{dy^*}\left[1 + k\, y^*\left(1 - \frac{y_1^*}{y^*}\, \text{tgh}\, \frac{y^*}{y_1^*}\right)\right]$$

essendo $U^* = \dfrac{U}{\sqrt{\tau_0/\rho}}$ E' percio'

$$[43] \quad U^* = \int_{y_1}^{y^*} \frac{dy^*}{1 + k\, y^*\left(1 - \dfrac{y_1^*}{y^*}\, \text{tgh}\, \dfrac{y^*}{y_1^*}\right)} + \text{cost.} = \int_{0}^{y^*} \frac{dy^*}{1 + k\, y^*\left(1 - \dfrac{y_1^*}{y^*}\, \text{tgh}\, \dfrac{y^*}{y_1^*}\right)}$$

Per y^* molto grande la [43] da' $U^* = \text{cost.} + \dfrac{1}{k}\, \log y^*$, che e' la legge data dalla [11], mentre per y^* molto piccolo si ha $U^* = y^*$, che corrisponde alla legge valida per il sottostrato laminare.

E' interessante osservare che il valore di y_1^* che rende la [43] piu' concorde coi risultati sperimentali e' $y_1^* = 11$, e che la [41] da' per $y_1^* = 11$ $\varepsilon \cong \nu$, di guisa che la costante y_1^* viene ad assumere un significato fisico importante, in quanto essa da' una misura del valore di y^* corrispondente al confine del sottostrato laminare. Appare inoltre dalla [43] che per $y^* \geq 60$ il coefficiente correttivo corrispondente alla $\varphi(y^*)$ non ha piu' nessuna influenza sulla legge di variazione della U^*, che risulta percio' data, per $y^* \geq 60$, dalla [11].

Per quanto si riferisce al raccordo tra la legge data dalla [26'] e quella corrispondente alla [9], essendo la $f(y/D)$ data dalla seconda delle [11], si osserva che in corrispondenza del valore η_0 di $\eta = \dfrac{y}{D}$ per cui si ha il raccordo devono essere verificate le condizioni

[44]
$$-\frac{1}{k} \log \eta_0 = \frac{1}{2h} \left[1 - 2\,\eta_0 \left(1 - \frac{\eta_0}{2} \right) \right]$$

$$\frac{1}{k}\,\frac{1}{\eta_0} = \frac{1}{h}\,(1 - \eta_0) \quad .$$

Si ricava

$$\eta_0 = 0,285 \quad ; \quad h = 0,0816 \quad \text{per} \quad k = 0,4 \quad .$$

E' da osservarsi che per i valori di η_0 e di h ora indicati i coefficienti di trasporto calcolati colla [25] e colla [17'] risultano rispettivamente

$$(\varepsilon)_e = 0,0816\, D \left(\frac{\tau_0}{\rho} \right)^{1/2} \quad ; \quad (\varepsilon)_i = 0,4\, y \left(\frac{\tau_0}{\rho} \right)^{1/2}$$

e pertanto per $\eta = \eta_0$ e'

$$\frac{(\varepsilon)_e}{(\varepsilon)_i} = \frac{0,0816}{0,4\,\eta_0} = 0,71$$

ossia i due coefficienti di trasporto differiscono sensibilmente tra loro. Questo risultato pero' non sorprende, perche' i valori delle costanti sono stati ottenuti imponendo il *raccordo* delle due leggi di variazione della U nella parte interna e nella parte centrale del condotto. Se i valori delle costanti si determinano imponendo invece che per il valore di $\eta = \eta_0$, che *separa* i campi di validita' delle [26°] e della [9], sia

$$-\frac{1}{k} \log \eta_0 = \frac{1}{2h} \left[1 - 2\eta_0 \left(1 - \frac{\eta_0}{2}\right)\right]$$

[44°]

$$[(\varepsilon)_e]_{\eta = \eta_0} = [(\varepsilon)_i]_{\eta = \eta_0} \;, \quad \text{ossia} \quad h\,D = k\,y$$

si ottiene

$$\eta_0 = 0,1988 \quad ; \quad h = 0,0795$$

ed in corrispondenza di $\eta = \eta_0$ il rapporto n dei coefficienti angolari delle rette tangenti ai diagrammi definenti le leggi di variazione di U per $\eta \lessgtr \eta_0$ risulta

$$n = \frac{1}{k\,\eta_0} \frac{h}{1-\eta_0} = \frac{1}{1-\eta_0} = 1,24$$

abbastanza prossimo all'unita', di guisa che dei due metodi indicati per ottenere il raccordo delle due leggi di variazione di U, il secondo appare preferibile. In ogni caso appare poi che la [26°] definisce la variazione di U per la *maggior parte* del canale: poiche' la [26°] da' per $\eta = 0$

[45]

$$(U^*)_0 = U_1^* - \frac{1}{2h} = U_1^* - 6,29$$

mentre la legge parabolica di variazione della velocita' media e' pure quella che si ottiene nel caso del deflusso laminare, si ha l'importanté risultato: *la legge di variazione della velocita' media nel moto turbolento coincide molto approssimativamente, per la maggior parte del condotto, con quella ricavabile nel caso del moto laminare, quando pero' si assuma la velocita' alla parete non nulla, ma data dalla* [45]. Si riconoscera' piu' avanti come questa proprieta' valga non soltanto per il problema ora considerato, ma per tutti i casi semplici di moto turbolento che qui saranno considerati.

7 - Influenza della rugosita'.

I risultati ottenuti nei numeri precedenti valgono se la superficie
della parete lambita dalla corrente fluida e' *perfettamente liscia*. Se
la parete e' *rugosa*, presenta cioe' delle *asperita'*, il problema della determinazione della influenza di queste e' molto complesso. Tuttavia nel
caso piu' semplice in cui la rugosita' e' *uniforme*, e quindi tale da potere essere caratterizzata dalla sola lunghezza $\mathcal{H}$, che misura ad es. la
altezza media delle asperita', lo stesso procedimento seguito al n°2 puo'
essere applicato per determinare la legge di variazione della velocita'
media e del coefficiente di attrito per numeri di Reynolds $\mathcal{R}_{e,\tau}$ sufficientemente elevati.

Nelle condizioni ora dette, infatti, nelle vicinanze della parete
si ha sempre una regione a tensione tangenziale costante, in cui le grandezze fisiche determinanti il fenomeno si riducono alla tensione tangenziale stessa τ_0, alla viscosita' cinematica ν, alla densita' ρ, e
pertanto la velocita' media puo' essere espressa colla

$$[46] \qquad U = \frac{\tau_0}{\rho}^{\,1/2} F_r\left[\frac{\left(\frac{\tau_0}{\rho}\right)^{1/2} y}{\nu} \,,\, \frac{\left(\frac{\tau_0}{\rho}\right)^{1/2} \mathcal{H}}{\nu} \right] .$$

D'altra parte nella regione piu' lontana dalla parete, in cui la turbolenza e' completamente sviluppata e le tensioni di Reynolds prevalgono di
gran lunga su quelle viscose, si puo' anche esprimere la U colla

$$[9'] \qquad U = U_1 + \left(\frac{\tau_0}{\rho}\right)^{1/2} f\left(\frac{y}{D}\right) .$$

Si ricava percio' ancora, che se la regione di costante tensione tangenziale si estende nel dominio per cui e' valida la [9'] , di guisa che le
[46] e [9'] debbono coesistere, entro essa si deve avere

$$[47] \qquad U = \left(\frac{\tau_0}{\rho}\right)^{1/2} \frac{1}{k} \left[\log \frac{\left(\frac{\tau_0}{\rho}\right)^{1/2} y}{\nu} + A'' \right]$$

in cui k e' la stessa costante indicata nella [11], mentre la A'' e' una funzione del numero di Reynolds corrispondente alla rugosita'

$$R_{e,\tau*} = \frac{\left(\dfrac{\tau_0}{\rho}\right)^{1/2} \mathcal{H}}{\nu} = \mathcal{H}^* \; .$$

Ora, se il numero di Reynolds $R_{e,\tau}$ e' abbastanza grande, per un dato $\mathcal{H}^*$, o se $\mathcal{H}^*$ e' abbastanza grande per un dato $R_{e,\tau}$, la distribuzione della velocita' dipende in misura minima dalla viscosita', e dipende invece essenzialmente da $\left(\dfrac{\tau_0}{\rho}\right)^{1/2}$, $\mathcal{H}$, y ; la [47] deve pertanto ridursi alla

$$[47'] \qquad U = \left(\frac{\tau_0}{\rho}\right)^{1/2} \frac{1}{k} \left[\log \frac{y}{\mathcal{H}} + A\right]$$

in cui anche A e' la stessa costante che appare nella [7'] : tenendo presente il risultato ottenuto al n° 6, si deduce che per la validita' della [47'] e' necessario che sia $\mathcal{H}^* > 60$.

Si puo' cercare di determinare l'influenza della rugosita' sulla legge di variazione di U in vicinanza della parete, quando $\mathcal{H}^* < 60$, osservando che in queste condizioni il coefficiente di trasporto dovra' ancora presentare il fattore di correzione indicato nella [41'], ma d'altra parte dovra' presentare anche un altro fattore che esprime l'effetto della piu' violenta agitazione turbolenta prodotta dalle asperita' stesse. Nell'ipotesi che questo secondo fattore abbia la medesima forma del primo, e poiche' l'effetto complessivo per $\mathcal{H}^* = 60$ deve annullarsi, si dovra' assumere

$$[41''] \qquad \varepsilon = \nu \, y^* \left(1 - \frac{y_1^*}{y^*} \operatorname{tgh} \frac{y^*}{y_1^*} + \frac{60 \, y_1^*}{y^* \mathcal{H}^*} \operatorname{tgh} \frac{y^* \mathcal{H}^*}{60 \, y_1^*}\right)$$

Ne risulta

$$[48] \quad U^* = \int_0^{y^*} \frac{dy^*}{1 + k \, y^* \left[1 - \dfrac{y_1^*}{y^*} \operatorname{tgh} \dfrac{y^*}{y_1^*} + \dfrac{60 \, y_1^*}{y^* \mathcal{H}^*} \operatorname{tgh} \dfrac{y^* \mathcal{H}^*}{60 \, y_1^*}\right]} \quad \text{per } \mathcal{H}^* \leq 60 \; .$$

Colla [47'], o colla [48], e' possibile determinare, procedendo in modo analogo a quello indicato per il condotto a pareti liscie, il coefficiente di resistenza del condotto a rugosita' *uniforme*, e per il caso

$\mathcal{H}^{*} > 60$ si ha la nota legge

$$[49] \qquad \left(\frac{2}{c_f}\right)^{1/2} = \text{cost.} + \frac{1}{k} \log \frac{D}{\mathcal{H}}$$

per cui il coefficiente di attrito non dipende dal numero di Reynolds.
Se invece $\mathcal{H}^{*} < 60$ dalla [48] si ricava

$$[50] \quad \frac{U_1}{\left(\dfrac{\tau_0}{\rho}\right)^{1/2}} = \int_0^1 \frac{\dfrac{D}{\nu}\left(\dfrac{\tau_0}{\rho}\right)^{1/2} d\eta}{1+k\eta\sqrt{\dfrac{\tau_0}{\rho}}\dfrac{D}{\nu}\left[1-\dfrac{\eta_1}{\eta}\,\text{tgh}\,\dfrac{\eta}{\eta_1} + \dfrac{60\,\eta_1}{\eta\dfrac{\mathcal{H}}{D}\dfrac{D}{\nu}\sqrt{\dfrac{\tau_0}{\rho}}}\,\text{tgh}\,\dfrac{\eta\dfrac{\mathcal{H}}{D}\dfrac{D}{\nu}\sqrt{\dfrac{\tau_0}{\rho}}}{60\,\eta_1}\right]}$$

se $\eta = \dfrac{y}{D}$; $\eta_1 = \dfrac{y_1}{D}$. Si puo' pertanto scrivere

$$[50'] \qquad \frac{2}{c_f\,R_{e,1}} = F\left(\sqrt{c_f}\,R_{e,1}\,\frac{\mathcal{H}}{D}\right)$$

se F rappresenta l'integrale a secondo membro della [50]: il coefficiente di attrito appare percio' dipendere ancora dal numero di Reynolds.

  Le formule [49] e [50] possono essere applicate anche se la rugosita' non e' uniforme, purche' sia costituita sempre da asperita' a spigoli
vivi, distribuite con una certa regolarita' sulla superficie. La legge
di resistenza cambia invece notevolmente se la rugosita' e' formata da
ondulosita', corrugamenti presentati dalla superficie delle pareti, ed
in tal caso dipende dalla *forma* di tali corrugamenti.

CAPITOLO III

CASI SEMPLICI DI MOTO TURBOLENTO:

STRATO LIMITE A CONTATTO DI UNA PARETE PIANA SENZA GRADIENTE
DI PRESSIONE.

Equazioni del moto nello strato limite. La legge di parete
per la velocita'media e la legge di resistenza. Legge di variazione della velocita' media nella parte esterna dello strato limite. Raccordo delle leggi di variazione della velocita' nella regione esterna e nella regione interna dello strato limite. Trasmissione termica nel moto turbolento. Coefficiente di trasporto turbolento del calore. Determinazione del
campo medio di temperatura. Flusso turbolento a contatto di
una parete piana in corrente di fluido compressibile.

1 - Equazioni del moto nello strato limite.

I risultati ottenuti nel caso semplice di moto turbolento considerato nel Cap II possono essere utilizzati, cosi' come i metodi seguiti
per ottenere detti risultati possono essere applicati per lo studio di
problemi piu' complessi: si considera ora il deflusso turbolento a contatto di una lamina piana semiinfinita investita da una corrente che a
distanza infinita dalla piastra stessa e' supposta uniforme e parallela
a questa. Anche in questo caso il moto medio e' un moto piano si indi-
cheranno ancora gli assi nel piano del moto con x (nella direzione e
nel senso della corrente indisturbata che si rappresenta con $\vec{U}_\infty$) e con
y (normale alla parete e orientato verso la corrente). Se OA e' la trac-
cia nel piano del moto della lamina, l'origine delle coordinate e' assunta nel punto O (chiamato anche *bordo di attacco* della lamina).

Sia la U, sia la V sono ora funzioni sia della x sia della
y , e pertanto il problema e' alquanto piu' complesso di quello studiato
nel Cap. II: esso pero' puo' essere notevolmente semplificato se si tiene

conto del fatto, che si può accettare come risultato sperimentale, che la regione in cui la presenza della lamina perturba sensibilmente la corrente uniforme ha una dimensione secondo y *molto piccola,* in generale, rispetto alla dimensione secondo x, e si tiene conto di conseguenza dell'ordine di grandezza dei vari termini contenuti nelle equazioni del moto.

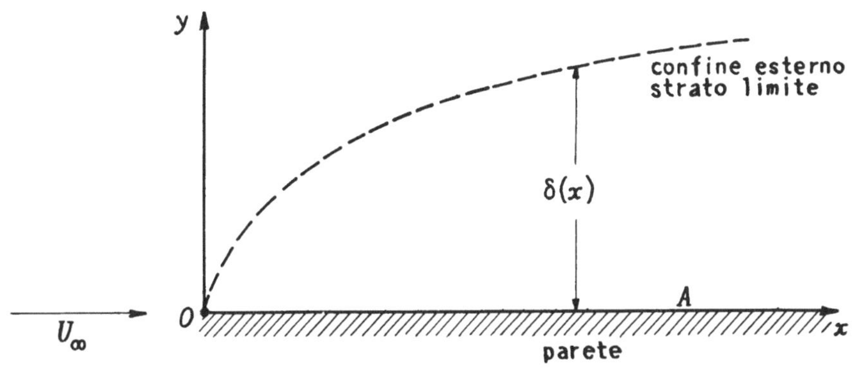

Fig. (1, III) - Flusso nello strato limite di una parete piana.

Dall'equazione di continuità del moto medio

[1]
$$\frac{\partial U}{\partial x} + \frac{\partial V}{\partial y} = 0$$

si ricava

$$V = -\int_0^y \frac{\partial}{\partial x} U(x, y')dy'$$

e poichè

$$U \equiv O(U_\infty) \quad ; \quad x \equiv O(l) \quad ; \quad y \equiv O(\delta)$$

se l è una dimensione longitudinale caratteristica del campo (ad es. per una piastra di lunghezza finita, la lunghezza di questa), e δ lo *spessore* dello strato in cui si manifesta la perturbazione prodotta dalla parete rigida, e che è chiamato *strato limite*, si ha $V \equiv O\left(U \dfrac{\delta}{l}\right)$. Assumendo poi che gli scarti quadratici medi delle oscillazioni della velocità, ed il valor medio del prodotto $\overline{u'v'}$ siano dell'ordine di $a^2 U_\infty^2$ (in cui a è un numero certamente *minore di uno*), i vari termini della seconda equazione del moto medio hanno l'ordine di grandezza scritto sotto a ciascuno dei termini stessi:

$$U\frac{\partial V}{\partial x} + V\frac{\partial V}{\partial y} + \frac{\partial}{\partial x}\overline{u'v'} + \frac{\partial}{\partial y}\overline{v'^2} = -\frac{1}{\rho}\frac{\partial \overline{p}}{\partial y} + \nu\frac{\partial^2 V}{\partial x^2} + \nu\frac{\partial^2 V}{\partial y^2}$$

$$(U_\infty^2\,\delta\,l^{-2}) \quad (U_\infty^2\,\delta\,l^{-2}) \quad (a^2 U_\infty^2 l^{-1}) \quad (a^2 U_\infty^2\delta^{-1}) \quad \left(\frac{\nu}{U_\infty l}\,U_\infty^2\,\delta\,l^{-2}\right) \quad \left(\frac{\nu}{U_\infty l}\,U_\infty^2\,\delta^{-1}\right)$$

L'ordine di grandezza piu' elevato appare essere quello di $(a^2 U_\infty^2\delta^{-1})$, e pertanto trascurando rispetto a questo i termini dell'ordine di $\left(U_\infty^2 l^{-1}\dfrac{\delta}{l}\right)$ o di $(U^2 l^{-1}R_e^{-1})$ (se R_e e' il numero di Reynolds $\dfrac{U_\infty l}{\nu}$), la seconda equazione del moto si riduce alla

$$-\frac{1}{\rho}\frac{\partial \overline{p}}{\partial y} + \frac{\partial}{\partial y}\overline{v'^2} = 0$$

che puo' subito essere integrata, e da' ancora [come la (2, II)]

$$[1'] \qquad\qquad \frac{\overline{p}}{\rho} + \frac{1}{2}\overline{v'^2} = P_0$$

La P_0 e' generalmente una funzione di x : nel problema particolare, poiche' per $y = \infty$ sia $\overline{v'^2}$, sia $\dfrac{\overline{p}}{\rho}$ *non dipendono* da x, la P_0 risulta *costante*.

La prima equazione del moto e' poi, tenendo conto del risultato ora indicato,

$$U\frac{\partial U}{\partial x} + V\frac{\partial U}{\partial y} + \frac{\partial}{\partial x}\left(\overline{u'^2}-\overline{v'^2}\right) + \frac{\partial}{\partial y}\overline{u'v} = \nu\frac{\partial^2 U}{\partial x^2} + \nu\frac{\partial^2 U}{\partial y^2}$$

$$(U_\infty^2 l^{-1}) \quad (U_\infty^2 l^{-1}) \quad (a^2 U_\infty^2 l^{-1}) \quad (a^2 U_\infty^2\delta^{-1}) \quad \left(\frac{\nu}{U_\infty l}\,U_\infty^2 l^{-1}\right) \quad \left(\frac{\nu}{U_\infty l}\,U_\infty^2\delta^{-2} l\right)$$

e pertanto se si considerano soltanto i termini di ordine di grandezza piu' elevato si ha

$$[2] \qquad\qquad U\frac{\partial U}{\partial x} + V\frac{\partial U}{\partial y} + \frac{\partial}{\partial y}\left(\overline{u'v'}\right) = \nu\frac{\partial^2 U}{\partial y^2}$$

2 - La legge di parete per la velocita' media e la legge di resistenza.

Se si indica al solito con τ la tensione tangenziale totale

$$\tau = \rho\left(\nu\,\frac{\partial U}{\partial y} - \overline{u'v'}\right)$$

appare dalla [2] che e'

$$\left(\frac{\partial\tau}{\partial y}\right)_{y=0} = 0 \quad ; \quad \left(\frac{\partial^2\tau}{\partial y^2}\right)_{y=0} = 0 \quad ; \quad \left(U\frac{\partial^2 U}{\partial x\,\partial y} + V\frac{\partial^2 U}{\partial y^2}\right)_{y=0} = 0 \quad ;$$

$$\left(\frac{\partial^3\tau}{\partial y^3}\right)_{y=0} = \left(\frac{\partial U}{\partial y}\right)_0\left[\frac{\partial}{\partial x}\left(\frac{\partial U}{\partial y}\right)\right]_0$$

e quindi la variazione di τ in una sezione generica trasversale dello strato limite in vicinanza della parete si puo' rappresentare colla

$$[3] \qquad \tau = \tau_0 + \frac{1}{12}\left[\frac{\partial}{\partial x}\left(\frac{\partial U}{\partial y}\right)^2\right]y^3 + \ldots = \tau_0 + \frac{1}{12}\frac{\partial}{\partial x}\left(\frac{\tau_0}{\mu}\right)y^3 + \ldots$$

se τ_0 e' la tensione alla parete. Ne risulta, come nel problema considerato nel Cap. II, l'esistenza di una regione vicina alla superficie solida lambita, ossia per $y/\delta \ll 1$, in cui si puo' considerare $\tau = \text{cost.}$, e per la quale, quindi, come gia' indicato in (1, II), vale per la U la

$$[4] \qquad U = \left(\frac{\tau_0}{\rho}\right)^{1/2}F\left[\left(\frac{\tau_0}{\rho}\right)^{1/2}\frac{y}{\nu}\right]$$

D'altra parte, a sufficiente distanza dal sottostrato laminare, considerazioni identiche a quelle indicate in (1, II) portano a scrivere la funzione di correlazione $\overline{u'v'}$ nella forma

$$[3'] \qquad -\overline{u'v'} = \left(\frac{\tau_0}{\rho}\right)g\left(\frac{y}{\delta}\right).$$

Dalla [2] si deduce allora che, potendosi trascurare nella regione ora in esame la tensione viscosa rispetto a quella di Reynolds, vale per il *difetto di velocita'* $U - U_\infty$ una formula analoga alla (9, II), e precisamente la

$$[5] \qquad U - U_\infty = \left(\frac{\tau_0}{\rho}\right)^{1/2} f\left(\frac{y}{\delta}\right)$$

nei limiti di approssimazione che saranno piu' avanti precisati, In modo del tutto analogo a quello seguito in (2, II) si deduce allora che se il numero di Reynolds $R_{e,\tau\delta} = \left(\dfrac{\tau_0}{\rho}\right)^{1/2} \dfrac{\delta}{\nu}$ e' abbastanza grande perche' vi sia tutta una parte in cui le [4] e [5] valgono contemporaneamente, la F e la f in detta parte hanno espressioni identiche a quelle indicate in (2, II), e pertanto si ha

$$[4'] \qquad \frac{U}{\left(\dfrac{\tau_0}{\rho}\right)^{1/2}} = \frac{1}{k}\left\{ \log\left[\left(\frac{\tau_0}{\rho}\right)^{1/2}\frac{y}{\nu}\right] + A \right\}$$

in cui le costanti k e A hanno i medesimi valori indicati in (2, II), mentre per il difetto di velocita' si ha ancora

$$[5'] \qquad \frac{U - U_\infty}{\left(\dfrac{\tau_0}{\rho}\right)^{1/2}} = \frac{1}{k}\left[\log\left(\frac{y}{\delta}\right) + A' \right]$$

e la velocita' U_∞ e' legata allo spessore δ dello strato dalla

$$[6] \qquad \frac{U_\infty}{\left(\dfrac{\tau_0}{\rho}\right)^{1/2}} = \frac{1}{k}\left[\log \frac{\left(\dfrac{\tau_0}{\rho}\right)^{1/2}\delta}{\nu} + A - A' \right]$$

Lo spessore δ dello strato e' generalmente definito in modo convenzionale come il valore di y per il quale la velocita' U raggiunge una determinata percentuale della U_∞, e precisamente

$$[6'] \qquad (U)_{\frac{y}{\delta} = 1} = 0,995\, U_\infty \; ;$$

se pertanto si assume l'espressione [5'] valida per tutto lo strato, e quindi per soddisfare alla [6'] si assume $A' \cong 0$, si ricava dalla [6] per lo spessore δ la espressione

$$[7] \qquad \delta = \frac{\nu}{\left(\dfrac{\tau_0}{\rho}\right)^{1/2}} \, e^{\frac{1}{\gamma} - A}$$

se

$$[7'] \qquad \gamma = \frac{\left(\dfrac{\tau_0}{\rho}\right)^{1/2}}{k \, U_\infty}$$

Per il teorema della quantita' di moto applicato alla massa fluida compresa tra due sezioni trasversali dello strato corrispondenti alle ascisse x e $x+dx$ si ottiene

$$[8] \qquad \tau_0 = \rho \frac{d}{dx} \int_0^\infty U(U_\infty - U)dy = \rho U_\infty^2 \frac{d}{dx} \int_0^\infty \frac{U}{U_\infty}\left(1 - \frac{U}{U_\infty}\right)dy = \rho U_\infty^2 \frac{d\delta^{**}}{dx}$$

in cui

$$[9] \qquad \delta^{**} = \int_0^\infty \frac{U}{U_\infty}\left(1 - \frac{U}{U_\infty}\right)dy$$

prende il nome di *spessore dinamico* dello strato limite.

Se si ammette di poter esprimere $U - U_\infty$ nella regione in cui il moto e' completamente turbolento colla

$$[10] \qquad \frac{U - U_\infty}{\left(\dfrac{\tau_0}{\rho}\right)^{1/2}} = f\left(\frac{y}{\delta}\right)$$

in cui f e' una opportuna funzione (che coincide con quella data dalla [5'] solo nella parte *interna* dello strato), e si assume tale espressione valida in tutto il campo, si ottiene dalla [8]

$$\frac{\tau_0}{\rho U_\infty^2} = -\frac{d}{dx}\int_0^\infty \delta(1 + k\gamma f)\, k\gamma f\, d\left(\frac{y}{\delta}\right) = -\frac{d}{dx}\left[\int_0^\infty \frac{\nu}{U_\infty}\, e^{\frac{1}{\gamma} - A} f\left(\frac{y}{\delta}\right) d\left(\frac{y}{\delta}\right) + \right.$$

$$\left. + \int_0^\infty \frac{\nu}{U_\infty}\, e^{\frac{1}{\gamma} - A} k\gamma f^2\left(\frac{y}{\delta}\right) d\left(\frac{y}{\delta}\right)\right] = -\frac{d}{dR'_{e,x}}\left[e^{\frac{1}{\gamma} - A}\int_0^\infty f\left(\frac{y}{\delta}\right) d\left(\frac{y}{\delta}\right) + \right.$$

$$\left. + e^{\frac{1}{\gamma} - A} k\gamma \int_0^\infty f^2\left(\frac{y}{\delta}\right) d\left(\frac{y}{\delta}\right)\right] = k^2 \gamma^2$$

od anche

$$\frac{1}{\gamma^2}\, e^{\frac{1}{\gamma}-A}\,\frac{d\gamma}{dR_{e,x}}\,(I_1+k\ddot{\gamma}I_2)-k\,e^{\frac{1}{\gamma}-A}\,\frac{d\gamma}{dR_{e,x}}\,I_2=k^2\gamma^2$$

essendo

$$R_{e,x}=\frac{U_\infty x}{\nu}\quad;\quad I_1=-\int_0^\infty f\!\left(\frac{y}{\delta}\right)d\!\left(\frac{y}{\delta}\right)\quad;\quad I_2=\int_0^\infty f^2\!\left(\frac{y}{\delta}\right)d\!\left(\frac{y}{\delta}\right)\quad.$$

Si deduce

$$[11]\qquad -(I_1-k\gamma I_2+k\gamma^2 I_2)\,\frac{1}{\gamma^2}\,e^{\frac{1}{\gamma}-A}\,\frac{d\gamma}{dR_{e,x}}=k^2\gamma^2$$

e risolvendo la [11] si ha

$$[12]\qquad k^2(R_{e,x}-R_0)=[I_1-(2I_1+kI_2)\gamma+2\gamma^2(kI_2+I_1)]\,\frac{e^{\frac{1}{\gamma}-A}}{\gamma^2}$$

in cui R_0 e' una costante di integrazione: la [12] definisce la legge di variazione del coefficiente di attrito locale $c_f=2k\gamma^2$ in funzione del numero di Reynolds locale $R_{e,x}$, e da' quindi la *legge di resistenza*. Questa, e' bene subito osservare, e' valida solo *approssimativamente*, perche' si basa sull'assunzione che dalla [3'] derivi, per la 1ª equazione di Stokes-Navier, la [5]. Ora, se si esprime la U colla [5], e si *ammette* $\left(\frac{\tau_0}{\rho}\right)^{1/2}$ *costante*, si ricava dall'equazione di continuita'

$$[13]\qquad \frac{V}{\left(\dfrac{\tau_0}{\rho}\right)^{1/2}}=\delta'(f-\eta f')$$

indicando con δ' la $\dfrac{d\delta}{dx}$, con f' la $\dfrac{df}{d\eta}$, e con η la $\dfrac{y}{\delta}$. Dall'equazione di Navier, trascurando il termine corrispondente alla tensione viscosa, si ha allora

$$[14]\qquad -\rho\,\frac{\overline{u'v'}}{\tau_0}=\delta'\sqrt{\frac{2}{c_f}}\,[\eta f'-f+f(\infty)]+\delta'[-ff'+\int_\infty^\eta f'^2(\eta)d\eta]$$

che, perche' sia compatibile colla [3'] richiede che sia

$$[14']\qquad \sqrt{c_f}=\text{cost.}\quad;\quad \delta'=\text{cost.}$$

Ora, poiche $c_f = \dfrac{2\tau_0}{\rho U_\infty^2}$, la prima delle [14'] corrisponde alla assunzione gia' fatta della *costanza* di $\left(\dfrac{\tau_0}{\rho}\right)^{1/2}$; quanto alla seconda delle [14'] si riconoscera' piu' avanti che essa e' valida colla medesima approssimazione colla quale vale la prima; e questo precisa l'approssimazione del metodo col quale e' stata dedotta la [12].

La stessa [12] puo' essere notevolmente semplificata, osservando che per valori di $R_{e,x}$ molto grandi la R_0 puo' essere trascurata rispetto a $R_{e,x}$ (poiche' R_0 e' dell'ordine di 10^5, questo richiede che sia $R_{e,x} \geq 10^7$), e poiche' $\sqrt{c_f}$ e' molto piccolo se $R_{e,x}$ e' molto grande, si possono trascurare pure a secondo membro della [12] i termini con γ entro la parentesi quadra, di guisa che scritta la [12] nella forma

$$[12'] \qquad\qquad k^2 R_{e,x} = I_1 \, \frac{e^{\frac{1}{\gamma} - A}}{\gamma^2}$$

e prendendo i logaritmi di entrambi i termini risulta

$$\log\left(k^2 \gamma^2 R_{e,x}\right) = \log I_1 + \frac{1}{\gamma} - A$$

Ma e' $k^2\gamma^2 = \dfrac{c_f}{2}$, e pertanto si ha

$$[12''] \qquad \sqrt{\frac{2}{c_f}} = \frac{1}{k}\log\left(R_{e,x} c_f\right) + \text{cost.} \cong 2,4 + 2,54 \log\left(R_{e,x} c_f\right)$$

che da' la nota legge logaritmica di resistenza della lamina piana.

Deve infine essere osservato che la [4'], che definisce la distribuzione della velocita' nella parte interna dello strato, puo' essere corretta per tener conto della presenza del sottostrato laminare, e della riduzione della tensione di Reynolds dovuta alla parete stessa, in modo del tutto analogo a quello indicato in (6, II), e la formula corrispondente risulta ancora la (43, II).

3 - Legge di variazione della velocita' media nella parte ester-na dello strato.

La legge di variazione della velocita' definita dalla [5'] vale nella parte interna dello strato, per la quale l'equazione del moto puo' essere ridotta alla

$$\frac{\partial \tau}{\partial y} = 0$$

e la tensione turbolenta puo' essere espressa colla

$$\tau_t = - \rho \overline{u'v'} = k y \sqrt{\frac{\tau_o}{\rho}} \, \frac{\partial U}{\partial y} \rho$$

Nella parte *esterna* dello strato identiche considerazioni a quelle svolte in (5, II) (vedi anche [11]) conducono a porre la τ_t nella forma

$$[15] \qquad \tau_t = h \left(\frac{\tau_o}{\rho}\right)^{1/2} \delta \, \frac{\partial U}{\partial y} \rho$$

se si considerano piccole, come in effetto lo sono, le variazioni di $(E_t)_e$ con x, per $R_{e,x}$ sufficientemente grande. Poiche' δ non e', a rigore, ben definito, o meglio non e' grandezza la cui determinazione sperimentale sia ben sicura, e' conveniente trasformare la [15] osservando che se si definisce *spessore di spostamento* dello strato limite la

$$[16] \qquad \delta^* = \int_0^{\infty} \left(1 - \frac{U}{U_\infty}\right) dy = \delta \int_0^{\infty} \left(1 - \frac{U}{U_\infty}\right) d\left(\frac{y}{\delta}\right)$$

si ha

$$\int_0^{\infty} \frac{U_\infty - U}{\left(\frac{\tau_o}{\rho}\right)^{1/2}} \, d\left(\frac{y}{\delta}\right) = \frac{1}{H} = \frac{1}{\delta} \, \frac{U_\infty}{\left(\frac{\tau_o}{\rho}\right)^{1/2}} \, \delta^* \simeq \frac{1}{3,6}$$

da cui

$$[17] \qquad \delta \left(\frac{\tau_o}{\rho}\right)^{1/2} = H U_\infty \delta^*$$

potendosi considerare H *costante*, per quanto e' stato detto circa alla possibilita' di rappresentare $\dfrac{U_\infty - U}{\sqrt{\dfrac{\tau_0}{\rho}}}$ con una funzione universale. Si

puo' quindi anche scrivere la [15] nella forma

$$[15'] \qquad \tau_t = h^* \rho U_\infty \delta^* \frac{\partial U}{\partial y}$$

se

$$[15''] \qquad h^* = h\,H \;.$$

Sostituendo questa espressione di τ_t nella [2], e trascurando in questa il termine corrispondente alla tensione viscosa, si ha

$$[18] \qquad U\frac{\partial U}{\partial x} + V\frac{\partial U}{\partial y} = h^* U_\infty \delta^* \frac{\partial^2 U}{\partial y^2} \;.$$

Ora, poiche' per l'equazione di continuita' si ha

$$[19] \qquad U = \frac{\partial \psi}{\partial y} \;;\quad V = -\frac{\partial \psi}{\partial x}$$

se ψ e' la funzione di corrente del *campo di velocita' media*, dalla [18] si deduce

$$[20] \qquad \frac{\partial \psi}{\partial y}\frac{\partial^2 \psi}{\partial x\,\partial y} - \frac{\partial \psi}{\partial x}\frac{\partial^2 \psi}{\partial y^2} = h^* U_\infty \delta^* \frac{\partial^3 \psi}{\partial y^3} \;.$$

Posto

$$[21] \qquad Y = y \;;\quad X = h^* \int_0^x \delta^* dx \;;\quad \psi = U_\infty \psi^*$$

dalla [20] si ha

$$[20'] \qquad \frac{\partial \psi^*}{\partial Y}\frac{\partial^2 \psi^*}{\partial X\,\partial Y} - \frac{\partial \psi^*}{\partial X}\frac{\partial^2 \psi^*}{\partial Y^2} = \frac{\partial^3 \psi^*}{\partial Y^3}$$

che se

$$[21'] \qquad \zeta = \frac{1}{2}\frac{Y}{X^{1/2}} \;;\quad \psi^* = X^{1/2}\,\varphi(\zeta)$$

da'

$$[22] \qquad \varphi_{\zeta\zeta\zeta} + \varphi\,\varphi_{\zeta\zeta} = 0 \qquad \left(\varphi_{\zeta\zeta} = \frac{d^2\varphi}{d\zeta^2}\right)$$

che coincide coll' *equazione di Blasius* che risolve lo stesso problema per il caso laminare. Le condizioni al contorno sono ora pero

$$[23] \qquad \varphi_\zeta = 2 \quad \text{per} \quad \zeta = \infty \; ; \quad \varphi = 0 \quad \text{per} \quad \zeta = 0$$

mentre $(\varphi_\zeta)_{\zeta=0}$ ha un valore a priori non noto, che deve essere determinato in base alla condizione che la distribuzione di velocita' media corrispondente alla [22] si *raccordi* con quella ottenuta nel numero precedente. Si ha cosi' di nuovo il risultato indicato al n°(6, II), che *la distribuzione della velocita' media nel moto turbolento, nella parte esterna dello strato, coincide con quella corrispondente al deflusso laminare, per una velocita' alla parete non nulla, ed in un piano (X, Y) leggermente distorto rispetto al piano fisico (x, y)* .

Si osservi poi che la [6] puo' essere scritta nella forma

$$[6'] \qquad \sqrt{\frac{2}{c_f}} = \frac{1}{k}\left[\log\left(\frac{c_f}{2}\right)^{1/2} R_{e,\delta} + 4\right]$$

se $R_{e,\delta} = \dfrac{U_\infty \delta}{\nu}$, e pertanto sottraendo dalla [12"] la [6'] si ottiene

$$\frac{R_{e,x}\, c_f}{R_{e,\delta}\, c_f^{1/2}} = \text{costante} ,$$

ossia

$$[23'] \qquad \delta = \text{cost.}\, x (c_f)^{1/2} \cong 0,38\, x (c_f)^{1/2}$$

Per la limitata variabilita' di $(c_f)^{1/2}$ con $R_{e,x}$, gia' prima segnalata, dalla [23'] appare che si puo' considerare δ *proporzionale a* x , il che giustifica quanto affermato nel n° 2 (vedi [14'']) ; dalla [17] si deduce poi

$$[24] \qquad \delta^* = \text{cost.}\, \delta \sqrt{c_f} = \text{cost.}\, x\, c_f \cong 0,97\, x c_f$$

da cui appare che, almeno approssimativamente e per grandi $R_{e,x}$, anche δ^* e' proporzionale a x , e quindi, con tale grado di approssimazione per la seconda delle [21] e'

$$X = \text{cost.}\, c_f \cdot x^2 = h^*\, 0,97\, c_f\, \frac{x^2}{2}$$

da cui

[25]
$$\chi^{1/2} = \text{cost.}\, c_f^{1/2}\, x = 0,985\, h^{*\,1/2}\, x \; ;$$

$$\zeta = \text{cost.}\,\frac{y}{\delta} = \text{cost.}\,\eta = \frac{1}{1,97\, h^*}\,\eta \; .$$

Dalla seconda delle [25] appare percio' che la velocita' media U si puo' esprimere colla

[26]
$$\frac{U}{U_\infty} = \frac{1}{2}\, \varphi \zeta = \frac{1}{2}\, \varphi'\left(\frac{1}{1,97\, h^*}\,\eta\right) \; .$$

Poiche', nell'ordine di approssimazione per cui la η si puo' considerare proporzionale a $\dfrac{y}{\delta}$ e' $\sqrt{c_f}$ da considerarsi *costante*, si ha pure

[27]
$$\frac{U}{\left(\dfrac{\tau_0}{\rho}\right)^{1/2}} = \left(\frac{2}{c_f}\right)^{1/2}\varphi'\left(\frac{1}{1,97\, h^*}\,\eta\right)$$

che conferma l'assunzione [10].

4 - Raccordo delle leggi di variazione della velocita' nella regione esterna e nella regione interna dello strato limite.

Per la determinazione completa del moto e' necessario raccordare le
due leggi trovate per la regione *esterna* (data dalla [27]) e per la re-
gione *interna* (data dalla [5']). Se $\eta = \eta_0$ e' il valore di η in corrispondenza del quale detto raccordo avviene, osservando che dalla [27],
tenuto conto della [23]. si ha

[28]
$$\frac{U - U_\infty}{\sqrt{\dfrac{\tau_0}{\rho}}} = \sqrt{\frac{2}{c_f}}\left[\varphi'\left(\frac{1}{1,97\, h^*}\,\eta_0\right) - 2\right]$$

si deve avere per il raccordo

[29]
$$\begin{cases} \sqrt{\dfrac{2}{c_f}}\left[\varphi'\left(\dfrac{1}{1,97\, h^*}\,\eta_0\right) - 2\right] = \dfrac{1}{k}\log\eta_0 \\[3ex] \sqrt{\dfrac{2}{c_f}}\left(\dfrac{d\varphi'}{d\zeta}\right)_{\eta=\eta_0}\dfrac{1}{1,97\, h^*} = \dfrac{1}{k\,\eta_0} \end{cases}$$

mentre per la uguaglianza dei coefficienti di trasporto deve essere

[30]
$$k\,\eta_0 = h \; ,$$

ossia

[31]
$$\eta_0 = 3,6\,\frac{h^*}{k} \; .$$

Puo' essere interessante osservare che una ricerca eseguita da *Clauser* in modo indipendente ma basata sull'assunzione [15] porta ad assumere per h^* il valore $0,018$, che corrisponde per la [15″] al valore di $h = 0,0648$, che non e' molto diverso da quello $(0,0725)$ trovato in $(6,II)$ per il caso del canale.

5 - Trasmissione termica nel moto turbolento.

In conseguenza della dissipazione di energia nello strato limite dovuta alla viscosita' il flusso non e' *isentropico*, e la temperatura *non e' costante;* se poi la parete *non e' adiabatica,* ossia attraverso ad essa si ha un flusso di calore, si ha un'altra causa di variazione della temperatura, che si aggiunge alla prima, ed il *campo di temperatura* che ne risulta e' *turbolento* se il moto e' turbolento.

L'equazione che definisce la distribuzione istantanea della temperatura nello strato limite e' data dall'equazione dell'energia

[32]
$$\rho\,c_v\,\frac{dT}{dt} + p\,\operatorname{div}\vec{u} = \Lambda\Delta T + \phi$$

in cui c_v e' il calore specifico a *volume* costante (dell'unita' di massa), T la temperatura assoluta, e ϕ la funzione di dissipazione

$$\phi = \mu\left[2\left(\frac{\partial u_1}{\partial x_1}\right)^2 + 2\left(\frac{\partial u_2}{\partial x_2}\right)^2 + \ldots\right]$$

mentre $\left(\dfrac{d}{dt}\right)$ e' il simbolo della derivata sostanziale, e Λ il coefficiente di conducibilita' termica: si e' supposto nello scrivere la [32], che la variazione di temperatura nel campo non sia cosi' grande da influenzare il valore di Λ.

Per un fluido *liquido* la [32] da' senz'altro

$$[32'] \qquad \rho \, c_\upsilon \, \frac{dT}{dt} = \Lambda \Delta T + \phi \; .$$

Per un fluido gassoso la [32] puo' essere trasformata nella

$$[32''] \qquad \rho \, c_p \, \frac{dT}{dt} = \frac{dp}{dt} + \Lambda \Delta T + \phi$$

in cui c_p e' il calore specifico a pressione costante.

Per un flusso nello strato limite la $\dfrac{dp}{dt}$ e ϕ sono dello stesso ordine di grandezza $(\rho \, u_\infty^3 \, l^{-1})$, mentre i termini in T sono dell'ordine di grandezza di $[\rho \, c_p \, (T_0 - T_\infty) u_\infty l^{-1}]$ se $(T_0 - T_\infty)$ e' la variazione di temperatura nello strato: appare percio' che il rapporto degli ordini di grandezza dei termini in T e quelli prima indicati e'
$$\left(\frac{c_p (T_0 - T_\infty)}{u_\infty^2} \right) = n \; .$$

Nell'ipotesi che sia $n \gg 1$, poiche' in un liquido c_υ e c_p si possono ritenere uguali, sia la [32'] sia la [32''] si possono ridurre alla

$$[32'''] \qquad \rho \, c_p \, \frac{dT}{dt} = \Lambda \, \Delta T \; .$$

Indicando con $\overline{T}$ la temperatura media, e con T' la sua fluttuazione (turbolenta), si ricava nel caso di moto piano, prendendo i valori medi

$$[33] \qquad U \frac{\partial \overline{T}}{\partial x} + V \frac{\partial \overline{T}}{\partial y} = \frac{\nu}{P_r} \Delta \overline{T} - \frac{\partial}{\partial x} \, (\overline{u' T'}) - \frac{\partial}{\partial y} \, (\overline{v' T'})$$

essendo P_r il *numero di Prandtl* definito dalla $P_r = \dfrac{c_p \, \mu}{\Lambda}$.

Considerando l'ordine di grandezza dei vari termini della [33] si ha, per il deflusso nello strato limite a contatto di una parete piana,

$$[33'] \qquad U \frac{\partial \overline{T}}{\partial x} + V \frac{\partial \overline{T}}{\partial y} = \frac{\nu}{P_r} \frac{\partial^2 \overline{T}}{\partial y^2} - \frac{\partial}{\partial y} \, (\overline{v' T'})$$

in cui l'ultimo termine a secondo membro definisce l'influenza dell'agi-

tazione turbolenta sulla legge di variazione della temperatura media.
Ma detto termine non e' noto, e pertanto la legge di variazione di $\overline{T}$ non
puo' essere ottenuta, anche se il moto medio e' stato determinato, se prima non si e' ottenuta la funzione che da' $\overline{v'T'}$. Si puo' cercare di ricavare l'equazione cui questa funzione deve soddisfare procedendo in modo
analogo a quanto fatto in (2, I) per ottenere le funzioni di correlazione. Cosi' se si moltiplica per u' la [32] e si fa quindi la media si ha

$$[34] \qquad U u' \overline{\frac{\partial T'}{\partial x}} + V u' \overline{\frac{\partial T'}{\partial y}} + \frac{\partial \overline{T}}{\partial x} \overline{u'^2} + \frac{\partial \overline{T}}{\partial y} \overline{u'v'} =$$

$$= \frac{\nu}{P_r} \overline{u'\Delta T'} - \overline{\left[\frac{\partial}{\partial x}(u'T')\right]u'} - \overline{u'\frac{\partial}{\partial y}(v'T')} \quad .$$

Se si moltiplica invece per T' la prima equazione del moto e si fa la
media si ottiene

$$[35] \qquad \overline{u'T'}\frac{\partial U}{\partial x} + U\overline{T'\frac{\partial u'}{\partial x}} + \overline{T'u'\frac{\partial u'}{\partial x}} + \overline{v'T'}\frac{\partial U}{\partial y} + V\overline{T'\frac{\partial u'}{\partial y}} +$$

$$+ \overline{T'v'\frac{\partial u'}{\partial y}} = -\frac{1}{\rho}\overline{T'\frac{\partial p'}{\partial x}} + \nu\overline{T'\Delta u'} \quad .$$

Ma e'

$$\overline{u'T'}\frac{\partial U}{\partial x} + U\overline{T'\frac{\partial u'}{\partial x}} = \frac{\partial}{\partial x}(\overline{u'T'}\,U) - U u'\overline{\frac{\partial T'}{\partial x}}$$

$$\overline{v'T'}\frac{\partial U}{\partial y} = \frac{\partial}{\partial y}(\overline{v'T'}\,U) - U\overline{T'\frac{\partial v'}{\partial y}} \quad \overline{v'U\frac{\partial T'}{\partial y}}$$

Si puo' cosi' scrivere

$$[35'] \qquad \frac{\partial}{\partial x}(\overline{u'T'}\,U) + \frac{\partial}{\partial y}(\overline{v'T'}\,U) - U u'\overline{\frac{\partial T'}{\partial x}} - U\frac{\partial}{\partial y}(\overline{v'T'}) + V\overline{T'\frac{\partial u'}{\partial y}} +$$

$$+ \overline{T'u'\frac{\partial u'}{\partial x}} + \overline{T'v'\frac{\partial u'}{\partial y}} = -\frac{1}{\rho}\overline{T'\frac{\partial p'}{\partial x}} + \nu\overline{T'\Delta u'} \quad .$$

Sommando la [35'] e la [34] si ottiene

$$\frac{\partial}{\partial x}\left(\overline{u'T'}\,U\right) + \frac{\partial}{\partial y}\left(\overline{v'T'}\,U\right) - U\frac{\partial}{\partial y}\left(\overline{v'T'}\right) + V\frac{\partial}{\partial y}\left(\overline{u'T'}\right) +$$

$$+ \frac{\partial \overline{T}}{\partial x}\,\overline{u'^2} + \frac{\partial T}{\partial y}\cdot\overline{u'v'} + \overline{T'u'\frac{\partial u'}{\partial x}} + \overline{T'v'\frac{\partial u'}{\partial y}} =$$

$$= -\frac{1}{\rho}\,\overline{T'\frac{\partial p'}{\partial x}} + \nu\left(\overline{T'\Delta u'} + \frac{1}{P_r}\,\overline{u'\Delta T'}\right) -$$

$$- \overline{u'\frac{\partial}{\partial x}\left(u'T'\right)} - \overline{u'\frac{\partial}{\partial y}\left(v'T'\right)}$$

ed in definitiva

$$[36] \quad \frac{\partial}{\partial x}\left(\overline{u'T'}\,U\right) + \frac{\partial}{\partial y}\left(\overline{v'T'}\,U\right) - U\frac{\partial}{\partial y}\left(\overline{v'T'}\right) + V\frac{\partial}{\partial y}\left(\overline{u'T'}\right) +$$

$$+ \frac{\partial \overline{T}}{\partial x}\,\overline{u'^2} + \frac{\partial \overline{T}}{\partial y}\,\overline{u'v'} + \frac{\partial}{\partial x}\left(\overline{u'^2 T'}\right) + \frac{\partial}{\partial y}\left(\overline{u'v'T'}\right) =$$

$$= -\frac{1}{\rho}\,\overline{T'\frac{\partial p'}{\partial x}} + \nu\left(\overline{T'\Delta u'} + \frac{1}{P_r}\,\overline{u'\Delta T'}\right) \quad .$$

Se di nuovo si considera l'ordine di grandezza dei vari termini della [36] appare che essa puo' essere semplificata nella

$$[36'] \quad \overline{v'T'}\frac{\partial U}{\partial y} + \overline{v'u'}\frac{\partial \overline{T}}{\partial y} + \frac{\partial}{\partial y}\left(\overline{u'v'T'}\right) =$$

$$= -\frac{1}{\rho}\,\overline{T'\frac{\partial p'}{\partial x}} + \nu\left(\overline{T'\frac{\partial^2 u'}{\partial y^2}} + \frac{1}{P_r}\,\overline{u'\frac{\partial^2 T'}{\partial y^2}}\right) \quad .$$

D'altra parte, procedendo in modo analogo a quello indicato in (3, I) si ricava che e'

$$[37] \quad \frac{1}{\rho}\frac{\partial p'}{\partial x} = \frac{1}{2\pi}\Sigma_k\,\Sigma_i\iiint\frac{\partial}{\partial x'_i}\left(\frac{\partial U_i}{\partial x'_k}\frac{\partial u'_k}{\partial x'_i}\right)\frac{d\tau}{r} +$$

$$+ \frac{1}{4\pi}\Sigma_k\,\Sigma_i\iiint\frac{\partial}{\partial x'_1}\left(\frac{\partial^2 u'_k u'_i}{\partial x'_k \partial x'_i} - \frac{\partial^2}{\partial x'_k \partial x'_i}\,\overline{u'_k u'_i}\right)\frac{d\tau}{r}$$

in cui il significato dei simboli e' quello indicato al n°(3, I). e si am-

mette di considerare i valori di $\dfrac{\partial p'}{\partial x_1}$ in punti abbastanza lontani dal-

le pareti perche' gli integrali superficiali analoghi a quelli indicati

nella formula (10, I) siano trascurabili. Si ricava cosi'

$$[37'] \quad \frac{1}{\rho} \overline{\frac{\partial p'}{\partial x} \, T'} = \frac{1}{2\pi} \Sigma_k \, \Sigma_i \iiint \frac{\partial}{\partial x'_i} \left[\frac{\partial U_1(P')}{\partial x'_k} \frac{\partial}{\partial x'_i} \overline{(u'_k(P') \, T'(P))} \right] \frac{d\tau}{r} +$$

$$+ \frac{1}{4\pi} \Sigma_k \, \Sigma_i \iiint \frac{\partial^3}{\partial x'_1 \, \partial x'_k \, \partial x'_i} \overline{[u'_k(P') \, u'_i(P') \, T'(P)]} \frac{d\tau}{r}$$

essendo sempre (x_1 , x_2 , x_3) le coordinate del punto P in cui si cal-

cola il primo membro, e (x'_1 , x'_2 , x'_3) le coordinate del punto generico

P' appartenente al dominio in cui si integra.

Per il calcolo del primo integrale a secondo membro della [37'] si

osserva dinuovo, come gia' al n°(3, I), che la *funzione generale di cor-*

relazione (temperatura-velocita'), considerata funzione di P e di

$(P'-P)$, ha una rapidita' di variazione con $(P'-P)$ molto maggiore di

quella corrispondente alla variazione di P , e poiche' essa diminuisce

molto rapidamente col crescere di $(P'-P)$ si puo' ancora porre

$$[38] \qquad \frac{\partial}{\partial x'_k} \left[U_1(P') \right] = \frac{\partial}{\partial x_k} \left[U_1(P) \right] \; .$$

Se pertanto nella [36'] si introduce la [37'] , tenendo conto della [38]

e considerando l'ordine di grandezza dei vari termini, poiche' ora non

appare ingiustificato il ritenere i valori medi dei prodotti tripli piu'

piccoli dei valori medi dei prodotti doppi, si puo' ridurre la [36'] alla

$$[39] \quad \overline{v'T'} \frac{\partial U}{\partial y} + \overline{v'u'} \frac{\partial \overline{T}}{\partial y} = \frac{\partial U}{\partial y} \frac{1}{2\pi} \iiint \Sigma_k \, \Sigma_i \left[\frac{\partial}{\partial x'_i} \overline{(u'_k(P') \, T'(P))} \right] \frac{d\tau}{r} +$$

$$+ \nu \left(\overline{T' \frac{\partial^2 u'}{\partial y^2}} + \frac{1}{P_r} \overline{u' \frac{\partial^2 T'}{\partial y^2}} \right) \; .$$

E' ancora opportuno ricavare un'equazione a quella della dissipazione

dell'energia cinetica turbolenta, che definisce il bilancio della produzione e della dissipazione dell'energia connessa alle oscillazioni turbolente della temperatura. Si moltiplica a tale scopo la [32'''] per T' e si fa quindi la media: si ottiene

$$\frac{1}{2} U \frac{\partial \overline{T'^2}}{\partial x} + \frac{1}{2} V \frac{\partial \overline{T'^2}}{\partial y} + \overline{u'T'} \frac{\partial \overline{T}}{\partial x} + \overline{v'T'} \frac{\partial \overline{T}}{\partial y} =$$

$$= \frac{\nu}{P_r} \left(\overline{T' \frac{\partial^2 T'}{\partial x^2}} + \overline{T' \frac{\partial^2 T'}{\partial y^2}} \right) - \frac{1}{2} \frac{\partial}{\partial x} (\overline{u'T'^2}) - \frac{1}{2} \frac{\partial}{\partial y} (\overline{v'T'^2})$$

Osservando che e'

$$\overline{T' \frac{\partial^2 T'}{\partial x^2}} = \frac{1}{2} \frac{\partial^2 \overline{T'^2}}{\partial x^2} - \overline{\left(\frac{\partial T'}{\partial x}\right)^2} \quad ; \quad \overline{T' \frac{\partial^2 T'}{\partial y^2}} = \frac{1}{2} \frac{\partial^2 \overline{T'^2}}{\partial y^2} - \overline{\left(\frac{\partial T'}{\partial y}\right)^2}$$

si puo' anche scrivere

$$[39'] \quad \frac{1}{2} \frac{\partial}{\partial x} \left[\overline{T'^2(u'+U)} \right] + \frac{1}{2} \frac{\partial}{\partial y} \left[\overline{T'^2(v'+V)} \right] + \overline{u'T'} \frac{\partial \overline{T}}{\partial x} + \overline{v'T'} \frac{\partial \overline{T}}{\partial y} -$$

$$- \frac{1}{2} \frac{\nu}{P_r} \Delta \overline{T'^2} + \frac{\nu}{P_r} \left[\overline{\left(\frac{\partial T'}{\partial x}\right)^2} + \overline{\left(\frac{\partial T'}{\partial y}\right)^2} \right] = 0$$

nella quale i primi due termini definiscono la variazione nell'unita' di tempo dello scarto quadratico delle oscillazioni di temperatura dovuta all'*azione di trasporto* del moto medio e del moto turbolento *(termine convettivo)*, il terzo ed il quarto dànno la *produzione* di dette oscillazioni dovute alla correlazione (velocita-temperatura) per effetto del campo medio di temperatura; il quinto da' la *diffusione molecolare,* ed infine gli ultimi due termini rappresentano la *dissipazione* delle oscillazioni quadratiche di T per effetto della *conducibilita'.* Come gia' per l'energia cinetica, questi termini dissipativi possono essere indicati coll'unico termine $\dfrac{\nu}{P_r} \dfrac{\overline{T'^2}}{\lambda_t^2}$, in cui λ_t e' una lunghezza che si puo' assumere a definire la *microscala della turbolenza termica.*

6 - Coefficiente di trasporto turbolento del calore.

Per quanto la determinazione della funzione incognita di correlazione $\overline{v'T'}$, ritenendo valide le semplificazioni apportate, sia probabilmente un poco meno complessa di quella relativa alla determinazione
delle funzioni di correlazione della velocita' turbolenta (e la minore
complessita' deriva probabilmente dall'essere la *temperatura* uno *scalare*,
mentre la *velocita' e'* un *vettore*), tuttavia il problema rimane ancora di
soluzione estremamente difficile, e puo' essere conveniente tentare di
giungere a una soluzione approssimata con procedimenti analoghi a quelli seguiti per lo studio del campo della velocita' media.

Si chiama, per analogia col coefficiente di trasporto della quantita' di moto, *coefficiente di trasporto turbolento del calore* la grandezza ε_t definita, nel problema di trasmissione ora in esame, dalla

$$[40] \qquad q_t = c_p \, \rho \, \varepsilon_t \, \frac{\partial T}{\partial y} = c_p \, \rho \, (\overline{v'T'})$$

in cui q_t e' la quantita' di calore trasportata nell'unita' di tempo attraverso all'unita' di superficie, normale all'asse y , per effetto del
moto di agitazione turbolenta. Per una determinazione *approssimata* di ε_t
si puo' fare ancora ricorso al *modello di turbolenza* considerato al n°
(5, II) e applicare un metodo analogo a quello ivi seguito.

Se, ponendosi ancora dal punto di vista Lagrangiano, si considera
la variazione di temperatura di una generica particella, mentre questa
si muove per effetto del moto di agitazione turbolenta, si ha

$$[41] \qquad \frac{dT}{dt} = k_t (\overline{T} - T)$$

in cui k_t ha, come l'analogo coefficiente k di (30, II), la dimensione fisica dell'inverso di un tempo, e definisce la variazione di temperatura per *conducibilita'*, in conseguenza della differenza tra la temperatura della particella in esame e quella *media* del fluido circostante.
Il significato fisico di k_t e' pure analogo a quello indicato per k :
esso e' legato al *tempo di esistenza* della particella stessa, come *indi-*

viduo termico che si differenzia dal fluido circostante Ma dalla [39']

risulta che la *velocita' di dissipazione* di $\bar{T'^2}$ e' proporzionale a $\dfrac{\bar{T'^2}\,v}{P_r\,\lambda_t^2}$,

e pertanto e' legittimo assumere tale *tempo* proporzionale a $\dfrac{P_r\,\lambda_t^2}{v}$, ossia porre

[41']
$$k_t = \text{cost.}\ \frac{v}{P_r\,\lambda_t^2}$$

L' integrale della [41] ha ora la forma

[42]
$$T = k_t \int_0^\infty e^{-k_t\tau}\ \bar{T}(t-\tau)\,d\tau$$

Nella stessa ipotesi per la legge di variazione della $\bar{T}$ indicata in
(5, II) per la $\bar{u}$, si ha

[43]
$$\bar{T} = C + B\,y$$

e si ottiene per il valore di $\bar{T}$ alla coordinata y alla quale la particella mobile si trova all' istante $t-\tau$

$$\bar{T}(t-\tau) = C + B\,y_0 - B\int_0^\tau v'(t-t'')\,dt''$$

essendo sempre y_0 il valore di y corrispondente a $\tau = 0$. Si ricava pertanto

$$T = k_t(C + By_0)\int_0^\infty e^{-k_t\tau}\,d\tau - Bk_t\int_0^\infty e^{-k_t\tau}\left[\int_0^\tau v'(t-t'')\,dt''\right]d\tau =$$

$$= C + By_0 - B\int_0^\infty e^{-k_t\tau}\,v'(t-\tau)\,d\tau$$

Il primo termine a secondo membro e' il valore *medio* di T alla coordinata a cui l' elemento si trova all' istante t , ed e' pertanto indipendente dal particolare elemento considerato. Si puo' pertanto scrivere

[44]
$$T - \bar{T} = - B\int_0^\infty e^{-k_t\tau}\,v'(t-\tau)\,d\tau = T'$$

da cui

$$\overline{v'T'} = - B \int_0^\infty e^{-k_t \tau} \; \overline{v'(t-\tau)\, v'(t)} \; d\tau$$

dove il valor medio ha sempre il significato indicato in (5, II). Assumendo ancora

$$\overline{v'(t)\, v'(t-\tau)} = \overline{v'^2} \, \Re(\tau k)$$

si ha

[45]
$$\overline{v'T'} = - \frac{\partial T}{\partial y} E_t \int_0^\infty e^{-k_t \tau} \, \Re(k\tau) \, d\tau \cdot \text{cost.}$$

Si e' ora costretti a fare un'altra assunzione, oltre a quelle gia' fatte in (5, II): per valutare l'integrale a secondo membro della [45] e' necessario conoscere la forma della funzione di correlazione lagrangiana $\Re(k\tau)$. Ora per questa si pone

[46]
$$\Re(k\tau) = e^{-k\tau}$$

che sostituita nella [45] da'

[46']
$$\overline{v'T'} = - \frac{\partial T}{\partial y} E_t \frac{\text{cost.}}{k_t + k}$$

Colle espressioni di k [form. (30', II)], e di k_t [form. (41')], e assumendo *uguali* le costanti in dette formule, si ha

[47]
$$\overline{v'T'} = - \text{cost.} \, \frac{\partial T}{\partial y} E_t \frac{1}{\dfrac{v}{P_r \lambda_t^2} + \dfrac{v}{\lambda^2}}$$

Per l'analogia dei fenomeni di diffusione turbolenta del calore e della quantita' di moto sembra verosimile ammettere che per $P_r = 1$ debba essere $\lambda_t = \lambda$; sembra pertanto plausibile porre

$$\lambda_t = \frac{\lambda}{P_r^n}$$

di guisa che si puo' scrivere

$$\frac{v}{P_r \lambda_t^2} + \frac{v}{\lambda^2} = \frac{v}{\lambda^2} \left[1 + P_r^{2n-1} \right]$$

Si ha cosi'

[47']
$$\overline{v'T'} = -\text{ cost. } \frac{\partial T}{\partial y} E_t \frac{\lambda^2}{\nu} \frac{1}{1 + P_r^{2n-1}} \quad .$$

Colla posizione [46] si deduce invece

$$\overline{u'v'} = -\text{ cost. } \frac{\partial U}{\partial y} E_t \frac{1}{2} \frac{\lambda^2}{\nu}$$

di guisa che per il rapporto dei coefficienti di trasporto ε_t e ε si ha

[47'']
$$\frac{\varepsilon_t}{\varepsilon} = \frac{2}{1 + P_r^{2n-1}}$$

E' infine ancora da osservare che nelle immediate vicinanze della parete lambita, posto

$$v' = \frac{1}{2}\left(\frac{\partial^2 v'}{\partial y'}\right)_0 y^2 + \dots = \frac{1}{2}\frac{1}{\mu}\left(\frac{\partial p'}{\partial y}\right)_0 y^2 + \dots$$

$$T' = \left(\frac{\partial T'}{\partial y}\right)y + \frac{1}{2}\left(\frac{\partial^2 T'}{\partial y^2}\right)_0 y^2 + \dots$$

si ha

[48]
$$\overline{v'T'} - \frac{1}{2}\frac{1}{\mu}\overline{\left(\frac{\partial p'}{\partial y}\right)_0\left(\frac{\partial T'}{\partial y}\right)_0} y^3 + \dots$$

che permette di ottenere un' espressione di ε_t, valida anche attraverso al *sottostrato laminare termico,* analoga a quella indicata in (6, II). Se pero' la parete fosse impermeabile al calore, e pertanto $\left(\frac{\partial T'}{\partial y}\right)_0 = 0$ qualunque sia t, sarebbe

$$\overline{v'T'} \equiv O(y^4) \quad \text{per} \quad y \to 0 \quad ,$$

mentre e'

$$(\overline{u'v'}) \equiv O(y^3) \quad \text{per} \quad y \to 0 \quad .$$

7 - Determinazione del campo medio di temperatura.

Assumendo ε_t dato dalla [47''], e prendendo per ε le espressioni nelle varie parti dello strato indicate ed applicate nei numeri precedenti, e' possibile ottenere per il problema della determinazione del *campo di temperatura media* una soluzione procedendo in modo analogo a quello seguito per il calcolo della distribuzione della velocita' media.

Si puo' innanzi tutto osservare che dalla [33'] si ha

$$[49] \quad U\frac{\partial \overline{T}}{\partial x} + V\frac{\partial \overline{T}}{\partial y} = \frac{\nu}{P_r}\frac{\partial^2 \overline{T}}{\partial y^2} + \frac{\partial}{\partial y}\left[\varepsilon_t\frac{\partial \overline{T}}{\partial y}\right] = \frac{\nu}{P_r}\frac{\partial^2 \overline{T}}{\partial y^2} + \frac{P_r'}{P_r}\frac{\partial}{\partial y}\left[\varepsilon\frac{\partial \overline{T}}{\partial y}\right] =$$

$$= \frac{\partial}{\partial y}\left[\left(\frac{\nu}{P_r} + \frac{\varepsilon P_r'}{P_r}\right)\frac{\partial \overline{T}}{\partial y}\right]$$

se si pone

$$[50] \quad P_r' = P_r\frac{\varepsilon_t}{\varepsilon} = \frac{2P_r}{1 + P_r^{2n-1}} \quad .$$

Dalla [50] risulta che se $P_r = 1$ e' $P_r' = 1$, ed inversamente, se si prende $P_r = 1-\varepsilon$, in cui ε e' un numero abbastanza piccolo perche' ne siano trascurabili le potenze con esponente superiore all'unita', appare che deve essere $\varepsilon = 0$, ossia $P_r = 1$, affinche' $P_r' = 1$. In queste condizioni la [49] si riduce alla

$$U\frac{\partial \overline{T}}{\partial x} + V\frac{\partial \overline{T}}{\partial y} = \frac{\partial}{\partial y}\left[(\nu + \varepsilon)\right]\frac{\partial \overline{T}}{\partial y} \quad ,$$

e se si pone

$$[51] \quad \vartheta = \frac{T - T_0}{T_\infty - T_0}$$

in cui T_0 e' la temperatura alla parete si ha pure

$$[50'] \quad U\frac{\partial \vartheta}{\partial x} + V\frac{\partial \vartheta}{\partial y} = \frac{\partial}{\partial y}\left[(\nu + \varepsilon)\right]\frac{\partial \vartheta}{\partial y}$$

colle condizioni al contorno

$$[50''] \quad \vartheta = 0 \quad \text{per} \quad y = 0 \cdot \quad ; \quad \vartheta = 1 \quad \text{per} \quad y = \infty \quad .$$

Ma le [50'] e [50''] sono identiche alle relazioni che definiscono $\dfrac{U}{U_\infty}$ nello strato limite, di guisa che *per* $P_r' = P_r = 1$, *appare che il cam-po delle temperature* ϑ *e' identico al campo della velocita' media* $\dfrac{U}{U_\infty}$.

Ora, per l'aria e' $P_r = 0,72$, a cui la [50] fa corrispondere $P_r' = 0,83$ per $n = 1$, mentre e' $P_r' = 0,90$ per $n = 1,25$ e $P_r' = 0,95$ per $n = 1,5$. Risulta pertanto che in effetto, almeno per l'aria, P_r' e' prossimo all'unita', e pertánto la distribuzione della ϑ e la distri-buzione della $\dfrac{U}{U_\infty}$ non possono differire molto tra loro. Comunque e' pos-sibile, anche nel caso generale di P_r' qualsiasi, ottenere dalla [49] il campo delle temperature medie: vi sono parecchie ricerche al riguar-do, tra le quali quelle di *Reichardt* [10] e di *Ferrari* [12]: quest'ul-tima vale anche nel caso in cui la corrente indisturbata e' supersonica e la parete *non* e' *isoterma,* ma e' piu' complessa. Ci si limita pertanto qui a dare qualche cenno della ricerca di *Reichardt.*

Si osserva innanzi tutto che se

$$[52] \qquad q = q_t + q_m = c_p \rho \varepsilon_t \frac{\partial T}{\partial y} + \Lambda \frac{\partial T}{\partial y}$$

e' il flusso termico attraverso all'unita' di superficie dovuto all'ag tazione turbolenta e a quello molecolare, e q_0 e' il válore di q al-la parete, si puo' scrivere

$$[52'] \qquad q = q_0 + \left(\frac{\partial q}{\partial y}\right)_0 y + \frac{1}{2}\left(\frac{\partial^2 q}{\partial y^2}\right)_0 y^2 + \frac{1}{6}\left(\frac{\partial^3 q}{\partial y^3}\right)_0 y^3 + \dots$$

e poiche' per la [33'] e'

$$U \frac{\partial \overline{T}}{\partial x} + V \frac{\partial \overline{T}}{\partial y} = \frac{\partial q}{\partial y}$$

si ha

$$\left(\frac{\partial q}{\partial y}\right)_0 = 0 \quad ; \quad \left(\frac{\partial^2 q}{\partial y^2}\right)_0 = 0 \qquad [\text{se} \quad (T)_0 = T_0 = \text{costante}] \quad ;$$

$$\left(\frac{\partial^3 q}{\partial y^3}\right)_0 = 2\left(\frac{\partial U}{\partial y}\right)_0\left(\frac{\partial^2 T}{\partial x\, \partial y}\right)_0 - \left(\frac{\partial T}{\partial y}\right)_0\left(\frac{\partial^2 U}{\partial x\, \partial y}\right)_0 = 2\frac{\partial}{\partial x}\left(\frac{q_0\, \tau_0}{\Lambda\, \mu}\right) + \frac{q_0}{\Lambda}\frac{\partial}{\partial x}\left(\frac{\tau_0}{\mu}\right)$$

di guisa che risulta

[53] $$q - q_0 \equiv O(y^3)$$

che e' da porsi a raffronto colla [3]. Si ha poi, essendo

[54] $$\tau = \tau_m + \tau_t = \mu \frac{\partial U}{\partial y} + \varepsilon \rho \frac{\partial U}{\partial y} \quad ,$$

[55] $$\frac{q_t}{q_m} = \frac{\varepsilon_t}{\varepsilon} P_r \frac{\tau_t}{\tau_m} = P_r' \frac{\varepsilon}{\mu} \quad .$$

Dalla [55] si deduce

$$\frac{q}{q_m} = \frac{P_r' \tau_t + \tau_m}{\tau_m}$$

ossia

[56] $$\frac{q_m}{\tau_m} = \frac{q}{P_r' \tau_t + \tau - \tau_t} = \frac{q/\tau}{1 + (P_r' - 1)\tau_t/\tau} = \frac{\Lambda}{\mu} \frac{\partial T}{\partial U} \quad .$$

Poiche' e' alla parete

$$\frac{q_0}{\tau_0} = \frac{\Lambda}{\mu} \left(\frac{\partial T}{\partial U} \right)_0$$

si ha dalla [56]

$$T - T_0 = \left(\frac{\partial T}{\partial U} \right)_0 \int_0^U \frac{\dfrac{q \, \tau_0}{q_0 \, \tau} \, dU}{1 + (P_r' - 1)\tau_t/\tau}$$

e tenendo presente la [51] e ponendo $\dfrac{U}{U_\infty} = \varphi$:

[57] $$\vartheta \left(\frac{\partial \varphi}{\partial \vartheta} \right)_0 = \int_0^\varphi \frac{\dfrac{q \, \tau_0}{q_0 \, \tau} \, d\varphi}{1 + (P_r' - 1)\tau_t/\tau} \quad .$$

Si indica

[58] $$\frac{q \, \tau_0}{q_0 \, \tau} = 1 + \chi$$

dove χ e' un numero generalmente alquanto minore di *uno*,   come   appare considerando le leggi di variazione di q e di τ attraverso allo strato. Poiche' e'

$$[59] \qquad \frac{\tau_t}{\tau} = \frac{\varepsilon/\mu}{1+\varepsilon/\mu}$$

dalla [57], tenuto conto delle [58] e [59], si ricava

$$[60] \qquad P_r'\vartheta\left(\frac{\partial\varphi}{\partial\vartheta}\right)_0 = \varphi + (P_r'-1)\int_0^\varphi \frac{d\varphi}{1+P_r'\,\varepsilon/\mu} + \int_0^\varphi \frac{P_r'\chi\,d\varphi}{1+(P_r'-1)\tau_t/\tau_m}$$

Colle notazioni

$$U^* = \sqrt{\frac{\tau_0}{\rho}} \qquad\qquad y^* = \frac{y\,U^*}{\nu}$$

risulta

$$\frac{\partial\,U/U^*}{\partial y^*} = \frac{\tau/\tau_0}{1+\varepsilon/\mu}$$

e il primo integrale a secondo membro della [60] da'

$$[60'] \qquad \int_0^\varphi \frac{d\varphi}{1+P_r'\,\dfrac{\varepsilon}{\mu}} = \frac{U^*}{U}\int_0^{y^*} \frac{\dfrac{\tau}{\tau_0}\,dy^*}{\left(1+\dfrac{\varepsilon}{\mu}\right)\left(1+P_r'\,\dfrac{\varepsilon}{\mu}\right)}$$

Ora, $\dfrac{\varepsilon}{\mu}$ cresce molto rapidamente col crescere di $\dfrac{y}{\delta}$, e pertanto la funzione integranda ha valori sensibilmente diversi da zero solo nelle vicinanze della parete, dove si puo' porre $\dfrac{\tau}{\tau_0}\cong 1$. Invece, per $\dfrac{y}{\delta}\ll 1$ la funzione integranda nel secondo integrale della [60] e' circa nulla, perche' ivi $\dfrac{q\,\tau_0}{q_0\,\tau}\cong 1$; per $\dfrac{y}{\delta}<1$, ma non molto piccolo, $\chi\neq 0$, ma $\tau\cong\tau_t$, e pertanto il secondo integrale puo' essere sostituito colla espressione $\int_0^\varphi \chi\,d\varphi$. Se pertanto si pone

$$[61] \qquad a_{y^*} = \int_0^{y^*} \frac{dy^*}{\left(1+\dfrac{\varepsilon}{\mu}\right)\left(1+P_r'\,\dfrac{\varepsilon}{\mu}\right)} \qquad ; \qquad b_\varphi = \int_0^\varphi \chi\,d\varphi$$

si ha per la legge di variazione della temperatura la

$$[62] \qquad \vartheta = \left(\frac{\partial \vartheta}{\partial \varphi}\right)_0 \left[\varphi + (P_r' - 1)a_y \cdot \frac{U^*}{U_\infty} + b_\varphi\right]\frac{1}{P_r'}$$

Applicando la [62] per $y = \delta$, dove $\vartheta = 1$ e $\varphi = 1$, si deduce

$$[63] \qquad \left(\frac{\partial \vartheta}{\partial \varphi}\right)_0 = \frac{P_r'}{1 + (P_r' - 1)a\dfrac{U^*}{U_\infty} + b}$$

se a e b sono i valori di a_{y*} e di b_φ per $y = \delta$. Per numeri di Prandtl molto alti si ha semplicemente $\left(\dfrac{\partial \vartheta}{\partial \varphi}\right)_0 = \dfrac{U_\infty}{a\,U^*}$.

Poiche' ε/μ e' stato gia' ricavato nei numeri precedenti, per le diverse parti dello strato limite, l'integrale che da' a_{y*} puo' essere determinato. Quanto all'integrale corrispondente a b_φ esso e' sempre molto piccolo, e puo' essere calcolato con metodo di successive approssimazioni, assumendo come prima approssimazione per la distribuzione delle ϑ quella corrispondente a porre $\chi = 0$ in tutto lo strato. Si possono cosi' calcolare q e τ nei vari punti, e quindi χ per ottenere l'approssimazione successiva.

8 - Flusso turbolento a contatto di una parete piana in corrente di fluido compressibile.

Se il fluido che lambisce la parete e' *compressibile* l'equazione del moto nello strato limite e', invece della [2], la

$$[64] \quad \frac{\partial}{\partial x}\left[(\bar{\rho}\,U + \overline{\rho'u'})U\right] + \frac{\partial}{\partial y}\left[(\bar{\rho}\,V + \overline{\rho'v'})U\right] = \frac{\partial}{\partial y}\left(\mu\frac{\partial U}{\partial y}\right) - \frac{\partial}{\partial y}\left(\bar{\rho}\,\overline{u'v'}\right)$$

trascurando $\overline{\mu'\dfrac{\partial u'}{\partial y}}$, mentre l'equazione di continuita' ha l'espressione

$$[65] \qquad \frac{\partial}{\partial x}\left(\bar{\rho}\,U + \overline{\rho'u'}\right) + \frac{\partial}{\partial y}\left(\bar{\rho}\,V + \overline{\rho'v'}\right) = 0$$

cosi' che la [64] puo' anche essere scritta nella forma

$$[64'] \qquad (\overline{\rho'\,u'} + \overline{\rho}\,U)\,\frac{\partial U}{\partial x} + (\overline{\rho}\,V + \overline{\rho'\,v'})\,\frac{\partial U}{\partial y} = \frac{\partial}{\partial y}\left(\mu\,\frac{\partial U}{\partial y}\right) - \frac{\partial}{\partial y}\,(\overline{\rho}\,\overline{u'\,v'}) \ .$$

Dal confronto della [64] (o della [64']) colla [2] appare che la variazione della densita' da' luogo a *tensioni turbolente* aggiuntive, rispetto a quella di Reynolds gia' considerata per il fluido incompressibile, che per il problema in esame si riducono a una *tensione normale* $\Delta\sigma_x = -\overline{\rho'u'}\,U$, e ad una tensione tangenziale $\Delta\tau_{xy} = -\overline{\rho'v'}\,U$. Ora la $-\overline{\rho'u'}\,U$ e' generalmente piccola rispetto al termine corrispondente al moto medio, e quindi puo' essere trascurata; la $\Delta\tau_{xy}$ puo' invece essere dello stesso ordine di grandezza di $-\overline{\rho}\,\overline{u'v'}$, come qui ci si accinge a dimostrare.

Una espressione per $\overline{\rho'v'}$ puo' essere dedotta, se si fa l'ipotesi, corrispondente a quella fatta da *Chandrasekhar* [13] nel caso della *turbolenza isotropica,* che l'evoluzione che compie il fluido nel moto di agitazione turbolenta sia una *politropica;* in queste condizioni, se n e' l'esponente della politropica, *temperatura* T e *densita'* ρ sono legate in ogni istante dalla

$$\rho = A\,T^{\frac{1}{n-1}}$$

e pertanto l'oscillazione ρ' puo' essere espressa colla

$$\rho' = \frac{\rho}{n-1}\,\frac{T'}{T}$$

e quindi si ha

$$\overline{v'\rho'} = \frac{\overline{\rho}}{n-1}\,\frac{\overline{T'v'}}{\overline{T}}\ .$$

Se il coefficiente di trasporto del calore ε_t lo si assume uguale a quello ε della quantita' di moto (caso corrispondente a $P_r = 1$), si deduce

$$\overline{v'\rho'} = \frac{\overline{\rho}}{n-1}\,\frac{1}{\overline{T}}\,\varepsilon\,\frac{\partial \overline{T}}{\partial y}\ .$$

Ora, nell'ipotesi $P_r = 1$, l'equazione dell'energia del moto medio ammette un integrale primo, che ha l'espressione

$$[66] \qquad \frac{\overline{T}}{T_\infty} = \frac{T_p}{T_\infty} - \left(\frac{T_p}{T_\infty} - 1\right)\frac{U}{U_\infty} + \frac{\gamma - 1}{2} M_\infty^2 \frac{U}{U_\infty}\left(1 - \frac{U}{U_\infty}\right)$$

in cui T_p e' la temperatura alla parete, T_∞ quella della corrente in-disturbata, γ il rapporto dei calori specifici c_p e c_v, e M_∞ il numero di *Mach* della corrente indisturbata $\frac{U_\infty}{c_\infty}$, se c_∞ e' la velocita' del suono in questa. D' altra parte la temperatura alla parete, se que-sta e' adiabatica, soddisfa alla

$$[67] \qquad \frac{T_p}{T_\infty} = 1 + \frac{\gamma - 1}{2} M_\infty^2$$

di guisa che la [66] si puo' scrivere nella forma

$$[68] \qquad \frac{\overline{T}}{T_\infty} = \frac{T_p}{T_\infty} - \frac{U^2}{U_\infty^2}\left(\frac{T_p}{T_\infty} - 1\right) .$$

Si ha cosi'

$$\frac{1}{\overline{T}}\frac{\partial \overline{T}}{\partial y} = -2\left(\frac{T_p}{T_\infty} - 1\right)\frac{T_\infty}{\overline{T}}\frac{U}{U_\infty}\frac{\partial}{\partial y}\left(\frac{U}{U_\infty}\right)$$

da cui

$$[69] \qquad \overline{v' \rho'}\frac{\partial U}{\partial y} = -\frac{2\overline{\rho}}{n-1}\varepsilon\frac{T_p - T_\infty}{\overline{T}}\frac{U}{U_\infty}\frac{\partial}{\partial y}\left(\frac{U}{U_\infty}\right)\frac{\partial U}{\partial y}$$

Ora nella parte *esterna* dello strato, per la quale si puo' porre $\overline{T} \simeq T_\infty$, $U \simeq U_\infty$, essendo $\dfrac{T_p - T_\infty}{T_\infty} = -\dfrac{\gamma - 1}{2} M_\infty^2$ si ha

$$\overline{v' \rho'}\frac{\partial U}{\partial y} \simeq -\frac{\gamma - 1}{n-1} M_\infty^2 \varepsilon \frac{\partial}{\partial y}\left(\frac{U}{U_\infty}\right)\frac{\partial U}{\partial y}$$

e poiche' $\left(\dfrac{\partial U}{\partial y}\right)^2$ e' molto piu' piccolo di $\dfrac{\partial^2 U}{\partial y^2}$, in detta regione, appare che in questa la $\Delta\tau_{xy}$ puo' essere trascurata, a meno che il numero di Mach sia molto elevato.

Ma nella regione *interna*, ponendo $\overline{T} \cong T_p$, si ha

$$[70] \qquad \overline{v' \rho'} \, \frac{\partial U}{\partial y} = - \frac{\overline{\rho}}{n-1} \, \varepsilon \, \frac{(\gamma-1) \, M_\infty^2}{1 + \dfrac{\gamma-1}{2} M_\infty^2} \, \frac{U}{U_\infty} \, \frac{\partial}{\partial y} \left(\frac{U}{U_\infty} \right) \frac{\partial U}{\partial y}$$

che e' dello stesso ordine di grandezza di $\quad \dfrac{\partial}{\partial y} \left(\overline{\rho} \, \overline{u' v'} \right) = \dfrac{-\partial}{\partial y} \left(\overline{\rho} \, \varepsilon \, \dfrac{\partial U}{\partial y} \right)$.

L'equazione determinatrice della legge di variazione della velocita' nel-la parte *interna* dello strato risulta pertanto

$$[71] \quad \frac{\partial}{\partial y} \left[\overline{\rho} \, \varepsilon \, \frac{\partial}{\partial y} \left(\frac{U}{U_\infty} \right) \right] + \frac{\gamma-1}{n-1} \, \frac{M_\infty^2}{1 + \dfrac{\gamma-1}{2} M_\infty^2} \, \overline{\rho} \, \varepsilon \, \frac{U}{U_\infty} \left[\frac{\partial}{\partial y} \left(\frac{U}{U_\infty} \right) \right]^2 = 0$$

Si pone

$$[72] \qquad \frac{U}{U_\infty} = Y \quad ; \quad X = \rho_p \, U_\infty \int_0^y \frac{dy}{\overline{\rho} \, \ell}$$

in cui ρ_p e' la densita' alla parete.

Si ottiene dalla [71]

$$[73] \qquad \frac{d^2 Y}{dX^2} + \frac{\gamma-1}{n-1} \, \frac{M_\infty^2}{1 + \dfrac{\gamma-1}{2} M_\infty^2} \, Y \left(\frac{dY}{dX} \right)^2 = 0$$

od anche assumendo

$$\frac{\gamma-1}{n-1} \, \frac{M_\infty^2}{1 + \dfrac{\gamma-1}{2} M_\infty^2} = m$$

$$[73'] \qquad \frac{d^2 Y}{dX^2} + m Y \left(\frac{dY}{dX} \right)^2 = 0$$

Si scrive

$$[74] \qquad \frac{dY}{dX} = F \quad ; \quad Y = \varphi \, .$$

La [73'] si riduce alla

$$[75] \qquad F \frac{dF}{d\varphi} + m \, \varphi F^2 = 0$$

e scartando la soluzione banale $F = 0$,

$$[75'] \qquad \frac{dF}{d\varphi} + m\,\varphi\,F = 0$$

da cui integrando, ed indicando con a la costante di integrazione,

$$[76] \qquad F = \frac{1}{a}\; e^{-\frac{m}{2}\,\varphi^2} \;.$$

Tenendo presenti le [74] si ha

$$\frac{dY}{dX} = \frac{1}{a}\; e^{-\frac{m}{2}\,Y^2}$$

da cui

$$[77] \qquad \int e^{\frac{m}{2}\,Y^2}\,dY = \frac{1}{a}\,X + \text{cost.}$$

Nell'assunzione $n \gg 1$, e' $m < 1$, e poiche' $Y < 1$ si potra' porre

$$e^{\frac{m}{2}\,Y^2} = 1 + \frac{m}{2}\,Y^2 + \ldots$$

da cui

$$[78] \qquad \int \left(1 + \frac{m}{2}\,Y^2 + \ldots\right)dY = \frac{1}{a}\,X + \text{cost.} = Y + \frac{m}{6}\,Y^3 + \ldots$$

ossia

$$[79] \qquad \frac{U}{U_\infty} + \frac{m}{6}\left(\frac{U}{U_\infty}\right)^3 + \ldots = \frac{1}{a}\int_0^y \frac{dy}{\dfrac{\bar{\rho}}{\rho_p}\;\dfrac{\varepsilon}{\mathit{\Pi}_\infty}} + \text{cost.}$$

D'altra parte derivando rispetto a y si ottiene

$$[80] \qquad \frac{dY}{dy}\left(1 + \frac{m}{2}\,Y^2 + \ldots\right) = \frac{1}{a}\;\frac{1}{\dfrac{\bar{\rho}}{\rho_p}\;\dfrac{\varepsilon}{U_\infty}} \;.$$

Si esprime ε colla

$$[80'] \qquad \varepsilon = k\,\sqrt{\frac{\tau_0}{\rho}}\;y = k\,\sqrt{\frac{\tau_0}{\rho_p}}\,\sqrt{\frac{\rho_p}{\rho}}\;y$$

che e' la piu' ovvia estensione della (17', II).

Scrivendo la [80] nella forma

$$[81] \qquad dY\left(1 + \frac{m}{2}\, Y^2\right)\sqrt{\frac{\rho}{\rho_p}} = \frac{1}{a\,k}\sqrt{\frac{\rho_p}{\tau_0}}\;\frac{d\left(y\sqrt{\frac{\tau_0}{\rho_p}}\Big/\nu_p\right)}{y\sqrt{\frac{\tau_0}{\rho_p}}\Big/\nu_p}\cdot U_\infty$$

(se ν_p e' la viscosita' cinematica alla *parete*), integrando si ottiene

$$[82] \int_0^{U/U_\infty}\sqrt{\frac{\rho}{\rho_p}}\,d\left(\frac{U}{U_\infty}\right)\left[1 + \frac{m}{2}\left(\frac{U}{U_\infty}\right)^2 + \ldots\right] = \frac{1}{a\,k}\sqrt{\frac{\rho_p}{\tau_0}}\,U_\infty\log\left(\frac{y\sqrt{\frac{\tau_0}{\rho_p}}}{\nu_p}\right)+b$$

Determinando le costanti di integrazione a e b in modo che per $M_\infty \to 0$ la [82] assuma la forma gia' data al n° 2', e quindi ponendo

$$\frac{1}{a} = \frac{\tau_0}{\rho_p}\Big/U_\infty^2 \quad ; \quad b = \frac{1}{k}\sqrt{\frac{\tau_0}{\rho_p}}\,\frac{1}{U_\infty}\,A$$

in cui A e' la stessa costante indicata nel n° 2, la [82] diventa

$$[83] \quad \frac{U_\infty}{\sqrt{\frac{\tau_0}{\rho_p}}}\int_0^{U/U_\infty}\sqrt{\frac{\rho}{\rho_p}}\,d\left(\frac{U}{U_\infty}\right)\left[1 + \frac{m}{2}\left(\frac{U}{U_\infty}\right)^2 + \ldots\right] = \frac{1}{k}\left[\log\frac{y\sqrt{\frac{\tau_0}{\rho_p}}}{\nu_p} + A\right]$$

Se si scrive invece la [80] nella forma

$$[81'] \qquad dY\left(1 + \frac{m}{2}\,Y^2 + \ldots\right)\sqrt{\frac{\rho}{\rho_p}} = \frac{1}{a\,k}\sqrt{\frac{\rho_p}{\tau_0}}\,U_\infty\,\frac{d\,y/\delta}{y/\delta}$$

integrando fra i limiti 1 e U/U_∞ rispetto a Y, si ha

$$[83'] \quad \frac{U_\infty}{\sqrt{\frac{\tau_0}{\rho_p}}}\int_1^{U/U_\infty}\sqrt{\frac{\rho}{\rho_p}}\,d\left(\frac{U}{U_\infty}\right)\left[1 + \frac{m}{2}\left(\frac{U}{U_\infty}\right)^2 + \ldots\right] = \frac{1}{k}\left[\log\frac{y}{\delta} + A'\right]$$

per lo stesso valore della costante a prima ottenuto mentre A' e' una nuova costante di integrazione.

Per la determinazione della velocita' nella parte esterna dello strato si applica innanzi tutto all'equazione [64'] la trasformazione di *van Mises* (vedi [11]): se ψ e' la funzione di corrente definita dalle

$$[84] \qquad \bar{\rho}\,U + \overline{\rho'u'} = \rho_\infty l \frac{\partial \psi}{\partial y} \quad ; \quad \bar{\rho}\,U + \overline{\rho'u'} = -\rho_\infty l \frac{\partial \psi}{\partial x}$$

in cui l e' una lunghezza di riferimento (la *lunghezza* della piastra), e si assumono come variabili indipendenti la x e la ψ, si ha'

$$\left(\frac{\partial U}{\partial x}\right)_{y\,=\,\text{cost.}} = \left(\frac{\partial U}{\partial x}\right)_{\psi\,=\,\text{cost.}} - \left(\frac{\partial U}{\partial \psi}\right)(\bar{\rho}\,V + \overline{\rho'v'})\frac{1}{\rho_\infty l}$$

$$\left(\frac{\partial U}{\partial y}\right)_{x\,=\,\text{cost.}} = \frac{1}{\rho_\infty l}\,\frac{\partial U}{\partial \psi}\,(\bar{\rho}\,\bar{U} + \overline{\rho'u'})$$

$$\frac{\partial}{\partial y}\left(\rho\frac{\partial U}{\partial y}\right) = \frac{1}{\rho_\infty l}\,\frac{\partial}{\partial y}\left[\rho\frac{\partial U}{\partial \psi}(\bar{\rho}\,U + \overline{\rho'u'})\right] = \frac{1}{\rho_\infty^2 l^2}\,\bar{\rho}U\frac{\partial}{\partial \psi}\left[\rho^2\,U\frac{\partial U}{\partial \psi}\right]$$

e pertanto, se ε e' il coefficiente di trasporto, e quindi $\overline{u'v'} = -\varepsilon\frac{\partial U}{\partial y}$, poiche' nella parte esterna dello strato ε non dipende da y la [64'] diventa

$$\frac{\partial}{\partial x}\left(\frac{U}{U_\infty}\right) = \frac{\varepsilon'}{l}\,\frac{\partial}{\partial \psi^*}\left[\frac{\rho^2}{\rho_\infty^2}\,\frac{U}{U_\infty}\,\frac{\partial}{\partial \psi}\left(\frac{U}{U_\infty}\right)\right]$$

posto

$$\varepsilon' = \frac{\varepsilon\cdot}{l\,U_\infty} \quad ; \quad \psi^* = \frac{\psi}{U_\infty} \quad .$$

Od anche, se

$$l\,dX = \varepsilon'\,dx \quad ,$$

e quindi

$$[85] \qquad X = \int^x \varepsilon'\,\frac{dx}{l} \quad ,$$

$$[86] \qquad \frac{\partial}{\partial X}\left(\frac{U}{U_\infty}\right) = \frac{\partial}{\partial \psi^*}\left[\frac{\rho^2}{\rho_\infty^2}\,\frac{U}{U_\infty}\,\frac{\partial}{\partial \psi^*}\left(\frac{U}{U_\infty}\right)\right] \quad .$$

D' altra parte e'

[87]
$$\frac{\rho}{\rho_\infty} = \frac{T_\infty}{T} = \frac{1}{\dfrac{T_p}{T_\infty} - \left(\dfrac{T_p}{T_\infty} - 1\right)\dfrac{U^2}{U_\infty^2}}$$

e pertanto risulta

$$Z = \int_0^{U/U_\infty} \frac{\rho^2}{\rho_\infty^2}\left(\frac{U}{U_\infty}\right) d\left(\frac{U}{U_\infty}\right) = \int_0^\sigma \frac{\sigma\, d\sigma}{(a - b\sigma^2)^2}$$

se per un momento si pone

$$\sigma = \frac{U}{U_\infty} \qquad a = \frac{T_p}{T_\infty} \qquad b = \frac{T_p}{T_\infty} - 1$$

Si ottiene

$$\int_0^\sigma \frac{\sigma\, d\sigma}{(a - b\sigma^2)^2} = \frac{\rho}{\rho_\infty} \quad .$$

Poiche' e

$$\frac{\partial Z}{\partial X} = \frac{\rho^2}{\rho_\infty^2}\, \frac{U}{U_\infty}\, \frac{\partial}{\partial X}\left(\frac{U}{U_\infty}\right)$$

si ha

$$\frac{\partial}{\partial X}\left(\frac{U}{U_\infty}\right) = \frac{\rho_\infty^2}{\rho^2}\, \frac{U_\infty}{U}\, \frac{\partial Z}{\partial X}$$

e la [86] si puo' scrivere nella forma

[88]
$$\frac{\partial Z}{\partial X} = \frac{\rho^2}{\rho_\infty^2}\, \frac{U}{U_\infty}\, \frac{\partial^2 Z}{\partial \psi^{*2}}$$

od anche posto

[89]
$$Z^* = 1 - Z = 1 - \frac{\rho}{\rho_\infty} = \frac{\left(\dfrac{T_p}{T_\infty} - 1\right)\left(1 - \dfrac{U^2}{U_\infty^2}\right)}{\dfrac{T_p}{T_\infty} - \left(\dfrac{T_p}{T_\infty} - 1\right)\dfrac{U^2}{U_\infty^2}} \quad :$$

[90]
$$\frac{\partial Z^*}{\partial X} = \frac{\rho^2}{\rho_\infty}\, \frac{U}{U_\infty}\, \frac{\partial^2 Z^*}{\partial \psi^{*2}} = f(Z^*)\frac{\partial^2 Z^*}{\partial \psi^{*2}} \quad .$$

In corrispondenza della parte esterna dello strato U poco differisce da U_∞, e quindi ρ^2 da ρ_∞^2 e $f(Z^*)$ da *uno*. Se pertanto si scrive la [90] nella *forma normale*

$$[90'] \qquad \frac{\partial^2 Z^*}{\partial \psi^{*2}} = \frac{\partial Z^*}{\partial X} - \left[\frac{1}{f(Z^*)} - 1\right] \frac{\partial Z^*}{\partial X}$$

si puo' dedurre un metodo di successive approssimazioni per la risoluzione delle [90'].

La prima approssimazione e'

$$[91] \qquad \frac{\partial^2 Z^{(1)*}}{\partial \psi^{*2}} = \frac{\partial Z^{(1)*}}{\partial X}$$

colle condizioni al contorno

$$[92] \qquad Z^{(1)*}(X, \infty) = 0 \quad ; \quad Z^{(1)*}(X, 0) = Z_0$$

in cui la Z_0 non e' nota a priori, e di cui si puo' disporre per assicurare il raccordo colla *soluzione interna*. Ora, l'integrale della [91], che soddisfa alle condizioni [92], e' dato dalla

$$[93] \qquad Z^{(1)*} = Z_0 \; \mathrm{erfc}\left(\frac{\psi^*}{2\sqrt{X}}\right)$$

D'altra parte, la possibilita' di potere ottenere la *saldatura* tra le soluzioni esterna ed *interna* con Z_0 *costante*, o, meglio, nei limiti di approssimazione corrispondente all'assunzione Z_0 *costante*, puo' essere riconosciuta nel modo seguente.

Innanzi tutto e' possibile determinare, nelle condizioni ora dette, l'espressione dello spessore δ dello strato, sempre definito convenzionalmente nel modo gia' indicato.

In effetto dalla prima delle [84], trascurando $\overline{\rho'u'}$ a fronte di $\overline{\rho}U$, si ha

$$[94] \qquad \frac{y}{l} = \int_0^{\psi^*} \frac{\rho_\infty}{\rho} \frac{d\psi^*}{U/U_\infty} = 2\sqrt{X} \int_0^{\zeta} \varphi(Z) \, d\zeta$$

posto

$$\zeta = \frac{\psi^*}{2\sqrt{X}} \quad e \quad \varphi(Z) = \frac{\rho_\infty U_\infty}{\rho U} \quad ;$$

indicando con ζ_0 il valore di ζ corrispondente al confine dello strato si ha

[95]
$$\frac{\delta}{l} = 2\sqrt{X} \int_0^{\zeta_0} \varphi(Z)\, d\zeta = 2B\sqrt{X} \;,$$

se

$$B = \int_0^{\zeta_0} \varphi(Z)\, d\zeta \;.$$

D'altra parte dalla [85], in cui si ponga ancora

[95']
$$\varepsilon' = \frac{\delta}{l}\, h\, \sqrt{\frac{\tau_0}{\rho_p\, U_\infty^2}}$$

si ottiene

$$X = \sqrt{\frac{\tau_0}{\rho_p\, U_\infty^2}} \cdot h \int_0^x \frac{\delta}{l}\, \frac{dx}{l} \;,$$

se si considera $\sqrt{\dfrac{\tau_0}{\rho_p}} = \sqrt{\dfrac{(c_f)_p}{2}}$ *costante*. E poiche' dalla [95] si ha $\dfrac{\delta^2}{l^2} = 4B^2 X$, derivando si ottiene

[96]
$$2\, \frac{\delta}{l}\, \frac{d\,\delta/l}{d\,x/l} = 4\,B^2 \, \frac{dX}{d\,x/l} = 4B^2 \sqrt{\frac{\tau_0}{\rho_p}}\, \frac{h}{U_\infty}\, \frac{\delta}{l}$$

da cui

$$\frac{d\,\delta/l}{d\,x/l} = 2B^2 \sqrt{\frac{\tau_0}{\rho_p\, U_\infty^2}}\, h$$

e pertanto

[97]
$$\frac{\delta}{l} = 2B^2 \sqrt{\frac{(c_f)_p}{2}}\, \frac{x}{l}\, h \;.$$

D'altra parte dividendo la [94] per la [95] si ottiene

[98]
$$\frac{y}{\delta} = \frac{1}{B} \int_0^Z \varphi(Z)\, \frac{d\zeta}{dZ}\, dZ$$

che definisce Z, ossia $\dfrac{U}{U_\infty}$, in funzione di $\dfrac{y}{\delta}$. Si ha ancora

$$\log \frac{y}{\delta} = -\log B + \log \int_0^Z \varphi(Z)\, \frac{d\zeta}{dZ}\, dZ$$

e pertanto la prima condizione di raccordo della legge definita dalla [98] con quella corrispondente alla [83'] risulta

$$[99] \qquad \frac{kU_\infty}{\sqrt{\dfrac{\tau_0}{\rho_p}}} + \int_1^{U/U_\infty} \sqrt{\frac{\rho}{\rho_p}} \left[1 + \frac{m}{2}\left(\frac{U}{U_\infty}\right)^2 + \dots \right] d\left(\frac{U}{U_\infty}\right) - A' =$$

$$= - \log B + \log \int_0^Z \varphi(Z)\,\frac{d\mathcal{L}}{dZ}\,dZ$$

mentre la condizione di tangenza si esprime colla

$$[99'] \qquad \varphi(Z)\,\frac{d\mathcal{L}}{dZ}\,\frac{dZ}{d\,U/U_\infty} = \frac{k\eta}{B}\sqrt{\frac{\tau_0}{\rho_p\,U_\infty^2}}\sqrt{\frac{\rho}{\rho_p}}\left[1 - \frac{m}{2}\left(\frac{U}{U_\infty}\right)^2 + \dots \right].$$

Le [99] e [99'], per ogni valore di $\sqrt{\dfrac{\tau_0}{\rho_p\,U_\infty^2}} = \sqrt{\dfrac{(c_f)_p}{2}}$, permettono di ottenere i valori di η e di Z_0 per i quali le due leggi si raccordano, mentre uguagliando le due espressioni del coefficiente di trasporto [80] e [95'] si ottiene il valore di h .

9 - Approssimazioni successive per la risoluzione della equazione [90'].

Dalla soluzione in prima approssimazione della [90'] data nel numero precedente si possono ottenere le approssimazioni successive nel modo seguente.

Si indica con $Z^{*(n)}$ la soluzione della [90'] che corrisponde alla approssimazione *ennesima:* essa e' definita dalla

$$\frac{\partial Z^{*(n)}}{\partial X} = \frac{\partial^2 Z^{*(n)}}{\partial\psi^{*2}} + \left[\frac{1}{f(Z^{*(n-1)})} - 1\right]\frac{\partial Z^{*(n-1)}}{\partial X}$$

Se ora si pone

$$\Delta_n Z^* = Z^{*(n)} - Z^{*(n-1)} \quad ; \quad f_{n-1} = f\left[Z^{*(n-1)}\right] \quad ,$$

si ha

$$\frac{\partial}{\partial X}\Delta_n Z^* = \frac{\partial^2}{\partial\psi^{*2}}\Delta_n Z^* + \left(\frac{1}{f_{n-1}} - 1\right)\frac{\partial Z^{*(n-1)}}{\partial X} - \left(\frac{1}{f_{n-2}} - 1\right)\frac{\partial Z^{*(n-2)}}{\partial X}$$

Ma se $Z^{*(n)}$ e' funzione solo di ζ, poiche' e'

$$\frac{\partial Z^{*(n)}}{\partial X} = -\frac{\zeta}{2X}\frac{dZ^{*(n)}}{d\zeta} \quad ; \quad \frac{\partial^2 Z^{*(n)}}{\partial \psi_1^{*2}} = \frac{1}{4X}\frac{d^2 Z^{*(n)}}{d\zeta^2} \quad ;$$

$$\frac{\partial Z^{*(n-1)}}{\partial X} = -\frac{\zeta}{2X}\frac{dZ^{*(n-2)}}{d\zeta} \quad ;$$

si deduce

$$\frac{d^2}{d\zeta^2}\Delta_n Z^* + 2\zeta\frac{d}{d\zeta}\Delta_n Z^* + \Delta_{n-1}G = 0$$

dove

$$\Delta_{n-1}G = -2\zeta\left(\frac{1}{f_{n-1}} - 1\right)\frac{dZ^{*(n-1)}}{d\zeta} - 2\zeta\left(\frac{1}{f_{n-2}} - 1\right)\frac{dZ^{*(n-2)}}{d\zeta} \quad .$$

Si ottiene pertanto

$$\Delta_n Z^* = C_n\int_0^\zeta e^{-\zeta^2}d\zeta - \int_0^\zeta e^{-\zeta^2}d\zeta\int_0^{\zeta_1}\Delta_{n-1}G\, e^{\zeta_1^2}d\zeta_1 + C_n'$$

Ricordando che si deve avere $\Delta_n Z^* = 0$ per $\zeta = 0$, si deduce $C_n' = 0$; mentre dalla $\Delta_n Z^* = 0$ per $\zeta = \infty$, si ha

$$C_n = \frac{2}{\sqrt{\pi}}\int_0^\infty e^{-\zeta^2}d\zeta\int_0^\zeta \Delta_{n-1}G\, e^{\zeta_1^2}d\zeta_1 = \int_0^\infty \Delta_{n-1}G\, e^{\zeta_1^2}\mathrm{erfc}\,\zeta_1\, d\zeta_1 \quad .$$

Poiche' e' poi

$$\int_0^\zeta e^{-\zeta^2}d\zeta\int_0^\zeta \Delta_{n-1}G\, e^{\zeta_1^2}d\zeta_1 = \frac{\sqrt{\pi}}{2}\int_0^\zeta \Delta_{n-1}G\, e^{\zeta_1^2}(\mathrm{erf}\,\zeta - \mathrm{erf}\,\zeta_1)\, d\zeta_1$$

ne risulta

$$\Delta_n Z^* = \frac{\sqrt{\pi}}{2}\left[\mathrm{erf}\,\zeta\int_0^\infty \Delta_{n-1}G\, e^{\zeta_1^2}\mathrm{erfc}\,\zeta_1 d\zeta_1 - \int_0^\zeta \Delta_{n-1}G\, e^{\zeta_1^2}(\mathrm{erf}\,\zeta - \mathrm{erf}\,\zeta_1)d\zeta_1\right]$$

che permette di calcolare l'approssimazione n^{ma} se e' nota quella $(n-1)^{ma}$.

CAPITOLO IV

CASI SEMPLICI DI MOTO TURBOLENTO:

STRATO LIMITE A CONTATTO DI UNA PARETE CON GRADIENTE DI PRESSIONE.

Equazioni del moto nello strato limite ed espressione del coefficiente di trasporto nella parte interna dello strato nel caso in cui il gradiente di pressione non sia nullo. Determinazione della velocita' nella parte interna dello strato. Determinazione del coefficiente di trasporto nella parte esterna dello strato. Determinazione della velocita' nella parte esterna dello strato limite in casi particolari di legge di variazione della velocita' al confine esterno dello strato. Raccordo tra le soluzioni per la parte interna e per la parte esterna dello strato.

1 - Equazioni del moto nello strato limite ed espressione del coefficiente di trasporto nella parte interna dello strato, per gradiente di pressione non nullo.

Lo studio del deflusso turbolento nello strato limite risulta piu' complesso se lungo lo strato stesso si ha variazione di pressione. Nella ipotesi che la parete lambita dalla corrente fluida abbia in ogni punto raggio di curvatura abbastanza grande rispetto allo spessore δ dello strato, le equazioni del moto risultano

$$[1] \quad \begin{cases} U\dfrac{\partial U}{\partial x} + V\dfrac{\partial U}{\partial y} = -\dfrac{1}{\rho}\dfrac{d\bar{p}}{dx} + \nu\dfrac{\partial^2 U}{\partial y^2} - \dfrac{\partial}{\partial y}\left(\overline{u'v'}\right) = -\dfrac{1}{\rho}\dfrac{d\bar{p}}{dx} + \dfrac{1}{\rho}\dfrac{\partial\tau}{\partial y} \\[4mm] \dfrac{\partial\bar{p}}{\partial y} = 0 \end{cases}$$

trascurando $\rho\cdot\overline{v'^2}$ a fronte di $\bar{p}$. La seconda equazione dice che la pressione si puo' considerare costante in una sezione generica dello stra-

- 251 -

to limite (e quindi $\bar{p}$ funzione solo di x), mentre la prima delle [1]

differisce dalla (2,III) per la presenza del termine $\dfrac{1}{\rho}\dfrac{d\bar{p}}{dx}$. Si osser-

vi che dalla [1] scritta al confine esterno dello strato limite, per cui

si puo' porre

$$V\frac{\partial U}{\partial y}\cong 0 \quad ; \quad \nu\frac{\partial^2 U}{\partial y^2}\cong 0 \quad ; \quad \frac{\partial}{\partial y}(\overline{u'v'})\cong 0$$

si ha

[2]
$$-\frac{1}{\rho}\frac{d\bar{p}}{dx} = U_e\frac{dU_e}{dx}$$

se con U_e si indica la velocita' al confine stesso. D' altra parte dal-

la [1] scritta in vicinanza della parete si deduce

$$-\frac{d\bar{p}}{dx}+\frac{\partial\tau}{\partial y} = 0$$

da cui

$$[3]\quad \tau = \tau_0 + \frac{d\bar{p}}{dx}\,y + \frac{1}{12}\,\frac{d}{dx}\left(\frac{\tau_0}{\mu}\right)^2 y^3 + \dots = \tau_0\left(1+\frac{\delta}{\tau_0}\cdot\frac{d\bar{p}}{dx}\,\frac{y}{\delta}+\dots\right) =$$

$$= \tau_0\left(1-\rho\frac{U_e}{\tau_0}\,\frac{dU_e}{dx}\,\delta\,\frac{y}{\delta}+\dots\right)$$

se δ indica sempre lo spessore dello strato limite. Se pertanto

$\Delta = \delta\,\dfrac{1}{\tau_0}\,\dfrac{d\bar{p}}{dx}$ e' abbastanza piccolo, appare dalla [3] l'esistenza di un

intervallo di valori di $\dfrac{y}{\delta}$ abbastanza esteso, per il quale si puo' con-

siderare, come nei Capitoli precedenti, $\tau = costante$; ne risulta per-

cio' l' applicabilita' della *legge universale* della velocita' in vicinanza

della parete gia' indicata nei Capitoli II e III: questo caso si presen-

ta se la pressione *diminuisce* nel senso del moto, perche' col crescere

di $\left|\dfrac{d\bar{p}}{dx}\,\delta\right|$ cresce pure τ_0, ed il parametro Δ rimane *piccolo*. Se in-

vece e' $\dfrac{d\bar{p}}{dx}>0$, $\tau_0(x)$ e' funzione *decrescente* di x, almeno a partire

da un certo valore di x, cosi' che per un opportuno valore di $\dfrac{x}{\delta}$, tan-

to minore quanto piu' $\dfrac{d\bar{p}}{dx}\,\delta$ e' grande, si ha $\tau_0 = 0$ e' chiaro che in queste condizioni Δ *cresce*, e pertanto l'esistenza di uno strato entro cui $\tau = cost.$ non puo' piu' essere ammesso. Poiche' e' sempre $\tau_0 = \mu \left(\dfrac{\partial U}{\partial y}\right)_0$, nel punto S in cui $\tau_0 = 0$ e' pure $\left(\dfrac{\partial U}{\partial y}\right)_0 = 0$, ed il diagramma della velocita' nella sezione dello strato limite per S ha la forma indicata in figura $(1, \text{IV})$, mentre a monte di S, per cui e' $\left(\dfrac{\partial U}{\partial y}\right)_0 > 0$ i diagrammi $\left(\dfrac{U}{U_e}, \dfrac{y}{\delta}\right)$ hanno la forma tipica indicata nella stessa figura.

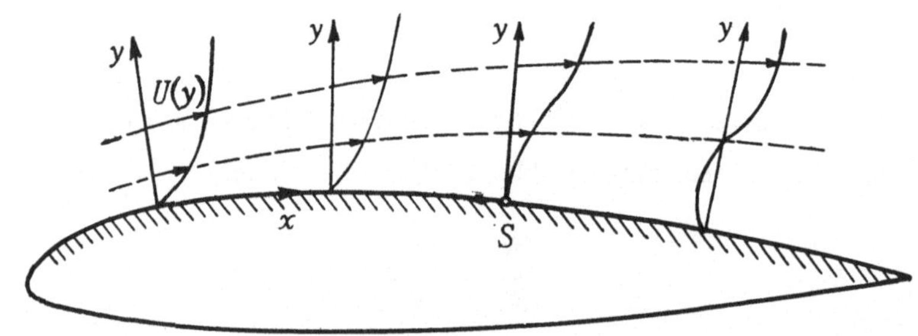

Fig. $(1, \text{IV})$ - Diagrammi delle velocita' nello strato limite
con componente positiva di grad. $\bar{p}$ (secondo x) con distacco della vena.

A valle di S si ha invece $\left(\dfrac{\partial U}{\partial y}\right)_0 < 0$, e pertanto si deduce l'esistenza di una parte del campo, in vicinanza della parete, in cui la velocita' media ha *senso contrario* a quello della velocita' media al confine esterno dello strato. La configurazione del flusso, qualitativamente, ha l aspetto indicato nella fig. $(2, \text{IV})$: risulta cosi' che in S la corrente fluida si *distacca* dalla parete (e S e' percio' chiamato *punto di separazione*, o di *distacco*).

Dalle considerazioni ora fatte appare che, per $\dfrac{y}{\delta}$ abbastanza piccolo, e' necessario *generalizzare* la espressione della $\dfrac{U}{\left(\dfrac{\tau_0}{\rho}\right)^{1/2}}$ ponendo

$$[4] \qquad \frac{U}{\left(\dfrac{\tau_0}{\rho}\right)^{1/2}} = F\left(\frac{\left(\dfrac{\tau_0}{\rho}\right)^{1/2} y}{\nu}, \; \frac{\delta}{\tau_0} \frac{d\bar{p}}{dx}\right);$$

corrispondentemente occorre generalizzare la espressione della tensione tangenziale turbolenta $\tau_t = -\rho\,\overline{u'v'}$ rispetto a quella fino ad ora considerata.

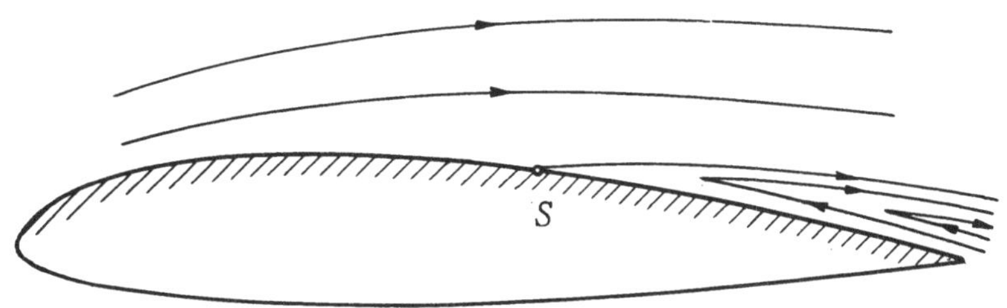

Fig. (2, IV) - Configurazione del flusso con distacco della vena.

Ora la generalizzazione piu' ovvia, sempre tenendo conto della dipendenza *locale* del fenomeno di agitazione turbolenta nella parte interna dello strato, consiste nell' assumere

$$[5] \qquad \varepsilon = k\,\sqrt{\frac{\tau}{\rho}}\;y = \sqrt{\frac{\tau_0}{\rho} + \frac{1}{\rho}\frac{d\bar{p}}{dx}}\;y \qquad ky = k\,\sqrt{\frac{c_f}{2}}\,\sqrt{1 + \Delta\,\frac{y}{\delta}}\;U_e\,\delta\,\frac{y}{\delta}$$

posto

$$[6] \qquad \Delta = \frac{d\bar{p}}{dx}\,\frac{\delta}{\tau_0} \quad ,$$

ed essendo ora $\dfrac{\tau_0}{\rho} = \dfrac{1}{2}\,c_f\,U_e^2$. Per $\Delta\,\dfrac{y}{\delta} \ll 1$, la [5] da' semplicemente $\varepsilon = k\,\sqrt{\dfrac{\tau_0}{\rho}}\,y$, e pertanto si riottiene la formula gia' usata nei Capitoli precedenti; per il caso limite opposto $\dfrac{\tau_0}{\rho} = 0$, la [5] si riduce alla

$$[7] \qquad \varepsilon = k\,\sqrt{\frac{1}{\rho}\frac{d\bar{p}}{dx}}\;y. \qquad y = k\,\sqrt{-\frac{1}{U_e}\frac{dU_e}{dx}\,\delta\,\frac{y}{\delta}}\;\frac{y}{\delta}\,\delta\,U_e \quad .$$

2 - Determinazione della velocita' nella parte interna dello strato limite.

Colla assunzione [5] la determinazione della velocita' media nella parte interna dello strato e' ricondotta alla integrazione della

$$[8] \qquad \rho\,k\,\sqrt{\frac{c_f}{2}}\,\sqrt{1 + \Delta\,\frac{y}{\delta}}\;U_e\,\delta\,\frac{y}{\delta}\,\frac{dU}{dy} = \frac{1}{2}\,c_f\,\rho\,U_e^2\!\left(1 + \Delta\,\frac{y}{\delta}\right)$$

ossia

$$[8'] \qquad k \frac{dU^*}{d\eta} \, \eta \, \sqrt{1 + \Delta \eta} = 1 + \Delta \eta$$

avendo posto

$$\eta = \frac{y}{\delta} \quad ; \quad U^* = \frac{U}{\sqrt{\dfrac{\tau_0}{\rho}}} = \frac{U}{\sqrt{\dfrac{c_f}{2}} \, U_e}$$

Si ha

$$[9] \qquad \frac{dU^*}{d\eta} = \frac{1}{k} \, \frac{\sqrt{1 + \Delta \eta}}{\eta}$$

da cui

$$[10] \quad U^* = \frac{1}{k} \int \frac{\sqrt{1 + \Delta \eta}}{\eta} \, d\eta + \text{cost.} = \frac{1}{k} \left[\log \frac{\sqrt{1 + \Delta \eta} - 1}{\sqrt{1 + \Delta \eta} + 1} + 2 \sqrt{1 + \Delta \eta} + c \right] .$$

$$\text{per} \quad \Delta > 0$$

Si determina la costante di integrazione in modo che per $\Delta \to 0$, U^* tenda alla espressione data dalla (4', III): ora e' per $\Delta \to 0$

$$\log \frac{\sqrt{1 + \Delta \eta} - 1}{\sqrt{1 + \Delta \eta} + 1} + 2 \sqrt{1 + \Delta \eta} + c = \log \left(\frac{\Delta}{2} \, \eta \right) - \log 2 + 2 + c =$$

$$= \log \eta + \log \Delta - \log 4 + 2 + c$$

e perche' detta espressione si riduca alla

$$\log \left(\eta \delta \, \frac{\sqrt{\dfrac{\tau_0}{\rho}}}{\nu} \right) + A = \log \eta + \log \frac{\delta \sqrt{\dfrac{\tau_0}{\rho}}}{\nu} + A$$

deve essere

$$c = \log \frac{\delta \sqrt{\dfrac{\tau_0}{\rho}}}{\nu} + A - \log \Delta + \log 4 - 2 .$$

La $[10]$ risulta cosi

$$[11] \qquad U^* = \frac{1}{k} \left[\log \left(4 \frac{\delta \sqrt{\dfrac{\tau_0}{\rho}}}{\nu \Delta} \, \frac{\sqrt{1 + \Delta \eta} - 1}{\sqrt{1 + \Delta \eta} + 1} \right) + 2(\sqrt{1 + \Delta \eta} - 1) + A \right]$$

3 - Determinazione del coefficiente di trasporto nella parte esterna dello strato.

Anche per la parte esterna dello strato e' necessario generalizzare la formula che definisce il coefficiente di trasporto in detta regione, rispetto a quella sino ad ora applicata.

Si riprende a tale scopo l'equazione (8, I) scritta al confine esterno dello strato:

$$\Sigma_i \, U_i \, \frac{\partial E_t}{\partial x_i} + \Sigma_k \frac{\partial}{\partial x_k} \left[\overline{u_k' E_t'} + \overline{u_k' \frac{p'}{\rho}} \right] + \nu \, \frac{(E_t)_e}{\lambda_e^2} = 0$$

non considerando i termini corrispondenti alle tensioni di Reynolds, che al confine esterno sono nulle, e alla diffusione viscosa, e ponendo $E_t' = \Sigma_i \, u_i'^2$. Si conserva l'ipotesi che tutte le grandezze che caratterizzano l'agitazione turbolenta nella regione in esame siano funzioni *solo* di $\dfrac{y}{\delta}$, per quanto si riferisce alla loro dipendenza dalle coordinate: questa ipotesi e' ora verificata indubbiamente con minore approssimazione che nei casi prima considerati.

Il termine convettivo e', nelle condizioni ora dette, trascurabile, in quanto

$$\left(\frac{dE_t}{d \, y/\delta} \right)_{y/\delta \, = 1} = 0 \;, \quad e \quad \left(\frac{\partial E_t}{\partial x_i} \right)_{y/\delta \, = 1} = \left(\frac{dE_t}{d \, y/\delta} \right)_{y/\delta \, = 1} \left(\frac{\partial \, y/\delta}{\partial x_i} \right)_{y/\delta \, = 1} = 0 \;.$$

Per quanto si riferisce ai termini corrispondenti alla diffusione turbolenta si puo' scrivere

$$\Sigma_k \left[\frac{\partial}{\partial x_k} \, (\overline{u_k' \, E_t'}) \right]_{y/\delta = 1} = \Sigma_k \left\{ \frac{\partial}{\partial x_k} \left[E_t^{3/2} \, \Sigma_i \, T_{i,\,i,\,k}\!\left(\frac{y}{\delta} \right) \right] \right\}_{y/\delta = 1} \text{cost.} =$$

$$= - \, (E_t)_e^{3/2} \, \frac{\text{cost.}}{\delta} \, \frac{d\delta}{dx} \, \Sigma_i \left[\frac{d}{d \, y/\delta} \, T_{i,\,i,\,1}\!\left(\frac{y}{\delta} \right) \right]_{y/\delta = 1} +$$

$$+ \, (E_t)_e^{3/2} \, \frac{\text{cost.}}{\delta} \, \Sigma_i \left[\frac{d}{d \, y/\delta} \, T_{i,\,i,\,2}\!\left(\frac{y}{\delta} \right) \right]_{y/\delta = 1} =$$

$$= - \, (E_t)_e^{3/2} \, \frac{1}{\delta} \left[A_1 \, \frac{d\delta}{dx} - A_2 \right]$$

con ovvio significato dei simboli. Si ha poi

$$\frac{u'p'}{\rho} = \frac{1}{2\pi}\left\{\frac{dU_e}{dx}\left[\iiint\frac{\partial}{\partial x'}\overline{[u'(P')\,u'(P)]}\frac{d\tau}{r} + \iiint\frac{\partial}{\partial y'}\overline{[v'(P')\,u'(P)]}\frac{d\tau}{r}\right\} + \right.$$

$$+ \frac{1}{4\pi}\Sigma_k\,\Sigma_i\iiint\frac{\partial^2}{\partial x'_k\,\partial x'_i}\overline{[u'_k(P')\,u'_i(P')\,u'_1(P)]}\frac{d\tau}{r} =$$

$$= \frac{dU_e}{dx}\,\delta\,F_3\left(\frac{y}{\delta}\right)E_t + F_4\left(\frac{y}{\delta}\right)E_t^{3/2}$$

E' percio'

$$\left[\frac{\partial}{\partial x}\overline{\left(u'\frac{p'}{\rho}\right)}\right]_{y/\delta=1} = (E_t)_e\left[\frac{d^2U_e}{dx^2}\,\delta\,F_3(0) + \frac{dU_e}{dx}\,\frac{d\delta}{dx}\,F_3(0) - \right.$$

$$\left. - \frac{dU_e}{dx}\,\frac{d\delta}{dx}\left(\frac{dF_3}{d\,y/\delta}\right)_{y/\delta=1}\right] - (E_t)_e^{3/2}\left(\frac{dF_4}{d\,(y/\delta)}\right)_{y/\delta=1}\frac{d\delta}{dx}\,\frac{1}{\delta}$$

Analogamente si ricava

$$\frac{\overline{v'p'}}{\rho} = \frac{1}{2\pi}\,\frac{dU_e}{dx}\left\{\iiint\frac{\partial}{\partial x'}\overline{[u'(P')\,v'(P)]}\frac{d\tau}{r} + \iiint\frac{\partial}{\partial y'}\overline{[v'(P')\,v'(P)]}\frac{d\tau}{r}\right\} + $$

$$+ \frac{1}{4\pi}\Sigma_k\,\Sigma_i\iiint\frac{\partial^2}{\partial x'_k\,\partial x'_i}\overline{[u'_k(P')\,u'_i(P')\,u'_2(P)]}\frac{d\tau}{r} =$$

$$= \frac{dU_e}{dx}\,\delta\,F_5\left(\frac{y}{\delta}\right)E_t + F_6\left(\frac{y}{\delta}\right)E_t^{3/2}$$

da cui

$$\left[\frac{\partial}{\partial y}\left(\frac{\overline{v'p'}}{\rho}\right)\right]_{y/\delta=1} = \frac{dU_e}{dx}\left(\frac{dF_5}{d\,y/\delta}\right)_{y/\delta=1}E_t + E_t^{3/2}\left(\frac{dF_6}{d\,y/\delta}\right)_{y/\delta=1}\frac{1}{\delta}$$

Si puo' scrivere pertanto

$$\frac{\nu(E_t)_e}{\lambda_e^2} = \frac{\text{cost.}\,(E_t)_e^{3/2}}{\delta}\left(1+\text{cost.}\,\frac{d\delta}{dx}\right)+\text{cost.}\,(E_t)_e\,\frac{dU_e}{dx}\left[1+\text{cost.}\,\frac{d\delta}{dx}+\text{cost.}\,\frac{\dfrac{d^2U_e}{dx^2}}{\dfrac{dU_e}{dx}}\,\delta\right]$$

ossia

$$\frac{\lambda_e^2 (E_t)_e^{1/2}}{\nu} = \text{cost.}\, L_e = \cfrac{\delta'}{1 + \text{cost.}\dfrac{d\delta}{dx} + \text{cost.}\,(E_t)_e^{-1/2}\dfrac{dU_e}{dx}\delta\left[1 + \text{cost.}\dfrac{d\delta}{dx} + \text{cost.}\dfrac{\dfrac{d^2 U_e}{dx^2}}{\dfrac{dU_e}{dx}}\delta\right]}$$

Ammesso che i vari termini a denominatore dell'espressione sopra ricavata siano piccoli a fronte dell'unita', si puo' anche scrivere

$$[12]\quad L_e = \text{cost.}\,\delta\left\{1 + \text{cost.}\frac{d\delta}{dx} + \text{cost.}\left[\frac{d}{dx}\left(\frac{U_e}{(E_t)_e^{1/2}}\right)\right]\delta\left[1 + \text{cost.}\frac{d\delta}{dx} + \text{cost.}\frac{\dfrac{d^2 U_e}{dx^2}}{\dfrac{dU_e}{dx}}\delta\right]\right\}$$

da cui

$$[13]\quad \varepsilon = \text{cost.}\frac{(E_t)_e^{1/2}}{U_e}\delta\left\{1 + \text{cost.}\frac{d\delta}{dx} + \text{cost.}\,(E_t)_e^{-1/2}\left[\frac{d}{dx}(U_e)\right]\delta\left[1 + \text{cost.}\frac{d\delta}{dx} + \right.\right.$$

$$\left.\left. + \text{cost.}\frac{\dfrac{d^2 U_e}{dx^2}}{\dfrac{dU_e}{dx}}\delta\right]\right\}\quad U_e = h(x)\,U_e(x)\,\delta$$

4 - Determinazione della velocita' nella parte esterna dello strato limite (per velocita' esterna corrispondente al caso di *Falkner e Skan*).

Esprimendo le tensioni di Reynolds colla [13] ed omettendo i termini che contengono ν dalla [1] si ricava (vedi [14])

$$[14]\qquad U\frac{\partial U}{\partial x} + V\frac{\partial U}{\partial y} = U_e\frac{dU_e}{dx} + h(x)\,U_e\,\delta\frac{\partial^2 U}{\partial y^2}$$

Sia ψ la funzione di corrente, e quindi

$$U = U_\infty\frac{\partial \psi}{\partial y}\quad ;\quad V = -U_\infty\frac{\partial \psi}{\partial x}\;.$$

Si ricava

$$\frac{\partial \psi}{\partial y}\frac{\partial^2 \psi}{\partial x\,\partial y} - \frac{\partial \psi}{\partial x}\frac{\partial^2 \psi}{\partial y^2} = \frac{1}{2}\frac{dU_e^2}{dx} + h(x)\delta\frac{U_e}{U_\infty}\frac{\partial^3 \psi}{\partial y^3}$$

in cui U_∞ e' una velocita' costante di riferimento: ad es. e' la corrente indisturbata se U_e e' la velocita' a contatto della parete investita dalla corrente uniforme U_∞ non viscosa. Posto

$$[15] \qquad\qquad Y = y \quad ; \quad X = \int_0^x h\,\delta\,\frac{U_e}{U_\infty}\,dx$$

si ha

$$[16] \qquad \frac{\partial \psi}{\partial Y}\frac{\partial^2 \psi}{\partial X\,\partial Y} - \frac{\partial \psi}{\partial X}\frac{\partial^2 \psi}{\partial Y^2} = \frac{1}{2}\frac{d}{dX}\left(\frac{U_e}{U_\infty}\right)^2 + \frac{\partial^3 \psi}{\partial Y^3}$$

Si considera ora il caso in cui la legge di variazione della velocita' esterna e' data dalla

$$[17] \qquad\qquad U_e = U_\infty \left(\frac{X}{l^2}\right)^m$$

in cui l e' la solita lunghezza di riferimento. Assunto

$$[18] \qquad \psi = l\left(\frac{X}{l^2}\right)^{\frac{1}{2}(m+1)} f(\eta) \qquad \eta^* = \left(\frac{X}{l^2}\right)^{\frac{1}{2}(m-1)}\frac{Y}{l}$$

la [16] si trasforma nella

$$[19] \qquad\qquad m f_{\eta^*}^2 - \frac{m+1}{2}\,f f_{\eta^*\eta^*} = m f_{\eta^*\eta^*\eta^*}$$

che e' l'equazione studiata da *Falkner e Skan* per la determinazione del deflusso nel regime laminare con una legge di variazione della velocita' esterna data dalla

$$U_e = U_\infty \left(\frac{x}{l}\right)^n$$

Le condizioni al limite esterno dello strato sono pure le stesse, mentre alla parete si deve ora porre solo $f(0) = 0$, mentre le $f_{\eta^*}(0)$ e' arbitraria, e deve essere determinata in base alla condizione di raccordo della legge corrispondente alla f con quella ottenuta al n°(2).

Si ottiene ancora una volta cosi' il risultato gia' indicato nei Capitoli precedenti, che *la legge di variazione della velocita' nel deflusso turbolento, per la parte esterna dello strato limite, coincide con quella valida per il flusso laminare, in uno spazio deformato rispetto a quello fisico, e con una velocita' non nulla alla parete.*

5 - Raccordo tra le soluzioni per la parte esterna e per la parte interna dello strato limite.

Si osserva che essendo

$$\frac{U}{U_\infty} = \frac{\partial \psi}{\partial Y} = \left(\frac{X}{l^2}\right)^m \frac{df}{d\eta^*} = \frac{U_e}{U_\infty} \frac{df}{d\eta^*}$$

e definendo al solito δ come il valore di y per il quale

[20]
$$\frac{U}{U_e} = \left(\frac{df}{d\eta^*}\right)_{y=\delta} = a \qquad (\text{ad es. } a = 0,995)$$

risulta dalla [20] $\eta = \text{cost.} = \eta_\delta$ per $y = \delta$, da cui per la seconda delle [18]

[21]
$$\frac{\delta}{l} = \eta_\delta^* \left(\frac{X}{l^2}\right)^{-\frac{1}{2}(m-1)}$$

Assumendo poi ancora $\dfrac{(E_t)_e^{1/2}}{U_e} = \text{cost.}\sqrt{c_f}$ si ha per la [13] e per la [21],

[22]
$$\varepsilon = \text{cost.}\sqrt{c_f}\, U_e\, \delta + \text{cost.}\,\delta^2 \frac{dU_e}{dx}$$

in cui non sono stati scritti i coefficienti di $U_e\delta$ e di $\delta^2 \dfrac{dU_e}{dx}$ contenenti $\dfrac{d\delta}{dx}$ e $\dfrac{\dfrac{d^2 U_e}{dx^2}}{\dfrac{dU_e}{dx}}\,\delta$ perche', come risultera' tra poco, nell' approssimazione corrispondente a ritenere $\sqrt{c_f} = \text{cost.}$, i coefficienti stessi sono *costanti*, e pertanto essi sono contenuti nelle costanti a secondo membro della [22]. Da questa si ha poi

$$[23] \qquad \varepsilon = \text{cost.}\, U_\infty\, \sqrt{c_f}\, \left(\frac{X}{l^2}\right)^m \eta_\delta^* \left(\frac{X}{l^2}\right)^{-\frac{1}{2}(m-1)} l \; +$$

$$+ \text{cost.}\, l^2 \eta_\delta^{*2} \left(\frac{X}{l^2}\right)^{-(m-1)} l^2\, U_\infty m \left(\frac{X}{l^2}\right)^{m-1} \frac{1}{l^2} \cdot \frac{d}{d\frac{x}{l}}\left(\frac{X}{l^2}\right) \cdot l \;=$$

$$= \text{cost.}\, l\, U_\infty \eta_\delta^* \left[\sqrt{c_f}\left(\frac{X}{l^2}\right)^{\frac{1}{2}(m+1)} + \text{cost.}\, \eta_\delta^*\, m\, \frac{d}{d\frac{x}{l}}\left(\frac{X}{l^2}\right) \right]$$

e per la seconda delle [15]

$$\frac{d}{d\frac{x}{l}}\left(\frac{X}{l^2}\right) = \text{cost.}\,\left[\eta_\delta^*\, \sqrt{c_f}\, \left(\frac{X}{l^2}\right)^{\frac{1}{2}(m+1)} + \eta_\delta^{*2}\, \text{cost.}\, m\, \frac{d}{d\frac{x}{l}}\left(\frac{X}{l^2}\right) \right]$$

da cui

$$[24] \qquad (1 - \text{cost.}\, \eta_\delta^{*2}\, m)\, \frac{d}{d\frac{x}{l}}\left(\frac{X}{l^2}\right) = \text{cost.}\, \eta_\delta^*\, \sqrt{c_f}\left(\frac{X}{l^2}\right)^{\frac{1}{2}(m+1)}$$

ossia

$$[25] \qquad d\left(\frac{x}{l}\right) = \text{cost.}\, \frac{1 - \text{cost.}\, \eta_\delta^{*2}\, m}{\eta_\delta^*\, \sqrt{c_f}} \left(\frac{X}{l^2}\right)^{-\frac{1}{2}(m+1)} d\left(\frac{X}{l^2}\right)$$

Si ha cosi'

$$[26] \qquad \frac{x}{l} = \text{cost.}\, \frac{1 - \text{cost.}\, \eta_\delta^{*2}\, m}{\eta_\delta^*} \int_0^X \frac{1}{\sqrt{c_f}} \left(\frac{X}{l^2}\right)^{-\frac{1}{2}(m+1)} d\left(\frac{X}{l^2}\right)$$

e nell' approssimazione $\sqrt{c_f} \approx \text{cost.}$ risulta

$$[27] \qquad \frac{x}{l} = \text{cost.}\, \frac{1 - \text{cost.}\, \eta_\delta^{*2}\, m}{\eta_\delta^*\, \sqrt{c_f}} \left(\frac{X}{l^2}\right)^{-\frac{1}{2}(m-1)} \frac{2}{1-m} \;=$$

$$= 2\, \text{cost.}\, \frac{1 - \text{cost.}\, \eta_\delta^{*2}\, m}{(1-m)\eta_\delta^{*2}\, \sqrt{c_f}} \frac{\delta}{l}$$

da cui appare che nella stessa approssimazione e'

$$\frac{d}{d\frac{x}{l}}\left(\frac{\delta}{l}\right) = \text{cost.}$$

mentre e'

$$\left(\frac{X}{l^2}\right) = \text{cost.}\left(\frac{x}{l}\right)^{+\frac{2}{1-m}}$$

e pertantò

$$\left[\frac{\dfrac{d^2 U_e}{dx^2}}{\dfrac{dU_e}{dx}}\right]\delta = \text{cost.}$$

come era stato detto sopra. Si ricava dalla [21] e dalla seconda delle [18]

[28]
$$\frac{\eta^*}{\eta^*_\delta} = \frac{y}{\delta} = \eta$$

e pertanto la distribuzione della velocita' media nella parte esterna dello strato risulta definita dalla legge

[29]
$$\frac{U}{U_e} = \frac{df(\eta^*)}{d\eta^*} = f'(\eta^*_\delta \, \eta) \; .$$

D'altra parte dalla [9] integrando per ottenere la *legge del difetto di velocita'* nella parte *interna* dello strato si ottiene

[30]
$$U^* - U_e^* = \frac{1}{k}\left[\log \frac{\sqrt{1+\Delta\eta}-1}{\sqrt{1+\Delta\eta}+1} + 2\sqrt{1+\Delta\eta} + c'\right]$$

essendo c' una nuova costante di integrazione da determinare ancora in base alla condizione che la [30] si riduca alla (5', III). Si ottiene

[31]
$$U^* - U_e^* = \frac{1}{k}\left[\log \frac{4(\sqrt{1+\Delta\eta}-1)}{\Delta(\sqrt{1+\Delta\eta}+1)} + 2(\sqrt{1+\Delta\eta}-1) + A'\right] = F^*(\eta)$$

E' poi da osservare che per Δ si deduce l'espressione

[32]
$$\Delta = \frac{dp}{dx}\frac{\delta}{\tau_0} = -\frac{U_e\dfrac{dU_e}{dx}}{c_f\,U_e^2}\,2\delta = -\frac{2}{c_f}\left(\frac{X}{l^2}\right)^{-m} m\left(\frac{X}{l^2}\right)^{m-1}\eta^*_\delta \sqrt{c_f}\left(\frac{X}{l^2}\right)^{\frac{1}{2}(m+1)} \cdot$$

$$\cdot \eta^*_\delta\left(\frac{X}{l^2}\right)^{-\frac{1}{2}(m-1)} \text{cost.} = -\frac{2m}{\sqrt{c_f}}\,\eta^{*2}_\delta \text{ cost.}$$

e pertanto e' Δ costante nell'approssimazione $\sqrt{c_f} = cost$.

La prima condizione di raccordo tra le leggi corrispondenti alle [29] *(parte esterna)* e [31] *(parte interna)* risulta pertanto

[33]
$$f'(\eta_\delta \eta_0) = 1 + \sqrt{\frac{c_f}{2}}\, F^*(\eta_0)$$

mentre la condizione di tangenza nel punto di raccordo $\eta = \eta_0$ da'

[33']
$$\eta_\delta^* \left(\frac{df'}{d\eta}\right)_{\eta=\eta_0} = \sqrt{\frac{c_f}{2}} \left(\frac{dF^*}{d\eta}\right)_{\eta=\eta_0}$$

Per il *coefficiente di trasporto* si ha poi *per la parte esterna:*

[34]
$$\varepsilon = cost.\, l\, U_\infty \eta_\delta^* \left[\sqrt{c_f} \left(\frac{X}{l^2}\right)^{\frac{1}{2}(m+1)} + \right.$$

$$+ cost.\, \eta_\delta^{*2} m \sqrt{c_f}\; \frac{1}{1 - cost.\, \eta_\delta^{*2}\, m} \left.\left(\frac{X}{l^2}\right)^{\frac{1}{2}(m+1)}\right] =$$

$$= cost.\, l\, U_\infty \eta_\delta^* \sqrt{c_f} \left(\frac{X}{l^2}\right)^{\frac{m+1}{2}} \left[1 + cost.\; \frac{\eta_\delta^{*2}}{1 - cost.\, \eta_\delta^{*2}\, m}\right] \;;$$

per la parte interna:

[35]
$$\varepsilon = k\, \sqrt{\frac{c_f}{2}}\, \sqrt{1 + \Delta\eta}\; \eta\eta_\delta^* \left(\frac{X}{l^2}\right)^{-\frac{1}{2}(m-1)} l \left(\frac{X}{l^2}\right)^{m} U_\infty =$$

$$= k\eta_\delta^*\, l\, U_\infty \sqrt{\frac{c_f}{2}}\, \sqrt{1 + \Delta\eta}\; \eta \left(\frac{X}{l^2}\right)^{\frac{1}{2}(m+1)}$$

e pertanto varia con $\left(\dfrac{X}{l^2}\right)$ colla medesima legge corrispondente alla espressione di ε per la parte interna. Le [33] e [33'] permettono cosi' di ottenere i valori di η_0 e di $F^*(0)$, ossia della *velocita' alla parete* (prolungando la legge esterna fino a $\eta = 0$), mentre le [35] e [34], uguagliate per $\eta = \eta_0$, permettono di determinare le costanti contenute a secondo membro della [34], quando si ponga ancora la condizione che per $m = 0$ (e quindi $\dfrac{U_e}{U_\infty} = 1$) le dette costanti assumano il valore che e' stato ricavato per il caso di gradiente di pressione nullo (Cap. III).

E' ancora importante osservare che se si ammette di estendere la soluzione esterna fino alla parete per il calcolo del coefficiente di attrito, e' possibile ricavare una relazione tra il coefficiente di attrito e la velocita' alla parete.

In effetto dall'applicazione del teorema della quantita' di moto fatta in modo analogo a quello indicato in (2, II) si ricava

$$[36] \qquad \frac{1}{2} c_f \frac{U_e^2}{U_\infty^2} = \frac{d}{d\frac{x}{l}} \left[\frac{U_e^2}{U_\infty^2} \int_0^\infty \frac{U}{U_e} \left(1 - \frac{U}{U_e}\right) d\left(\frac{y}{l}\right) \right] + $$
$$ + \frac{U_e}{U_\infty} \left[\frac{d}{d\frac{x}{l}} \left(\frac{U_e}{U_\infty}\right) \right] \int_0^\infty \left(1 - \frac{U}{U_e}\right) d\frac{y}{l} $$

ed essendo

$$\begin{cases} \dfrac{d}{d\left(\dfrac{x}{l}\right)} = \text{cost.} \ \dfrac{\eta_\delta^*}{1 - \text{cost.} \, m\, \eta_\delta^{*2}} \ \sqrt{c_f} \left(\dfrac{X}{l^2}\right)^{\frac{1}{2}(m+1)} \dfrac{d}{d\left(\dfrac{X}{l^2}\right)} \\[2em] d\left(\dfrac{y}{l}\right) = \left(\dfrac{X}{l^2}\right)^{-\frac{1}{2}(m-1)} d\eta^* \qquad \dfrac{U}{U_e} = f_{\eta^*} \end{cases}$$

si ha

$$\frac{1}{2} c_f \frac{U_e^2}{U_\infty^2} = \frac{\text{cost.}\,\eta_\delta^*}{1 - \text{cost.}\,m\,\eta_\delta^{*2}} \sqrt{c_f} \left(\frac{X}{l^2}\right)^{\frac{1}{2}(m+1)} \frac{d}{d\left(\frac{X}{l^2}\right)} \left[\left(\frac{X}{l^2}\right)^{2m} \int_0^\infty \left(\frac{X}{l^2}\right)^{-\frac{1}{2}(m-1)} f_{\eta^*}(1 - f_{\eta^*}) d\eta^* \right] + $$
$$ + \left(\frac{X}{l^2}\right)^m \left[\int_0^\infty (1 - f_{\eta^*}) \left(\frac{X}{l^2}\right)^{-\frac{1}{2}(m-1)} d\eta^* \right] \left[\frac{\text{cost.}\,\eta_\delta^* \sqrt{c_f}}{1 - \text{cost.}\,m\,\eta_\delta^{*2}} \left(\frac{X}{l^2}\right)^{\frac{1}{2}(m+1)} \frac{d}{d\left(\frac{X}{l^2}\right)} \left(\frac{X}{l^2}\right)^m \right] $$

Se pertanto si pone

$$[37] \qquad \int_0^\infty f_{\eta^*}(1 - f_{\eta^*}) d\eta^* = I_2 \quad ; \quad \int_0^\infty (1 - f_{\eta^*}) d\eta^* = I_1 $$

si ottiene

$$[38] \qquad \frac{1}{2}\sqrt{c_f} = \frac{\text{cost.}\,\eta^*_\delta}{1 - \text{cost.}\,m\,\hat{\eta}^{*2}_\delta}\left[\frac{3m-1}{2}\,I_2 + m\,I_1\right]$$

in cui il secondo membro e' funzione soltanto di $F^*(0)$, e che costituisce pertanto la relazione cercata.

6 - Determinazione della velocita' nella parte esterna dello strato limite per casi piu' generali di variazione della velocita' esterna.

Per leggi piu' generali di variazione della velocita' nella corrente esterna e' opportuno applicare alla [14] la trasformazione di *von Mises* in modo analogo a quanto fatto in (8, III). Dalla [14] risulta

$$\frac{1}{2}\frac{\partial}{\partial x}\left(\frac{U}{U_\infty}\right)^2 = \frac{1}{2}\frac{d}{dX}\left(\frac{U_e}{U_\infty}\right)^2 + \frac{1}{2}\,h(x)\,\frac{U_e}{U_\infty}\,\delta\,\frac{U}{U_\infty}\,\frac{\partial^2}{\partial\psi^2}\left(\frac{U}{U_\infty}\right)^2 .$$

Applicando di nuovo le [15] si ha

$$\frac{\partial}{\partial X}\left(\frac{U}{U_\infty}\right)^2 = \frac{d}{dX}\left(\frac{U_e}{U_\infty}\right)^2 + \frac{U}{U_\infty}\,\frac{\partial^2}{\partial\psi^2}\left(\frac{U}{U_\infty}\right)^2$$

ed assunto

$$[39] \qquad Z = \frac{U_e^2 - U^2}{U_\infty^2}$$

si ricava

$$[40] \qquad \frac{\partial Z}{\partial X} = \frac{U}{U_\infty}\,\frac{\partial^2 Z}{\partial\psi^2}$$

colle condizioni al contorno

$$[41] \qquad Z = 0 \ \text{ per } \ \psi = \infty \qquad\qquad Z = Z(X) \ \text{ per } \ \psi = 0$$

in cui la funzione $Z(X)_{\psi=0}$ deve essere determinata in modo che la soluzione esterna corrispondente alla [40] si raccordi colla soluzione interna gia' trovata.

Per la soluzione dell'equazione [40] si puo' osservare che al confine esterno dello strato e' $U = U_e$; d'altra parte la [40] e' valida per la parte *esterna* dello strato, per la quale U non differisce molto da U_e, almeno per quelle sezioni che non sono molto vicine a quelle in cui si verifica il distacco della corrente (per $\dfrac{dp}{dx} > 0$). Appare quindi che l'assunzione $U = U_e$ a secondo membro della [40] puo' generalmente essere accettata con approssimazione sufficiente; se ora si pone

$$[42] \qquad X^* = \int_0^X \frac{U_e}{U_\infty}\, dX$$

la [40] diventa

$$[40'] \qquad \frac{\partial Z}{\partial X^*} = \frac{\partial^2 Z}{\partial \psi^2}$$

e se si indica con $Z_0(X^*)$ la funzione cui si riduce la Z per $\psi = 0$, ossia se e'

$$[41'] \qquad Z(X^*,0) = Z_0(X^*) = \frac{U_e^2 - U_0^2}{U_\infty^2}$$

essendo U_0 il valore di U per $\psi = 0$ corrispondente alla soluzione esterna, la soluzione della [40'] che soddisfa alla [41'] e alla prima delle [41] e' data dalla

$$[43] \qquad Z = \frac{\psi}{2\sqrt{\pi}} \int_0^{X^*} Z_0(X_1^*) \frac{e^{-\frac{\psi^2}{4(X^*-X_1^*)}}}{(X^*-X_1^*)^{3/2}}\, dX_1^* .$$

Se la $Z_0(X_1^*)$ e' esprimibile con uno sviluppo in serie della forma

$$[44] \qquad Z_0 = \Sigma_r\, B_r\, X_1^{*r}$$

si ottiene dalla [43]

$$[45] \qquad Z = \Sigma_r\, B_r\, 2^{2r}\, r!\, X^{*r} \left[i^{2r}\, \mathrm{erfc}\left(\frac{\psi}{2\sqrt{X^*}} \right) \right]$$

in cui i^n rappresenta l'ennesimo integrale della funzione complementare degli errori.

La determinazione del raccordo tra le due soluzioni per la parte esterna e per quella interna e' ora alquanto piu' complessa, e puo' essere fatta solo con procedimento di successive approssimazioni.

CAPITOLO V

TENTATIVI PER UNA TEORIA DELLA TURBOLENZA DI PARETE

Ricerche di Mattioli, Chou, e Rotta. Modello di turbolenza
di Burgers. Ricerca di Malkus.

1 - Ricerche di Mattioli, Chou, e Rotta.

Nei casi semplici di moto turbolento considerati nei capitoli precedenti e' stato possibile ottenere una soluzione soddisfacente dei problemi corrispondenti, ma e' pure sempre stato necessario introdurre nella trattazione ipotesi di lavoro, la cui giustificazione e' basata essenzialmente sui risultati sperimentali, ed in ogni caso nelle formule ri-
solventi sono contenute costanti, il cui valore puo' essere determinato
solo coll'esperimento. Tentativi per addivenire ad una teoria della turbolenza di parete non contenente elementi arbitrari o empirici sono stati fatti, ma per ora i risultati sono piuttosto scarsi.

Si devono innanzi tutto ricordare, e non soltanto per ragioni storiche, i lavori di *G.D.Mattioli* [15], che se non portano ad una teoria
razionale nel senso sopra indicato, furono, nell'epoca in cui furono
fatti, il piu' serio tentativo per una sistemazione razionale delle ricerche sulla turbolenza.

Detti lavori rientrano nello schema seguito nelle trattazioni svolte nei Capitoli precedenti in quanto fanno uso del concetto di *"coefficiente di trasporto"*, ma se ne differenziano in quanto le equazioni indefinite del moto, che sono proposte a base della teoria della turbolenza, *non* sono le *equazioni di Reynolds*: esse sono ottenute scrivendo
le equazioni della quantita' di moto e del momento delle quantita' di moto nell'ipotesi che la massa fluida sia disgregata in elementi assimi-
labili a masse vorticose piccole, ma finite: il tensore degli sforzi interni e' scomposto in una *parte simmetrica* e in una parte *emisimmetrica*,

e per l'una e per l'altra parte sono fatte ipotesi per scrivere le espressioni delle rispettive componenti. Il grado di arbitrarieta' di queste ipotesi e' certo maggiore di quello corrispondente alla trattazione svolta nei Capitoli precedenti, ma molte delle proprieta' dei moti turbolenti sono bene spiegate dalle ricerche di Mattioli, cosi' come in molti casi ottimo appare l'accordo tra i risultati ottenuti dalla teoria e quelli sperimentali. Devono poi essere citate le seguenti parole del Mattioli, perche' esse esprimono un concetto che molto recentemente e' stato ripreso e forse potra' aprire una nuova via allo studio di questo difficile problema: *"mentre si fu sempre portati a considerare come due problemi distinti quello dell'origine della turbolenza e l'altro dei regimi turbolenti, probabilmente non e' cosi', in quanto la conoscenza di qualche elemento appartenente alla soluzione del primo e' necessaria per potere trattare il secondo in modo teoricamente puro"*.

I lavori di *Chou* e di *Rotta* sono piu' vicini, per quanto si riferisce al metodo impiegato a quelli gia' esposti.

Chou [16] considera le equazioni generali indicate nel Cap. I: per rompere la catena di equazioni, nelle quali le funzioni di correlazione di ordine n sono espresse in funzione delle funzioni di correlazione di ordine $n+1$, egli trascura i termini contenenti le funzioni di correlazione quadrupla. Approssimazioni analoghe a quelle indicate nei Capitoli II, III e IV sono poi introdotte per il calcolo delle correlazioni tra le oscillazioni della pressione, e del gradiente di pressione e le oscillazioni delle componenti della velocita'; altre ipotesi sono ancora necessarie per il calcolo degli integrali che appaiono nelle espressioni definenti queste correlazioni. Il procedimento e' stato applicato da *Chou* per lo studio del flusso turbolento in un canale piano, e per quello a contatto di una parete piana.

Rotta [17] pure parte dalla considerazione delle equazioni generali che applica per la determinazione del flusso in un canale; prescinde pero' completamente dai termini che nell'equazione della energia turbolenta corrispondono ai termini *diffusivi*. Inoltre ipotesi sono pure fatte per la determinazione della correlazione tra le oscillazioni della pressione e delle componenti della velocita', in conseguenza delle quali le funzioni di correlazione tripla non sono determinate, ma sono *poste uguagli* ad espressioni determinate: non mancano giustificazioni di queste espressioni, ma esse sono pur sempre della stessa natura di quelle considerate nei Capitoli precedenti.

Le ricerche sopra indicate, per quanto presentino indubbio interesse, difficilmente possono essere estese alla considerazione di casi piu' generali di quelli studiati dagli Autori sopraddetti; soprattutto poi esse non sembra possano portare ad una piu'intima conoscenza del fenomeno turbolento, capace di portare ad una formulazione piu'precisa e piu' generale del problema. Piu'promettenti a questo riguardo sono gli indirizzi di *Burgers* e di *Malkus*, e pertanto ci si limita qui a dare un rapido cenno di questi.

2 - Modello di turbolenza di Burgers [18].

Burgers non affronta direttamente il problema della turbolenza, ma si propone di indagare le proprieta' fondamentali che questa presenta studiando un *modello* di turbolenza, un fenomeno cioe' che dipende da una equazione molto piu'semplice di quelle che reggono il deflusso turbolento, ma che presentano alcune delle caratteristiche essenziali di esse. Il modello studiato da Burgers corrisponde all'equazione

$$[1] \qquad \frac{\partial u}{\partial t} + u\,\frac{\partial u}{\partial y} = \nu\,\frac{\partial^2 u}{\partial y^2}$$

in cui la u puo' essere considerata come l analoga della velocita' turbolenta. Essa dipende solo dalla coordinata temporale t e dalla coordinata spaziale y, di guisa che il modello e' un modello di *turbolenza unidimensionale*. L'equazione [1] ha un termine *non lineare* del primo ordine, ed un termine del secondo ordine moltiplicato per un coefficiente ν che e' supposto molto piccolo, ed e' l'analogo del coefficiente di viscosita' cinematica. Manca il termine corrispondente alla pressione delle equazioni idrodinamiche, e la presenza di una sola funzione incognita, e di una sola variabile spaziale non permette ovviamente di mettere in evidenza le proprieta' dei flussi turbolenti che dipendono dalla natura tridimensionale del campo, dalle proprieta' dei vortici, dagli effetti di interferenza del moto medio colle tensioni tangenziali conseguenti al trasporto turbolento di quantita' di moto. La [1] tuttavia permette di studiare le conseguenze della *non-linearita'* e della *dissipazione viscosa*, che sono con ogni probabilita' le cause responsabili del sorgere della turbolenza, e conduce a problemi statistici che presentano molta analogia coi problemi statistici che intervengono nella turbolenza.

Cosi' ad es. si consideri una soluzione particolare della [1] nella forma

[2]
$$u = V(\eta)\,(t-t_0)^{-\frac{1}{2}}$$

in cui $V(\eta)$ e' una funzione della variabile $\eta = (y-\sigma)(t-t_0)^{-\frac{1}{2}}$. Colla [2] la [1] si trasforma nella

[3]
$$\nu V_{\eta\eta} - V V_\eta + \frac{1}{2}\,\eta\,V_\eta + \frac{1}{2}\,V = 0$$

che puo' essere integrata e da'

[4]
$$\nu V_\eta - \frac{1}{2}\,V^2 + \frac{1}{2}\,\eta V = 0$$

l'annullarsi della costante di integrazione essendo condizione necessaria perche' sia $V(\infty) = 0$ Si pone poi

[5]
$$V = -\,2\nu\,\frac{d}{d\eta}\,(\log u^*)$$

che sostituita nella [4] da' un'equazione lineare nella u^*

[6]
$$u^*_{\eta\eta} = -\,\frac{\eta}{2\nu}\,u^*_\eta\,.$$

Integrando la [6] e sostituendo nella [5] si ha

[7]
$$V = \frac{2\nu\,e^{\frac{h^2-\eta^2}{4\nu}}}{4\nu - h\displaystyle\int_h^\eta d\eta_1\,e^{-\frac{h^2-\eta_1^2}{4\nu}}}$$

essendo h un'altra costante di integrazione. La [7] puo' essere semplificata per $\dfrac{h^2}{v^2} \gg 1$, e si ottiene

   a) se $\eta = h + \delta$ essendo $\delta \ll h$

$$[8] \qquad\qquad V \cong \frac{1}{2}\, h \left[1 - \mathrm{tgh}\left(\frac{h\delta}{v} \right) \right]$$

   b) se $0 < \eta < h$ e η *non* molto prossimo ai valori estremi del-
     l'intervallo

$$[8'] \qquad\qquad\qquad V \cong \eta$$

   c) se η *e' zero o negativo,* V e' circa *zero.*

   Ne risulta una legge di variazione della u colla y e con t quale risulta dal diagramma di fig. (1, V): in ogni istante t la u , che
si puo' esprimere nell'intervallo $\sigma < y < \sigma + h(t - t_0)^{1/2}$ colla

$$[9] \qquad\qquad\qquad u = \frac{y - \sigma}{t - t_0}$$

si annulla per $y = \sigma$, ed *e' quasi nulla* per $y < \sigma$. Essa quindi cresce

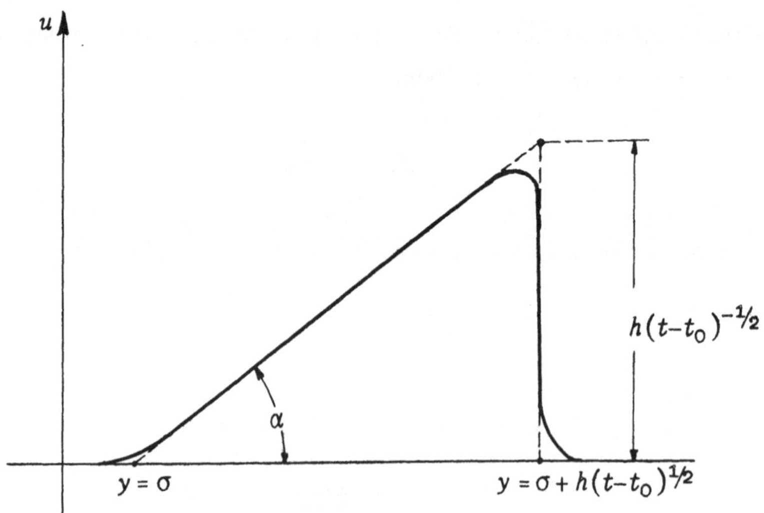

Fig. (1, V) - Variazione della velocita'   u   per la soluzione particolare (2)
dell'equazione (1) nel modello di turbolenza di Burgers.

linearmente con $y - \sigma$ fino ad un massimo che e' circa uguale a $h(t-t_0)^{-1/2}$

per $y = \sigma + h(t - t_0)^{1/2}$, quindi di nuovo cade rapidamente a zero.

Col crescere di $t - t_0$, per un dato $y - \sigma$, la retta che esprime la dipendenza di u ruota da sinistra a destra attorno al punto $y = \sigma$, di guisa che la sua pendenza diminuisce gradualmente tendendo a *zero*, se la pendenza iniziale era *positiva*, mentre se essa era *negativa* incrementa in valore assoluto e la retta tende ad assumere la posizione verticale.

Appare inoltre dalla fig. (1, V) che il diagramma di u e' approssimativamente triangolare con area *costante*, rispetto a t , data da $\frac{1}{2} h^2$; il *fronte* del diagramma avanza con una velocita', che e' uguale a $\frac{1}{2} h(t - t_0)^{-1/2}$, uguale quindi a una meta' dell'*altezza* del *fronte stesso*. Il risultato ora indicato che l'area del triangolo rappresentativo di u e' costante corrisponde all'integrale primo della quantita' di moto, per il moto corrispondente alla equazione [1]: integrando infatti l'equazione [1] rispetto a y si ha

$$\frac{d}{dt} \int u \, dy = 0$$

essendo l'integrale esteso a *tutto* il campo, nell'ipotesi che ai limiti del campo u sia *nulla*, e $\left(\nu \frac{\partial u}{\partial y} \right)$ o *zero o trascurabile*.

Moltiplicando poi la [1] per u ed integrando si ottiene l'*equazione dell'energia*

$$\frac{d}{dt} \int \frac{u^2}{2} \, dy = - \nu \int \left(\frac{\partial u}{\partial y} \right)^2 dy$$

essendo sempre l'integrale esteso a tutto il campo e nell'ipotesi che u sia nullo ai confini.

Per la soluzione particolare ora considerata si ottiene

$$- \nu \int \left(\frac{\partial u}{\partial y} \right)^2 dy = \frac{1}{6} h^3 (t - t_0)^{-1/2}$$

Il risultato sopra determinato relativo alla velocita' di propagazione del fronte quasi verticale del diagramma di u puo' essere generalizzato nel modo seguente: si riprende l'equazione [1] e si considera un sistema di coordinate che si muove col fronte. Percio' si pone

$$y' = y - \xi \quad ; \quad t' = t$$

essendo ξ, l'ascissa del fronte rispetto al sistema primitivo di coordinate, funzione di t. Si ha

$$\frac{\partial}{\partial y} = \frac{\partial}{\partial y'} \quad ; \quad \frac{\partial}{\partial t} = \frac{\partial}{\partial t'} + \left(\frac{\partial}{\partial \xi}\right)\frac{d\xi}{dt} = \frac{\partial}{\partial t} - c\,\frac{\partial}{\partial y'}$$

se $\dfrac{d\xi}{dt} = c$ e' la velocita' di propagazione del fronte, ed essendo $\dfrac{\partial}{\partial \xi} = -\dfrac{\partial}{\partial y'}$. Sostituendo queste espressioni nella [1] si ottiene

$$[1'] \qquad\qquad \frac{\partial u}{\partial t'} + (u-c)\,\frac{\partial u}{\partial y'} = \nu\,\frac{\partial^2 u}{\partial y'^2} \quad .$$

Nella regione dove il diagramma delle u presenta forti variazioni, $\dfrac{\partial u}{\partial y'} \gg \dfrac{\partial u}{\partial t'}$, e la [1'] puo' essere sostituita colla

$$[1''] \qquad\qquad (u-c)\,\frac{\partial u}{\partial y'} = \nu\,\frac{\partial^2 u}{\partial y'^2}$$

che integrata da'

$$\frac{1}{2}(u-c)^2 - \nu\,\frac{\partial u}{\partial y'} = \text{costante.}$$

Poiche' questa espressione deve essere valida in tutto l'intervallo di rapida variazione della u, e da entrambe le parti del fronte, dove $\dfrac{\partial u}{\partial y'}$ ritorna ad essere dell'ordine di 1, e quindi $\left(\nu\dfrac{\partial u}{\partial y'}\right)$ trascurabile, si ha

$$\frac{1}{2}(u_{\mathrm{I}} - c)^2 = \frac{1}{2}(u_{\mathrm{II}} - c)^2 = \text{costante}$$

dove gli indici I e II definiscono i valori di u dai due lati del fronte di rapida variazione. Si ha infine

$$[10] \qquad\qquad c = \frac{1}{2}(u_{\mathrm{I}} + u_{\mathrm{II}}) \quad ,$$

che generalizza il risultato trovato per la soluzione [2].

I risultati ora indicati permettono di determinare la legge di variazione di u per ogni stato iniziale dato da una serie di segmenti rettilinei come quello rappresentato in fig. (1, V): ogni segmento ruota intorno al suo punto $y = \sigma$; a partire dall'istante in cui un segmento raggiunge la sua posizione verticale, esso non ruota piu' ma rimane verticale, e avanza con una velocita' data dalla [10]. Detta velocita' non rimarra' costante, perche' i valori di u_I e di u_{II} variano anch'essi col tempo. E' pertanto possibile che due consecutivi segmenti verticali si sovrappongano: in tal caso essi si uniscono e formano un unico segmento verticale che continua a spostarsi con una velocita' data dalla [10], essendo u_I e u_{II} i valori della velocita' dalle due parti del nuovo segmento che si e' formato.

E' opportuno mettere a raffronto quanto adesso e' stato indicato con alcune proprieta' caratteristiche del moto turbolento.

E' stato ora dedotto come in conseguenza della presenza del termine non lineare si vengano a formare *fronti ripidi* di variazione della u , che, una volta generati, conservano la loro individualita' fino a che vengano a "fondersi" col fronte vicino: questa proprieta' e' da paragonarsi alla tendenza che si constata nel fluido in moto turbolento, che masse, che hanno acquistata una certa velocita', si spostano con questa velocita' respingendo lateralmente elementi aventi una velocita' minore, producendo cosi' superfici sedi di fortissimi scorrimenti, e quindi di tensioni tangenziali intense. Tali superfici, separanti masse fluide con differenti velocita', possono fondersi insieme in modo simile a quello indicato per i *fronti* dei diagrammi definenti la legge di variazione della u; ed in entrambi i casi questo processo ha come conseguenza quella di portare a un incremento della *scala* della configurazione turbolenta del flusso. Si puo' ancora dire: i fronti di rapida variazione hanno un certo *tempo di vita,* ed e' possibile caratterizzare una certa classe di soluzioni della [1] dando le posizioni e le intensita' di questi fronti a un dato istante. La *"storia"* del campo diventa quindi una descrizione del moto di questi fronti e del loro fondersi insieme, determinando cosi' una graduale diminuzione del loro numero ed un incremento della loro distanza media. Sono questi problemi statistici che hanno una stretta relazione con quelli presentati dal flusso turbolento.

Questi risultati, che si e' cercato qui di riassumere rapidamente, ed altri ancora ottenuti da Burgers fanno pensare che il metodo di costruire un modello di turbolenza basato su equazioni molto piu' semplici di quelle idrodinamiche, ma tuttavia presentanti le caratteristiche essenziali di esse, ossia la *non-linearita'*, e la presenza di *termini dissipativi,* possa effettivamente essere applicato con vantaggio per bene comprendere i fenomeni che avvengono nella turbolenca effettiva; naturalmente e' necessario perfezionare il modello, problema questo certo di formidabile difficolta'. Nel caso di modello unidimensionale trattato dal Burgers il successo delle ricerche e' dovuto al fatto che la determinazione delle soluzioni dell' equazione [1] puo' essere ricondotta all' integrazione di un' equazione *lineare* colla sostituzione

$$u = -\,2\nu\,\frac{\partial \log u^*}{\partial y}$$

3 - Ricerche di Malkus [19].

I lavori di *Malkus* seguono un indirizzo completamente diverso da quello proprio dei piu' recenti studi sulla turbolenza: mentre questi prendono essenzialmente in esame da un punto di vista statistico l' aspetto *casuale* del fenomeno, il Malkus considera essenzialmente quanto c' e' di *organizzato* nel campo turbolento. La sua ricerca e' basata sui seguenti punti fondamentali:

a) il flusso medio e' statisticamente stabile se un' equazione del tipo Orr-Sommerfeld e' soddisfatta dalle fluttuazioni del moto medio;

b) la piu' piccola *"scala"* del moto, che puo' essere presente nello spettro delle tensioni di Reynolds, ossia la piu' grande *frequenza* presentata da questo spettro, e' quella corrispondente, per ogni dato numero di Reynolds, alla frequenza *critica* delle oscillazioni per la stabilita' del moto medio;

c) la funzione di dissipazione corrispondente al moto medio e', *media-mente* nel campo, massima, per date condizioni imposte al moto stesso.

Ora, le soluzioni dell'equazione di stabilita' dipendono dalla legge di variazione della velocita' nel moto medio; d'altra parte questa legge dipende dallo spettro spaziale delle tensioni di Reynolds: il calcolo variazionale permette di ottenere quello spettro che soddisfa alla condizione di stabilita' b), e produce la massima velocita' di dissipazione della energia. Determinato lo spettro ne risulta di conseguenza determinata anche la velocita' media.

Quello che e' importante osservare e' che, nella ricerca ora in esame, *tutte* le costanti sono determinate, almeno approssimativamente.

Si espone qui in rapida sintesi la ricerca svolta da *Malkus* secondo i criteri sopra accennati per la determinazione del moto medio in un canale.

Le equazioni del moto medio sono le (2, II), e valgono per la tensione di Reynolds $-\rho\,\overline{u'v'}$ e per la tensione tangenziale totale τ le (3, II) e (4, II). Assumendo l'origine delle coordinate sull'asse del canale, e orientando l'asse y dall'asse verso la parete superiore [fig. (2, V)], la (4, II) diventa

$$[11] \qquad \frac{\tau}{\rho} = -\nu\left(\frac{dU}{dy}\right) + \overline{u'v'} = \frac{\tau_0}{\rho}\frac{y}{D} \ .$$

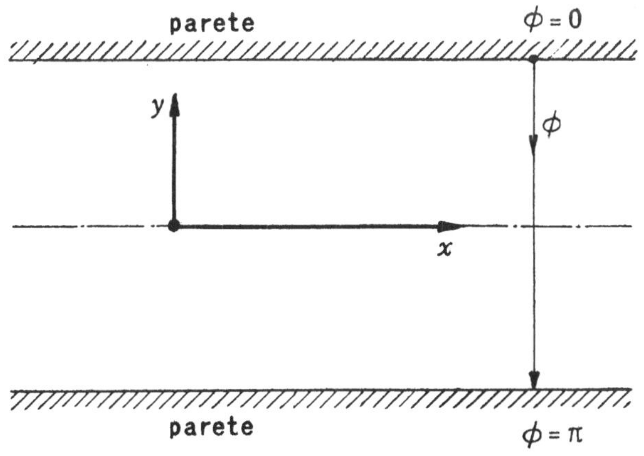

Fig. (2, V) - Studio del flusso nel canale secondo Malkus.

Se il moto medio e' stabile ogni arbitraria perturbazione deve scomparire: si prenda

$$[12] \quad \begin{cases} \vec{u} = U(y)\ \vec{i} + \varepsilon \vec{u}_1(x,y,t) + \varepsilon^2 \vec{u}_2(x,y,t) + \ldots \\[2mm] p = \bar{p}(x) + \varepsilon p_1(x,y,t) + \varepsilon^2 p_2(x,y,t) + \ldots \end{cases}$$

in cui ε e' un parametro costante; per la stabilita' e' necessario che $\vec{u}_1, \vec{u}_2, p_1, p_2$ ecc. si smorzino nel tempo qualunque sia ε. Se ora si inseriscono le [12] nelle equazioni del moto, i termini di ordine zero in ε dànno le equazioni del moto medio gia' considerato; i termini di primo ordine in ε dànno

$$[13] \quad \begin{cases} \dfrac{\partial \vec{u}_1}{\partial t} + U \dfrac{\partial \vec{u}_1}{\partial x} + \left(\vec{u}_1 \times \vec{j}\, \dfrac{dU}{dy} \right) \vec{i} - \nu\, \Delta \vec{u}_1 + \dfrac{1}{\rho}\, \mathrm{grad}\, p_1 = \vec{\mathcal{A}} \\[4mm] \mathrm{div}\ \vec{u}_1 = 0 \end{cases}$$

in cui $\vec{\mathcal{A}}$ e' un vettore le cui componenti contengono tutti i termini no lineari derivanti dalla interazione di $\vec{u}_1$ e di p_1 con il campo del le fluttuazioni turbolente.

Ora Malkus pone nella [13] $\vec{\mathcal{A}} = 0$: questa assunzione e' fondamentale nella ricerca e si basa sulla considerazione che le tensioni di Reynolds, in sostanza i *termini non lineari* nell'equazione di stabilita', agiscono nel senso di *stabilizzare* il moto medio, e quindi l'equazione che si ottiene ponendo nella [13] $\vec{\mathcal{A}} = 0$ pone per la $U(y)$ una condizione piu' restrittiva di quella che si avrebbe tenendo conto anche dei termini non lineari.

In conseguenza dell'assunzione sopraddetta la [13] assume la forma lineare consueta per l'equazione delle piccole perturbazioni di un flusso permanente. Prendendo il rotore della [13] e assumendo

$$[14] \quad \vec{u}_1 \times \vec{j}_1 = v_1 = \phi(y)\, e^{\,i\,\alpha/D\,[x-(c\,U_m)t]}$$

si ottiene

$$[15] \quad \left(\frac{U}{U_m} - c \right) \left(\frac{\partial^2 \phi}{\partial(y/D)^2} - \alpha^2 \phi \right) - \frac{\partial^2 (U/U_m)}{\partial(y/D)^2}\, \phi = \frac{i}{\alpha R} \left(\frac{\partial^4 \phi}{\partial(y/D)^4} - 2\alpha\, \frac{\partial^2 \phi}{\partial(y/D)^2} + \alpha^4 \phi \right)$$

dove $\dfrac{\alpha}{D}$ e' il *numero d'onda* della perturbazione, $c\,U_m$ e' la velocita' di fase di questa, U_m e' la velocita' media secondo y e $R = \dfrac{U_m D}{\nu}$ e' il numero di Reynolds. L'equazione [15] e' l'equazione di Orr-Sommerfeld, che costituisce l'equazione fondamentale per lo studio della stabilita' del moto laminare.

Nello studio della [15] e' stato dimostrato (*Tollmien* [20], *Heisenberg* [21]), che per ogni dato R esiste un limite superiore per il numero d'onda α per la instabilita': se $\overline{u'v'}$ e' *stabilizzante*, esso non puo' corrispondere ad un moto che richiede un'azione instabilizzante piu' grande di quella che corrisponde al moto medio, e pertanto lo spettro spaziale di $\overline{u'v'}$ relativo alla coordinata trasversale y presenta un valore limite superiore per il numero d'onda che e' proporzionale ad α limite.

Alla limitazione che da questa proprieta' deriva per la forma della funzione $U(y)$ che da' la velocita' media occorre ancora aggiungere la condizione che la funzione di dissipazione, in media nel condotto, per una data portata attraverso a questo, sia *massima*. Ora la funzione di dissipazione da' l'energia dissipata per effetto della viscosita' ed uguaglia il lavoro compiuto dalle tensioni tangenziali, di guisa che si ha

$$[16] \qquad \nu\left[\left(\frac{\partial \vec{u}}{\partial x}\right)^2 + \left(\frac{\partial \vec{u}}{\partial y}\right)^2 + \left(\frac{\partial \vec{u}'}{\partial z}\right)^2 \right]_m = \tau \left(\frac{dU}{dy}\right)_m$$

essendo

$$\left(\frac{\partial \vec{u}}{\partial x}\right)^2 = \left(\frac{\partial \vec{u}}{\partial x}\right) \times \left(\frac{\partial \vec{u}}{\partial x}\right) \qquad \text{ecc.}$$

ed in cui l'indice m sta a significare che occorre prendere il valor medio *nel canale* della grandezza indicata. Si ha

$$\left(\tau \frac{dU}{dy}\right)_m = \left(\frac{dU}{dy}\,\frac{y}{D}\right)_m \tau_0 = \tau_0\,\beta_0$$

se

$$[17] \qquad \beta_0 = -\frac{1}{2D}\int_{-D}^{D} \frac{dU}{dy}\,\frac{y}{D}\,dy = \frac{1}{2D}\int_{-D}^{D} \frac{U}{D}\,dy = \frac{U_m}{D}$$

Appare percio' che la funzione di dissipazione e' *massima*, per data U_m , quando τ_0 e' *massima*, e la condizione da porsi puo' esprimersi in termini adimensionali dicendo che per la legge piu' probabile di variazione della velocita' media questa deve essere tale da rendere *massimo* $\dfrac{D\,\tau_0}{\mu\,U_m}$ per un dato numero di Reynolds medio $R = \dfrac{D\,U_m}{\nu}$.

Per la ricerca della soluzione effettiva e' piu' conveniente *invertire* il problema e ricercare il *minimo numero di Reynolds* associato con una soluzione *indifferente* della [15] per $\dfrac{D}{\nu}\,\dfrac{\tau_0}{U_m} = $ cost. Puo' essere interessante riconoscere che questo parametro e' proporzionale al rapporto tra la funzione di dissipazione che si ha nel moto turbolento in esame e quella che si avrebbe nel moto laminare a parita' di U_m . Infatti e'

[18]
$$(\tau_0)_{\text{lam.}} = 3\,\nu\,\beta_0$$

e quindi

[19]
$$\frac{\tau_0}{(\tau_0)_{\text{lam.}}} = \frac{1}{3}\left(\frac{D}{\nu}\right)\left(\frac{\tau_0}{U_m}\right) = \frac{\beta(D)}{3\,\beta_0}$$

se

$$\beta = -\frac{dU}{dy} \quad , \quad e \quad \beta(D) = -\left(\frac{dU}{dy}\right)_{y=D} \quad .$$

Alle condizioni sopraddette debbono poi aggiungersi quelle derivanti dalle condizioni al contorno: precisamente si ha

$$\overline{u'v'} = \frac{d}{dy}\left(\overline{u'v'}\right) = \frac{d^2}{dy^2}\left(\overline{u'v'}\right) = 0 \quad \text{per} \quad y = \pm D \ ;$$

[20]
$$\beta = -\frac{dU}{dy} = \frac{1}{\mu}\left(\tau_0\,\frac{y}{D} - \overline{u'v'}\,\rho\right) , \quad \text{da cui} \quad \beta(D) = \frac{\tau_0}{\mu} \ ; \quad \beta(-D) = -\frac{\tau_0}{\mu} \ .$$

essendo U funzione *pari* di y , e quindi $\left(\dfrac{dU}{dy}\right)$ funzione dispari;

$$\frac{d\beta}{dy} = \frac{\tau_0}{\mu D} - \frac{1}{\mu}\frac{\partial}{\partial y}\left(\overline{u'v'}\right) = -\frac{d^2U}{dy^2} , \quad \text{da cui} \quad \left(\frac{d\beta}{dy}\right)_{y=D} = \left(\frac{d\beta}{dy}\right)_{y=-D} = \frac{\tau_0}{\mu D}$$

$$\frac{d^2\beta}{dy^2} = -\frac{1}{\nu}\frac{\partial^2}{\partial y^2}\left(\overline{u'v'}\right) = -\frac{d^3U}{dy^3} , \quad \text{da cui} \quad \left(\frac{d^2\beta}{dy^2}\right)_{y=D} = \left(\frac{d^2\beta}{dy^2}\right)_{y=-D} = 0$$

mentre e' pure

$$U = 0 \quad \text{per} \quad y = \pm D \ .$$

Si scrive

[21]
$$\mathfrak{u} = \frac{U}{U_m} \quad ; \quad \phi = \frac{1}{2}\,\pi\left(1 - \frac{y}{D}\right)$$

e si assume

$$\frac{\partial^2 \mathfrak{u}}{\partial \phi^2} = - \frac{12}{\pi^2}\,\frac{\tau_0}{(\tau_0)_{\text{lam.}}}\,d^2 = - K d^2 \ .$$

Dalle [20] ne risultano per la d le seguenti condizioni:

[22]a
$$\left(\frac{\partial d^2}{\partial \phi}\right)_0 = \left(\frac{\partial d^2}{\partial \phi}\right)_\pi = 0$$

[22]b
$$(d^2)_0 = (d^2)_\pi = 1$$

[22]c
$$\frac{1}{\pi}\int_0^\pi (d^2)\,d\phi = 1$$

[22]d
$$\frac{2}{\pi^2}\int_0^\pi \phi(d^2)\,d\phi = 1 \ , \quad \text{ossia} \quad \int_{-D}^{D} (y d^2)\,d\phi = 0 \ .$$

La condizione relativa alla costanza della portata puo' essere scritta nella forma

[23]
$$\frac{2}{\pi^3}\int_0^\pi (\phi^2 d^2)\,d\phi = 1 - \frac{4}{\pi^2 K}$$

od anche

[24]
$$\frac{1}{K} = \int_0^{\pi/2}\left(\phi - \frac{\phi^2}{\pi}\right)(d^2)\,d\phi \ .$$

In funzione della (d^2) si possono poi subito esprimere sia la $\rho\,\dfrac{\overline{u'v'}}{\tau_0}$, in grazia della [11], e si ha

[25]
$$\rho\,\frac{\overline{u'v'}}{\tau_0} = \frac{2}{\pi}\int_0^\phi (d^2 - 1)\,d\phi$$

sia la $\mathcal{U}$ e risulta

[26]
$$\mathcal{U} = K\left[\frac{1}{2}\,\pi\phi - \phi\int_0^\phi (d^2)\,d\phi + \int_0^\phi (\phi\,d^2)\,d\phi\right]\ .$$

In conseguenza della condizione derivante dalla limitazione superiore per il numero d'onda dello spettro spaziale della $(\overline{u'v'})$ si ha una limitazione analoga per la (d^2), che e' legata alla $\overline{u'v'}$ dalla [25]. Si pone di conseguenza

[27]
$$d^2 = \sum_{n=0}^{n_0} Y_n\,\psi_n(\phi) = \sum_{n=0}^{n_0} \sqrt{2}\,Y_n\,\cos(2n\phi) \qquad \psi_0(\phi) = 1$$

essendo n un numero intero e n_0 il valore limite di n. Questo e' legato al valore limite superiore del numero d'onda per la perturbazione del moto medio corrispondente alla condizione di stabilita' limite, e si puo' porre

$$n_0 = \frac{2}{\pi}\,r\alpha$$

in cui r e' una costante che dipende dalla *forma* dei vortici corrispondente alla perturbazione considerata. In conseguenza della scelta fatta per le funzioni $\psi_n(\phi)$ le condizioni [22]^a e [22]^d sono automaticamente soddisfatte; per le [22]^b e [22]^c si deve avere

[28]
$$\sum_{n=0}^{1/2\,n_0} Y_n^2 = 1$$

[29]
$$\left(\sum_{n=0}^{n_0/2} Y_n\right)^2 = \frac{1}{2}\ .$$

L'equazione [24] da' poi

[30]
$$\frac{1}{K} = \sum_{n=0}^{n_0/2}\sum_{m=0}^{n_0/2} B_{nm}\,Y_n\,Y_m$$

dove

$$B_{nm} = \int_0^{\pi/2}\left(\phi - \frac{\phi^2}{\pi}\right)[\cos 2(n+m)\phi + \cos 2(n-m)\phi]\,d\phi$$

mentre per la $\overline{u'v'}$ dalla [25] si deduce

$$[31] \qquad \frac{\overline{u'v'}}{\tau_0/\rho} = \sum_{n=0}^{n_0} T_n \operatorname{sen} 2n\phi$$

essendo

$$[32] \qquad T_n = \frac{1}{2n} \sum_{x=-n_0/2}^{n_0/2} Y_{|x|}\, Y_{|n-x|}$$

La risoluzione del problema ora richiede:

a) la determinazione dall'equazione di Orr-Sommerfeld della relazione tra R, α e c per condizioni di *indifferenza*, ossia di stabilita' limite;

b) la determinazione delle Y_n, soggette alle condizioni [28] [29] [30] in modo da rendere minimo R per dato K.

Il calcolo e' alquanto laborioso e ci si limita qui a dare i risultati; la distribuzione della velocita' media e' cosi' definita:

in vicinanza delle pareti:

$$[30] \qquad \frac{U}{\sqrt{\tau_0/\rho}} = \sqrt{R_B}\left(\frac{A C_0}{\pi}\right)^2\left[\log\frac{(D-y)\sqrt{\tau_0/\rho}}{\nu} + \right.$$
$$\left. + \left\{\left(1+\log\frac{\pi\Gamma}{\sqrt{R_B}}\right) + \frac{2}{C_0^2}\left(\frac{\pi^2}{12}+C\right)\right\}\right]$$

in corrispondenza della mezzeria del canale

$$[31] \qquad \frac{U_{\max}-U}{\sqrt{\tau_0/\rho}} = \sqrt{R_B}\left(\frac{A C_0}{\pi}\right)^2\left[\log\frac{1}{\cos\theta}+\frac{\theta^2}{C_0^2}\right]$$

in cui $\theta = \dfrac{\pi}{2}-\phi$; Γ e' la costante di *Eulero* $\simeq 1,78$; le A, C, C_0 sono costanti; R_B e' una specie di numero di Reynolds definito dalla

$$\frac{n_0}{K} = \frac{\pi^2}{4}\,\frac{1}{\sqrt{R_B}}\,\frac{U_m}{\sqrt{\tau_0/\rho}}\quad.$$

Si riconosce nella [30] la *legge universale logaritmica di parete*, e nella [31] la legge del *difetto di velocita'* che nella regione centrale del condotto e' quasi-parabolica. I risultati sono cosi' pienamente concordanti

con quelli gia' indicati al Cap. II; ma quello che e' ancora assai importante osservare e' che anche *le costanti* sono determinate dal calcolo,
ed i valori numerici ottenuti sono

$$\sqrt{R_B}\left(\frac{AC_0}{\pi}\right)^2 = 3,014$$

$$\left(1+\log\frac{\pi\,\Gamma}{\sqrt{R_B}}\right) + \frac{2}{C_0^2}\left(\frac{\pi^2}{12}+C\right) = 1,001 \quad .$$

La prima costante e' l'inversa della costante k universale di *Prandtl*
e *Kàrman*; per questa e' ordinariamente assunto il valore 0,4, di guisa
che $\dfrac{1}{k} = \dfrac{1}{0,4} = 2,5$; da notare pero' che la media dei valori sperimentali trovati da *Laufer* [3] per flussi entro condotti e' alquanto piu' pros-
sima al valore sopra indicato. La concordanza e' alquanto meno buona per
la seconda costante; d'altra parte anche i calcoli fatti da *Malkus* sono
soltanto approssimati. In ogni modo e' questa la prima volta che una determinazione cosi' completa del moto, con solo formule teoriche, e' stata
fatta, e pertanto il procedimento, che si ricollega all'osservazione di
Mattioli citata al n° 1, a parte le difficolta' notevoli che esso presenta, appare molto promettente e puo' aprire una nuova via allo studio del
difficile problema.

Si deve infine osservare che un nuovo importante contributo secondo un indirizzo analogo e' stato dato da *Bjørgum* [22].

BIBLIOGRAFIA

[1] A.A. TOWNSEND – "The structure of turbulent shear flow" - Cambridge University Press - 1956.

[2] A.A. TOWNSEND – "The structure of the turbulent boundary layer" - Proc. Cambridge Phil. Soc. 47, 375-95 (1951).

[3] J. LAUFER – "Investigation of a turbulent flow in a two-dimensional channel" N.A.C.A. Rep. n° 1033.

[4] J. LAUFER – "Investigation of turbulent flow in fully developed pipe flow" N.A.C.A. Rep. n° 1174.

[5] L. PRANDTL – "Untersuchungen zur ausgebildeten turbulenz" - Zeitschrift für angew. Math. und Mech. 5 (1925) pag. 136.

[6] G.I. TAYLOR – Philos. Trans. A, 215 (1915) pag. 1-26.
Proc. Roy. Soc. A, 135 (1932) pag. 685 e seg.

[7] Th. von KARMAN – "Turbulence" - Twenty-fifth Wilbur Wright Memorial. Lecture - Journal of the Royal Aeron. Society - Dic. 1937.

[8] G.I. TAYLOR – "Diffusion by continuous movements" - Proc. Lond. Math. Soc. A, 20, 196 (1921).
"Statistical theory of turbulence" Part. 1 – 5 - Proc. Roy. Soc. A, 151-156 (1935 e 1936).

[9] T.E. STANTON – Proc. Roy. Soc. London A, 85, 366-376 (1911).

[10] H. REICHARDT – "Vollständige Darstellung der turbulenten Gesch - Windigkeitsverteilung in glatten Leitungen" - Zeit. angew. Math. Mech. 1951.

[11] C. FERRARI – "Comparison of theoretical and experimental results for the turbulent boundary layer in supersonic flow along a flat plate" - Cornell Aeron. Laboratory Report No. CAL/CM-562 (Settembre 1949) e Journal Aer. Sciences - vol. 18 n° 8 Agosto 1951.

[12] C. FERRARI – "Determination of the heat transfer properties of a turbulent boundary layer in the case of supersonic flow when the temperature distribution along the wall is arbitrarely assigned" - 50 Jahre Grenzschichtforschung - pag. 364 e seg.

[13] S. CHANDRASEKHAR – "The fluctuations of density in isotropic turbulence"
                         Proc. Royal Society London A, 210 (1951-52) pag. 18.

          vedi anche
      T.Y.Li e H.T.NAGAMATSU – "Effect of density fluctuations on the turbulent
                         skin friction on a flat plate at high supersonic speeds"
                         Guggenheim Aeron. Lab. Cal. Tech. Report n°302.

[14] C. FERRARI   – "The turbulent boundary layer in a compressible fluid
                         with positive pressure gradient" - Journal Aer. Sciences -
                         vol. 18 n° 7 (luglio 1951).

       vedi anche
      F.H. CLAUSER   – "The turbulent boundary layer" - Advances in applied
                         mechanics - vol. IV - 1956.

[15] G.D. MATTIOLI   – "Teoria dinamica dei regimi fluidi turbolenti" CEDAM -
                         Padova 1937.

[16] P.Y. CHOU   – "On velocity correlations and the solutions of the
                         equations of turbulent fluctuation" - Quarterly of ap-
                         plied Mathematics - Aprile 1945 (vol. III n° 1).
                         "Pressure flow of a turbulent fluid between two infi-
                         nite parallel planes" - Quarterly of applied Mathema-
                         tics - Ottobre 1945 (vol. III n°3).

[17] J. ROTTA   – "Statistische Theorie nichthomogener Turbulenz" -
                         Zeitschrift für Physik 129 (1951); 131 (1951).

[18] J.M. BURGERS   – "A mathematical Model illustrating the Theory of Tur-
                         bulence" - Advances in Applied Mechanics - (1948) vol. I
                         (Academic Press - New York).

[19] W.V.R. MALKUS   – "Outline of a theory of turbulent shear flow" - Journal
                         of fluid Mechanics - Vol. I part. 5 - Novembre 1956.

[20] W. TOLLMIEN   – "Über die Enstehung der Turbulenz" - 1. Mitteilung.
                         Nachr. d. Ger. d. Wiss. zu Göttingen - Math. phys. Klasse
                         1929 - pagine 21-44.

[21] W. HEISENBERG   – Ann. Phys. 74 (1924) pagg. 577-627.

[22] O. BJØRGUM   – Atti Simposio sullo strato limite - Friburgo Agosto
                         1957.

TURBOLENZA IN MAGNETO IDRODINAMICA

CATALDO AGOSTINELLI

CAPITOLO I

Le equazioni della magneto idrodinamica

INTRODUZIONE

Si sa come in questi ultimi anni abbia acquistato molta importanza, in varie questioni geofisiche, astrofisiche e cosmogoniche, il problema della formazione casuale di campi magnetici in un fluido elettricamente conduttore in moto turbolento.

La conduttivita' elettrica di un fluido, che e' quasi indipendente dalla sua densita', e' una funzione crescente della sua temperatura e pertanto la conduttivita' elettrica delle masse fluide stellari, e spesso anche interstellari, si puo' ritenere pressoche' infinita.

Ora, fra le varie questioni che sono nate dalla considerazione del movimento di un fluido altamente conduttore, e che hanno dato luogo a una nuova scienza che e' la magnetoidrodinamica, ha particolare importanza quella che riguarda la formazione spontanea di campi magnetici e il processo di incremento dell'energia e dell'intensita' del campo magnetico in un fluido conduttore in moto turbolento, nell'ipotesi che nessun campo elettrico e magnetico esterno sia imposto. Di cio' intendo occuparmi in queste lezioni, in armonia e nel quadro del programma di questo corso, con particolare riferimento ai moti turbolenti omogenei isotropi di un fluido incompressibile, proponendomi di stabilire inoltre le correlazioni involgenti le componenti della velocita' e del campo magnetico, le equazioni che governano gli scambi di energia tra il moto turbolento e il campo magnetico; infine le correlazioni della pressione con la velocita' e col campo magnetico, coi risultati relativi alla fluttuazione della pressione.

Queste questioni, come ho gia' detto, sono di considerevole interesse per vari problemi che si presentano in geofisica e in astrofisica ai quali per esempio sono collegati i lavori di Ballard sull'origine del campo magnetico terrestre, la teoria di Alfvèn sulle macchie solari, le ricerche di Walen sul campo magnetico del Sole e infine le teorie avanzate da Fermi e da Alfvèn sull'origine dei raggi cosmici.

1 - Le equazioni della magneto idrodinamica.

Le equazioni che governano l'interazione del campo elettromagnetico e del moto turbolento in un fluido elettricamente conduttore sono basate sull'assunzione della validita' delle equazioni di Maxwell, salvo le modificazioni richieste dal moto idrodinamico, che sara' supposto turbolento e omogeneo, tale cioe' che le proprieta' medie del moto siano indipendenti dalla posizione.

Ora, poiche' le variazioni col tempo della intensita' del campo elettrico $\vec{E}$ e del campo magnetico $\vec{H}$ sono determinate dalla distribuzione istantanea di $\vec{E}$ ed $\vec{H}$ e dal movimento delle cariche negative rispetto alle cariche positive, indipendentemente dal modo come questa distribuzione e questo movimento sono prodotti, le equazioni di Maxwell non sono formalmente alterate dal moto idrodinamico. Quindi, nell'ipotesi che la costante dielettrica, che indicheremo con k, e la permeabilita' magnetica μ abbiano gli stessi valori in ogni punto del fluido, avremo, secondo la metrologia gaussiana

$$[1] \qquad \operatorname{rot} \vec{H} = \frac{4\pi}{c}\vec{j} + \frac{k}{c}\frac{\partial \vec{E}}{\partial t}$$

$$[2] \qquad \operatorname{rot} \vec{E} = -\frac{\mu}{c}\frac{\partial \vec{H}}{\partial t} \quad ,$$

$$[3] \qquad \operatorname{div} \vec{H} = 0 \quad ,$$

$$[4] \qquad k \operatorname{div} \vec{E} = 4\pi\rho_e \quad ,$$

dove ρ_e e' la densita' delle cariche elettriche e $\vec{j}$ la densita' di corrente. Questa sara' a sua volta composta:

1) della *corrente di conduzione* data da

$$\sigma(\vec{E} + \frac{\mu}{c}\,\vec{v}\wedge\vec{H})\quad,$$

essendo σ la conduttivita' elettrica del fluido, che supponiamo costante, e $\vec{v}$ la velocita' delle particelle fluide;

2) della *corrente di convezione* $\rho_e\vec{v}$. L'equazione della corrente e' pertanto

[5]
$$\vec{j} = \sigma(\vec{E} + \frac{\mu}{c}\,\vec{v}\wedge\vec{H}) + \rho_e\vec{v}\quad.$$

Prendendo il rotore di ambo i membri della [1] ed eliminando quindi il campo elettrico $\vec{E}$ e la densita' di corrente $\vec{j}$, servendosi delle equazioni [2] e [5], e osservando che per la solenoidalita' di $\vec{H}$ e'

$$\operatorname{rot}\operatorname{rot}\vec{H} \equiv \operatorname{grad}\operatorname{div}\vec{H} - \Delta_2\vec{H} = -\Delta_2\vec{H}\quad,$$

essendo Δ_2 l'operatore di Laplace, si ricava, per il campo magnetico $\vec{H}$, l'equazione

[6]
$$\frac{\partial\vec{H}}{\partial t} + \operatorname{rot}(\vec{H}\wedge\vec{v}) = \frac{c^2}{4\pi\mu\sigma}\left[\Delta_2\vec{H} - \frac{k\mu}{c^2}\frac{\partial^2\vec{H}}{\partial t^2} + \frac{4\pi}{c}\operatorname{rot}(\rho_e\vec{v})\right]\quad.$$

Osserviamo che per $\vec{v} = 0$, cioe' in assenza di movimento, la [6] si riduce all'equazione della telegrafia con filo

[7]
$$\frac{\partial\vec{H}}{\partial t} = \frac{c^2}{4\pi\mu\sigma}\left(\Delta_2\vec{H} - \frac{k\mu}{c^2}\frac{\partial^2\vec{H}}{\partial t^2}\right)$$

e, se non vi sono oscillazioni di alta frequenza, sara' in generale

$$\frac{k}{4\pi\sigma}\left|\frac{\partial^2\vec{H}}{\partial t^2}\right| \ll \left|\frac{\partial\vec{H}}{\partial t}\right|\quad,$$

cioe' sara' trascurabile nella [7] il termine nella $\dfrac{\partial^2\vec{H}}{\partial t^2}$, nel qual caso essa si riduce a un'equazione del tipo della conduzione del calore, sotto

la quale forma e' per esempio usata per analizzare lo skin effect nei
conduttori che trasportano corrente alternata.

Ora nei problemi magneto idrodinamici che interessano, anche se vi
sono sorgenti di oscillazioni di alta frequenza, queste involgeranno
generalmente un piccolo ammontare di energia e pertanto potranno essere
ignorate, cioe' nella [6] puo' essere trascurato il termine nella $\dfrac{\partial^2 \vec{H}}{\partial t^2}$.

Per quanto riguarda l'importanza dell'ultimo termine dipendente
dalla densita' ρ_e delle cariche elettriche, osserviamo che l'equazione
che da' la variazione della densita' di carica risulta (*)

$$[8] \qquad \frac{\partial \rho_e}{\partial t} + \operatorname{div}(\rho_e \vec{v}) = - \frac{4\pi\sigma}{k} \rho_e - \frac{\sigma\mu}{c} \operatorname{div}(\vec{v} \wedge \vec{H})$$

cioe'

$$[8'] \qquad \frac{d\rho_e}{dt} + \rho_e \operatorname{div} \vec{v} = - \frac{4\pi\sigma}{k} \rho_e - \frac{\sigma\mu}{c} \operatorname{div}(\vec{v} \wedge \vec{H}) \ .$$

Se il fluido e' incompressibile e' $\operatorname{div} \vec{v} = 0$; inoltre il termine $- \dfrac{4\pi\sigma}{k} \rho_e$,
dara' luogo per ρ_e ad un termine esponenziale di smorzamento, con un
coefficiente di smorzamento tanto piu' grande quanto piu' grande e' la conduttivita' σ Allora, poiche' l'ultimo termine del 2° membro della [8']
non e' direttamente in relazione con ρ_e , se si suppone che il movimento esiste da un tempo abbastanza lungo a partire dall'istante iniziale,
la distribuzione di ρ_e sara' irrilevante e l'ordine di grandezza medio
di ρ_e sara' paragonabile con quello di $\dfrac{k\mu}{4\pi c} \operatorname{div}(\vec{v} \wedge \vec{H})$.

(*) Infatti, tenendo conto della [4], dalla [5] si ricava

$$\operatorname{div} \vec{j} = \sigma \left[\frac{4\pi}{k}\rho_e + \frac{\mu}{c} \operatorname{div}(\vec{v} \wedge \vec{H}) \right] + \operatorname{div}(\rho_e \vec{v}) \ .$$

Inoltre dalla [1] si ha

$$\operatorname{div} \vec{j} = - \frac{k}{4\pi} \frac{\partial}{\partial t} (\operatorname{div} \vec{E}) = - \frac{\partial \rho_e}{\partial t}$$

confrontando i due valori di $\operatorname{div} \vec{j}$ si ha la [8].

Ne segue che il termine $\dfrac{4\pi}{c}\,\text{rot}(\rho_e\vec{v})$ entro parentesi quadre nel 2° membro della [4] sara' dell'ordine di

$$k\mu\,\text{rot}\left[\frac{\vec{v}}{c}\,\text{div}\left(\frac{\vec{v}}{c}\wedge H\right)\right]\ .$$

Poiche' questa quantita' e' in valore assoluto minore del prodotto di $|\Delta_2\vec{H}|$ per un fattore dell'ordine di $\dfrac{v^2}{c^2}$, segue che il termine $\dfrac{4\pi}{c}\,\text{rot}\,(\rho_e\vec{v})$ della [6] puo' essere anche trascurato e si ha che l'equazione da considerare e'

[9]
$$\frac{\partial\vec{H}}{\partial t} + \text{rot}(\vec{H}\wedge\vec{v}) = \lambda\Delta_2\vec{H}\ ,$$

con

[10]
$$\lambda = \frac{c^2}{4\pi\mu\sigma}$$

I risultati precedenti equivalgono a trascurare la corrente di spostamento e la corrente di convezione in confronto della corrente di conduzione e a scrivere quindi

[11]
$$\text{rot}\,\vec{H} = \frac{4\pi}{c}\,\vec{j}\ ,$$

[11']
$$\vec{j} = \sigma\left(\vec{E} + \frac{\mu}{c}\,\vec{v}\wedge\vec{H}\right)\ .$$

2 - Le equazioni di Navier-Stokes in magneto idrodinamica.

Passando ora a considerare le equazioni del moto del fluido, supporremo applicabile l'equazione idrodinamica di Navier-Stokes in cui si tenga conto delle forze elettromagnetiche, e cioe' dell'azione elettrostatica e della forza deflettente di Lorentz. In assenza di ogni altra forza di natura non elettromagnetica, avremo dunque

[12]
$$\frac{\partial\vec{v}}{\partial t} + \frac{d\vec{v}}{dP}\,\vec{v} = \frac{1}{\rho}\left(\rho_e\vec{E} + \frac{\mu}{c}\,\vec{j}\wedge\vec{H}\right) - \frac{1}{\rho}\,\text{grad}\,p + \nu\Delta_2\vec{v}\ ,$$

dove $\dfrac{d\vec{v}}{dP}$ e' l'*omografia vettoriale* che esprime la derivata della velocita' rispetto al punto (*), ρ e' la densita' del fluido, p e' la pressione idrodinamica, e ν e' il coefficiente di viscosita' cinematica. Ad essa va aggiunta l'equazione di continuita'

$$[13] \qquad \frac{d\rho}{dt} + \rho \, \mathrm{div} \, \vec{v} = 0 \ ,$$

che esprime il principio della conservazione della massa del fluido. Nel caso generale e' necessario tener conto della variazione della densita' del fluido nello spazio e nel tempo. Una misura dell'importanza di queste variazioni di densita' e' fornita dal rapporto di una velocita' tipica del fluido (che nel caso del moto turbolento e' la radice quadrata del quadrato medio), alla velocita' media del suono nel fluido. Quando questo rapporto e' piccolo in confronto dell'unita', le variazioni di densita' sono trascurabili e il fluido si comporta come incompressibile. Noi ci limiteremo a considerare il caso in cui il fluido e' effettivamente incompressibile e quindi l'equazione di continuita' [13] si riduce alla

$$[14] \qquad \qquad \mathrm{div} \, \vec{v} = 0 \ ,$$

che esprime anche la solenoidalita' del campo dei vettori velocita' delle particelle fluide.

Noi ammetteremo che le equazioni [12] e [14], valide per i moti magneto idrodinamici ordinari, siano valide anche per i moti magneto idrodinamici turbolenti, poiche' non vi e' ragione per ritenere che il mezzo, caratterizzato dai parametri idrodinamici ρ e ν, e da quelli elettromagnetici σ e μ, si debba nei due casi comportare diversamente.

Soltanto qui gli elementi del moto e del campo si devono intendere calcolati nelle posizioni P con riferimento ad assi cartesiani (x_1, x_2, x_3)

(*) In generale, se $\vec{u}$ e' un vettore funzione del punto P, l'omografia vettoriale $\dfrac{d\vec{u}}{dP}$ e' un operatore lineare che applicato a un *versore* da' la derivata del vettore $\vec{u}$ secondo la direzione del versore. Applicandolo per es. ai versori degli assi coordinati si hanno le derivate di $\vec{u}$ rispetto alle coordinate del punto P. [Cfr. C. BURALI-FORTI e R. MARCOLONGO, *Analisi vettoriale generale - Trasformazioni lineari*, Cap. II, § 1. (Zanichelli, Bologna, 1929)].

rispetto ai quali il moto medio e' nullo. In questo sistema di riferimento una data posizione P sara' individuata anche da un vettore $\vec{x}$ le cui componenti x_1, x_2, x_3 sono le coordinate di P.

3 - Il sistema di stress derivante dalle forze elettromagnetiche.

Osserviamo che la forza elettromagnetica per unita' di volume puo' essere cosi' scritta (*)

$$[15] \qquad \rho_e \vec{E} + \frac{\mu}{c}\, \vec{j} \wedge \vec{H} = \frac{\mu k}{4\pi c}\, \frac{\partial(\vec{H} \wedge \vec{E})}{\partial t} + \frac{\mu}{4\pi}\left(\frac{d\vec{H}}{dP}\, \vec{H} - \frac{1}{2}\, \mathrm{grad}\; H^2\right) +$$

$$+ \frac{k}{4\pi}\,(\mathrm{div}\; \vec{E} \cdot \vec{E} + \frac{d\vec{E}}{dP}\, \vec{E} - \frac{1}{2}\, \mathrm{grad}\; E^2)$$

dove soltanto il primo termine del secondo membro e' una vera forza di massa, che deriva dalla variazione rispetto al tempo del vettore di Poynting $\vec{\Pi} = \frac{c}{4\pi}\vec{E} \wedge \vec{H}$, la cui direzione e' quella secondo cui si propaga l'energia elettromagnetica e la cui grandezza da' l'intensita' del-

---

(*) Infatti, avendo riguardo alla $\begin{bmatrix}1\end{bmatrix}$ e alla $\begin{bmatrix}4\end{bmatrix}$ si ha

$$\rho_e\vec{E} + \frac{\mu}{c}\, \vec{j} \wedge \vec{H} = \frac{k}{4\pi}\, \mathrm{div}\; \vec{E} \cdot \vec{E} + \frac{\mu}{c}\left(\frac{c}{4\pi}\, \mathrm{rot}\; \vec{H} - \frac{k}{4\pi}\, \frac{\partial\vec{E}}{\partial t}\right) \wedge \vec{H}$$

Ma risulta

$$\mathrm{rot}\; \vec{H} \wedge \vec{H} = \frac{d\vec{H}}{dP}\, \vec{H} - \frac{1}{2}\, \mathrm{grad}\; H^2 \;, \qquad \frac{\partial\vec{E}}{\partial t} \wedge \vec{H} = \frac{\partial}{\partial t}\,(\vec{E} \wedge \vec{H}) - \vec{E} \wedge \frac{\partial\vec{H}}{\partial t} =$$

$$= \frac{\partial}{\partial t}\,(\vec{E} \wedge \vec{H}) + \vec{E} \wedge \frac{c}{\mu}\, \mathrm{rot}\; \vec{E} = \frac{\partial}{\partial t}\,(\vec{E} \wedge \vec{H}) - \frac{c}{\mu}\left(\frac{d\vec{E}}{dP}\, \vec{E} - \frac{1}{2}\, \mathrm{grad}\; E^2\right)$$

percio' si ha ancora

$$\rho_e\vec{E} + \frac{\mu}{c}\, \vec{j} \wedge \vec{H} = \frac{k}{4\pi}\, \mathrm{div}\; \vec{E} \cdot \vec{E} + \frac{\mu}{4\pi}\left(\frac{d\vec{H}}{dP}\, \vec{H} - \frac{1}{2}\, \mathrm{grad}\; H^2\right) +$$

$$+ \frac{\mu k}{4\pi c}\left[\frac{\partial(\vec{H} \wedge \vec{E})}{\partial t} + \frac{c}{\mu}\, \frac{d\vec{E}}{dP}\, \vec{E} - \frac{1}{2}\, \mathrm{grad}\; E^2\right]$$

da cui segue immediatamente la $\begin{bmatrix}15\end{bmatrix}$.

l'energia raggiante (*). I rimanenti termini del secondo membro dell
[15] rappresentano le forze derivanti da un sistema di sforzi intern
(o *stress* secondo la denominazione inglese), definiti dal gradiente del
la omografia vettoriale ϕ, che e' piu' precisamente una *dilatazione*
espressa dalla

$$[16] \qquad \phi = \frac{\mu}{4\pi}\left[\mathcal{H}(\vec{H},\vec{H}) - \frac{1}{2}H^2\right] + \frac{k}{4\pi}\left[\mathcal{H}(\vec{E},\vec{E}) - \frac{1}{2}E^2\right] \quad ,$$

dove $\mathcal{H}$ e' il simbolo di una *diade*.

Invero, tenendo conto che $\operatorname{div}\vec{H} = \sum_{1}^{3}{}_i \frac{\partial H_i}{\partial x_i} = 0$, indicando con $\vec{I}$.
i versori degli assi cartesiani di riferimento, per definizione di gra-
diente di una omografia (*Anal. Vett. Gen.*, *loco citato*, Cap. II, § 2),
si ha

$$\frac{d\vec{H}}{dP}\,\vec{H} = \sum_{1}^{3}{}_i H_i\,\frac{\partial\vec{H}}{\partial x_i} = \sum_{1}^{3}{}_i \frac{\partial(\vec{H}H_i)}{\partial x_i} = \sum_{1}^{3}{}_i \frac{d\mathcal{H}(\vec{H},\vec{H})}{dP}\,\vec{I}_i\vec{I}_i = \operatorname{grad}\mathcal{H}(\vec{H},\vec{H})$$

e analogamente

$$\operatorname{div}\vec{E}\cdot\vec{E} + \frac{d\vec{E}}{dP}\,\vec{E} = \sum_{1}^{3}{}_i\left(\frac{\partial E_i}{\partial x_i}\,\vec{E} + E_i\,\frac{\partial\vec{E}}{\partial x_i}\right) = \sum_{1}^{3}{}_i \frac{\partial(E_i\vec{E})}{\partial x_i} =$$

$$= \sum_{1}^{3}{}_i \frac{d\mathcal{H}(\vec{E},\vec{E})}{dP}\,\vec{I}_i\,\vec{I}_i = \operatorname{grad}\mathcal{H}(\vec{E},\vec{E})$$

Dunque la forza elettromagnetica per unita' di volume e' data da

$$\rho_e\vec{E} + \frac{\mu}{c}\,\vec{j}\wedge\vec{H} = -\frac{\mu k}{4\pi c}\frac{(\partial\vec{E}\wedge\vec{H})}{\partial t} + \operatorname{grad}\phi$$

dove l'omografia ϕ degli stress e' definita dalla [16].

Questo sistema di sforzi interni puo' essere considerato come prodotto da tubi di forza elettrica e di forza magnetica esercitanti tra-
zioni longitudinali rispettivamente di grandezza $\frac{k}{8\pi}E^2$, $\frac{\mu}{8\pi}H^2$, e pressioni laterali della stessa grandezza.

Nel caso da noi considerato in cui sia trascurabile la corrente di

---

(*) Cfr. E.PERSICO, *Introduzione alla Fisica Matematica*, Cap. VI, § 141 (Zanichelli, Bologna, 1947).

spostamento la detta forza elettromagnetica si riduce a

$$[16'] \qquad \text{grad } \phi = \frac{\mu}{4\pi} \text{grad}\left[\mathcal{H}(\vec{H},\vec{H}) - \frac{1}{2} H^2\right] = \frac{\mu}{4\pi} \frac{d\vec{H}}{dP} \vec{H} - \frac{\mu}{8\pi} \text{grad } H^2$$

e l'equazione idrodinamica [12] di Navier-Stokes diventa

$$[17] \qquad \frac{\partial\vec{v}}{\partial t} + \frac{d\vec{v}}{dP} \vec{v} = \frac{\mu}{4\pi\rho} \frac{d\vec{H}}{dP} \vec{H} - \text{grad}\left(\frac{1}{\rho} p + \frac{\mu}{8\pi\rho} H^2\right) + \nu \Delta_2\vec{v} \quad .$$

4 - Analogia tra il campo magnetico e la vorticita' (*).

Se per il momento supponiamo che il fluido considerato non sia conduttore, l'equazione idrodinamica [12], come pure la [17], diventa

$$\frac{\partial\vec{v}}{\partial t} + \frac{d\vec{v}}{dP} \vec{v} = - \frac{1}{\rho} \text{grad } p \cdot \nu \Delta_2\vec{v} \quad ,$$

dalla quale, prendendo il rotore di ambo i membri e osservando che

$$\frac{d\vec{v}}{dP} \vec{v} = \text{rot } \vec{v} \wedge \vec{v} + \frac{1}{2} \text{grad } v^2 \quad ,$$

si ha che il vettore vortice $\vec{\omega} = \frac{1}{2} \text{rot}\,\vec{v}$, soddisfa alle equazioni

$$[18] \qquad \frac{\partial\vec{\omega}}{\partial t} + \text{rot}(\vec{\omega} \wedge \vec{v}) = \nu \Delta_2\vec{\omega} \quad , \quad \text{div } \vec{\omega} = 0 \quad ,$$

le quali sono formalmente identiche alle equazioni [9] e [13] del campo magnetico, dove in luogo della viscosita' ν vi e' la costante λ che ha il carattere di una diffusivita' magnetica.

Dunque la vorticita' $\vec{\omega}$ di un fluido non conduttore e il campo magnetico $\vec{H}$ relativo al moto di un fluido conduttore sono due vettori solenoidali formalmente analoghi. Ne segue che molti dei risultati della teoria dei vortici dell'idrodinamica classica possono essere, nella

---

(*) Cfr. G. K. BATCHELOR, *On the spontaneous magnetic field in a conducting liquid in turbulent motion* (Proceedings of the Royal Society of London, Serie A, vol. 201, p. 405).

magneto idrodinamica, interpretati in termini del campo magnetico. Pei esempio il teorema di Helmholtz, il quale afferma che in un fluido perfetto le linee vorticose si muovono col fluido (*), mostra che in fluido per cui $\lambda = 0$, cioe' di conduttivita' infinita, le linee di forza magnetica sono trasportate dal mezzo, ed ogni tendenza ad assumere un moto relativo ad esso e' frenata dal moto turbolento della corrente.

Volendo ora l'interpretazione meccanica dei termini dell'equazione [9] del campo magnetico, osserviamo intanto che il termine $\lambda\Delta_2\vec{H}$ rappresenta chiaramente una diffusione o propagazione del campo magnetico. In quanto al termine $\mathrm{rot}(\vec{H}\wedge\vec{v})$ osserviamo che si puo' scrivere

$$[19] \qquad \mathrm{rot}(\vec{H}\wedge\vec{v}) = \left(\mathrm{div}\,\vec{v} - \frac{d\vec{v}}{dP}\right)H - \left(\mathrm{div}\,\vec{H} - \frac{d\vec{H}}{dP}\right)\vec{v} = \frac{d\vec{H}}{dP}\,\vec{v} - \frac{d\vec{v}}{dP}\,\vec{H}$$

e che

$$[20] \qquad \frac{d\vec{v}}{dP}\,\vec{H} = \frac{1}{2}\,\mathrm{rot}\,\vec{v}\wedge\vec{H} + D\frac{d\vec{v}}{dP}\,\vec{H}\;,$$

essendo $D\dfrac{d\vec{v}}{dP}$ la *dilatazione* dell'omografia $\dfrac{d\vec{v}}{dP}$. L'equazione [9] diventa allora

$$[21] \qquad \frac{\partial\vec{H}}{\partial t} + \frac{d\vec{H}}{dP}\,\vec{v} - \frac{1}{2}\,\mathrm{rot}\,\vec{v}\wedge\vec{H} - D\frac{d\vec{v}}{dP}\,\vec{H} = \lambda\Delta_2\vec{H}\;.$$

La somma dei primi due termini di questa equazione rappresenta la derivata sostanziale di $\vec{H}$, cioe' la derivata di $\vec{H}$ rispetto al tempo, ottenuta seguendo il moto del fluido, considerando cioe' il moto dal punto di vista lagrangiano. Il termine $\dfrac{d\vec{v}}{dP}\,\vec{H}$ rappresenta la variazione del campo magnetico $\vec{H}$ dovuta al moto relativo di due punti vicini di una linea di forza magnetica. Questo moto, come risulta dalla [20], consiste in generale di una *rotazione* con velocita' angolare $\vec{\omega} = \dfrac{1}{2}\,\mathrm{rot}\,\vec{v}$, che lascia invariata la grandezza di $\vec{H}$, e di una *estensione* rappresentata dalla dilatazione $D\dfrac{d\vec{v}}{dP}$, che altera il valore di $\vec{H}$.

(*) Cioe', le particelle fluide che in un istante si trovano su una linea vorticosa, in ogni istante successivo si trovano su una linea fluida che e' ancora una linea vorticosa.

Dunque, quando la distribuzione delle velocita' e' tale da incrementare la lunghezza delle linee di forza magnetica, la grandezza di $\vec{H}$ si incrementa e viceversa.

Si scorgono cosi' i lineamenti generali dell'interazione tra gli effetti idrodinamici e quelli elettromagnetici. Nel mezzo conduttore si stabiliscono le linee di forza magnetica con una stabilita' misurata dalla grandezza di σ e il fluido si muove intorno ad esse. In tal modo le linee di forza magnetica si possono estendere o contrarre e percio' l'energia del campo magnetico puo' crescere o decrescere.

5 - Lo sviluppo dell'energia elettromagnetica in un moto turbolento.

Nel moto turbolento di un fluido conduttore, in assenza di un campo elettrico e magnetico esterno, se vi e' presente dell'energia elettromagnetica, essa deve nascere spontaneamente dal moto idrodinamico. In realta' si puo' sempre supporre la presenza di un piccolo campo elettrico e magnetico perturbante prodotto da fattori estranei al moto del fluido e si tratta allora di vedere se l'effetto medio della turbolenza e' di amplificare o sopprimere questo piccolo campo perturbante. Questa questione puo' essere risolta se il campo perturbante e' una funzione casuale della posizione con la stessa probabilita' di distribuzione in ogni punto. Va da se che usualmente il campo elettrico e magnetico perturbante non avra' immediatamente questo carattere, appena esso e' stato introdotto. Tuttavia il moto turbolento lo distorcera' e lo distribuira' in un modo a caso, cosicche' alla fine esso tendera' a una funzione casuale stazionaria.

Per ottenere la variazione col tempo dell'ammontare medio di energia magnetica per unita' di volume del fluido, moltiplichiamo scalarmente ambo i membri dell'equazione [9] per $\vec{H}$ e prendiamo quindi la media. Si ha cosi'

$$\overline{\vec{H} \times \frac{\partial \vec{H}}{\partial t}} = \overline{\vec{H} \times \mathrm{rot}(\vec{v} \wedge \vec{H})} + \overline{\lambda \vec{H} \times \Delta_2 \vec{H}} \quad ,$$

cioe, ricordando la [19] e osservando che

$$\overline{\vec{H} \times \frac{\partial \vec{H}}{\partial t}} + \overline{\vec{H} \times \frac{d\vec{H}}{dP}\,\vec{v}} = \frac{1}{2}\,\overline{\frac{dH^2}{dt}}$$

risulta

[22] $$\frac{1}{2}\,\frac{d\overline{H^2}}{dt} = \overline{\vec{H} \times \frac{d\vec{v}}{dP}\,\vec{H}} + \lambda\,\overline{\vec{H} \times \Delta_2 \vec{H}} \ .$$

D'altra parte possiamo scrivere

$$\overline{\vec{H} \times \frac{d\vec{v}}{dP}\,\vec{H}} = \overline{H^2 \left(\frac{\partial \vec{v}}{\partial s_H}\right)_H} \ ,$$

dove $\dfrac{\partial \vec{v}}{\partial s_H}_H$ e' la componente secondo la linea di forza magnetica della derivata di $\vec{v}$ nella direzione tangente a quella linea di forza, il cui arco e' indicato con s_H.

Inoltre si ha (*)

$$\vec{H} \times \Delta_2 \vec{H} = \frac{1}{2}\,\Delta_2 H^2 - \sum_1^3 (\operatorname{grad} H_i)^2 \ ,$$

da cui, prendendo la media e osservando che se $\vec{H}$ e' una funzione casuale stazionaria il valor medio di $\Delta_2 H^2$ e' nullo, si ottiene

$$\overline{\vec{H} \times \Delta_2 \vec{H}} = - \sum_1^3 \overline{(\operatorname{grad} H_i)^2}$$

e pertanto la [22] diventa

[23] $$\frac{1}{2}\,\frac{d\overline{H^2}}{dt} = \overline{H^2 \left(\frac{\partial \vec{v}}{\partial s_H}\right)_H} - \lambda \sum_1^3 \overline{(\operatorname{grad} H_i)^2} \ .$$

Da questa si deduce che il quadrato medio di $\vec{H}$ si incrementera' o di-

---

(*) Infatti risulta:

$$\vec{H} \times \Delta_2 \vec{H} = \sum_1^3 H_i\,\operatorname{div}\operatorname{grad} H_i = \sum_1^3 \operatorname{div}(H_i\,\operatorname{grad} H_i) - \sum_1^3 (\operatorname{grad} H_i)^2 =$$

$$= \frac{1}{2}\sum_1^3 \operatorname{div}\operatorname{grad} H_i^2 - \sum_1^3 (\operatorname{grad} H_i) = \frac{1}{2}\,\operatorname{div}\operatorname{grad} H^2 - \sum_1^3 (\operatorname{grad} H_i)^2 \ .$$

minuira' col tempo a seconda dell'importanza relativa dei due termini del 2° membro.

Il secondo termine e' sempre negativo e rappresenta il valor medio dell'energia magnetica che si converte in calore per effetto Joule. Il primo rappresenta invece la corrente di energia magnetica dovuta al moto turbolento e la forma di esso mostra che il segno di questa corrente dipende dall'estensione, o dalla contrazione, delle linee di forza magnetica, prodotta dalla turbolenza.

Entrambi questi termini sono dello stesso ordine di grandezza rispetto ad H, dimodoche' H^2 continuera' a crescere o decrescere, fino a che non vi sara' un cambiamento nelle caratteristiche statistiche di $\vec{v}$ e di $\vec{H}$.

Utili indicazioni possiamo trarre ancora dall'analogia tra campo magnetico e vorticita'.

In assenza di effetto elettromagnetico il quadrato medio della vorticita' di una corrente turbolenta omogenea, soddisfa, come si ricava dalla [18], l'equazione

$$[24] \qquad \frac{1}{2} \frac{d\overline{\omega^2}}{dt} = \overline{\omega^2 \left(\frac{\partial \vec{v}}{\partial s_\omega}\right)_\omega} - \nu \sum_{1}^{3} \overline{(\mathrm{grad}\ \omega_i)^2}$$

Ora dalla teoria e dalle conoscenze sperimentali della turbolenza ordinaria si sa che in media le particelle fluide tendono a diffondersi lontano e che questo processo allunga le linee che si muovono col fluido. Allora, benche' le linee vorticose non si muovono esattamente col fluido quando la viscosita' ν non e' nulla, ma cio' avviene in modo approssimativo, esse tendono ad allungarsi e si ha sempre

$$\overline{\omega^2 \left(\frac{\partial \vec{v}}{\partial s_\omega}\right)_\omega} > 0 \ .$$

Allungandosi le linee vorticose si ha un contributo positivo di $\dfrac{1}{2} \dfrac{d\overline{\omega^2}}{dt}$.

E' stato anche assodato sperimentalmente che quando il numero di Reynolds della turbolenza e' sufficientemente grande, il processo di smorzamento della vorticita' per effetto della diffusione viscosa e quello di amplificazione per l'estensione delle linee vorticose, sono approssimativamente in equilibrio.

Allora, poiche' i processi meccanici agenti sul campo magnetico sono identici a quelli che agiscono sulla vorticita', salvo il diverso valore del coefficiente di diffusivita', possiamo dire che fino a quando le caratteristiche statistiche della distribuzione di $\vec{H}$ sono approssimativamente le stesse di quelle di $\vec{\omega}$ (a parte il valore assoluto), i due contributi a $\dfrac{d\overline{H^2}}{dt}$ saranno in equilibrio se $\lambda = \nu$. Se $\lambda > \nu$ lo smorzamento dell'energia magnetica sara' piu' forte dell'amplificazione dovuta all'estensione idrodinamica delle linee di forza magnetica ed $\overline{H^2}$ decadera' a zero. Se invece e' $\lambda < \nu$ l'influsso dell'energia della turbolenza sara' piu' grande del calore perduto per effetto Joule ed $\overline{H^2}$ si incrementera'. Dunque il criterio per l'incremento dell'energia del campo magnetico e' che sia $\lambda < \nu$, cioe'

$$[25] \qquad\qquad \frac{4\pi\mu\sigma\nu}{c^2} > 1 \ .$$

CAPITOLO II

La teoria invariante della turbolenza isotropa in magneto
idrodinamica.

1 - Le equazioni fondamentali.

La teoria invariante della turbolenza in magneto idrodinamica puo'
essere sviluppata nello stesso modo di quella della turbolenza ordinaria, come ha fatto per primo Chandrasekhar (*), sulla base delle equazioni stabilite nel paragrafo precedente coll'inclusione delle forze
elettromagnetiche.

Nella nostra esposizione l'uso del calcolo tensoriale di cui pre-
minentemente si sono avvalsi gli autori che hanno sviluppata questa teoria, come Taylor, von Kàrmàn, Howarth, Robertson, Kolmogoroff, Batchelor
e Chandraseckhar, sara' mitigato talvolta dall'introduzione di espressioni vettoriali omografiche, che mettono maggiormente in rilievo le caratteristiche geometriche o meccaniche delle grandezze che si considerano.

Nel definire le correlazioni fra le componenti della velocita' e
quelle del campo magnetico in punti distinti del campo ci riferiremo al
caso della turbolenza omogenea isotropa, in cui cioe' quelle correlazioni sono invarianti per arbitrarie rotazioni rigide e per riflessioni
rispetto a un piano. Ma e' facile l'estensione a casi piu' generali di
turbolenza, come per esempio quella a simmetria assiale.

Con riferimento a un sistema di assi coordinati $(x_1\,x_2\,x_3)$ rispetto ai quali il moto medio del fluido e il valor medio dell'intensita'
del campo magnetico sono nulli, indicheremo con $\vec{x}$ il vettore (di componenti x_1,x_2,x_3) che individua la posizione di un punto P e con $\vec{r}$

(*) S.CHANDRASEKHAR, *The invariant theory of isotropic turbulence in magneto-
hydrodynamics* (Proceedings of the Royal Society of London, serie A, vol.204, p.435).
IDEM, *The invariant theory of isotropic turbulence in magneto-hydrodynamics* II
("Idem", serie A, vol.207, p.301).

il vettore che va da un punto $P(\vec{x})$ a un punto $P'(\vec{x}')$, cioe'

$$\vec{r} = P' - P = \vec{x}' - \vec{x} \ .$$

Inoltre le componenti di $\vec{r}$ saranno indicate con

$$\xi_i = x_i' - x_i \ .$$

L equazione del moto che avremo da considerare sara' quella di Navier-Stokes che assumeremo sotto la forma [17]. Poiche' tenendo conto che i vettori $\vec{v}$ ed $\vec{H}$ sono solenoidali, risulta

$$\frac{d\vec{v}}{dP}\,\vec{v} = \sum_{1}^{3}{}_{j}\, v_j\,\frac{\partial\vec{v}}{\partial x_j} = \sum_{1}^{3}{}_{j}\,\frac{\partial(v_j\vec{v})}{\partial x_j} - \sum_{1}^{3}{}_{j}\,\frac{\partial v_j}{\partial x_j}\,\vec{v} = \sum_{1}^{3}{}_{j}\,\frac{\partial(v_j\vec{v})}{\partial x_j}$$

e analogamente

$$\frac{d\vec{H}}{dP}\,\vec{H} = \sum_{1}^{3}{}_{j}\,\frac{\partial(H_j H)}{\partial x_j} \ ,$$

l' equazione [17], proiettata sull' asse generico x_i, porge

$$[26] \quad \frac{\partial v_i}{\partial t} + \sum_{1}^{3}{}_{j}\,\frac{\partial(v_i v_j)}{\partial x_j} - \frac{\mu}{4\pi\rho}\sum_{1}^{3}{}_{j}\,\frac{\partial(H_i H_j)}{\partial x_j} = -\frac{\partial}{\partial x_i}\left(\frac{1}{\rho}\,p + \frac{\mu}{8\pi\rho}\,H^2\right) + \nu\Delta_2 v_i$$

In modo analogo dall' equazione [9] del campo magnetico, tenendo conto della [19], si ha

$$[27] \quad \frac{\partial H_i}{\partial t} + \sum_{1}^{3}{}_{j}\,\frac{\partial}{\partial x_j}\,(v_j H_i - H_j v_i) = \lambda\Delta_2 H_i \ .$$

Per ragioni di semplicita' sara' conveniente di considerare invece del vettore $\vec{H}$, il vettore

$$[28] \quad \vec{h} = \left(\frac{\mu}{4\pi\rho}\right)^{\frac{1}{2}}\,\vec{H} \ ,$$

che ha le dimensioni di una velocita'

Ponendo inoltre

$$[29] \quad \mathcal{B} = \frac{1}{\rho}\,p + \frac{\mu}{8\pi\rho}\,H^2$$

le equazioni [26] e [27] diventano

$$[30] \qquad \frac{\partial v_i}{\partial t} + \sum_{1}^{3} {}_j \frac{\partial}{\partial x_j} (v_i v_j - h_i h_j) = - \frac{\partial \mathscr{S}}{\partial x_i} + \nu \Delta_2 v_i$$

$$[31] \qquad \frac{\partial h_i}{\partial t} + \sum_{1}^{3} {}_j \frac{\partial}{\partial x_j} (v_j h_i - h_j v_i) = \lambda \Delta_2 h_i \quad ,$$

le quali saranno la base delle nostre deduzioni.

2 - Correlazioni fra le componenti della velocita' e le componenti del campo magnetico.

I valori medi di prodotti di velocita' e di componenti del campo magnetico in punti distinti dello spazio costituiscono gli elementi di sviluppo della nostra teoria. Questi valori medi danno luogo ad espressioni tensoriali che nella letteratura sulla turbolenza vengono chiamate *correlazioni*, le quali sono di fondamentale importanza in tutta la teoria.

Da un primo esame delle equazioni [30] e [31] si riconosce che si avra' da considerare *correlazioni di 2° ordine* del tipo

$$[32] \qquad \overline{v_i v_k'} \quad , \quad \overline{h_i h_k'} \quad , \quad \overline{v_i h_k'}$$

dove gli elementi senza apice sono relativi a un punto $P(\vec{x})$ e quelli con un apice sono relativi a un altro punto $P'(\vec{x}')$.

Si avranno inoltre *correlazioni di 3° ordine* della forma

$$[32'] \qquad \overline{v_i v_j v_k'} \quad , \quad \overline{h_i h_j h_k'} \quad , \quad \overline{v_i v_j h_k'} \quad , \quad \overline{h_i h_j v_k'}$$

$$\overline{(h_i v_j - h_j v_i) h_k'} \quad , \quad \overline{(h_i v_j - h_j v_i) v_k'} \quad .$$

Per dedurre la equazioni che legano queste correlazioni, scriviamo intanto l'equazione [30] per la componente v_k' della velocita' in un altro punto P'

$$[30'] \qquad \frac{\partial v_k'}{\partial t} + \sum_{1}^{3} {}_j \frac{\partial}{\partial x_j'} (v_k' v_j' - h_k' h_j') = - \frac{\partial \mathscr{S}'}{\partial x_k'} + \nu \Delta_2' v_k'$$

dove Δ_2^l e' l'operatore di Laplace rispetto alle coordinate x^l di P^l.

Moltiplicando la [30] per v_k^l, la [30'] per v_i, sommando e prendendo quindi la media di ambo i membri si ottiene

$$\frac{\partial}{\partial t}\overline{v_i v_k^l} + \sum_1^3 {}_j \overline{v_k^l \frac{\partial}{\partial x_j}(v_i v_j - h_i h_j)} + \sum_1^3 {}_j \overline{v_i \frac{\partial}{\partial x_j^l}(v_j^l v_k^l - h_j^l h_k^l)} =$$

$$= -\left(\overline{v_k^l \frac{\partial \mathscr{S}}{\partial x_i}} + \overline{v_i \frac{\partial \mathscr{S}^l}{\partial x_k^l}}\right) + \nu(\overline{v_k^l \Delta_2 v_i} + \overline{v_i \Delta_2^l v_k^l})$$

che si puo' scrivere

$$\frac{\partial}{\partial t}\overline{v_i v_k^l} + \sum_1^3 {}_j \overline{\frac{\partial}{\partial x_j}(v_i v_j - h_i h_j)v_k^l} + \sum_1^3 {}_j \overline{\frac{\partial}{\partial x_j^l}v_i(v_j^l v_k^l - h_j^l h_k^l)} =$$

$$= -\left[\overline{\frac{\partial}{\partial x_i}(v_k^l \mathscr{S})} + \overline{\frac{\partial}{\partial x_k^l}(v_i \mathscr{S}^l)}\right] + \nu(\Delta_2 \overline{v_k^l v_i} + \Delta_2^l \overline{v_i v_k^l}) \ ,$$

ed essendo

$$\frac{\partial}{\partial x_j} = -\frac{\partial}{\partial \mathcal{E}_j} \quad , \quad \frac{\partial}{\partial x_j^l} = \frac{\partial}{\partial \mathcal{E}_j}$$

si ha

$$[33] \qquad \frac{\partial}{\partial t}\overline{v_i v_k^l} - \sum_1^3 {}_j \frac{\partial}{\partial \mathcal{E}_j}\left[\overline{(v_i v_j - h_i h_j)v_k^l} - \overline{v_i(v_j^l v_k^l - h_j^l h_k^l)}\right] =$$

$$= \frac{\partial}{\partial \mathcal{E}_i}\overline{v_k^l \mathscr{S}} - \frac{\partial}{\partial \mathcal{E}_k}\overline{v_i \mathscr{S}^l} + 2\nu\Delta_2\overline{v_i v_k^l}$$

dove il laplaciano si intende ora calcolato rispetto a $\mathcal{E}_1, \mathcal{E}_2, \mathcal{E}_3$.

Nel caso della turbolenza omogenea isotropa e' $\overline{\mathscr{S} v_k^l} = 0$ (*).

(*) Invero esso sara' uguale a un tensore omogeneo isotropo di 1° ordine, dipendente soltanto da $\vec{r}$, solenoidale rispetto all'indice k e della forma $\overline{\mathscr{S} v_k^l} = A\mathcal{E}_k$, con A funzione pari di r, regolare per $r = 0$. Indicando con $\vec{I}_k(k = 1, 2, 3)$ i versori degli assi di riferimento, si puo' scrivere anche

$$\overline{\mathscr{S} v_k^l} = A\vec{r} \times \vec{I}_k$$

e dovra' essere

$$\text{div}(A\vec{r}) = A\,\text{div}\,\vec{r} + \text{grad}_{\vec{r}}\,A \times \vec{r} = 3A + r\frac{\partial A}{\partial r} = 0 \ .$$

Ma questa equazione non ha soluzione non nulla, regolare per $r = 0$; si conclude che e' $\overline{\mathscr{S} v_k^l} = 0$.

Inoltre si ha

$$\overline{v_i v_j' v_k'} = -\,\overline{v_i v_j v_k'} \quad , \quad \overline{v_i h_j' h_k'} = -\,\overline{h_i h_j v_k'}$$

e pertanto l'equazione [23] diventa ,

$$[34] \qquad \frac{\partial}{\partial t}\,\overline{v_i v_k'} - 2\sum_{1}^{3}{}_j \frac{\partial}{\partial \mathcal{E}_j}\,\left(\overline{v_i v_j v_k'} - \overline{h_i h_j v_k'}\right) = 2\nu\Delta_2\,\overline{v_i v_k'}$$

e ponendo

$$[35] \qquad Q_{ik} = \overline{v_i v_k'} \quad , \quad T_{ijk} = \overline{v_i v_j v_k'} \quad , \quad S_{ijk} = \overline{h_i h_j v_k'}$$

dove Q_{ik} sara' un tensore isotropo di 2° ordine e T_{ijk}, S_{ijk} tensori isotropi di 3° ordine, tutti solenoidali rispetto all'indice k, possiamo scrivere

$$[36] \qquad \frac{\partial Q_{ik}}{\partial t} - 2\sum_{1}^{3}{}_j \frac{\partial}{\partial \mathcal{E}_j}\,\left(T_{ijk} - S_{ijk}\right) = 2\nu\Delta_2\,Q_{ik} \quad .$$

Il tensore Q_{ik} sara' simmetrico rispetto agli indici i, k. Esistera' quindi una omografia vettoriale α (dilatazione), funzione di $\vec{r}$, per cui si puo' scrivere

$$Q_{ik} = \alpha\,\vec{I}_i \times \vec{I}_k \quad .$$

Inoltre il vettore $\alpha\,\vec{I}_i$ dovra' essere solenoidale; si puo' porre quindi

$$[37] \qquad \alpha = \mathrm{Rot}(Q\,\vec{r}\,\Lambda) \quad ,$$

con Q quantita' scalare funzione pari di r (oltre che di t). Avremo allora

$$[38] \qquad Q_{ik} = \mathrm{Rot}(Q\,\vec{r}\,\Lambda)\,\vec{I}_i \times \vec{I}_k = \mathrm{rot}(Q\,\vec{r}\,\Lambda\,I_i) \times I_k$$

cioe' (*)

$$[39] \qquad Q_{ik} = \frac{1}{r}\,\frac{\partial Q}{\partial r}\,\mathcal{E}_i\mathcal{E}_k - \left(r\,\frac{\partial Q}{\partial r} + 2Q\right)\delta_{ik} \quad ,$$

(*) Infatti si ha
$$\mathrm{rot}(Q\,\vec{r}\,\Lambda\,\vec{I}_i) \times \vec{I}_k = \left[\frac{d\,(Q\vec{r})}{d\vec{r}} - \mathrm{div}(Q\vec{r})\right]\vec{I}_i \times \vec{I}_k = \frac{\partial\,(Q\vec{r})}{\partial \mathcal{E}_i} \times \vec{I}_k - \left(r\frac{\partial Q}{\partial r} + 3Q\right)\vec{I}_i \times \vec{I}_k$$

$$= \frac{\partial Q}{\partial r}\,\frac{\mathcal{E}_i}{r}\,\mathcal{E}_k + Q\,\vec{I}_i \times \vec{I}_k - \left(r\frac{\partial Q}{\partial r} + 3Q\right)\vec{I}_i \times \vec{I}_k = \frac{1}{r}\,\frac{\partial Q}{\partial r}\,\mathcal{E}_i\mathcal{E}_k - \left(r\frac{\partial Q}{\partial r} + 2Q\right)\vec{I}_i \times \vec{I}_k$$

dove e' $\delta_{ik} = I_i \times I_k = \begin{cases} 1 & \text{per} \quad k = i \\ 0 & \text{"} \quad k \neq i \end{cases}$.

E' manifesto che l'omografia α da cui deriva il tensore Q_{ik} equivale alla *diade*

$$[40] \qquad \alpha = \frac{1}{r} \frac{\partial Q}{\partial r} \mathcal{H}(\vec{r}, \vec{r}) - \left(r \frac{\partial Q}{\partial r} + 2Q \right) .$$

Di qui segue subito che se indichiamo con v_r, v'_r le componenti secondo $\vec{r} = P' - P$, delle velocita' nei punti P, P', e con v_n, v'_n le corrispondenti componenti normali alla direzione di $\vec{r}$, i valori medi dei prodotti di velocita' $\overline{v_r v'_r}$, $\overline{v_n v'_n}$ sono dati da

$$Q_{rr} = r \frac{\partial Q}{\partial r} - \left(r \frac{\partial Q}{\partial r} + 2Q \right) = -2Q \quad ; \quad Q_{nn} = - \left(r \frac{\partial Q}{\partial r} + 2Q \right)$$

la prima delle quali da' il significato dello scalare Q.

Dalla [38] si ricava inoltre

$$\Delta_2 Q_{ik} = \Delta_2 \mathrm{Rot}(Q \vec{r} \wedge) \vec{I}_i \times \vec{I}_k = \mathrm{Rot}[\Delta_2(Q \vec{r}) \wedge] \vec{I}_i \times \vec{I}_k .$$

Ma osservando che

$$\Delta_2 (Q \mathcal{E}_i) = \Delta_2 Q \cdot \mathcal{E}_i + 2 \, \mathrm{grad} \, Q \times \mathrm{grad} \, \mathcal{E}_i = \Delta_2 Q \cdot \mathcal{E}_i + 2 \frac{\partial Q}{\partial r} \frac{\mathcal{E}_i}{r} = \left(\frac{\partial^2 Q}{\partial r^2} + \frac{4}{r} \frac{\partial Q}{\partial r} \right) \mathcal{E}_i$$

e quindi

$$\Delta_2 (Q \vec{r}) = \left(\frac{\partial^2 Q}{\partial r^2} + \frac{4}{r} \frac{\partial Q}{\partial r} \right) \vec{r} \quad ,$$

ne segue

$$[41] \qquad \Delta_2 Q_{ik} = \mathrm{Rot} \left[\left(\frac{\partial^2 Q}{\partial r^2} + \frac{4}{r} \frac{\partial Q}{\partial r} \right) \vec{r} \wedge \right] \vec{I}_i \times \vec{I}_k .$$

In quanto ai tensori T_{ijk}, S_{ijk}, che rappresentano rispettivamente le correlazioni di terzo ordine $\overline{v_i v_j v'_k}$, $\overline{h_i h_j v'_k}$, osserviamo che essi saranno tensori isotropi di 3° ordine funzioni di $\vec{r}$, simmetrici rispetto agli indici i, j e solenoidali rispetto all'indice k. Essi deriveranno percio' da vettori solenoidali della forma (*)

$$[42] \quad \begin{aligned} \vec{T}_{ij} &= \mathrm{rot}\,[T(\mathcal{E}_i\vec{r}\wedge\vec{I}_j + \mathcal{E}_j\vec{r}\wedge\vec{I}_i)] \\ \vec{S}_{ij} &= \mathrm{rot}\,[S(\mathcal{E}_i\vec{r}\wedge\vec{I}_j + \mathcal{E}_j\vec{r}\wedge\vec{I}_i)] \quad , \end{aligned}$$

con T ed S quantita' scalari funzioni pari di r Ne segue

$$[42'] \quad \begin{aligned} T_{ijk} = \vec{T}_{ij}\times\vec{I}_k &= \frac{2}{r}\frac{\partial T}{\partial r}\,\mathcal{E}_i\mathcal{E}_j\mathcal{E}_k + 2T\mathcal{E}_k\delta_{ij} - \left(r\frac{\partial T}{\partial r} + 3T\right)(\mathcal{E}_i\delta_{jk} + \mathcal{E}_j\delta_{ik}) \\ S_{ijk} = \vec{S}_{ij}\times\vec{I}_k &= \frac{2}{r}\frac{\partial S}{\partial r}\,\mathcal{E}_i\mathcal{E}_j\mathcal{E}_k + 2S\mathcal{E}_k\delta_{ij} - \left(r\frac{\partial S}{\partial r} + 3S\right)(\mathcal{E}_i\delta_{jk} + \mathcal{E}_j\delta_{ik}) \end{aligned}$$

Si ricava

$$\frac{\partial\vec{T}_{ij}}{\partial\mathcal{E}_j} = \mathrm{rot}\left[\frac{1}{r}\frac{\partial T}{\partial r}\,\mathcal{E}_j(\mathcal{E}_i\vec{r}\wedge\vec{I}_j + \mathcal{E}_j\vec{r}\wedge\vec{I}_i) + T(\delta_{ij}\vec{r}\wedge I_j + r\wedge I_i + \mathcal{E}_j\vec{I}_j\wedge\vec{I}_i)\right]$$

e sommando rispetto all'indice j si ottiene

$$\sum_{1}^{3}{}_{j}\,\frac{\partial\vec{T}_{ij}}{\partial\mathcal{E}_j} = \mathrm{rot}\left[\left(r\frac{\partial T}{\partial r} + 5T\right)\vec{r}\wedge\vec{I}_i\right] = \mathrm{Rot}\left[\left(r\frac{\partial T}{\partial r} + 5T\right)\vec{r}\wedge\right]\vec{I}_i \quad .$$

Analogamente

$$\sum_{1}^{3}{}_{j}\,\frac{\partial\vec{S}_{ij}}{\partial\mathcal{E}_j} = \mathrm{Rot}\left[\left(r\frac{\partial S}{\partial r} + 5S\right)\vec{r}\wedge\right]\vec{I}_i$$

e quindi

$$[43] \quad \sum_{1}^{3}{}_{j}\,\frac{\partial}{\partial\mathcal{E}_j}(T_{ijk} - S_{ijk}) = \mathrm{Rot}\left[\left(r\frac{\partial}{\partial r} + 5\right)(T-S)\vec{r}\wedge\right]\vec{I}_i\times\vec{I}_k \quad .$$

(*) Invero dovra' esistere un vettore $\vec{t}_{ij}$, funzione di $\vec{r}$, simmetrico rispetto agli indici i,j tale che $\vec{T}_{ij} = \mathrm{rot}\,\vec{t}_{ij}$, dove $\vec{t}_{ij}$ sara' combinazione lineare di vettori assiali della forma

$$\mathcal{E}_i\vec{r}\wedge\vec{I}_j \;\;, \;\; \mathcal{E}_j\vec{r}\wedge\vec{I}_i \;\;, \;\; \vec{r}\times\vec{I}_i\wedge\vec{I}_j\cdot\vec{r} \;\;: \;\; \vec{I}_i\wedge\vec{I}_j \;\;.$$

con coefficienti funzioni soltanto di r. Ma in virtu' dell'identita'

$$\mathcal{E}_i\vec{r}\wedge\vec{I}_j + \mathcal{E}_j\vec{I}_i\wedge\vec{r} + \vec{r}\times\vec{I}_i\wedge\vec{I}_j\cdot\vec{r} = r^2\vec{I}_i\wedge\vec{I}_j$$

dei quattro vettori considerati soltanto tre sono linearmente indipendenti. Tenendo quindi conto della simmetria rispetto agli indici i,j, si deduce che il vettore $\vec{t}_{ij}$ sara' proprio della forma: $\vec{t}_{ij} = T(\mathcal{E}_i\vec{r}\wedge\vec{I}_j + \mathcal{E}_j\vec{r}\wedge\vec{I}_i)$.

Sostituendo nella equazione dinamica [36], tenendo conto della espressione [38] di Q_{ik} e della espressione [41] di $\Delta_2 Q_{ik}$, si deduce per le funzioni scalari Q, T, S l'equazione

$$[44] \qquad \frac{\partial Q}{\partial t} - 2\left(r \frac{\partial}{\partial r} + 5\right)(T - S) = 2\nu \left(\frac{\partial^2 Q}{\partial r^2} + \frac{4}{r} \frac{\partial Q}{\partial r}\right) .$$

che e' l'estensione alla magneto idrodinamica dell'equazione di von Karman e Howarth dell'ordinaria turbolenza isotropa.

3 - Significato degli scalari che definiscono le correlazioni.

Per avere il significato degli scalari T, S, osserviamo che se contrassegniamo ancora col suffisso r le componenti dei vettori $\vec{v}$ ed $\vec{h}$ secondo la direzione di $\vec{r}$ e col suffisso n le componenti normali ad $\vec{r}$, dalla prima delle [42°] si ha che i valori medi di prodotti di 3° ordine $\overline{v_r^2 v_r'}$, $\overline{v_n^2 v_r'}$, $\overline{v_r v_n v_n'}$, che sono quelli che normalmente vengono misurati, sono dati rispettivamente da

$$[45] \qquad \begin{aligned} T_{rrr} &= 2r^2 \frac{\partial T}{\partial r} + 2Tr - \left(r \frac{\partial T}{\partial r} + 3T\right) \cdot 2r = -4rT \quad ; \quad T_{nnr} = 2rT \\ T_{rnn} &= -r\left(r \frac{\partial T}{\partial r} + 3T\right) \end{aligned}$$

Analogamente dalla 2ª delle [42°] si ha che i valori medi $\overline{h_r^2 v_r'}$, $\overline{h_n^2 v_r'}$, $\overline{h_r h_n v_n'}$ sono dati da

$$[45'] \qquad S_{rrr} = -4rS \quad , \quad S_{nnr} = 2rS \quad , \quad S_{rnn} = -r\left(r \frac{\partial S}{\partial r} + 3S\right) .$$

Poiche', come hanno trovato von Karman e Howarth, in vicinanza dell'origine, cioe' per $r \to 0$, il tensore $\overline{v_r^2 v_r'}$ deve comportarsi come r^3, dalla prima delle [45] si ha che lo scalare T in vicinanza dell'origine avra' il comportamento

$$[46] \qquad T = T_2 \, r^2 + O(r^4) \quad , \quad \text{per} \quad r \to 0 .$$

Lo scalare S che definisce il tensore $\overline{h_i h_j v_k'}$ deve tendere invece ad un limite finito S_0 per $r \to 0$, e sara' pertanto

[46°] $$S = S_0 + S_2 r^2 + O(r^4) \ , \quad \text{per} \quad r \to 0$$

Infatti, se consideriamo i valori medi $\overline{h_1^2 v_1'}$, $\overline{h_2^2 v_1'}$, dalla seconda delle [42°] si ha

$$\overline{h_1^2 v_1'} = S_{111} = \frac{2}{r}\frac{\partial S}{\partial r}\mathcal{E}_1^3 - 2\left(r\frac{\partial S}{\partial r} + S\right)\mathcal{E}_1$$

$$\overline{h_2^2 v_1'} = S_{221} = 2\left(\frac{1}{r}\frac{\partial S}{\partial r}\mathcal{E}_2^2 + S\right)\mathcal{E}_1$$

da cui si ricava

$$\overline{h_1\frac{\partial v_1'}{\partial x_1'}} = \frac{\partial S_{111}}{\partial \mathcal{E}_1} = \frac{2}{r}\frac{\partial}{\partial r}\left(\frac{1}{r}\frac{\partial S}{\partial r}\right)\mathcal{E}_1^4 - 2\frac{\partial^2 S}{\partial r^2}\mathcal{E}_1^2 - 2\left(r\frac{\partial S}{\partial r} + 2S\right)$$

$$\overline{h_2^2\frac{\partial v_1'}{\partial x_1'}} = \frac{\partial S_{221}}{\partial \mathcal{E}_1} = \frac{2}{r}\left[\frac{\partial}{\partial r}\left(\frac{1}{r}\frac{\partial S}{\partial r}\right)\mathcal{E}_2^2 + \frac{\partial S}{\partial r}\right]\mathcal{E}_1^2 + \frac{2}{r}\frac{\partial S}{\partial r}\mathcal{E}_2^2 + 2S$$

e passando al limite per $r \to 0$, si ha

[47] $$S_0 = -\frac{1}{4}\overline{h_1^2\frac{\partial v_1}{\partial x_1}} = \frac{1}{2}\overline{h_2^2\frac{\partial v_1}{\partial x_1}}$$

Ricordando quanto si e' detto nel § 1, n° 5, circa lo sviluppo di energia magnetica nel moto turbolento, si ha che S_0 e' una misura del contributo dell'energia magnetica dovuto all'estensione delle linee di forza magnetica per effetto della velocita' del campo Quindi S_0 in generale non sara' nullo.

4 - Ulteriori correlazioni fra le componenti del campo magnetico e della velocita'.

Con lo stesso procedimento del n°2 di questo Cap,, scrivendo l'equazione [31] per la componente h_k' del vettore $\vec{h}$ relativo al punto P', moltiplicando l'equazione che cosi' si ottiene per h_i, la [31] per h_k', poi sommando, e prendendo quindi la media si ricava

$$\frac{\partial \overline{h_j h_k'}}{\partial t} - \sum_1^3{}_j \frac{\partial}{\partial \mathcal{E}_j} \left[\overline{(v_j h_i - h_j v_i)h_k'} - \overline{(v_j' h_k' - h_j' v_k')h_i} \right] = 2\lambda \Delta_2 \overline{h_i h_k'} \ .$$

Ma trattandosi di turbolenza omogenea isotropa si ha

$$\overline{h_i v_j h_k'} = - \overline{h_i v_j' h_k'} \quad , \quad \overline{h_j v_i h_k'} = - \overline{h_j' v_i h_k'} \quad ,$$

percio' l'equazione precedente diventa

$$[48] \qquad \frac{\partial \overline{h_i h_k'}}{\partial t} - 2 \sum_1^3{}_j \frac{\partial}{\partial \mathcal{E}_j} \overline{(h_i v_j - h_j v_i)h_k'} = 2\lambda \Delta_2 \overline{h_i h_k'} \quad .$$

La correlazione $\overline{h_i h_k'}$ sara' definita da un tensore isotropo di 2° ordine H_{ik} analogo al tensore $Q_{ik} = \overline{v_i v_k'}$ espresso dalla [38]; avremo quindi

$$[49] \quad \overline{h_i h_k'} = H_{ik} = \mathrm{Rot}\,(H\vec{r} \wedge)\vec{I}_i \times \vec{I}_k = \frac{1}{r}\frac{\partial H}{\partial r}\mathcal{E}_i\mathcal{E}_k - \left(r\frac{\partial H}{\partial r} + 2H\right)\delta_{ik}$$

essendo H una funzione pari di r, e in modo conforme alla [41] risulta

$$[50] \qquad \Delta_2 H_{ik} = \mathrm{Rot}\left[\left(\frac{\partial^2 H}{\partial r^2} + \frac{4}{r}\frac{\partial H}{\partial r}\right)\vec{r} \wedge\right]\vec{I}_i \wedge \vec{I}_k$$

Osserviamo ora che la tripla correlazione $\overline{(h_i v_j - h_j v_i)h_k'}$ sara' equivalente ad un tensore di 3° ordine, che indicheremo con M_{ijk}, emisimmetrico rispetto agli indici i, j

Segue che esso sara' della forma

$$[51] \quad M_{ijk} = \overline{(h_i v_j - h_j v_i)h_k'} = M\vec{r} \wedge (\vec{I}_j \wedge \vec{I}_i) \times I_k = M(\mathcal{E}_i\delta_{jk} - \mathcal{E}_j\delta_{ik}) \ ,$$

dove al solito M e' una funzione pari di r, e si riconosce subito, come e' necessario, che esso e' solenoidale rispetto all'indice k, che cioe'

$$\mathrm{div}[M\vec{r} \wedge (\vec{I}_j \wedge \vec{I}_i)] = \mathrm{rot}(M\vec{r}) \times \vec{I}_j \wedge \vec{I}_i = 0 \quad ,$$

essendo $\mathrm{rot}(M\vec{r}) = \mathrm{grad}\,M \wedge \vec{r} = 0$.

Si ricava

$$\sum_{1}^{3}{}_{j} \frac{\partial M_{ijk}}{\partial \mathcal{E}_j} = \frac{1}{r}\frac{\partial M}{\partial r}\mathcal{E}_i\mathcal{E}_k - \left(r\frac{\partial M}{\partial r} + 2M\right)\delta_{ik}$$

cioè, confrontando con le [38] e [39] si ha

$$\sum_{1}^{3}{}_{j} \frac{\partial M_{ijk}}{\partial \mathcal{E}_j} = \mathrm{Rot}(M\vec{r}\,A)\,\vec{I}_i \times \vec{I}_k \ .$$

Sostituendo nella [48] si deduce l'equazione scalare

$$[52] \qquad \frac{\partial H}{\partial t} = 2M + 2\lambda\left(\frac{\partial^2 H}{\partial r^2} + \frac{4}{r}\frac{\partial H}{\partial r}\right)$$

alla quale devono soddisfare le funzioni H ed M.

Osserviamo che lo scalare M, che definisce il tensore [51], per $r \to 0$ avrà il comportamento

$$M = M_0 + M_2 r^2 + O(r^4) \ , \quad \text{per} \quad r \to 0 \ ,$$

dove il coefficiente M_0 è finito e non nullo ed è un multiplo del coefficiente S_0; precisamente si ha (*)

$$[53] \qquad M_0 = -\frac{5}{4}\,h_1^2\,\frac{\partial v_1}{\partial x_1} = 5\,S_0$$

(*) Infatti, considerando il valor medio

$$\overline{(h_1 v_2 - h_2 v_1)h_2'} = M_{122} = M\mathcal{E}_1 \ ,$$

si deduce

$$\overline{(h_1 v_1 - h_2 v_1)\frac{\partial h_2'}{\partial x_1'}} = \frac{\partial M_{122}}{\partial \mathcal{E}_1} = \frac{\partial M}{\partial r}\frac{\mathcal{E}_1^2}{r} + M \ ,$$

e quindi

$$M_0 = \lim_{r\to 0}\overline{(h_1 v_2 - h_2 v_1)\frac{\partial h_2'}{\partial x_1'}} = \overline{(h_1 v_2 - h_2 v_1)\frac{\partial h_2}{\partial x_1}} \ .$$

Ora risulta

$$\overline{h_1 v_2\frac{\partial h_2}{\partial x_1}} = \frac{\partial}{\partial x_1}\overline{h_1 v_2 h_2} - \overline{h_1 h_2\frac{\partial v_2}{\partial x_1}} - \overline{h_2 v_2\frac{\partial h_1}{\partial x_1}} = -\overline{h_1 h_2\frac{\partial v_2}{\partial x_1}} - \overline{h_2 v_2\frac{\partial h_1}{\partial x_1}}$$

ed inoltre

$$\overline{h_2 v_1\frac{\partial h_2}{\partial x_1}} = \frac{1}{2}\overline{v_1\frac{\partial h_2^2}{\partial x_1}} = -\frac{1}{2}\overline{h_2^2\frac{\partial v_1}{\partial x_1}} \ , \qquad \text{'/.}$$

5 - Le equazioni definitive della magneto idrodinamica turbolenta isotropa.

Un'altra equazione scalare si può dedurre dalle equazioni [30] e [31] nel modo seguente. Moltiplicando ambo i membri della [30] per h'_k

---

'/. quindi

$$M_0 = - \overline{h_1 h_2 \frac{\partial v_2}{\partial x_1}} - \overline{h_2 v_2 \frac{\partial h_1}{\partial x_1}} + \frac{1}{2} \overline{h_2^2 \frac{\partial v_1}{\partial x_1}} \ .$$

Per la solenoidalità del vettore $\vec{h}$ si ha ancora

$$\overline{h_2 v_2 \frac{\partial h_1}{\partial x_1}} = - \overline{h_2 v_2 \left(\frac{\partial h_2}{\partial x_2} + \frac{\partial h_3}{\partial x_3}\right)} = - \frac{1}{2} \overline{v_2 \frac{\partial h_2^2}{\partial x_2}} - \overline{h_2 v_2 \frac{\partial h_3}{\partial x_3}} = \frac{1}{2} \overline{h_2^2 \frac{\partial v_2}{\partial x_2}} - \overline{h_2 v_2 \frac{\partial h_3}{\partial x_3}} \ .$$

Ma nell'ipotesi dell'isotropia è:

$$\overline{h_2^2 \frac{\partial v_2}{\partial x_2}} = \overline{h_1^2 \frac{\partial v_1}{\partial x_1}} \quad , \quad \overline{h_2 v_2 \frac{\partial h_3}{\partial x_3}} = \overline{h_2 v_2 \frac{\partial h_1}{\partial x_1}} \quad ,$$

perciò

$$\overline{h_2 v_2 \frac{\partial h_1}{\partial x_1}} = \frac{1}{2} \overline{h_1^2 \frac{\partial v_1}{\partial x_1}} - \overline{h_2 v_2 \frac{\partial h_1}{\partial x_1}} \quad , \quad \text{dà cui:} \quad \overline{h_2 v_2 \frac{\partial h_1}{\partial x_1}} = \frac{1}{4} \overline{h_1^2 \frac{\partial v_1}{\partial x_1}} \ .$$

Quindi

$$M_0 = - \overline{h_1 h_2 \frac{\partial v_2}{\partial x_1}} - \frac{1}{4} \overline{h_1^2 \frac{\partial v_1}{\partial x_1}} + \frac{1}{2} \overline{h_2^2 \frac{\partial v_1}{\partial x_1}} \quad ,$$

cioè, per la [47],

$$M_0 = - \overline{h_1 h_2 \frac{\partial v_2}{\partial x_1}} + 2 S_0 \ .$$

D'altra parte dalla seconda delle [42'] si ha

$$\overline{h_1 h_2 v'_2} = S_{122} = \frac{2}{r} \frac{\partial S}{\partial r} \xi_1 \xi_2^2 - \left(r \frac{\partial S}{\partial r} + 3S\right) \xi_1 \ ,$$

da cui

$$\overline{h_1 h_2 \frac{\partial v'_1}{\partial x'_1}} = \frac{\partial S_{122}}{\partial \xi_1} = 2 \frac{\partial}{\partial r}\left(\frac{1}{r} \frac{\partial S}{\partial r}\right)\frac{\xi_1^2}{r} \xi_2^2 + \frac{2}{r} \frac{\partial S}{\partial r} \xi_2^2 - \frac{\partial}{\partial r}\left(r \frac{\partial S}{\partial r} + 3S\right)\frac{\xi_1^2}{r} - \left(r \frac{\partial S}{\partial r} + 3S\right)$$

e al limite per $r \to 0$,

$$\overline{h_1 h_2 \frac{\partial v_2}{\partial x_1}} = - 3 S_0 \ .$$

Ne segue

$$M_0 = 5 S_0 = - \frac{5}{4} \overline{h_1^2 \frac{\partial v_1}{\partial x_1}} \ .$$

e prendendo la media si ottiene

$$[54] \qquad \overline{h_k'\frac{\partial v_i}{\partial t}} - \sum_1^3 {}_j \frac{\partial}{\partial \mathcal{E}_j}\, (\overline{v_i v_j h_k'} - \overline{h_i h_j h_k'}) = \nu \Delta_2\, \overline{v_i h_k'} \quad ,$$

essendo nullo il valor medio $\overline{\mathcal{S} h_k'}$, per considerazioni analoghe a quelle fatte nel n° 2 di questo Cap per il valore medio $\overline{\mathcal{S} v_k'}$.

Scrivendo ora l'equazione [31] per le componenti h_k' , v_k' nel punto P', moltiplicando quindi per v_i , e prendendo la media, si ricava

$$[54'] \qquad \overline{\frac{\partial h_k'}{\partial t}\, v_i} + \sum_1^3 {}_j \frac{\partial}{\partial \mathcal{E}_j}\, \overline{(v_j' h_k' - h_j' v_k') v_i} = \lambda \Delta_2\, \overline{h_k' v_i}$$

Sommando infine le equazioni [54] e [54'] si ottiene

$$[55] \qquad \frac{\partial}{\partial t}\, \overline{v_i h_k'} - \sum_1^3 {}_j \frac{\partial}{\partial \mathcal{E}_j}\, (\overline{v_i v_j h_k'} - \overline{h_i h_j h_k'}) + \sum_1^3 {}_j \frac{\partial}{\partial \mathcal{E}_j}\, \overline{(v_j' h_k' - h_j' v_k') v_i} =$$

$$= (\lambda + \nu) \Delta_2\, \overline{v_i h_k'}$$

Poiche' a differenza del vettore velocita', il vettore $\vec{h}$ si comporta come il vortice, ed e' quindi come si dice un vettore *assiale*, od *obliquo* (*skew* secondo la denominazione inglese), avviene che correlazioni in cui ricorre un numero dispari di componenti di $\vec{h}$ sono equivalenti a tensori assiali, contrariamente a quello che accade quando invece compare un numero pari di componenti di $\vec{h}$. Ne segue che $\overline{v_i h_k'}$ sara' uguale a un tensore isotropo di 2° ordine assiale, cioe' della forma

$$[56] \qquad \overline{v_i h_k'} = R_{ik} = R\,\vec{r} \wedge \vec{I_i} \times \vec{I_k} \quad ,$$

con R funzione pari di   Da questa si ricava

$$\Delta_2\, \overline{v_i h_k'} = \Delta_2 (R\,\vec{r}) \wedge \vec{I_i} \times \vec{I_k} = \left(\frac{\partial^2 R}{\partial r^2} + \frac{4}{r}\frac{\partial R}{\partial r}\right) \vec{r} \wedge \vec{I_i} \times \vec{I_k} \quad .$$

Analogamente le triple correlazioni $\overline{v_i v_j h_k'}$, $\overline{h_i h_j h_k'}$ che figurano nella [55] saranno dei tensori assiali di 3° ordine funzioni di $\vec{r}$ provenienti da vettori analoghi al vettore $\vec{t_{ij}}$ definito nel n° 2 di questo Cap.

in nota, cioe' della forma

$$[57] \quad \begin{aligned} \overline{v_i v_j h_k'} &\equiv U_{ijk} = \vec{U}_{ij} \times \vec{I}_k = U(\mathcal{E}_i \vec{r} \wedge \vec{I}_j + \mathcal{E}_j \vec{r} \wedge \vec{I}_i) \times \vec{I}_k \\[2mm] \overline{h_i h_j h_k'} &\equiv V_{ijk} = \vec{V}_{ij} \times \vec{I}_k = V(\mathcal{E}_i \vec{r} \wedge \vec{I}_j + \mathcal{E}_j \vec{r} \wedge \vec{I}_i) \times \vec{I}_k \end{aligned}$$

con U, V funzioni pari di r.

Ponendo

$$U = \frac{1}{r} \frac{\partial A}{\partial r} \quad , \quad V = \frac{1}{r} \frac{\partial B}{\partial r}$$

si ha anche

$$[57°] \quad \begin{aligned} \overline{v_i v_j h_k'} &= \mathrm{rot}\,[A(\mathcal{E}_i \vec{I}_j + \mathcal{E}_j \vec{I}_i)] \times \vec{I}_k \\[2mm] \overline{h_i h_j h_k'} &= \mathrm{rot}\,[B(\mathcal{E}_i \vec{I}_j + \mathcal{E}_j \vec{I}_i)] \times \vec{I}_k \ . \end{aligned}$$

Questi tensori sono simmetrici negli indici i, j, e come si riconosce subito sono solenoidali rispetto all'indice k.

In quanto alla correlazione $\overline{(v_j' h_k' - h_j' v_k')v_i}$, questa sara' uguale a un tensore isotropo assiale di 3° ordine, antisimmetrico rispetto agli indici j, k e solenoidale rispetto all'indice i. Sara' quindi della forma

$$[58] \quad \begin{aligned} \overline{(v_j' h_k' - h_j' v_k')v_i} &= W_{ijk} = \vec{W}_{jk} \times \vec{I}_i = \mathrm{rot}\,[W(\mathcal{E}_k \vec{I}_j - \mathcal{E}_j \vec{I}_k)] \times \vec{I}_i = \\[2mm] &= \mathrm{rot}\,[W\vec{r} \wedge (\vec{I}_j \wedge \vec{I}_k)] \times \vec{I}_i \end{aligned}$$

Si ricava ora dalle [57] e [58]

$$\sum_{1}^{3}{}_{j} \frac{\overline{\partial v_i v_j h_k'}}{\partial \mathcal{E}_j} = \left(r \frac{\partial U}{\partial r} + 5U\right)\vec{r} \wedge \vec{I}_i \times \vec{I}_k$$

$$\sum_{1}^{3}{}_{j} \frac{\overline{\partial h_i h_j h_k'}}{\partial \mathcal{E}_j} = \left(r \frac{\partial V}{\partial r} + 5V\right)\vec{r} \wedge \vec{I}_i \times \vec{I}_k$$

$$\sum_{1}^{3}{}_{j} \frac{\partial}{\partial \mathcal{E}_j} \overline{(v_j' h_k' - h_j' v_k')v_i} = \left(\frac{\partial^2 W}{\partial r^2} + \frac{4}{r}\frac{\partial W}{\partial r}\right)\vec{r} \wedge \vec{I}_i \times \vec{I}_k \quad (*),$$

(*) Si ha infatti
$$\sum_{1}^{3}{}_{j} \frac{\partial}{\partial \mathcal{E}_j} \overline{(v_j' h_k' - h_j' v_k')v_i} = \mathrm{rot}\left[\frac{1}{r}\frac{\partial W}{\partial r}\mathcal{E}_k \vec{r} - \left(r\frac{\partial W}{\partial r} + 2W\right)\vec{I}_k\right] \times \vec{I}_i = \mathrm{rot}\ \mathrm{rot}\,(W\vec{r} \wedge \vec{I}_k) \times \vec{I}_i =$$
$$= - \Delta_2(W\vec{r}) \wedge \vec{I}_k \times \vec{I}_i = -\left(\Delta_2 W + \frac{2}{r}\frac{\partial W}{\partial r}\right)\vec{r} \wedge \vec{I}_k \times \vec{I}_i = \left(\frac{\partial^2 W}{\partial r^2} + \frac{4}{r}\frac{\partial W}{\partial r}\right)\vec{r} \wedge \vec{I}_i \times \vec{I}_k \ .$$

e sostituendo nella [55] si ha l'altra equazione scalare richiesta

$$[59] \qquad \frac{\partial R}{\partial t} = \left(r\frac{\partial}{\partial r} + 5\right)(U - V) - D_2(W) + (\lambda + \nu)\,D_2(R)$$

dove si e' posto

$$[60] \qquad D_2 = \frac{\partial^2}{\partial r^2} + \frac{4}{r}\frac{\partial}{\partial r}$$

Dunque le funzioni scalari che definiscono i vari tensori considerati devono verificare le equazioni [44], [52] e [59], che qui riscrivo

$$[44] \qquad \frac{\partial Q}{\partial t} - 2\left(r\frac{\partial}{\partial r} + 5\right)(T - S) = 2\nu D_2(Q)$$

$$[52] \qquad \frac{\partial H}{\partial t} = 2M + 2\lambda D_2(H)$$

$$[59] \qquad \frac{\partial R}{\partial t} = \left(r\frac{\partial}{\partial r} + 5\right)(U - V) - D_2(W) + (\lambda + \nu)D_2(R)\;,$$

e queste sono le equazioni basilari della magneto idrodinamica turbolenta isotropa.

6 - Le equazioni in termini del potenziale vettore.

Le equazioni della magneto idrodinamica turbolenta isotropa precedentemente stabilita si possono esprimere anche in termini del potenziale vettore $\vec{A}$ del campo magnetico $\vec{H}$, definito dalla relazione

$$\vec{H} = \operatorname{rot} \vec{A}$$

dove, senza scapito di generalita', il vettore $\vec{A}$ si puo' supporre solenoidale.

Ponendo in modo conforme alla [28]

$$a = \left(\frac{\mu}{4\pi\rho}\right)^{\frac{1}{2}} \vec{A}$$

avremo

$$[61] \qquad \vec{h} = \operatorname{rot} \vec{a}\;, \quad \text{con} \quad \operatorname{div} \vec{a} = 0\;.$$

In virtu' di questa relazione gli scalari che definiscono i tensori in cui compaiono delle componenti di $\vec{h}$, saranno in relazione con quelli che definiscono i tensori in cui le componenti di $\vec{h}$, ove occorre, sono sostituite con quelle di $\vec{a}$.

Cosi', se indichiamo con A e B gli scalari che definiscono i tensori solenoidali isotropi $\overline{a_i a_k^l}$, $\overline{v_i a_k^l}$, poniamo cioe'

$$[62] \qquad \overline{a_i a_k^l} = \mathrm{rot}(A\,\vec{r} \wedge \vec{I}_i) \times \vec{I}_k$$

$$[62'] \qquad \overline{v_i a_k^l} = \mathrm{rot}(B\,\vec{r} \wedge \vec{I}_i) \times \vec{I}_k$$

ne deduciamo

$$\overline{h_i h_k^l} = \overline{\mathrm{rot}_p\,\vec{a} \times \vec{I}_i \cdot \mathrm{rot}_{p'}\vec{a}' \times \vec{I}_k} = -\Delta_2\,\overline{a_i a_k^l} = -\Delta_2\,\mathrm{rot}\,(A\,\vec{r} \wedge \vec{I}_i) \times \vec{I}_k =$$

$$= -\mathrm{rot}\,[\Delta_2(A\vec{r}) \wedge \vec{I}_i] \times \vec{I}_k = -\mathrm{rot}\,[D_2(A) \cdot \vec{r} \wedge I_i] \times \vec{I}_k$$

e analogamente

$$\overline{v_i h_k^l} = \overline{v_i\,\mathrm{rot}_{p'}\vec{a}' \times \vec{I}_k} = \mathrm{rot}(\overline{v_i a'}) \times \vec{I}_k = \mathrm{rot}\,\mathrm{rot}\,(B\,\vec{r} \wedge \vec{I}_i) \times \vec{I}_k =$$

$$= -\Delta_2(B\vec{r}) \wedge \vec{I}_i \times \vec{I}_k = -D_2(B) \cdot \vec{r} \wedge \vec{I}_i \times \vec{I}_k$$

Ne segue, confrontando con le [49] e [56],

$$[63] \qquad H = -D_2(A) \quad,$$

$$[63'] \qquad R = -D_2(B)$$

dove D_2 e' l'operatore differenziale definito dalla [60].

Consideriamo ora i tensori $\overline{v_i v_j a_k^l}$, $\overline{h_i h_j a_k^l}$, i quali saranno tensori isotropi simmetrici rispetto agli indici i, j e solenoidali rispetto all'indice k. In modo conforme ai tensori T_{ijk}, S_{ijk} espressi dalle [42'], essi saranno esprimibili nella forma

$$[64] \qquad \overline{v_i v_j a_k^l} = \mathrm{rot}[E(\mathcal{E}_i\,\vec{r} \wedge \vec{I}_j + \mathcal{E}_j\,\vec{r} \wedge \vec{I}_i)] \times \vec{I}_k$$

$$\overline{h_i h_j a_k^l} = \mathrm{rot}[F(\mathcal{E}_i\,\vec{r} \wedge \vec{I}_j + \mathcal{E}_j\,\vec{r} \wedge \vec{I}_i)] \times \vec{I}_k$$

Ora possiamo scrivere

$$\overline{v_i v_j h_k^i} = \text{rot } \overline{v_i v_j a^i} \times \vec{I}_k = \text{rot rot } [E(\mathcal{E}_i \vec{r} \wedge \vec{I}_j + \mathcal{E}_j \vec{r} \wedge \vec{I}_i)] \times \vec{I}_k$$

$$= - \Delta_2 [E(\mathcal{E}_i \vec{r} \wedge \vec{I}_j + \mathcal{E}_j \vec{r} \wedge \vec{I}_i)] \times \vec{I}_k =$$

$$= - \left(\frac{\partial^2 E}{\partial r^2} + \frac{6}{r} \frac{\partial E}{\partial r} \right) (\mathcal{E}_i \vec{r} \wedge \vec{I}_j + \mathcal{E}_j \vec{r} \wedge \vec{I}_i) \times \vec{I}_k \ .$$

Confrontando con la prima delle [57] si ha

$$[65] \qquad\qquad U = - \left(\frac{\partial^2 E}{\partial r^2} + \frac{6}{r} \frac{\partial E}{\partial r} \right)$$

e analogamente

$$[65'] \qquad\qquad V = - \left(\frac{\partial^2 F}{\partial r^2} + \frac{6}{r} \frac{\partial F}{\partial r} \right) \ .$$

Finalmente consideriamo il tensore $\overline{(h_i v_j - h_j v_i)a_k^i}$, che e' antisimmetrico negli indici i, j e solenoidale rispetto all'indice k, e poniamo, in conformita' della [58]

$$[66] \qquad\qquad \overline{(h_i v_j - h_j v_i)a_k^i} = \text{rot}[G \vec{r} \wedge (\vec{I}_j \wedge \vec{I}_i)] \times \vec{I}_k \ .$$

con G funzione pari di r.

    Abbiamo quindi

$$\overline{(h_i v_j - h_j v_i)h_k^i} = \text{rot}\left[\overline{(h_i v_j - h_j v_i)\vec{h}^i}\right] \times \vec{I}_k =$$

$$= \text{rot rot } [G \vec{r} \wedge (\vec{I}_j \wedge \vec{I}_i)] \times \vec{I}_k = - \Delta_2 (G \vec{r}) \wedge (I_j \wedge I_i) \times I_k =$$

$$= - D_2 G \cdot \vec{r} \wedge (\vec{I}_j \wedge \vec{I}_i) \times \vec{I}_k$$

e confrontando con la [51] si ha

$$[67] \qquad\qquad M = - D_2 G$$

Le equazioni che governano gli scalari A, B, E, F, G, si deducono ora subito dalle equazioni [52] e [59]. La prima di queste, in virtu' della [63] e della [67] diventa

$$[68] \qquad\qquad D_2 \frac{\partial A}{\partial t} = 2 D_2 G + 2 \lambda D_2 D_2 A \ .$$

Ma se $f(r)$ e' una funzione che soddisfa all'equazione

$$D_2 f \equiv \frac{\partial^2 f}{\partial r^2} + \frac{4}{r} \frac{\partial f}{\partial r} = 0$$

si ha

$$r^4 \frac{\partial f}{\partial r} = \text{cost.}$$

e affinche' f sia regolare per $r = 0$, deve essere

$$\frac{\partial f}{\partial r} = 0 \quad , \quad f = \text{cost.}$$

Dalla [68] segue allora

$$[69] \qquad \frac{\partial A}{\partial t} = 2G + 2\lambda D_2 A + \text{cost.}$$

che e' l'equazione equivalente alla [52].

Analogamente, avuto riguardo alle [64] ed alle [65] e [65'], e osservando che

$$\left(r \frac{\partial}{\partial r} + 5 \right) \frac{\partial^2}{\partial r^2} + \frac{6}{r} \frac{\partial}{\partial r} \right) = D_2 \left(r \frac{\partial}{\partial r} + 5 \right)$$

la [59] risulta equivalente all'equazione

$$[70] \qquad \frac{\partial B}{\partial t} = \left(r \frac{\partial}{\partial r} + 5 \right) (E - F) + W + (\lambda + \nu) D_2 B + \text{cost.}$$

$$\text{CAPITOLO III}$$

La dissipazione di energia e le fluttuazioni della pressione

1 - La dissipazione dell'energia per viscosita' e conduttivita'.

Le equazioni che governano la dissipazione dell'energia possono essere dedotte dalle equazioni [44] e [52]. Per questo osserviamo che gli scalari Q, H, M, S, T, ricordando le [46] e [46'], nell'intorno di $r = 0$, si possono rappresentare mediante serie di potenze di r della forma

$$[71] \quad \begin{aligned} & Q = Q_0 + Q_2 r^2 + \ldots \; ; \quad H = H_0 + H_2 r^2 + \ldots \; ; \quad M = M_0 + M_2 r^2 + \ldots \; ; \\ & S = S_0 + S_2 r^2 + \ldots \; ; \quad T = T_2 r^2 + \ldots \end{aligned}$$

Sostituendo nelle equazioni [44] e [52], e uguagliando i coefficienti dei termini indipendenti da r, si ottiene

$$[72] \qquad \frac{dQ_0}{dt} = - 10\, S_0 + 20\, \nu Q_2 \quad , \quad \frac{dH_0}{dt} = 2\, M_0 + 20\, \lambda H_2 \quad .$$

D'altra parte dalle equazioni [35] e [39] e dalla [49] ricaviamo

$$\overline{v_i v_i'} = Q_{ii} = \frac{1}{r}\frac{\partial Q}{\partial r}\, \xi_i^2 - \left(r\frac{\partial Q}{\partial r} + 2Q \right)$$

$$\overline{h_i h_i'} = H_{ii} = \frac{1}{r}\frac{\partial H}{\partial r}\, \xi_i^2 - \left(r\frac{\partial H}{\partial r} + 2H \right)$$

e quindi

$$\overline{\vec{v} \times \vec{v}'} = \sum_{1}^{3} \overline{v_i v_i'} = - 2\left(r\frac{\partial Q}{\partial r} + 3Q \right) \quad , \quad \overline{h \times h'} = - 2\left(r\frac{\partial H}{\partial r} + 3H \right) \; .$$

Passando al limite per $r \to 0$ si ottiene

$$[73] \qquad \overline{v^2} = - 6\, Q_0 \quad , \quad \overline{h^2} = - 6 H_0 \quad .$$

Sostituendo nelle equazioni [72], ricordando che e' (cfr. la [53]),

$$M_0 = 5S_0 = -\frac{5}{4}\,h_1^2\,\overline{\frac{\partial v_1}{\partial x_1}}\ ,$$

si ha infine

[74]
$$\frac{1}{2}\frac{\overline{dv^2}}{dt} = -7,5\,h_1^2\,\overline{\frac{\partial v_1}{\partial x_1}} - 60\,\nu Q_2$$

$$\frac{1}{2}\frac{\overline{dh^2}}{dt} = 7,5\,h_1^2\,\overline{\frac{\partial v_1}{\partial x_1}} - 60\,\lambda H_2\ .$$

che sono le equazioni che danno la variazione col tempo dell'energia cinetica e dell'energia magnetica media per unita' di massa.

La variazione totale dell'energia risulta

[75]
$$\frac{1}{2}\frac{d}{dt}\left(\overline{v^2}+\overline{h^2}\right) = -60(\nu\,Q_2 + \lambda H_2)\ .$$

Questa equazione sta a significare che la perdita totale di energia del mezzo e' dovuta alla dissipazione per viscosita' e alla dissipazione in forma di calore di Joule per conduttivita'.

Il segno opposto del termine $7,5\,h_1^2\,\overline{\dfrac{\partial v_1}{\partial x_1}}$ nelle equazioni [74] mostra d'altra parte che la perdita di energia cinetica che si ha per effetto dell'estensione delle linee di forza magnetica, si ritrova in incremento dell'energia magnetica del campo.

2 - Invarianti del tipo di Loitsiansky.

Nell'ordinaria teoria della turbolenza si dimostra che esiste l'integrale

$$\int_0^\infty Q\,r^4 dr = \Lambda \text{ (costante)}\ ,$$

dove Q e' lo scalare fondamentale del tensore di correlazione $\overline{v_i v_k'}$, ed esso e' invariante (invariante di Loitsiansky) durante il *processo di decadimento* della turbolenza. Come Batchelor ha dimostrato, il significato della costante Λ e' che lo spettro di energia a numeri d'onda molto bassi, cioe' collegata a grossi lenti vortici, e' permanente ed e' determinato dalle condizioni iniziali.

Ora, nel caso della magneto idrodinamica turbolenta isotropa esiste un integrale analogo a quello di Loitsiansky. Invero, moltiplicando ambo i membri della [44] per r^4, e osservando che

$$r^4 D_2 Q \equiv r^4 \left(\frac{\partial^2 Q}{\partial r^2} + \frac{4}{r} \frac{\partial Q}{\partial r} \right) = \frac{\partial}{\partial r} \left(r^4 \frac{\partial Q}{\partial r} \right)$$

si ottiene

$$\frac{\partial}{\partial t} (r^4 Q) = 2 \frac{\partial}{\partial r} \left[r^5 (T - S) + \nu r^4 \frac{\partial Q}{\partial r} \right]$$

e integrando da 0 ad r si ha

[76]
$$\frac{\partial}{\partial t} \int_0^r Q r^4 dr = 2 r^5 (T - S) + 2 \nu r^4 \frac{\partial Q}{\partial r} \ .$$

Ne segue che se per $r \to \infty$ risulta

[77]
$$r^5 (T - S) \to 0 \ , \qquad r^4 \frac{\partial Q}{\partial r} \to 0 \ , \qquad \text{per} \quad r \to \infty$$

allora la [76] porge l'integrale

[78]
$$\int_0^\infty Q r^4 dr = \text{cost.}$$

Le ipotesi che hanno permesso di dedurre nella turbolenza ordinaria l'invariante di Loitsiansky dall'equazione di von Karman e Howarth, sono analoghe alle ipotesi [77], e non e' irragionevole presumere la validita' di queste ipotesi anche in magneto idrodinamica. In questo caso esistera' dunque l'invariante [78] che ha lo stesso significato di quello della turbolenza ordinaria.

Sotto ipotesi equivalenti anche l'equazione [59] ammette un integrale: Infatti, moltiplicando ambo i membri per r^4 e integrando da 0 ad r si ha

[79]
$$\frac{\partial}{\partial t} \int_0^r R r^4 dr = r^5 (U - V) - r^4 \frac{\partial W}{\partial r} + (\lambda + \nu) r^4 \frac{\partial R}{\partial r} \ ,$$

e quindi se

$$[80] \qquad r^6(U-V) \to 0 \;, \quad r^4 \frac{\partial W}{\partial r} \to 0 \;, \quad r^4 \frac{\partial R}{\partial r} \to 0 \;, \quad \text{per} \;\; r \to \infty \;,$$

allora si ha

$$[81] \qquad \int_0^\infty R \, r^4 dr = \text{cost.} \;,$$

dove ricordiamo R e' lo scalare che definisce il tensore di correlazione $\overline{v_i h_k^l}$

L'equazione [52], cosi' com'e' scritta, non ammette, per lo scalare H, un integrale del tipo di Loitsiansky. Se pero', in accordo con la [67], sostituiamo $-D_2 G$ ad M, la [52] diventa

$$[82] \qquad \frac{\partial H}{\partial t} = -2D_2 G + 2\lambda D_2 H$$

Moltiplicando al solito ambo i membri per r^4, e integrando da 0 ad r, si ricava

$$[83] \qquad \frac{\partial}{\partial t} \int_0^r H \, r^4 dr = -2r^4 \frac{\partial G}{\partial r} + 2\lambda r^4 \frac{\partial H}{\partial r}$$

e se

$$[84] \qquad r^4 \frac{\partial G}{\partial r} \to 0 \;, \quad r^4 \frac{\partial H}{\partial r} \to 0 \;, \quad \text{per} \;\; r \to \infty$$

si ha l'integrale

$$[85] \qquad \int_0^\infty H \, r^4 dr - \text{cost.}$$

D'altra parte, se in accordo con l'equazione [67] abbiamo sostituito $-D_2(G)$ ad M, cosi' pure, concordemente alla [63] possiamo sostituire $-D_2(A)$ ad H, e allora si ha

$$\int_0^r H \, r^4 dr = -\int_0^r r^4 D_2(A) dr = -\int_0^r \frac{\partial}{\partial r}\left(r^4 \frac{\partial A}{\partial r}\right) dr$$

cioe'

$$[86] \qquad \int_0^r H \, r^4 dr = -r^4 \frac{\partial A}{\partial r} \;.$$

Ne segue che se $r^4 \dfrac{\partial A}{\partial r} \to 0$, per $r \to \infty$, siamo portati a concludere che

[87]
$$\int_0^\infty H r^4 dr = 0 \ .$$

Appare cosi' che se esiste per H un invariante di Loitsiansky, esso probabilmente vale zero. Sotto un certo punto di vista questo risultato si puo' ritenere esatto, considerando l'analogia, messa in evidenza dal Batchelor, tra il campo magnetico $\vec{H}$ e la vorticita' $\vec{\omega}$. Ora se Ω e' lo scalare che definisce il tensore di correlazione

$$\Omega_{ik} = \overline{\omega_i \omega_k'} = \mathrm{Rot}(\Omega \vec{r} \wedge)\vec{I}_i \times \vec{I}_k$$

e' noto che

$$\int_0^\infty \Omega r^4 dr = 0 \ .$$

Per la detta analogia anche per lo scalare H, che definisce la correlazione $\overline{h_i h_k'}$, e' da prevedere che sia vera la [87].

Osserviamo infine che, considerando l'espressione [63'] di R, si ha ancora

$$\int_0^r R r^4 dr = - r^4 \frac{\partial B}{\partial r}$$

e, quindi se, $r^4 \dfrac{\partial B}{\partial r} \to 0$, per $r \to \infty$, l'invariante [81] diventa

[38]
$$\int_0^\infty R r^4 dr = 0 \ .$$

3 - Le correlazioni della pressione con la velocita' e il campo magnetico.

Per stabilire le formule necessarie per lo studio delle fluttuazioni della pressione, il quale studio ha molta importanza in un gran numero di problemi fisici in cui ricorre moto turbolento, incominceremo intanto a determinare le correlazioni della pressione totale in un punto P, con due componenti della velocita' o due componenti del campo magnetico in un altro punto P'.

Poniamo per questo

$$[89] \qquad \mathcal{S} = \frac{1}{\rho}(p - \bar{p}) + \frac{1}{2}(h^2 - \overline{h^2}) \ ,$$

dove $\bar{p}$ e' il valor medio della pressione ed $\overline{h^2}$ e' il quadrato medio del vettore che rappresenta il campo magnetico nel punto P . Consideriamo quindi le correlazioni

$$[90] \qquad \mathcal{S}_{lm} = \overline{\mathcal{S} v_l' v_m'} \ , \quad \Pi_{lm} = \overline{\mathcal{S} h_l' h_m'} \ .$$

Nell'ipotesi dell'isotropia i tensori $\mathcal{S}_{lm}$, Π_{lm} devono essere esprimibili nella forma

$$
[91] \qquad
\begin{aligned}
\mathcal{S}_{lm} &= [P_1 \mathcal{H}(\vec{r},\vec{r}) + P_2]\vec{I}_l \times \vec{I}_m = P_1 \mathcal{E}_l \mathcal{E}_m + P_2 \delta_{lm} \\[2mm]
\Pi_{lm} &= [\Pi_1 \mathcal{H}(\vec{r},\vec{r}) + \Pi_2]\vec{I}_l \times \vec{I}_m = \Pi_1 \mathcal{E}_l \mathcal{E}_m + \Pi_2 \delta_{lm} \ ,
\end{aligned}
$$

dove P_1, P_2 e Π_1, Π_2 sono certe funzioni pari della distanza r fra i due punti P e P' considerati.

Cio' premesso riprendiamo l'equazione del moto sotto la forma [30]

$$[30] \qquad \frac{\partial v_i}{\partial t} + \sum_1^3{}_j \frac{\partial}{\partial x_j}(v_i v_j - h_i h_j) = -\frac{\partial \mathcal{S}}{\partial x_i} + \nu \Delta_2 v_i$$

Moltiplicando ambo i membri di questa per $v_l' v_m'$, e prendendo quindi la media, si ottiene

$$\overline{v_l' v_m' \frac{\partial v_i}{\partial t}} + \sum_1^3{}_j \frac{\partial}{\partial x_j}(\overline{v_i v_j v_l' v_m'} - \overline{h_i h_j v_l' v_m'}) = --\frac{\partial \mathcal{S}_{lm}}{\partial x_i} + \nu \Delta_2 \overline{v_i v_l' v_m'} \ ,$$

cioe', ponendo

$$[92] \quad Q_{ijlm} = \overline{v_i v_j v_l' v_m'} \ , \quad R_{ijlm} = \overline{h_i h_j v_l' v_m'} \ , \quad h_{ijlm} = \overline{h_i h_j h_l' h_m'}$$

e osservando che $\overline{v_i v_l' v_m'} = -\overline{v_l v_m v_i'}$, si ha

$$[93] \quad \overline{v_l' v_m' \frac{\partial v_i}{\partial t}} + \nu \Delta_2 \overline{v_l v_m v_i'} = \sum_1^3{}_j \frac{\partial}{\partial \mathcal{E}_j}(Q_{ijlm} - R_{ijlm}) + \frac{\partial \mathcal{S}_{lm}}{\partial \mathcal{E}_i}$$

Il primo membro di questa equazione e' un tensore di 3° ordine solenoidale rispetto all' indice i. Tale sara' quindi il secondo membro. Se poniamo allora

$$[94] \qquad X_{lmi} = \sum_{1}^{3} {}_{j} \frac{\partial}{\partial \mathcal{E}_j} (Q_{ijlm} - R_{ijlm}) + \frac{\partial \, lm}{\partial \mathcal{E}_i} \; ,$$

il tensore X_{lmi} sara' ancora derivabile da una funzione scalare X e sara' percio' della forma

$$[95] \qquad X_{lmi} = \vec{X}_{lm} \times \vec{I}_i = \mathrm{rot}\,[X(\mathcal{E}_l \vec{r} \wedge \vec{I}_m + \mathcal{E}_m \vec{r} \wedge \vec{I}_l)] \times \vec{I}_i =$$

$$= \left(\frac{2}{r} \frac{\partial X}{\partial r} \mathcal{E}_l \mathcal{E}_m + 2X\delta_{lm} \right) \mathcal{E}_i - \left(r \frac{\partial X}{\partial r} + 3X \right)(\mathcal{E}_l \delta_{mi} + \mathcal{E}_m \delta_{li}) \; .$$

Poiche' il tensore X_{lmi} deriva dai tensori di 4° ordine Q_{ijlm}, R_{ijlm}, occorre ora fare delle nuove ipotesi che permettano di stabilire delle relazioni semplici fra i valori medi dei prodotti di 4° ordine e i valori medi dei prodotti di 2° ordine, i quali ultimi sono piu' facilmente assoggettabili ad indagini teoriche e sperimentali.

Ora si dimostra (*) che se la probabilita' di distribuzione delle velocita' $\vec{v}, \vec{v}'$ in due punti distinti e' *normale*, se cioe' la funzione densita' di probabilita' e' la trasformata di Fourier della funzione caratteristica

$$\psi(\vec{\alpha}; \vec{\alpha}') = \sum_{1}^{3} {}_{lm} \, e^{\frac{1}{2}\left(\overline{v_l v_m} \cdot \alpha_l \alpha_m + 2\overline{v_l v_m'} \cdot \alpha_l \alpha_m' + \overline{v_l' v_m'} \cdot \alpha_l' \alpha_m' \right)}$$

allora sussiste la relazione

$$[96] \qquad \overline{v_i v_j v_l' v_m'} = \overline{v_i v_l'} \cdot \overline{v_j v_m'} + \overline{v_i v_m'} \cdot \overline{v_i v_l'} + \overline{v_i v_j} \cdot \overline{v_l' v_m'}$$

cioe'

$$[96'] \qquad Q_{ijlm} = Q_{il}Q_{jm} + Q_{im}Q_{jl} + Q_{ij}(0)\, Q_{lm}(0)$$

Noi ammetteremo che anche la probabilita' di distribuzione dei vettori $\vec{h}, \vec{h}'$ che rappresentano il campo magnetico in due punti P, P' sia normale. Circa la validita' di questa ipotesi rinvio a quanto e' riferito da

---

(*) Cfr. G.K. BATCHELOR: *Homogeneous Turbulence*, p. 179 (Cambridge Monographs on Mecanics and Applied Mathematics, 1953).

Batchelor nell'opera citata. Allora avremo ancora

$$[97] \qquad \overline{h_i h_j v'_l v'_m} = \overline{h_i v'_l} \cdot \overline{h_j v'_m} + \overline{h_i v'_m} \cdot \overline{h_j v'_l} + \overline{h_i h_j} \cdot \overline{v'_l v'_m}$$

$$[98] \qquad \overline{h_i h_j h'_l h'_m} = \overline{h_i h'_l} \cdot \overline{h_j h'_m} + \overline{h_i h'_m} \cdot \overline{h_j h'_l} + \overline{h_i h_j} \cdot \overline{h'_l h'_m}$$

cioe'

$$[97'] \qquad R_{ijlm} = R_{il} \cdot R_{jm} + R_{im} \cdot R_{jl} + H_{ij}(0) \cdot Q_{lm}(0)$$

$$[98'] \qquad H_{ijlm} = H_{il} \cdot H_{jm} + H_{im} \cdot H_{jl} + H_{ij}(0) \cdot H_{lm}(0) \quad .$$

Le relazioni $[96']$ $[97']$ e $[98']$ nelle ipotesi fatte esprimono dunque i *valori medi dei prodotti di 4° ordine.*

$$\overline{v_i v_j v'_l v'_m} \quad , \quad \overline{h_i h_j v'_l v'_m} \quad , \quad \overline{h_i h_j h'_l h'_m} \quad ,$$

per mezzo dei valori medi di prodotti di 2° ordine. In base ad esse faremo vedere che le funzioni scalari P_1 , P_2 e Π_1 , Π_2 ,.. che definiscono rispettivamente le correlazioni [91], si possono esprimere in termini degli scalari Q, R, H , che rispettivamente definiscono i tensori

$$Q_{ij} = \overline{v_i v'_j} \quad , \quad R_{ij} = \overline{v_i h'_j} \quad , \quad H_{ij} = \overline{h_i h'_j}$$

Sostituendo nella [94] in luogo dei tensori Q_{ijlm} , R_{ijlm} le espressioni $[96']$ c $[97']$, abbiamo intanto

$$X_{lmi} = \sum_{1}^{3} {}_{j} \frac{\partial}{\partial \mathcal{E}_j} (Q_{il} \cdot Q_{jm} + Q_{im} \cdot Q_{jl} - R_{il} \cdot R_{jm} - R_{im} \cdot R_{jl}) + \frac{\partial \mathcal{S}_{lm}}{\partial \mathcal{E}_i}$$

Ricordando che (cfr. [38], [39] e [56])

$$Q_{il} = \mathrm{rot}(Q \vec{r} \wedge \vec{I}_i) \times \vec{I}_l = \frac{1}{r} \frac{\partial Q}{\partial r} \mathcal{E}_i \mathcal{E}_l - \left(r \frac{\partial Q}{\partial r} + 2Q \right) \delta_{il}$$

$$R_{il} = R \vec{r} \wedge \vec{I}_i \times \vec{I}_l \quad ,$$

a calcoli effettuati si trova

$$[99] \qquad X_{lmi} = \left[4 \left(\frac{Q'^2}{r} - \frac{QQ''}{r^2} + \frac{QQ'}{r^3} \right) + \frac{1}{r} P'_1 \right] \mathcal{E}_i \mathcal{E}_l \mathcal{E}_m + \left[2QQ'' + \frac{4QQ'}{r} - \right.$$

$$\left. - (Q'^2 + R^2) + P_1 \right] (\mathcal{E}_l \delta_{im} + \mathcal{E}_m \delta_{il}) + \left[-2 \left(Q'^2 + \frac{2QQ'}{r} \right) + 2R^2 + \frac{1}{r} P'_2 \right] \mathcal{E}_i \delta_{lm} \quad .$$

dove gli apici indicano derivazione rispetto ad r.

Dal confronto della [99] con la [95], si ricava

$$\frac{2}{r}X' = 4\left(\frac{Q'^2}{r^2} - \frac{QQ''}{r^2} + \frac{QQ'}{r^3}\right) + \frac{P_1'}{r}$$

[100]
$$rX' + 3X = -\left(2QQ'' + \frac{4QQ'}{r}\right) + Q'^2 + R^2 - P_1$$

$$X = -\left(Q'^2 + \frac{2QQ'}{r}\right) + R^2 + \frac{1}{2}\frac{P_2'}{r} \ ,$$

le quali definiscono gli scalari P_1 , P_2 ed X in termini di Q ed R e loro derivate rispetto ad r.

Eliminando dalla seconda delle [100] X ed X' per mezzo delle altre due, si ricava

[101]
$$rP_1' + 2P_1 + \frac{3}{r}P_2' = 4(Q'^2 - R^2)$$

Derivando poi la terza delle [100] rispetto ad r e confrontando con la prima, si deduce ancora

[102]
$$P_2'' - \frac{P_2'}{r} - rP_1' = 4rQ'Q'' + 8Q''^2 - 4rRR'$$

Dalle equazioni [101] e [102] si ricavano gli scalari P_1 e P_2 , mentre la terza delle [100] da' senz'altro il valore di X.

Ora le equazioni [101] e [102] si possono scrivere

$$\frac{\partial}{\partial r}(r^2 P_1 + 3P_2) = 4r(Q'^2 - R^2) \ , \quad \frac{\partial}{\partial r}\left(\frac{P_2'}{r} - P_1\right) = 4(Q'Q'' - RR') + 8\frac{Q'^2}{r} \ .$$

Integrando queste equazioni, e supponendo che tutte le quantita' tendano a zero in modo sufficientemente rapido per $r \to \infty$, si ottiene

[103]
$$r^2 P_1 + 3P_2 = -4\int_0^\infty (Q'^2 - R^2)\, y\, dy$$

[104]
$$\frac{P_2'}{r} = P_1 + 2(Q'^2 - R^2) - 8\int_0^\infty \frac{Q'^2}{y}\, dy \ ,$$

dove, come sara' fatto anche nel seguito, si e' indicata eon y la variabile di integrazione.

Eliminando P_1 si ricava

$$\frac{d}{dr}\,(r^3 P_2) = -\,4r^2 \int_r^\infty (Q'^2 - R^2)y\,dy + 2r^4(Q'^2 - R^2) - 8r^4 \int_r^\infty \frac{Q'^2}{y}\,dy\,,$$

da cui, con integrazioni per parti, si deduce

$$P_2 = -\,\frac{4}{3}\int_r^\infty (Q'^2 - R^2)\,y\,dy - \frac{8}{5}r^2 \int_r^\infty \frac{Q'^2}{y}\,dy +$$

$$+\,\frac{14}{15\,r^3}\int_r^\infty Q'^2 y^4 dy + \frac{2}{3\,r^3}\int_r^\infty R^2 y^4 dy$$

cioe' ancora

$$[105] \qquad P_2 = -\,\frac{4}{3}\int_r^\infty (Q'^2 - R^2)\,y\,dy - \frac{8}{5}r^2 \int_r^\infty \frac{Q'^2}{y}\,dy -$$

$$-\,\frac{14}{15\,r^3}\int_0^r Q'^2 y^4 dy - \frac{2}{3\,r^3}\int_0^r R^2 y^4 dy\,,$$

e quindi

$$[106] \qquad P_1 = \frac{24}{5}\int_r^\infty \frac{Q'^2}{y}\,dy + \frac{14}{5\,r^5}\int_0^r Q'^2 y^4 dy + \frac{2}{r^5}\int_0^r R^2 y^4 dy$$

Per la terza delle [100] si ha infine

$$[107] \quad X = -\,2\,\frac{QQ'}{r} - \frac{8}{5}\int_r^\infty \frac{Q'^2}{y}\,dy + \frac{7}{5\,r^5}\int_0^r Q'^2 y^4 dy + \frac{1}{r^5}\int_0^r R^2 y^4 dy$$

4 - Determinazione degli scalari Π_1 e Π_2 .

Per determinare ora gli scalari Π_1 e Π_2 moltiplichiamo ambo i
membri dell'equazione del moto [30] per $h'_l h'_m$ e prendiamo quindi la media. Si ottiene cosi'

$$[108] \qquad \overline{h'_l h'_m \frac{\partial v_i}{\partial t}} - \nu \Delta_2 \overline{v_i h'_l h'_m} = \sum_1^3\,{}_j \frac{\partial}{\partial \mathcal{E}_j}\,(R_{lmij} - H_{ijlm}) + \frac{\partial \Pi_{lm}}{\partial \mathcal{E}_j}$$

Osserviamo che risulta

$$\overline{v_i h'_l h'_m} = -\,\overline{h_l h_m v'_i}\ .$$

Ma avevamo (cfr. l'ultima delle [35] e la 2^a delle [42])

$$\overline{h_l h_m v'_i} = S_{lmi} = \mathrm{rot}\,[S(\mathcal{E}_l \vec{r} \wedge \vec{I}_m + \mathcal{E}_m \vec{r} \wedge \vec{I}_l)] \times \vec{I}_i\ ;$$

ne segue che il primo membro delle [108] e' solenoidale rispetto all'indice i. Tale sara' anche il secondo membro, cioe' il tensore

$$[109] \qquad Y_{lmi} = \sum_1^3 {}_j\, \frac{\partial}{\partial \mathcal{E}_j}\,(R_{lmij} - H_{ijlm}) + \frac{\partial \Pi_{lm}}{\partial \mathcal{E}_i}\ .$$

Essendo allora il tensore Y_{lmi} solenoidale come X_{lmi}, e' evidente che per la determinazione degli scalari Π_1 e Π_2 avremo equazioni analoghe alle [103] e [104], con la sostituzione di Π_1, Π_2 a P_1, P_2, e di $-R^2$, $-H'^2$, ad R^2, Q'^2. Avremo dunque

$$[110] \qquad r^2 \Pi_1 + 3\Pi_2 = 4 \int_r^\infty (H'^2 - R^2)\, y\, dy$$

$$[111] \qquad \Pi_1 = -\frac{24}{5} \int_r^\infty \frac{H'^2}{y}\, dy - \frac{14}{5\,r^5} \int_0^r H'^2 y^4 dy - \frac{2}{r^5} \int_0^r R^2 y^4 dy$$

$$[112] \qquad \Pi_2 = \frac{4}{3} \int_r^\infty (H'^2 - R^2)\, y\, dy + \frac{8}{5} r^2 \int_r^\infty \frac{H'^2}{y}\, dy +$$

$$+ \frac{16}{15\,r^3} \int_0^r H'^2 y^4 dy + \frac{2}{3\,r^3} \int_0^r R^2 y^4 dy.$$

Osserviamo che dalle espressioni [91] delle correlazioni $\mathcal{S}_{lm} = \overline{\mathcal{S} v'_l v'_m}$ e $\Pi_{lm} = \overline{\mathcal{S} h'_l h'_m}$, facendo $m = l$, e sommando rispetto all'indice l, si ricavano i valori medi

$$\overline{\mathcal{S} v'^2} = r^2 P_1 + 3 P_2 \quad , \quad \overline{\mathcal{S} h'^2} = r^2 \Pi_1 + 3\Pi_2\ ,$$

cioe', in virtu' della [103] e della [110], si ha

$$[113] \quad \overline{\mathcal{S} v'^2} = -4 \int_r^\infty (Q'^2 - R^2)\, y\, dy \quad , \quad \overline{\mathcal{S} h'^2} = 4 \int_r^\infty (H'^2 - R^2)\, y\, dy\ .$$

Da queste equazioni sommando si ottiene

$$[114] \qquad \overline{\mathscr{S}(v'^2 \quad h'^2)} = 4 \int_r^\infty (H'^2 - Q'^2)\, y\, dy \; .$$

Da questa formula seguirebbe che se gli spettri del quadrato medio della velocita' e del campo magnetico nella turbolenza stazionaria, fossero
simili, come e' stato congetturato da Alfven, da Fermi e da altri, allo-
ra gli scalari Q ed H, che definiscono le correlazioni $\overline{v_i v_j'}$, $\overline{h_i h_j'}$,
dovrebbero essere eguali $(Q = H)$, e quindi per la $[114]$ si dovrebbe
concludere

$$\overline{\mathscr{S}(v^2 + h^2)} = 0 \; .$$

Ma questo risultato non sembra verosimile (*).

5 - La correlazione dei prodotti di pressione.

Consideriamo infine la correlazione $\overline{\mathscr{S}\mathscr{S}'(r)}$, utile per lo studio
delle fluttuazioni della pressione nella turbolenza omogenea isotropa.

Prendiamo per questo la divergenza di ambo i membri dell'equazione
del moto $[30]$. Si ha cosi'

$$\Delta_2 \mathscr{S} = \sum_{\substack{ij \\ 1}}^{3} \frac{\partial^2}{\partial x_i \, \partial x_j} (v_i v_j - h_i h_j)$$

Scrivendo questa equazione per un altro punto P', moltiplicando membro
a membro, prendendo quindi la media, e osservando che

$$\overline{\Delta_2 \mathscr{S} \cdot \Delta_2' \mathscr{S}'} = \Delta_4' \, \overline{\mathscr{S}\mathscr{S}'} = \Delta_4 \, \overline{\mathscr{S}\mathscr{S}'}$$

dove nell'ultimo membro le derivate si intendono calcolate rispetto alle

---

(*) Invero, l'esistenza dell'invariante di Loitsiansky per Q (n° 9), implica
che lo spettro di v^2 si comporti come k^4, per $k \to 0$, essendo k il numero
d'onda; mentre l'analogia tra il campo magnetico e la vorticita', messa in evidenza da Batchelor, mostrerebbe che lo spettro di h^2 si comporta come k^6 per
$k \to 0$, in accordo col fatto che, come si e' trovato nel n° 9, l'invariante di
Loitsiansky per lo scalare H e' nullo.

componenti $\mathcal{E}_i$ di $\vec{r} = PP'$, si ottiene

$$\Delta_4 . \overline{\mathcal{PP}'} = \sum_{1}^{3} {}_{ijlm} \frac{\partial^4}{\partial \mathcal{E}_i \, \partial \mathcal{E}_j \, \partial \mathcal{E}_l \, \partial \mathcal{E}_m} \overline{(v_i v_j - h_i h_j)(v'_l v'_m - h'_l h'_m)}$$

cioe'

$$\left(\frac{\partial^2}{\partial r^2} + \frac{2}{r} \frac{\partial}{\partial r} \right)^2 \overline{\mathcal{PP}'} = \sum_{1}^{3} {}_{ijlm} \frac{\partial^4}{\partial \mathcal{E}_i \, \partial \mathcal{E}_j \, \partial \mathcal{E}_l \, \partial \mathcal{E}_m} (Q_{ijlm} + H_{ijlm} - R_{ijlm} - R_{lmij}) \ .$$

Ora i termini $R_{ijlm} = \overline{v_i v_j h'_l h'_m}$, $R_{lmij} = \overline{v'_l v'_m h_i h_j} = \overline{v_l v_m h'_i h'_j}$, involgenti prodotti misti, non danno alcun contributo. D'altra parte, tenendo conto delle espressioni [96°] e [98°] di Q_{ijlm} ed H_{ijlm}, si trova [cfr. Batchelor, *loco citato*, p. 180, (8·3·12)],

$$\sum_{1}^{3} {}_{ijlm} \frac{\partial^4}{\partial \mathcal{E}_i \, \partial \mathcal{E}_j \, \partial \mathcal{E}_l \, \partial \mathcal{E}_m} (Q_{ijlm} + H_{ijlm}) =$$

$$= 2 \sum_{1}^{3} {}_{ijlm} \left(\frac{\partial^2 Q_{il}}{\partial \mathcal{E}_j \, \partial \mathcal{E}_m} \, \frac{\partial^2 Q_{jm}}{\partial \mathcal{E}_i \, \partial \mathcal{E}_l} + \frac{\partial^2 H_{il}}{\partial \mathcal{E}_j \, \partial \mathcal{E}_m} \cdot \frac{\partial^2 H_{jm}}{\partial \mathcal{E}_i \, \partial \mathcal{E}_l} \right) =$$

$$= \frac{16}{r^4} \frac{\partial}{\partial r} \left[r^3 \frac{\partial}{\partial r} r(Q'^2 + H'^2) \right] \ .$$

Dunque

$$\left(\frac{\partial^2}{\partial r^2} + \frac{2}{r} \frac{\partial}{\partial r} \right)^2 \overline{\mathcal{PP}'} = \frac{16}{r^4} \frac{\partial}{\partial r} \left[r^3 \frac{\partial}{\partial r} r(Q'^2 + H'^2) \right] \equiv$$

$$\equiv \frac{16}{r^2} \frac{\partial}{\partial r} \left[\frac{1}{r} \frac{\partial}{\partial r} r^3 (Q'^2 + H'^2) \right] \ .$$

Ma

$$\left(\frac{\partial^2}{\partial r^2} + \frac{2}{r} \frac{\partial}{\partial r} \right)^2 \overline{\mathcal{PP}'} = \left(\frac{\partial^4}{\partial r^4} + \frac{4}{r} \frac{\partial^3}{\partial r^3} \right) \overline{\mathcal{PP}'} = \frac{1}{r} \frac{\partial^4}{\partial r^4} (r \overline{\mathcal{PP}'}) \ ,$$

quindi

$$\frac{1}{r} \frac{\partial^4}{\partial r^4} (r \overline{\mathcal{PP}'}) = \frac{16}{r^4} \frac{\partial}{\partial r} \left[r^3 \frac{\partial}{\partial r} r(Q'^2 + H'^2) \right]$$

e con successive integrazioni si trova

[115]
$$\overline{\mathcal{PP}'} = 8 \int_{r}^{\infty} (Q'^2 + H'^2) \left(y - \frac{r^2}{y} \right) dy$$

In particolare per $r \to 0$ si ha

$$[116] \qquad \overline{\mathfrak{F}^2} = 8 \int_0^\infty (Q'^2 + H'^2)\, y\, dy$$

che definisce il quadrato medio della fluttuazione della pressione in ciascun punto.

Combinando la [116] con le [113], si ricavano ancora le relazioni

$$\frac{1}{2} \overline{\mathfrak{F}(\mathfrak{F} + 2v^2 + 2h^2)} = 8 \int_0^\infty H'^2\, y\, dy$$

$$\frac{1}{2} \overline{\mathfrak{F}(\mathfrak{F} - 2v^2 - 2h^2)} = 8 \int_0^\infty Q'^2\, y\, dy$$

che possono essere utili nelle applicazioni.

BIBLIOGRAFIA

[1] C. BURALI-FORTI e R. MARCOLONGO – "Analisi vettoriale generale - Trasforma-
     zioni lineari", Cap. II, § 1. (Zanichelli, Bologna, 1929).

[2] E. PERSICO   – "Introduzione alla Fisica Matematica", Cap. VI, § 141 (Za-
     nichelli, Bologna, 1947).

[3] G. K. BATCHELOR – "On the spontaneous magnetic field in a conducting liquid
     in turbulent motion" (Proceedings of the Royal Society of
     London, Serie A, vol. 201, p. 405).

[4] S. CHANDRASEKHAR – "The invariant theory of isotropic turbulence in magneto-
     hydrodynamics" (Proceedings of the Royal Society of London,
     serie A, vol. 204, p. 435).

[5] S. CHANDRASEKHAR – "The invariant theory of isotropic turbulence in magneto-
     hydrodynamics II" (Proceedings of the Royal Society of London,
     serie A, vol. 207, p. 301).

[6] G. K. BATCHELOR – "Homogeneous Turbulence", p. 179 (Cambridge Monographs on
     Mechanics and Applied Mathematics, 1953).

PROGRAMMA DELLE LEZIONI DEL PROF. W. TOLLMIEN (Gottinga)

1 - *Abschnitt:* **Entstehung der Turbulenz.**

Zur Stabilitätstheorie laminarer Strömungen inkompressibler Flüssigkeiten.

Gesamtes Spektrum der Eigenschwingungen gewisser laminarer Strömungen.
Nene Untersuchungen zur Stabilität laminarer Gasströmungen.

2 - *Abschnitt:* **Zeitliches Abklingen von Eigenschaften der homogenen isotropen Turbulenz aufgrund einer einfachen Modellvorstellung.**

Energiespektren.
Geschwindigkeitskorrelationen.
Druckkorrelationen.

3 - *Abschnitt:* **Turbulenz und Lärm.**

Experimentelle Ergebnisse bei turbulenter Strahlvermischung in Druckreduzierventilen.

Theoretische Erwägungen zur Lärmerzeugung bei abklingender homogener isotroper Turbulenz.

4 - *Abschnitt:* **Freie Turbulenz.**

Strahlvermischung und Nachlaufströmung.
Mittlere Strömungen.
Eigenschaften der Schwankungserscheinungen.

BIBLIOGRAFIA

(relativa agli argomenti sopraindicati e corrispondente alle lezioni del prof. Tollmien)

[1] W. TOLLMIEN   — "Über die Entstehung der Turbulenz" - Nachr. Ges. Wiss. zu Göttingen Math. Phys. Kl. (1929) S. 21-44.

[2] W. TOLLMIEN   — "Asymptotische Integration der Störungsdifferentialgleichung ebener laminarer Strömungen bei hohen Reynoldsschen Zahlen" Z. angew. Math. Mech. Bd 25/27 (1947) S. 33-50, 70-83.

[3] W. HEISENBERG   — Ann. Phys. **74**, 577-627 (1924).

[4] C. C. LIN   — Quart. Appl. Math. **3**, 117-142, 218-234; 277-301 (1945-46).

[5] C. C. LIN   — "Some recent progress in the theory of instability of laminar boundary layers" - Symposium on Boundary Layer Research - Freiburg 26-29 Agosto 1957.

[6] G. B. SCHUBAUER, H. K. SKRAMSTAD — "Laminar Boundary Layer Oscillations and Stability of Laminar Flow, Nation. Bureau of Standards, Research Paper No 1772 Vol. 38 (1947); Journal Aeron. Sci. Vol. 14 (1947) pp. 69-78.

[7] L. LEES   — "The Stability of the Laminar Boundary Layer in a Compressible Fluid" - NACA Rep. No 876, Washington 1947.

[8] L. LEES, C. C. LIN — "Investigation of the Stability of the Laminar Boundary Layer in a Compressible Fluid" NACA T. N. n° 1115 Settembre 1946.

[9] E. R. van DRIEST — "Calculation of the Stability of the Laminar Boundary Layer in a Compressible Fluid on a Flat Plate with Heat Transfer" - Journ. Aeron. Sci. Vol. 19 (1952), pp. 801-812, 828.

[10] C. GAZLEY, Jr. - "Boundary-Layer Stability and Transition in Subsonic and Supersonic Flow" - Journ. Aeron. Sci. Vol. 20 (1953), pp. 19-28.

[11] H. L. DRYDEN   — "Some recent contributions to the study of transition and turbulent boundary layers" (Sesto Congresso Intern. di Meccan. Appl. Parigi 1946).

[12] H. SCHLICHTING — "Zur Enstehung der Turbulenz bei der Plattenströmung" - Nachr. Ges. Wiss. Göttingen - Math. Phys. Klasse (1933) pp. 181-208.

[13] J. PRETSCH   — "Die Anfachung instabiler Störungen in einer laminaren Reibungsschicht" Jb. d. Deutschen Luftfahrtforschung. Zentr. wiss. Ber. - Wes. **1** (1942) pp. 54-71.

[14] H. B. SQUIRE   — "On the stability for three-dimensional disturbances of viscous fluid between parallel walls" - Proc. Roy. Soc. A **142** (1933) pp. 621-628.

[15] C. S. MORAWETZ — "The Eigenvalues of some Stability Problems involving Viscosity" - Journ. of Ration. Mechan. and Analysis Vol. 1, 1952, pp. 579-603.

[16] H. GÖRTLER, H. WITTING — "Theorie der sekundären Instabilität der laminaren Grenzschichten" - Symposium on Boundary Layer Research Freiburg 26-29 Agosto 1957.

[17] W. TOLLMIEN — "Spektralanalyse der homogen Turbulenz" - Z. f. Flugwiss. **4** (1956) fascic. 5/6 pp. 195-198.

[18] W. TOLLMIEN — "Fortschritte der Turbulenzforschung" - Z. angew. Math. Mech. **33** (1953) pp. 200-211.

[19] W. TOLLMIEN — "Abnahme der Windkanalturbulenz nach dem Heisenbergschen Austauschansatz als Anfangswertproblem" - Wiss. Zeit. Techn. Hochschule Dresden - **2** (1952-53) fasc. 3.

[20] K. MEETZ — "Das zeitliche Abklingen der Energie spektren in der homogenen isotropen Turbulenz als Anfangswertproblem" — Z. für Naturforschung - Band 11 a, fasc. 10, 1956.

[21] K. MEETZ — "Das zeitliche Abklingen der Geschwindigkeits-und Druckkorrelationen in der homogenen isotropen Turbulenz als Anfangswertproblem" - Z. für Naturforschung - Band 11, fascic. 10 (1956).

[22] E. KOPPE, E. A. MULLER — "Modellversuche zur Klärung von Geräusch-und Vibrationsfragen an Reduzierventilen" - Mitteil. der Ver. der Grosskesselbesitzer - fasc. 41 - Aprile 1956.

[23] E. J. RICHARDS — "Research on Aerodynamic Noise from Jets and Associated Problems" - Journ. of the Roy. Aeron. Soc. **57** (1953) pp. 318-342.

[24] E. E. CALLAGHAN, N. D. SANDERS, W. J. NORTH — "Recent NACA investigations of Noise-Reduction Devices for Full-Scale Engines" Aeron. Eng. Review - **14** (1955) fasc. 6, pp. 66-71.

[25] L. W. LASSITER, H. H. HUBBARD — "Experimental Studies of Noise from Subsonic Jets in Still Air" - NACA T.N. 2756 Agosto 1952.

[26] W. TOLLMIEN — "Turbulentz Strömungen" Handbuch der Experimental Physik - Hydro-und Aerodynamik (1931) IV vol. 1ᵃ parte pp. 291-325.

Il testo delle lezioni del prof Tollmien
sara' pubblicato nel secondo volume

Professor Dr. WALTER TOLLMIEN

Direktor des Max - Planck - Instituts für Strömungsforschung

GÖTTINGEN

MISCELLEN AUS DER TURBULENZFORSCHUNG

Es ist mir eine große Ehre, vor diesem auserwählten Kreise in der Villa Monastero über ein Thema zu sprechen, mit dem ich mich seit Jahrzehnten mit mehr oder minder Glück beschäftigt habe. Ich freue mich sehr, meine alten Freunde J. Kampé de Fériet und C. Ferrari hier begrüßen zu können und auch viele andere meiner engsten Fachgenossen.

Die Bezeichnung "Miscellen" für meinen Vortragszyklus soll in diesem Falle so verstanden werden, daß hauptsächlich solche Gegenstände der Turbulenzforschung behandelt werden, mit denen sich mein Göttinger Institut in den letzten Jahren beschäftigt hat.

Im Jahre 1938 trug der bekannte Mathematiker Norbert Wiener auf dem V. Internationalen Kongreß für Angewandte Mechanik in Cambridge-Mass. vor über "The Use of Statistical Theory in the Study of Turbulence". In diesem Vortrag führte er ein "the notions (A) of the pure chaos; and (B) of a chaos not in itself pure but derived from a pure chaos". Es war ziemlich schwer für mich, das Wort "chaos" in der englischen Aussprache zu verstehen. Wenn auch die dort vorgetragenen Ideen von Wiener meines Wissens keinerlei Folgen gezeitigt haben, so ist durch das Wort "Chaos" schon eine wesentliche Eigenschaft der Turbulenz gekennzeichnet, nämlich die große Unregelmäßigkeit der turbulenten Strömung, welche es nur gestattet, über Mittelwerte Aussagen zu machen, seien diese experimenteller, wie bisher noch meistens, oder auch manchmal theoretischer Natur. Das eigentliche Turbulenzproblem besteht darin, einen Zusammenhang zwischen den turbulenten Strömungen und den Navier-Stokesschen Differentialgleichungen herzustellen. Dieses volle Turbulenzproblem konn. aber bisher nur im Falle der Entstehung der Turbulenz durch kleine Schwingungen, was nichts anderes als die Stabilität laminarer Strömungen bedeutet, gelöst werden.

KAPITEL 1

Stabilität laminarer Strömungen oder Entstehung der Turbulenz durch kleine Störungen.

In einer Grenzschichtströmung, die sich in einem inkompressiblen Medium vollzieht, kann man im allgemeinen die Komponenten normal zur Wand vernachlässigen. Als Koordinatensystem wird eingeführt die Bogenlänge x längs der Wand und Koordinaten y senkrecht zur Wand. Die Geschwindigkeit innerhalb der ungestörten Grenzschicht sei $U(y)$, die Geschwindigkeit im reibungslosen Gebiet sei U_a (Fig. 1). Nehmen wir nun Störungen an, die sich aus harmonischen Partialschwingungen zusammensetzen,

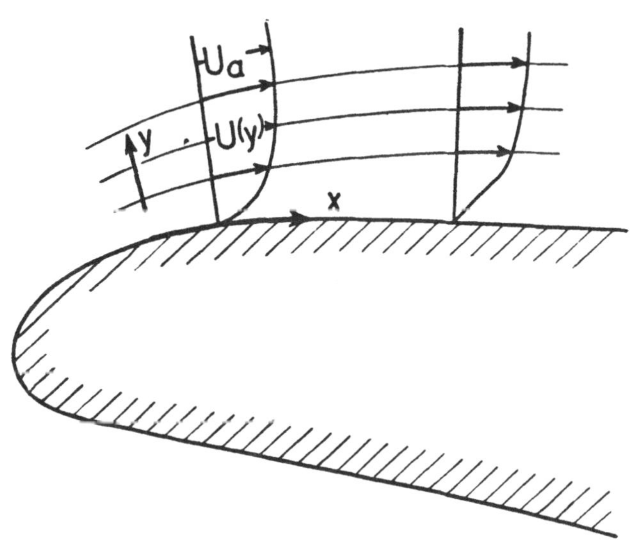

Fig. 1 — Grenzschichtprofile an einem umströmten Körper mit starker Überhöhung der y-gegen die x-Koordinate.

die sich in der x-Richtung fortpflanzen, so daß die Stromfunktion einer Partialstörung $\varphi(y) \cdot e^{i\,(\alpha x - \beta t)}$ lautet, so ist α bis auf den Faktor 2π die reziproke räumliche Wellenlänge und reell, während β gleich

342

$\beta_r + i\beta_i$ komplex sein kann. $\beta_i > 0$ bedeutet Anfachung, $\beta_i < 0$ dage-gen Dämpfung. Wichtig sind auch noch die hergeleiteten Größen $c = \dfrac{\beta}{a} = c_r + i c_i$, wobei c_r die Phasengeschwindigkeit der Partialstörung ist. Für die Störungsgeschwindigkeiten ergibt sich in der x-Richtung:

$$u = e^{\beta_i t}[\varphi_r' \cos a(x - c_r t) - \varphi_i' \sin a(x - c_r t)] \ ,$$

in der y-Richtung:

$$v = - e^{\beta_i t}[a\,\varphi_r \sin a(x - c_r t) + a\,\varphi_i \cos a(x - c_r t)] \ .$$

Die Differentialgleichung für die komplexe Amplitude φ lautet:

$$(U - c)(\varphi'' - a^2\varphi) - U''\varphi = - \frac{i}{aR}\,\varphi'''' \ ,$$

wobei die Reynoldssche Zahl R mittels der Verdrängungsdicke δ^* durch $R = \dfrac{U_a \delta^*}{\nu}$ definiert ist. Nach mannigfachen nicht ganz durchschlagenden

Untersuchungen von Lord Ray-leigh, L. Prandtl, O. Tietjens, W. Heisenberg und F. Noether gelang es W. Tollmien [1]; die Kurve der neutralen Schwin-gungen, bei denen sich der Übergang von der Anfachung zur Dämpfung vollzieht, für die längs angeströmte Platte zu berechnen. Diese zunächst lange Zeit angezweifelten Ergebnisse wurden von G. B. Schubauer und H. Skramstad [2], die unter der Leitung von H. L. Dryden [3] im National Bureau of Standards in Washington arbeiteten, in glänzender Weise bestätigt

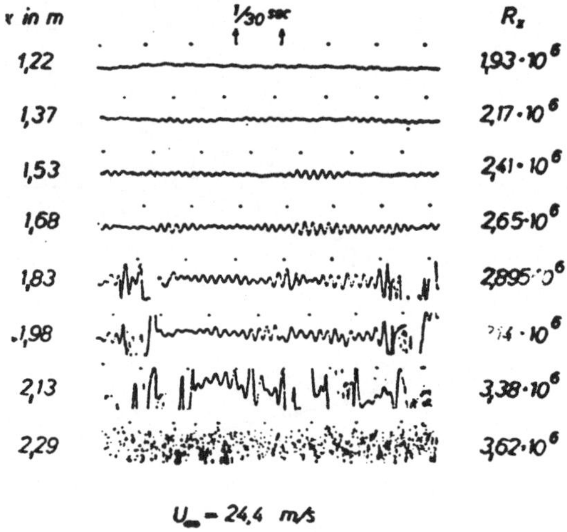

x in m	$1/30$ sec	R_x
1,22		$1{,}93 \cdot 10^6$
1,37		$2{,}17 \cdot 10^6$
1,53		$2{,}41 \cdot 10^6$
1,68		$2{,}65 \cdot 10^6$
1,83		$2{,}895 \cdot 10^6$
1,98		$3{,}14 \cdot 10^6$
2,13		$3{,}38 \cdot 10^6$
2,29		$3{,}62 \cdot 10^6$

$$U_\infty = 24{,}4 \ m/s$$

Fig. 2 – Oszillogramm natürlicher Längsschwan-kungen der Geschwindigkeit in einer Strömung längs einer ebenen Platte nach G. B. Schubauer und H. K. Skramstad [2] im Abstand 0,58 mm von der Wand. U_∞ ungestörte Anströmungsgeschwin-digkeit, x Abstand von der Vorderkante der Platte. $R_x = \dfrac{U_\infty x}{\nu}$

(Fig. 2 und 3). Da man bei der Verwendung natürlicher Längsschwankungen nur den oberen Teil der Indifferenzkurve bekam, führten Schubauer und

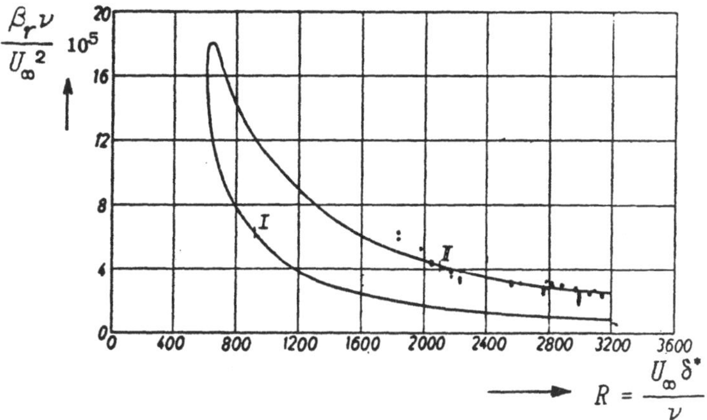

Fig. 3 - Meßpunkte aus natürlichen Schwankungen für den oberen Zweig der Indifferenzkurve der Plattenströmung nach G. B. Schubauer und H. K. Skramstad [2] und theoretische Kurve.

Skramstad auch künstliche Störungen ein, welche in vorzüglicher Übereinstimmung die genannten Indifferenzkurven ergaben (Fig. 4). Die Bekanntgabe

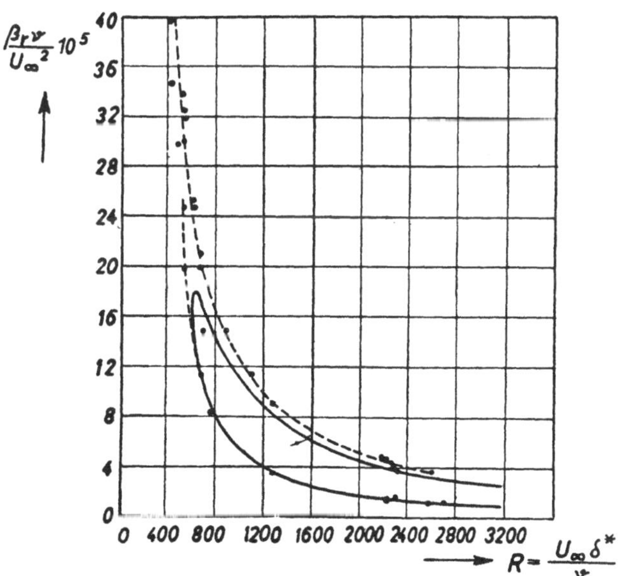

Fig. 4 - Messung der Indifferenzkurve der Plattengrenzschicht mittels künstlicher Störungen nach G. B. Schubauer und H. K. Skramstad [2] und theoretische Kurve. Die Messungen von F. X. Wortmann [8] stimmen vorzüglich mit denen von G. B. Schubauer und H. K. Skramstad überein.

dieser bewundernswürdigen Experimente erfolgte durch H.L.Dryden [4] auf
dem Pariser Internationalen Kongreß für Angewandte Mechanik 1946. Ausführ-
liche Veröffentlichungen von Schubauer und Skramstad kamen im Jahre 1947
heraus [2]. Die in Fig. 3 gekennzeichneten Schwingungen wurden auch
bezüglich ihrer Amplitudenverteilung von H.Schlichting [5] theoretisch
sowie von Schubauer und Skramstad [2]
experimentell in ausgezeichneter Übereinstimmung (siehe Fig. 5) festgestellt.
Gleichzeitig mit der experimentellen
Bestätigung der asymptotischen Stabilitätstheorie erfolgte, ohne daß die ame-
rikanischen und deutschen Autoren voneinander wußten, die theoretische Bestätigung, indem von W.Tollmien [6] die
asymptotische Fehlerabschätzung für sehr
große αR durchgeführt wurde. Neuerdings
hat W.Wasow [7] die asymptotische Theorie
der Störungsdifferentialgleichung auf
einem anderen Wege in sehr eleganter
Weise behandelt. Seine wertvollen Ergebnisse beziehen sich nicht ausschließlich
auf neutrale Schwingungen, wie sie von
W.Tollmien lediglich betrachtet wurden.
In einer bislang unveröffentlichten Arbeit
hat D.Grohne das Stabilitatsproblem des
asymptotischen Absaugeprofils $U = 1 - e^{-y}$
mit Mitteln der Theorie der Laplaceschen
Transformation, die auf diesen Spezial-
fall anwendbar ist, exakt gelöst und
asymptotisch diskutiert. Die Übereinstimmung mit der allgemeinen asymptotischen Stabilitätstheorie ist vollständig.

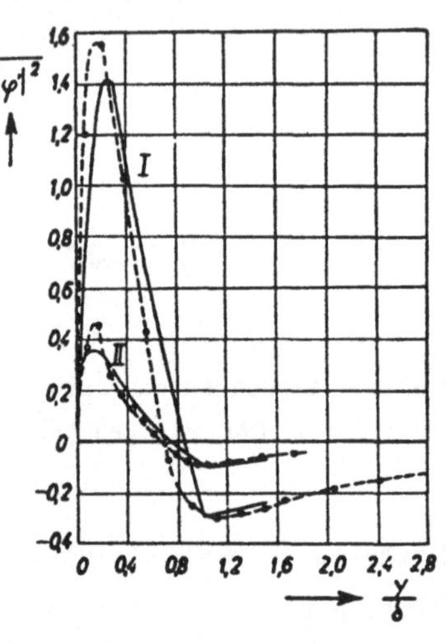

Fig. 5 — Amplitude $\sqrt{|\varphi'|^2}$ der
Längsschwankungen in einer Plattenströmung für zwei neutrale
Schwingungen I und II, die in
Figur 3 gekennzeichnet sind. Aus-
gezogene Kurve nach Rechnungen
von H.Schlichting [5], gestri-
chelte nach Messungen von G.B.
Schubauer und H.K.Skramstad. Beim
Verschwinden der Amplitude ist
das Vorzeichen von $\sqrt{|\varphi'|^2}$ ge-
wechselt, um auch noch die dort
stattfindende Phasenumkehr der
Längsschwingungen anzudeuten, die
experimentell an den Oszillogrammen
sehr deutlich festzustellen war.
Die Grenzschichtdicke δ ist gleich
2,935 δ^* angesetzt, wo δ^* die
Verdrangungsdicke ist.

Während G.B.Schubauer und H.K.Skramstad ihre Ergebnisse aus Oszillogrammen der tangentiellen Geschwindigkeitsschwankungen gewannen, ist es

heute auch möglich, diese Schwingungen durch optische Beobachtungen bzw.
photographische Aufnahmen direkt zu sehen. Diese Beobachtungen an Stromlinien (genauer Streichlinien) sind von F. X. Wortmann [8] im Stuttgarter
Institut für Gasströmungen (Direktor Professor Dr. A. Weise) nach der
"Tellur-Methode" gewonnen. Auf einen Draht wird Tellur aufgedampft, der
als eine Kathode in eine Wasserströmung gesetzt wird. Durch Anlegen einer
elektrischen Spannung werden Tellurteilchen an das Wasser abgegeben, die
eine bräunliche Färbung bewirken (siehe Fig. 6). Das erste Teilbild der

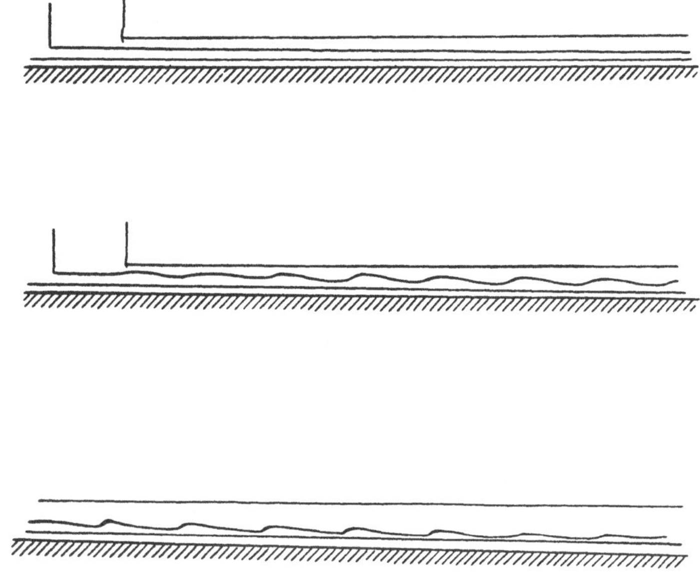

Fig. 6 — Direkte Beobachtung der Instabilitätswellen mittels Tellur-Streich-
linien nach photographischen Aufnahmen von F. X. Wortmann [8].

Fig. 6 zeigt drei solche Tellurlinien, von denen die mittlere und untere
sich in der Grenzschicht befinden; der Turbulenzgrad der Anströmung ist
zu klein, als daß eine Schwingungsamplitude deutlich beobachtet werden
könnte, obwohl die Grenzschicht bereits instabil ist. In dem zweiten
Teilbild ist eine Störung mit sehr kleiner Amplitude aufgeprägt, die
mit einer Eigenfrequenz der Grenzschicht übereinstimmt. Dies Teilbild
zeigt, daß der mittlere Faden die stärkste Anfachung seiner Schwingungen
erfährt, der untere eine geringere, während der obere von den Grenzschichtschwingungen ganz unberührt erscheint. Dies entspricht den Vo-

raussagen der asymptotischen Stabilitätstheorie über die Amplitudenverteilung innerhalb der Grenzschicht. Das untere Teilbild zeigt schließlich deutlich eine Abnahme der Schwingungen des mittleren Fadens. Der Instabilitätsbereich, der nach der Theorie merkwürdigerweise sehr schmal ist, ist hier bereits durchschritten infolge des Anwachsens von R (man lege durch Fig. 3 oder 4 einen Schnitt bei konstanter Ordinate).

In jüngster Zeit hat K. Kraemer mit dem Staupunktshörrohr die instabilen Wellen in leidlicher Übereinstimmung mit der Theorie beobachtet. Diese Untersuchungen sind bisher nicht veröffentlicht. Das Gerät von K. Kraemer hat etwa dieselbe Anordnung, die von W. Pfenninger [9] bereits 1943 für andere Zwecke angegeben wurde. Ein Staurohr, dessen Durchmesser mit der Grenzschichtdicke vergleichbar ist, ist durch eine Rohr - und Schlauchleitung mit den Ohren des Beobachters verbunden. Man vergleiche dazu das in der Medizin verwandte Stethoskop. In der laminaren Grenzschicht mit nicht angefachten Störungen hört man kein Geräusch, während man beim Instabilwerden der laminaren Grenzschicht Pfeiftöne vernimmt, deren Frequenzen größenordnungsmäßig mit den berechneten instabilen Frequenzen übereinstimmen. Wenn die Turbulenz sich vollständig ausgebildet hat, tritt dagegen ein Rauschen ein.

Nach Abschluß dieser Vorträge kam mir noch ein Aufsatz von A. M. Lippisch [10] zu Gesicht, wobei auch (vgl. S. 31 und 32) in dem Lippisch'schen Rauchkanal die instabilen Wellen zum Teil beobachtet wurden.

Doch ich möchte nun auf das Jahr 1943 zurückblenden. Die experimentelle Bestätigung der Stabilitätstheorie durch G. B. Schubauer und H. K. Skramstad wurde in diesem Jahr in einem vertraulichen Bericht niedergelegt, war indessen in Europa natürlich unbekannt geblieben. Es war mir freilich gelungen, mich selbst und einige meiner deutschen Kollegen von der Richtigkeit unserer Ansätze zu überzeugen, in der Hauptsache durch ein recht gekünsteltes System von Proben. Doch waren die Zweifel der anderen, falls man nur die Veröffentlichungen betrachtete, nur zu sehr berechtigt, und die Notwendigkeit, unsere Methode in allgemein gültiger Weise zu begründen, wurde immer drängender. Dies gelang nun auch in [6], und durch ein merkwürdiges Zusammentreffen konnte ich genau in demselben Jahre, in welchem G. B. Schubauer und H. K. Skramstad ihre experimentelle

Verifikation mitteilten, die Fehlerabschätzung für die benutzten asymptotischen Näherungen von φ vortragen. Die eigentliche Veröffentlichung in einer allgemein zugänglichen wissenschaftlichen Zeitschrift erfolgte erst 1947, genau in demselben Jahre, in dem auch G. B. Schubauer und H. K. Skramstad ihre Ergebnisse in einem Journal publizieren konnten.

Nachdem die experimentelle Bestätigung gelungen war, fingen auch andere Forscher an, sich mit der asymptotischen Stabilitätstheorie zu beschäftigen, wobei leider des öfteren die eigentliche Problematik gänzlich verkannt wurde. Die Schwierigkeit liegt nicht so sehr in der Auffindung von Näherungsansätzen für die Lösungen φ der Differentialgleichungen, sondern in der Sicherung gegen Fehler, welche die ganze Rechnung zu einem Truggebilde machen können, ähnlich wie auch die Experimentatoren die größte Mühe auf die Ausmerzung fälschender Nebeneinflüsse aufzuwenden hatten. Es handelt sich ja mathematisch um ein ganz ungewöhnliches Eigenwertproblem, das nicht selbstadjungiert ist, so daß man von vornherein nichts über die Losbarkeit bei reellem c sagen kann. In der Tat hatte F. Noether [11] die Unlösbarkeit des Problems behauptet und dafür den Beweis erbracht zu haben sich anheischig gemacht. Mit der Ungewöhnlichkeit der Eigenwertaufgabe werde ich mich später noch etwas befassen.

Auf ein andersartiges Problem hat C. C. Lin [12] die asymptotische Stabilitätstheorie angewandt. In einer gemeinsam mit J. R. Foote veröffentlichten Arbeit untersucht Lin die Instabilität zonaler Winde über der rotierenden Erde, wie sie sich etwa im Mittel entlang den Breitenkreisen ausbilden. Diese Winde werden nur von der geographischen Breite abhängig angenommen. Die Störungswellen der Stabilitätsuntersuchung schreiten längs der Breitenkreise fort. Abhängigkeiten und Störungen in der vertikalen Richtung werden nicht berücksichtigt. Das so skizzierte Problem in einer Luftschicht auf einer rotierenden Kugel wird durch eine Transformation auf ein ebenes Problem abgebildet. Die Bedingungen für die neutralen und angefachten Schwingungen werden von Lin diskutiert, indem Methoden, wie sie von mir bei der Diskussion der reibungslosen Instabilität von Geschwindigkeitsprofilen mit Wendepunkten [13] entwickelt wurden, weiter ausgebaut werden. Es kommt bei der Existenz neutraler und angefachter Schwingungen auf den Vorzeichenwechsel der absoluten verti-

kalen Wirbelkomponente der zonalen Grundströmung an, wobei diese Wirbelkomponente hier nicht mehr proportional der zweiten Ableitung der
Geschwindigkeitsverteilung ist. Durch die Störungswellen wird bei
westlichen zonalen Winden ein Impulsmoment längs der Meridiane nach
Norden transportiert. Die Störungen prägen sich nach C.-G.Rossby [14],
der dies Problem überhaupt aufgeworfen hat, in einem Schachbrettmuster
aus langen Wellen in der Westwindströmung der oberen Troposphäre aus.
Es ist bemerkenswert und erfreulich, daß auch in diesem ganz anders
gelagerten Problem die Methoden der asymptotischen Stabilitätstheorie
nach sinngemäßer Erweiterung sich durchaus bewährt haben.

Bisher waren nur neutrale Eigenschwingungen betrachtet, was einen
reellen Parameter c bedeutet. Das volle Eigenwertproblem kann man so
formulieren, daß die beiden reellen Parameter R und α als gegeben
betrachtet werden, während der komplexe Parameter c, der die Zeitab-
hängigkeit der Partial-
schwingungen regelt, als
gesuchter Eigenwert anzusehen
ist. Während in dem Gebiet
innerhalb der Indifferenzkurve c_i positiv ist, wie
in einigen Spezialfällen
durch Untersuchungen von
H.Schlichting und J.Pretsch
gezeigt wurde, wird man
allgemein vermuten, daß zu
einem gegebenen Wertepaar
R,α nicht nur ein einziges
c, sondern unendlich viele
diskret gelegene Eigenwerte
gehören. Diese Vermutung
wird durch Untersuchungen
bestätigt, die D.Grohne [15]
ausgeführt hat. Die Figur 7 zeigt bei einem festen α den Zusammenhang
der Eigenwertteile c_r und c_i mit R für die geradlinige Couette-

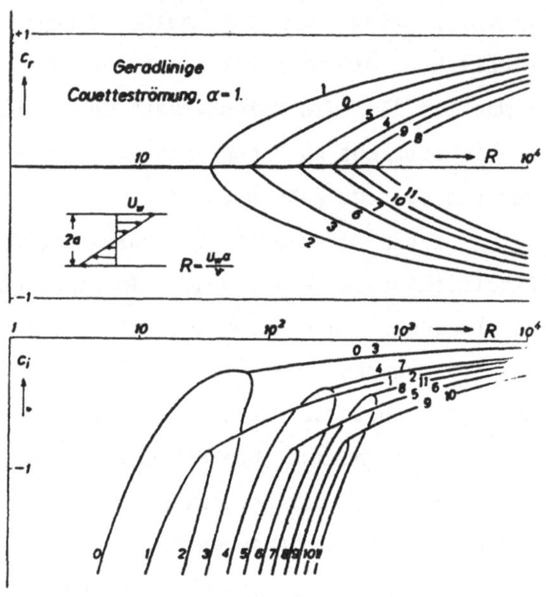

Fig. 7 - Abhängigkeit der Eigenwerte $c = c_r + ic_i$
von R bei festem $\alpha = 1$ zu den 12 niedrigsten
Schwingungszuständen der geradlinigen Couette-
Strömung nach D.Grohne [15].

MISCELLEN AUS DER TURBULENZFORSCHUNG

Strömung, die sich zwischen zwei parallelen ebenen Wänden, falls sie gegeneinander bewegt werden, ohne Druckgefälle einstellt. Die Numerierung der Kurven ist so gewählt, daß für $R \to 0$ gerade Zahlen zu geraden Eigenfunktionen $\varphi(y)$ gehören, während ungerade Zahlen den ungeraden Eigenfunktionen zugeordnet sind. Für kleine R gilt für alle Eigenfunktionen zunächst $c_r = 0$, während von einem gewissen R ab, das von der Ordnung der Eigenfunktion abhängt, der Betrag von c_r plötzlich zu wachsen anfängt. Die Eigenschwingungen sind bei der geradlinigen Couette-Strömung, wie man schon seit den Untersuchungen von L. Hopf [16] weiß, sämtlich gedämpft; doch hatte L. Hopf wegen einiger Versehen, die ihm bei seinen Rechnungen unterlaufen waren, den topologischen Charakter der Eigenwertkarte, die in Fig. 7 wiedergegeben ist, nicht ganz richtig getroffen.

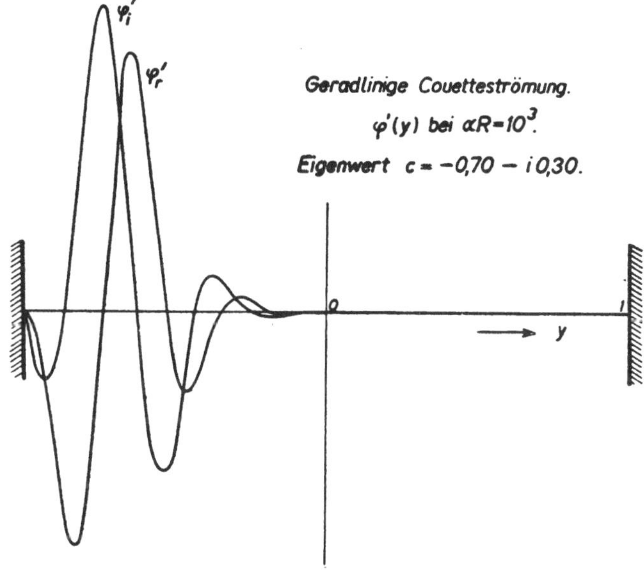

Fig. 8 — Verlauf der Ableitung $\varphi'(y)$ der Eigenfunktion zum Eigenwert $c = -0,70 - i\,0,30$ bei $\alpha R = 10^3$ und nicht zu großen α für die geradlinige Couette-Strömung nach D. Grohne [15].

In Fig. 8 ist die Ableitung $\varphi'(y)$ einer dieser Eigenfunktionen wiedergegeben. Auffallend dabei ist die starke Zusammendrängung der merklichen Veränderungen der Eigenfunktionen in der Nähe einer Wand, während in der anderen Kanalhälfte, hier der rechten, die Ableitung der Funktion φ

praktisch den konstanten Wert Null behält. Vom physikalischen Standpunkt aus ist die Konzentration der Wirbelstärke in verhältnismäßig schmalen Gebieten des Strömungsbereiches bemerkenswert, da sich meines Erachtens möglicherweise hier ein Zusammenhang mit der "spotty nature" (fleckigen Struktur) der ausgebildeten Turbulenz andeutet, die aus neueren experimentellen Untersuchungen von G. K. Batchelor und A. A. Townsend zu folgen scheint [17]. Das betreffende Phänomen folgt hier aus einer linearisierten Gleichung, so daß die gelegentlich geäußerte Vermutung, wonach die Konzentration der Wirbelstärke ausschließlich durch nichtlineare Effekte hervorgerufen würde, nicht zutreffen kann. Verantwortlich erscheinen vielmehr konvektive Glieder schlechthin, falls nur die Konvektion geschwindigkeit nicht konstant ist. **Fig. 9** zeigt c_r und β_i in **Abhängigkeit**

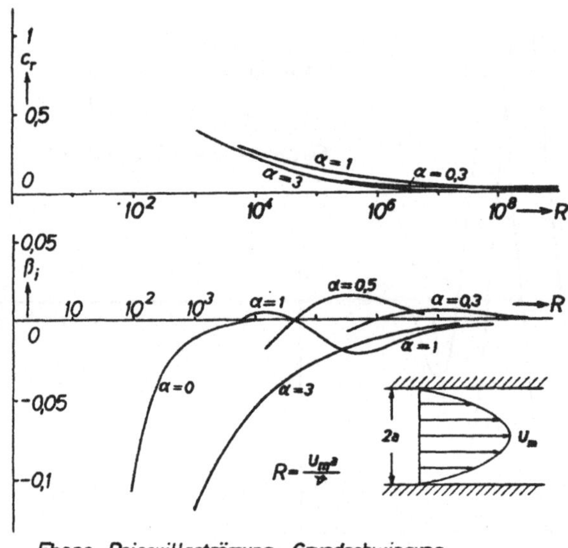

Ebene Poiseuilleströmung, Grundschwingung.

Fig. 9 — Abhängigkeit der Phasengeschwindigkeit c_r und der Anfachungsgröße β_i von α und R für die Grundschwingung der ebenen Poiseuille-Strömung.

von R für verschiedene Werte des Parameters α im Fall der ebenen Poiseuille-Strömung und zwar für die Grundschwingung. Indessen muß man sich hier auf eine asymptotische Diskussion bei großen R beschränken, während bei der geradlinigen Couette-Strömung das Eigenwertproblem bei beliebigen R zu bewältigen ist. In **Fig. 10** wird die Ableitung einer

gedämpften geraden Eigenfunktion der ebenen Poiseuille-Strömung gezeigt.
In der Nebenfigur dieses Bildes werden die drei von W. Wasow [7] festge-
stellten Bereiche für die asymptotische Näherung in der komplexen Ebene
angedeutet; in dem oberen Bereich, dessen Begrenzungslinien die reelle
y-Achse in zwei Punkten durchstoßen, tritt auch bei beliebig wachsender
Reynoldsscher Zahl keine Annäherung an die Lösungen der reibungslosen
Störungsdifferentialgleichung $\left(\dfrac{1}{R} = 0 \right)$ ein. Die beiden Durchstoßpunkte
mit der reellen y-Achse sind in die Hauptfigur des Bildes 10 übertragen;

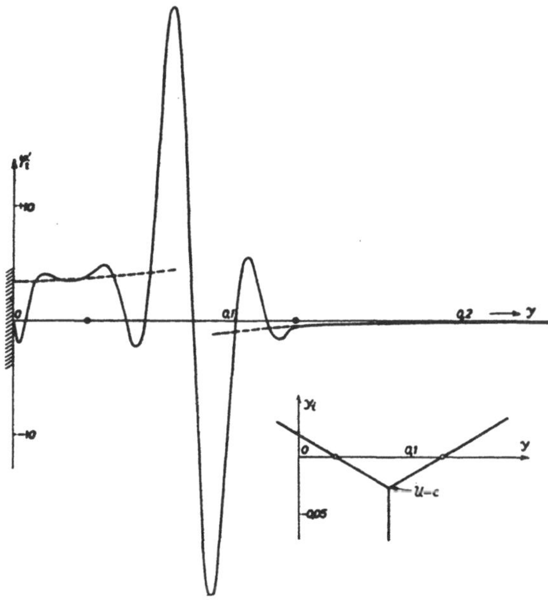

Fig. 10 — Verlauf der Ableitung $\varphi_i'(y)$ der Eigenfunktion zum Eigenwert $c =$
$= 0,178 - i\,0,049$ bei $\alpha = 1$ und $R = 7,7 \cdot 10^5$ für die ebene Poiseuille-Strömung
nach D. Grohne [15]. Die reibungslose Lösung ist gestrichelt eingezeichnet.

man sieht, daß in dem dazwischenliegenden Abschnitt der y-Achse außeror-
dentlich starke Änderungen von $\varphi'(y)$ auftreten. Die starke Konzentration der Wirbelstärke der Störungen in einem räumlich engen Bereich, auf
die bereits bei einer Eigenschwingung der geradlinigen Couette-Strömung
hingewiesen wurde, ist auch hier wiederum sehr bemerkenswert. Schließlich
ist c in Fig. 11 bei festgehaltenem α in Abhängigkeit von R für ein
Wendepunktprofil dargestellt, wie es bei Druckanstieg etwa in einem
schwach divergenten Kanal vorkommt. Die Grundschwingung bleibt in diesem

Fall bei unbegrenzt wachsendem R angefacht, wie man aus allgemeinen Sätzen über die Stabilität von Wendepunktprofilen schließen kann, wenn

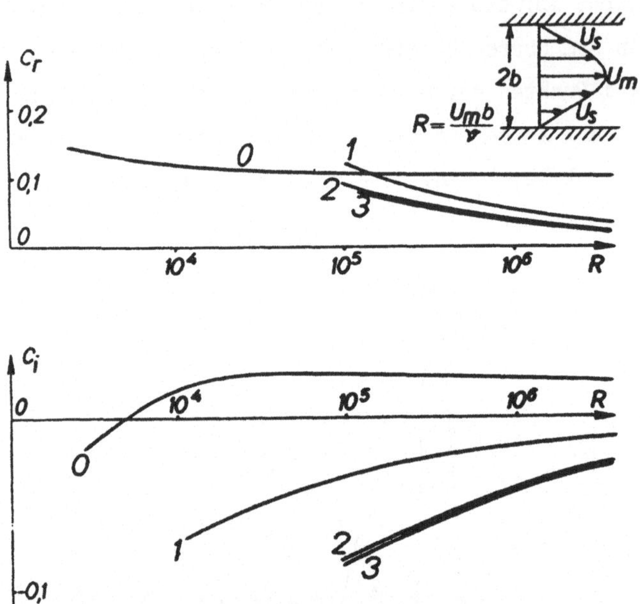

Fig. 11 – Abhängigkeit des Eigenwerts c von R bei $\alpha = 0,5$ zu den vier niedrigsten Schwingungszuständen eines Wendepunktprofile nach D. Grohne [15].

nur α geeignet gewählt ist. Der unmittelbare praktische Nutzen der Grohneschen Untersuchungen über die Gesamtheit der Eigenschwingungen der Störungsdifferentialgleichung mag zunächst gering eingeschätzt werden. Ihre Bedeutung für unsere grundsätzliche Kenntnis der Dynamik von Strömungen scheint mir schon heute festzustehen.

Über gasförmige Grenzschichten, bei denen die Kompressibilität des strömenden Mediums berücksichtigt wird, möchte ich mich an dieser Stelle nicht weiter auslassen, da gerade auf diesem Gebiet von der laufenden Forschung neuere Aufschlüsse zu erwarten sind.

Ein einfaches Modell zur homogenen isotropen Turbulenz.

Die *homogene Turbulenz* kann man mit Fug und Recht als den einfachst möglichen Typus der Turbulenz bezeichnen. Sie wurde in den Jahren von 1935 ab durch G. I. Taylor [18] eingeführt und zu erforschen begonnen. Die homogene Turbulenz unterscheidet sich ganz wesentlich von den Turbulenzarten, die man bis dahin betrachtet hatte, wie etwa die turbulente Strömung durch ein Rohr oder in der Grenzschicht eines Tragflügels. Für die mittlere Geschwindigkeit der homogenen Turbulenz soll gelten: $\overline{\mathcal{W}} \equiv 0$, wobei $\mathcal{W}$ der Geschwindigkeitsvektor ist, während die zeitliche Mittelung durch Überstreichung angedeutet sei. Die Homogenität bedeutet natürlich, daß im Mittel keine Abhängigkeit von dem Ortsvektor

$$\mathcal{X} = x_1 n_1 + x_2 n_2 + x_3 n_3$$

vorhanden sein darf. Man kann sich etwa vorstellen, daß die als inkompressibel vorausgesetzte Flüssigkeit in einem Bottich umgerührt wird, wobei zudem der Einfluß der Wände vernachlässigt sein möge. Dann bleibt nur eine Abhängigkeit *statistischer Eigenschaften* der homogenen Turbulenz von der Zeit übrig, wenn die Zeit, über die gemittelt wird, gerade genügend groß für eine zuverlässige Mittelung gewählt wird. Andererseits müssen diese Mittelungszeiten klein gegen die Abklingungszeiten der einmal angerührten Turbulenz sein. Durch die Untersuchungen von G. I. Taylor [18] angeregt, führten Th. v. Kármán und L. Howarth [19] nun den Korrelationstensor ein, d. h. den Tensor der Korrelationsmomente gleichzeitiger Geschwindigkeitsschwankungen $\mathcal{W}$ an verschiedenen Orten $\mathcal{X}$ und $\mathcal{X}'$ (siehe Fig. 12). Mit $\mathcal{U}$ sei der Distanzvektor

$$\mathcal{U} = \mathcal{X}' - \mathcal{X} = r_1 n_1 + r_2 n_2 + r_3 n_3$$

bezeichnet.

Für die Komponenten des Korrelationstensors $R_i^j(\varkappa) = \overline{v_i(\mathbf{r})\, v_j(\mathbf{r}+\varkappa)}$ gilt wegen der Homogenität

$$R_i^j(\varkappa) = R_j^i(-\varkappa)\ .$$

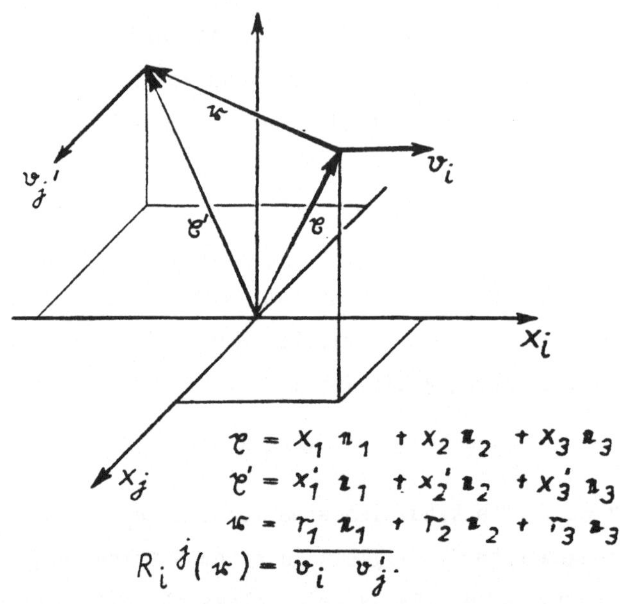

Fig. 12 - Zum Korrelationstensor.

So nützlich sich auch heute noch der Korrelationstensor, nicht zuletzt bei experimentellen Untersuchungen, erweist, so zeigt sich doch theoretisch eine deutliche Überlegenheit des *Spektraltensors*, der von J. Kampé de Fériet [20] und G. K. Batchelor [21] eingeführt wurde:

$$\Gamma_i^j(\mathbf{k}) = \frac{1}{(2\pi)^{3/2}} \iiint\limits_{-\infty}^{+\infty} R_i^j(\varkappa)\, e^{\sqrt{-1}\,\mathbf{k}\cdot\varkappa}\, dr_1\, dr_2\, dr_3\ .$$

$\mathbf{k}$ ist die vektorielle Wellenzahl, Γ_i^j ist natürlich komplex. Wegen der Homogenität ist der Spektraltensor hermitesch:

$$\Gamma_i^j(\mathbf{k}) = \widehat{\Gamma}_j^i(\mathbf{k})\ .$$

Die darüber gesetzte Tilde bedeutet den Übergang zu konjugiert komplexen Größen. Da der Spektraltensor die Fouriertransformierte des reellwertigen Korrelationstensors ist, so ist

$$\Gamma_i^j(\mathbf{k}) = \widetilde{\Gamma}_i^j(-\mathbf{k})\ .$$

Führt man unmittelbar die Fouriertransformierten der Geschwindigkeitskomponenten ein, wie es G. Darrieus [22] schon 1938 in einer wenig beachteten Arbeit und später W. Heisenberg [23] taten, so ergibt sich

$$v_i(\mathfrak{r},t) = \frac{1}{(2\pi)^{3/2}} \iiint\limits_{-\infty}^{\infty} V_i(\mathfrak{k},t)\, e^{\sqrt{-1}\,\mathfrak{k}\cdot\mathfrak{r}}\, dk_1\, dk_2\, dk_3 \quad,$$

$$v'_j(\mathfrak{r}+\mathfrak{s},t) = \frac{1}{(2\pi)^{3/2}} \iiint\limits_{-\infty}^{\infty} V_j(\mathfrak{k},t)\, e^{\sqrt{-1}\,\mathfrak{k}\cdot\mathfrak{r}}\, e^{\sqrt{-1}\,\mathfrak{k}\cdot\mathfrak{s}}\, dk_1\, dk_2\, dk_3 \quad.$$

Durch Anwendung des allgemeinen Parsevalschen Satzes auf die beiden letzten Formeln wird dann

$$R_i^j(\mathfrak{s}) = \overline{v_i v'_j} = \frac{1}{H} \iiint\limits_{-\infty}^{\infty} \overline{V_i \tilde{V}_j}\, e^{-\sqrt{-1}\,\mathfrak{k}\cdot\mathfrak{s}}\, dk_1\, dk_2\, dk_3 \quad,$$

was aber nach der früher gebrauchten Definition des Spektraltensors

$$R_i^j(\mathfrak{s}) = \frac{1}{(2\pi)^{3/2}} \iiint\limits_{-\infty}^{\infty} \Gamma_i^j(\mathfrak{k})\, e^{-\sqrt{-1}\,\mathfrak{k}\cdot\mathfrak{s}}\, dk_1\, dk_2\, dk_3$$

sein soll. Folglich ergibt sich die Formel

$$\Gamma_i^j(\mathfrak{k}) = \frac{(2\pi)^{3/2}}{H}\, \overline{V_i \tilde{V}_j} \quad.$$

Dabei ist H das Raumgebiet, wo die Turbulenz als homogen angesehen werden kann. Vorausgesetzt ist dabei, daß man einen solchen Homogenitätsbereich H herausschneiden kann, während die Geschwindigkeitsschwankungen außerhalb H identisch Null gesetzt werden können, d. h. also, daß der Außenraum auf H nicht einwirken möge. Diese Vorstellung solcher Raumgebiete H erinnert an die Flüssigkeitsballen von L. Prandtl, die er in seinem Mischungswegansatz benutzt hat. H kann dabei langsam mit der Zeit veränderlich sein.

Nun hat J. Kampé de Fériet [20] die allgemeine Form des Spektraltensors für die homogene Turbulenz angegeben, wobei die Kontinuitätsgleichung noch als besondere Bedingung hinzugefügt wurde. Es gelang mir nun in [24], die Kontinuitätsgleichung gleich in die allgemeine Form des Spektraltensors hineinzuarbeiten, wobei sich dann folgende Darstellung der Tensorkomponenten ergibt

$$\Gamma_i^j(k) = \frac{(2\pi)^{3/2}}{H}\left(\overline{|a|^2} - \overline{|b|^2}\right)\frac{n_i n_j}{N^2} +$$

$$+ \overline{|b|^2}\left(\delta_i^j - \frac{k_i k_j}{k^2}\right) + \overline{a\,\tilde{b}}\,\frac{n_i m_j}{kN^2} + \overline{\tilde{a}\,b}\,\frac{m_i n_j}{kN^2} \quad .$$

Dabei sind a und b zwei willkürliche komplexe Funktionen, die nur den einfachen Bedingungen

$$a(-k) = -\tilde{a}(k) \quad , \quad b(-k) = \tilde{b}(k)$$

genügen müssen. δ_i^j ist das Kroneckersche Symbol; ferner gilt

$$K = k_1 + k_2 + k_3$$

$$n_1 = k_2 - k_3 \quad , \quad m_1 = k_1 K - k^2 \quad ,$$

$$n_2 = k_3 - k_1 \quad , \quad m_2 = k_2 K - k^2 \quad ,$$

$$n_3 = k_1 - k_2 \quad , \quad m_3 = k_3 K - k^2 \quad .$$

Die nächstfolgende Frage ist die nach der Abnahme der Turbulenzenergie $\frac{\overline{k^2}}{2}$. H. L. Dryden [25] hat schon 1938 auf Grund von Messungen den Schluß gezogen, daß die Abnahme der kinetischen Energie in den verschiedenen Wellenzahlen der homogenen isotropen Turbulenz es erforderlich macht, daß die höheren Wellenzahlen Energie auf Kosten der niedrigeren gewinnen. Übrigens kann man die Konzeption von Turbulenzen verschiedener Stufe (d. h. mit verschiedenen k) viel weiter zeitlich zurückverfolgen, bis in den Anfang der zwanziger Jahre, als Meteorologen wie A. Defant [26] und L. F. Richardson [27] sich mit Erfolg ähnlicher Vorstellungen bedienten. L. F. Richardson hat nach dem englischen Kindervers

> Big fleas have little fleas
> In order to bite them,
> Little fleas have smaller ones
> And so on to infinitum

diese Vorstellung des Energieüberganges von großen zu kleinen Wirbeln
so ausgedrückt:

> Big whirls have little whirls
> Which feed on their velocity,
> Little whirls have smaller whirls
> And so on to viscosity.

Einen derartigen Kaskadenprozeß (vgl. L. Onsager [28]) hat in der einfachst
möglichen Weise W. Heisenberg [23] in folgender Weise charakterisiert:
Man setzt

$$\frac{\overline{\varkappa^2}}{2} = \int\limits_0^\infty F(k,t)\,dk\ ,$$

wonach also $F(k,t)$ das zeitlich veränderliche Energiespektrum ist. Nach
Heisenberg wird für den partiellen Austauschkoeffizienten zwischen großen
$(< k)$ und kleinen Wirbeln $(> k)$ $\epsilon_k = \int\limits_k^\infty (F,k)\,dk$ angenommen, wobei
der Integrand, wie die Schreibweise andeutet, nur von F und k, dagegen
nicht von der kinematischen Zähigkeit abhängen soll. Diese Nichtberück-
sichtigung der kinematischen Zähigkeit V ist natürlich nur eine
Näherungsannahme und gilt bestimmt für kleine Wirbel, d.h. für große k,
nicht mehr. Für die abklingende homogene isotrope Turbulenz erhält man
die Integrodifferentialgleichung

$$\frac{\partial}{\partial t} \int\limits_0^\varkappa F(k,t)\,dk = -(\epsilon_k + V) \int\limits_0^\varkappa 2k^2\,F(k,t)\,dk\ .$$

Aus Dimensionsgründen folgt nun leicht für den partiellen Austauschkoeffizienten:

$$\epsilon_k = \gamma \int\limits_k^\infty \sqrt{\frac{F}{k^3}}\,dk$$

mit einer Konstanten γ. Für andere Ansätze, wie sie Th. v. Kármán, A.
Obukhov und L. Kovasznay gemacht haben, vergleiche man etwa die Abhandlung
von S. Goldstein [29]. Der Ansatz von Heisenberg empfiehlt sich besonders
durch seine Einfachheit. Die Heisenbersche Integrodifferentialgleichung

lautet ausgeschrieben:

$$\frac{\partial}{\partial t} \int_0^k F(k,t)\, dk = -2\left(\gamma \int_k^\infty \sqrt{\frac{F}{k^3}}\, dk + \nu\right) \int_0^k k^2 F\, dk \ .$$

Diese Integrodifferentialgleichung wurde von uns im Gegensatz zu früheren Autoren ohne die Annahme, daß F mit der Zeit sich *ähnlich* verändert, gelöst, sondern als Anfangswertproblem behandelt, d.h. für eine Anfangszeit $t = 0$ wurde das Energiespektrum $F(k,0) = F_0(k)$ angenommen. Dabei wurde die von G.K.Batchelor [21] und C.C. Lin [30] festgestellte wesentliche Tatsache beachtet, daß für kleine k

$$F(k,t) \approx \frac{\Lambda}{3\pi}\, k^4$$

ist. Λ ist dabei die Loitsiansky'sche Invariante [31], die aus der von Kármán-Howarth'schen Gleichung [19] für die Korrelationen der homogenen isotropen Turbulenz unter plausiblen Annahmen für das Abklingen der Korrelationen folgt. In der von mir [24] und D.Grohne ausgeführten Rechnung wurden dimensionslose Größen mit Hilfe einer charakteristischen Länge L eingeführt, die so bestimmt wird, daß die reine Zahl

$$\tilde{\Lambda} = \frac{\Lambda}{L^3 \nu^2} = 10^7$$

wird. Der Wert 10^7 hat sich zahlenmäßig gerade als zweckmäßig erwiesen. Die weiteren Dimensionslosen sind

$$\tilde{F} = \frac{F \cdot L}{\nu^2} \quad , \quad \tilde{k} = k \cdot L \quad , \quad \tilde{t} = \frac{t\nu}{L^2} \ .$$

Man sieht, daß in der neuen vorgeschlagenen Theorie nicht die Maschenweite des Turbulenzgitters eingeht, sondern statt derer die für den Ursprung der isotropen Turbulenz charakteristische Loitsiansky'sche Invariante. Neuere Betrachtungen, welche eine Veränderung der Größe Λ in Betracht ziehen, wollen wir hier außer Acht lassen.

Zunächst werde bei den allgemeinen Überlegungen der Anschaulichkeit halber noch mit den ursprünglichen dimensionsbehafteten Größen gearbeitet. Die Heisenbergsche Integrodifferentialgleichung wird einer Umformung untergezogen, die sowohl für die numerische Berechnung als auch für den Gewinn formelmäßiger Ergebnisse günstig ist. Mit den Abkürzungen

$$a(k,t) = \int_0^k k^2 F\, dk \quad , \quad \beta(k,t) = \gamma \int_k^\infty \sqrt{\frac{F}{k^3}}\, dk + \nu$$

erhält man die Heisenbergsche Integrodifferentialgleichung in der Form

$$\frac{\partial \sqrt{F}}{\partial t} + k^2 \beta \sqrt{F} = \frac{\gamma a}{k^{3/2}} \quad ,$$

aus der man leicht die für die numerische und formelmäßige Rechnung grundlegende Formel gewinnt

$$\sqrt{F} = e^{-k^2 B} \left\{ \sqrt{F_0} + \int_0^t A\, dt \right\} .$$

Die darin auftretenden Hilfsgrößen sind in folgender Weise definiert:

$$B(k,t) = \int_0^t \beta(k,t)\, dt \quad , \quad A(k,t) = \frac{\gamma}{k^{3/2}}\, e^{k^2 B(k,t)} \quad .$$

Formelmäßige Ergebnisse wurden einerseits für kleine Wellenzahlen, wie auch für sehr große Wellenzahlen, andererseits für kleine Zeiten und schließlich für sehr große Zeiten erzielt. Bei kleinen Wellenzahlen erhält man für alle t:

$$F = \frac{\Lambda}{3\pi}\, k^4 [1 + o(1)] \quad , \quad k \ll 1$$

wobei $o(1)$ eine Größenordnung bezeichnet, die klein gegen 1 ist. Man sieht also, daß man keinen Widerspruch gegen das oben angeführte grundlegende Ergebnis von G. K. Batchelor und C. C. Lin erhält. Für sehr große Wellenzahlen k erhält man bei beliebigen Zeiten $t > 0$:

$$F \approx \frac{\gamma^2 a^2(\infty, t)}{\nu^2 k^7} \quad .$$

Daß F proportional zu k^{-7} bei großen k wird, ist von G. K. Batchelor und A. A. Townsend in ihrer Arbeit [17] "The nature of turbulent motion at large wave numbers" (1949) als möglich hingestellt worden. Bei kleinen Zeiten ergibt sich für alle Wellenzahlen:

$$\sqrt{F} \approx \sqrt{F_0}\ e^{-\nu k^2 t}\beta(k,0) + \frac{\gamma\,a(k,0)}{k^{7/2}} \cdot \frac{1 - e^{-\nu k^2 t}\,\beta(k,0)}{\beta(k,0)}\ .$$

Man sieht an dieser Formel sehr schön, wie für die Anfangszeit $t = 0$ die Anfangsverteilung $F = F_0$ angenommen wird, während andererseits für große k unmittelbar nach der Anfangszeit das k^{-7}-Gesetz sich einstellt. Schließlich ergibt sich bei großen Zeiten für alle k

$$\sqrt{F} \approx \sqrt{F_0}\ e^{-\nu k^2 (t-t_1)} + \frac{\gamma\,a(k,t)}{\nu k^{7/2}}\ .$$

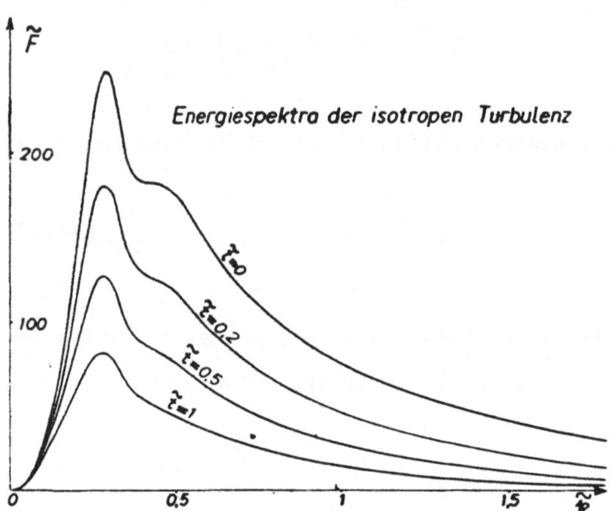

Fig. 13 – Berechnete Energiespektra der homogenen isotropen Turbulenz in dimensionsloser Auftragung [24].

Dies Gesetz fällt praktisch mit dem von G. K. Batchelor und A. A. Townsend [32] für die Schlußphase des Abklingens der isotropen Turbulenz zusammen:

$$F \approx \frac{\Lambda}{3\pi}\,k^4\,e^{-2\nu k^2 (t-t_1)}\ .$$

In Figur 13 sind die Energiespektra der homogenen Turbulenz für

verschiedene Zeiten mit dimensionslosen Größen aufgetragen, wobei F_0
in loser Anlehnung an Experimente von R. W. Stewart und A. A. Townsend [33]

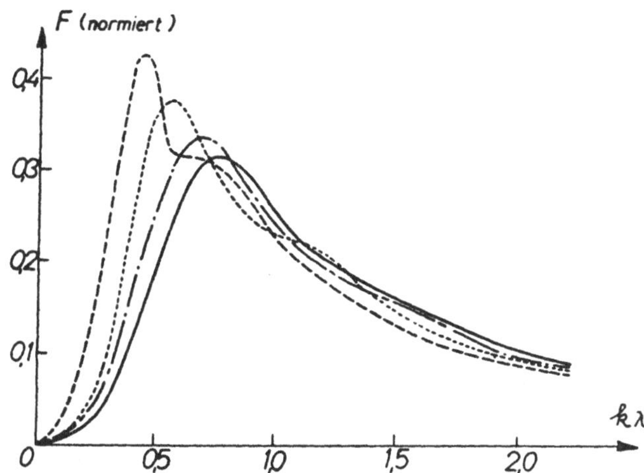

Fig. 14 — Normierte Energiespektra der homogenen isotropen Turbulenz nach Messungen von R. W. Stewart und A. A. Townsend [33]. λ ist die Dissipationslänge ("Durchmesser der kleinsten Wirbel").

gewählt wurde, für γ wurde der Wert 0,45 angenommen. Die Figur zeigt,

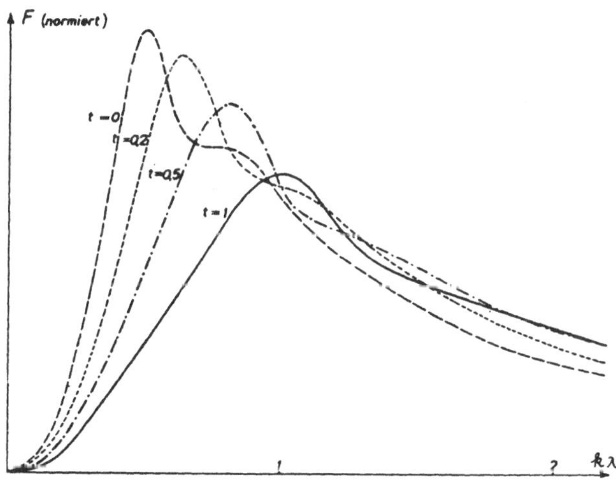

Fig. 15 — Berechnete Energiespektra der homogenen isotropen Turbulenz in analoger Normierung wie in Fig. 14.

daß in der Tat keine Ähnlichkeit zwischen den einzelnen Spektren bei
verschiedenen Zeiten besteht. Die nächste Figur 14 gibt einige Energie-

spektra nach R. W. Stewart und A. A. Townsend, die in einer ganz bestimmten Weise, nämlich mit λ als der sogenannten Dissipationslänge, normiert waren. Die Dissipationslänge λ ist bestimmt durch die Gleichung

$$\lambda^2 \int_0^\infty k^2 F\, dk = 5 \int_0^\infty F\, dk \ .$$

Wenn man die Normierung der von uns berechneten Spektren in analoger Weise vornimmt, was in Figur 15 geschehen ist, so erkennt man eine auffallende Verwandtschaft zwischen den theoretischen und experimentellen Kurven. Das am besten gesicherte experimentelle Ergebnis für die isotrope Turbulenz ist zweifellos die im Anfang reziprok-lineare Abnahme der Turbulenzenergie. Sie kommt aus unserer Theorie, wie Figur 16 zeigt, auch numerisch ganz vorzüglich heraus. Bis zur dimensionslosen Zeit $\tilde{t} = 0{,}4$ sind keine merklichen Abweichungen von diesem Gesetz festzustellen.

K. Meetz [34] hat das zeitliche Abklingen der Energiespektren für eine mit größerer Sorgfalt ermittelte Anfangsverteilung durchgerechnet, wobei er auch etwas genauere Werte für γ erzielte. Danach müßte nach dem rezi-

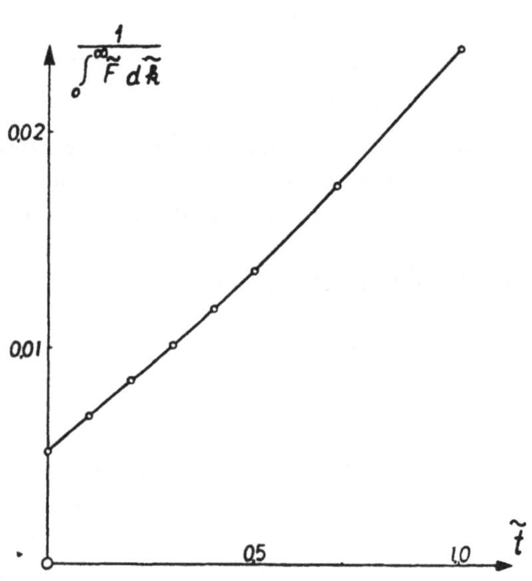

Fig. 16 — Zeitliche Abhängigkeit der reziproken Energie der homogenen isotropen Turbulenz nach der Rechnung [24].

proklinearen Abklingen des Energiespektrums γ etwa den Wert 0,6 haben. M bedeutet die Maschenweite des Turbulenzgitters. Derselbe Verfasser hat in einer weiteren Arbeit [35] das zeitliche Abklingen der Geschwindigkeits- und Druckkorrelationen der homogenen isotropen Turbulenz behandelt. In den vollongitudinalen Geschwindigkeitskorrelationen

$$\overline{v_r(\mathcal{P})\ v_r(\mathcal{C})\ v_r(\mathcal{C}+\varkappa)}$$

werde bei der homogenen isotropen Turbulenz als Argument eine auf die **Dissipationslänge** λ bezogene Distanz eingeführt: $K\left(\dfrac{r}{\lambda}\right)$ Für diese

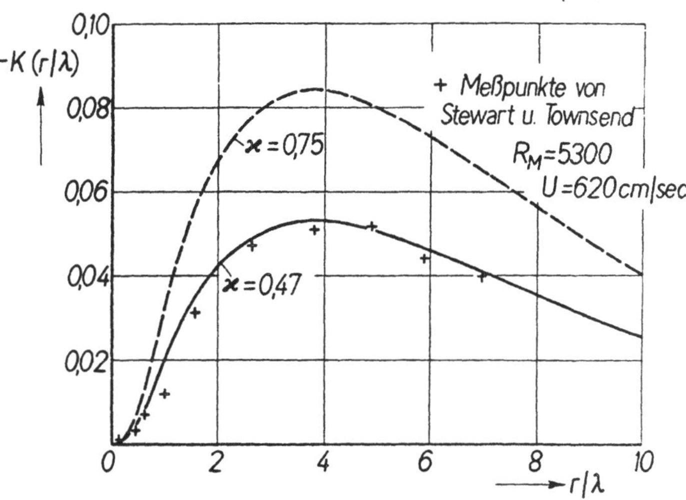

Fig. 17 — **Dreifach-Geschwindigkeitskorrelation** $K(r/\lambda)$ bei $\dfrac{x}{M}$ = 30 nach Rechnungen **von K. Meetz** [35] und Messungen von R. W. Stewart und A. A. Townsend [33].

Dreifachgeschwindigkeitskorrelation $K\left(\dfrac{r}{\lambda}\right)$ bekommt dabei Meetz [35]

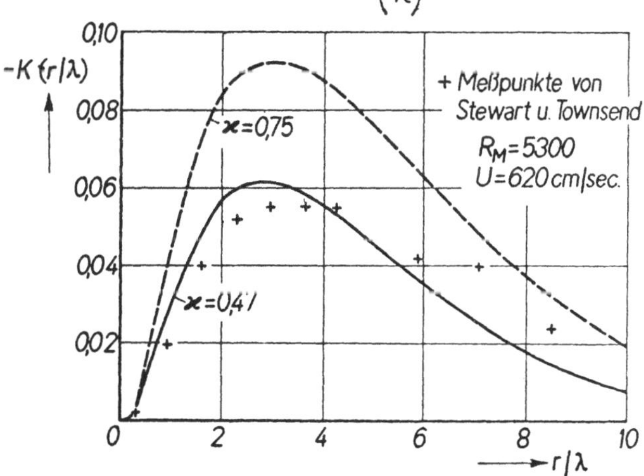

Fig. 18 — **Dreifach-Geschwindigkeitskorrelation** $K(r/\lambda)$ bei $\dfrac{x}{M}$ = 60 nach Rechnungen **von K. Meetz** [35] und Messungen von R. W. Stewart und A. A. Townsend [33].

eine recht ansprechende Übereinstimmung, wenn er γ = 0,47 wählt, sowohl bei $\dfrac{x}{M}$ = 30 **als auch bei** $\dfrac{x}{M}$ = 60, 90 und 120, siehe Fig. 17, 18. Man ersieht an den etwas differierenden Resultaten für γ den mehr pauschal den Vorgang erfassenden Charakter der Heisenbergschen Integrodifferentialgleichung. Ferner hat Meetz [35] die Druckkorrelation .

$$P(r,t) = \overline{p(\mathscr{C}+\varkappa,t)\ p(\mathscr{C},t)}$$

berechnet wobei er die schon von G.K.Batchelor [36] benutzte Zerfällung des vierstufigen Korrelationstensors benutzte. Er konnte zeigen, daß diese Zerfällungsregel nicht nur für Schwankungsverteilungen gilt, die dem mehrdimensionalen Legendre-Gaußschen Normalgesetz folgen, sondern auch für eine weitere große Klasse von Verteilungen. Dieses interessante Ergebnis wollen wir jedenfalls andeuten.

Grundsätzlich genügt es dabei, sich auf den zweidimensionalen Fall zu beschränken, indem man etwa in $\mathscr{C} + \varkappa$ wie in $\mathscr{C}$ jeweils nur eine Geschwindigkeitskomponente x bzw. y betrachtet. Die zu den beiden Zufallsvariablen x und y gehörende Summenfunktion sei $\phi(x,y)$. Die Zerfällungsregel würde dann lauten

$$\overline{x^2 y^2} = \overline{x^2}\ \overline{y^2} + 2\,(\overline{x\,y})^2 \ .$$

Diese Bedingung wird zunächst von einer zweidimensionalen Normalverteilung erfüllt, wie man leicht mit Hilfe der Fouriertransformierten der Verteilungsfunktion $\varphi(\xi,\eta)$ erkennen kann:

$$\varphi(\xi,\eta) = \int\limits_{-\infty}^{+\infty}\int\limits_{-\infty}^{+\infty} e^{i\,(x\xi+y\eta)}\,d\phi(x,y) = e^{-\frac{1}{2}(\overline{x^2}\xi^2 + 2\overline{xy}\xi\eta + \overline{y^2}\eta^2)} \ .$$

Nun hat K.Meetz [35] folgende andere Verteilungen gefunden, welche die Zerfällungsregel erfüllen. Ist nämlich $F(x)$ eine solche Verteilungsfunktion der Zufallsvariablen x, für welche gilt:

$$\bar{x} = \int\limits_{-\infty}^{+\infty} x\,dF(x) = 0 \ ;$$

$$\overline{x^4} = \int\limits_{-\infty}^{+\infty} x^4\,dF(x) = 3(\overline{x^2})^2 = 3\left(\int\limits_{-\infty}^{+\infty} x^2\,dF(x)\right)^2 \ ,$$

so erhält man für die zweidimensionale Verteilung

$$\phi(x,y) = F(x)\, F(x+y)$$

die Beziehung

$$\overline{x^2 y^2} = \overline{x^2}\,\overline{y^2} + 2\,\overline{(x\,y)}^2 \quad,$$

wie man leicht zeigen kann. An der Originaldarstellung von K. Meetz sind einige triviale Korrekturen anzubringen.

Viele weitere Dinge, welche sich auf die Theorie der homogenen Turbulenz beziehen, finden sich in dem Buch von G. K. Batchelor [37].

Über Turbulenz und Lärm

Die Lärmerzeugung durch turbulente Schwankungen ist gegenwärtig Gegenstand eines großen wissenschaftlichen und technischen Interesses. Es wurden bereits wertvolle Aufschlüsse über den Mechanismus der Schall-erzeugung, über Intensität und Richtcharakteristik des abgestrahlten Schalles, über Lärmverminderungsmaßnahmen usw. gewonnen. Ein ausführliches Literaturverzeichnis findet sich in [38]. Viele Fragen sind jedoch noch offen oder noch nicht völlig geklärt. Hierzu gehört das Problem der Abhängigkeit der Schallerzeugung von den die Turbulenz charakterisierenden Eigenschaften, wie Turbulenzenergie, spektrale Verteilung der Turbulenzenergie, Größe der Einzelwirbel usw. Diese Fragen sollen im folgenden näher behandelt werden. Weiterhin werden darüber hinaus Maßnahmen für die Verminderung des Lärms diskutiert werden.

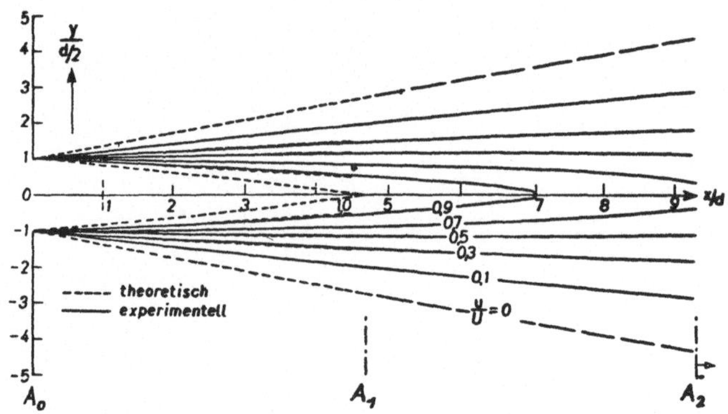

Fig. 19 – Isotachen einer kreisringförmigen turbulenten Vermischung nach Rechnungen und Messungen von A. M. Kuethe [39].

Um in den Fragenkreis einzuführen, wollen wir zunächst auf die Strömungs- und Schallerzeugungsverhältnisse eingehen, die bei einem aus einer kreisförmigen Mündung ins Freie austretenden Gasstrahl vorliegen (siehe Figur 19). Unmittelbar hinter der Mündung A_0 beginnt am Strahlrand die turbulente Vermischung mit dem umgebenden Medium (vgl. die Abhandlung von A. M. Kuethe [39]). Die ringförmige Vermischungszone verbreitert sich mit wachsender Entfernung von der Mündung ins Strahlinnere hinein und erreicht bei einem Abstand von etwa 4 bis 5 Düsendurchmessern die Strahlmitte (Schnitt A_1). Von dieser Stelle an nimmt die bis dahin nicht geänderte mittlere Strahlgeschwindigkeit auch in der Strahlmitte ab; nach etwa 12 bis 14 Düsendurchmessern (A_2) ist sie auf die Hälfte abgesunken und geht mit weiter zunehmender Entfernung gegen Null.

Energetisch gesehen wird bei diesem Vorgang praktisch die gesamte kinetische Energie in Wärme dissipiert, was aber nicht direkt geschieht, sondern auf dem Umweg der kaskadenförmigen Energieübertragung von großen Wirbeln auf kleinere, die in Kapitel 2 dargelegt wurde. Fast die gesamte Schallerzeugung findet in dem Bereich von A_0 bis A_2 statt, wie N. D. Sanders und J. C. Laurence [40] experimentell nachgewiesen haben und aus Dimensionsbetrachtungen auch theoretisch gefolgert wurde.

Für die Rechnung erscheint es heutzutage noch als hoffnungslos, die Verhältnisse bei der Strahlvermischung in ihrer vollen Allgemeinheit zugrunde zu legen. Wir gehen daher zu einer Modellströmung über, bei der wir voraussetzen, daß die einfachste Form von Turbulenz, nämlich die homogene und isotrope Turbulenz wie in Kapitel 2 meist vorliegt. Diese Annahme wird keine große Einschränkung bezüglich unserer Fragestellung bedeuten, da der wesentliche kaskadenförmige Austauschvorgang der Energie erhalten bleibt.

Ähnlich wie in Kapitel 2 sei in einem Volumteil H zur Zeit $t = 0$ ein turbulenter Strömungszustand vorhanden, während außerhalb von H Ruhe angenommen wird. Die spektrale Verteilung der turbulenten Schwankungen wird wie in Kapitel 2 durch die Gleichung

$$\frac{\overline{u^2}}{2} = \int_0^\infty F(k, t)\, dk$$

definiert, wo k die Wellenzahl und t die Zeit ist. Für das Energiespektrum zur Anfangszeit $t = 0$ haben nun E.-A. Müller und K. Matschat

[41] die folgende einfache Form gewählt

$$F_0 = \begin{cases} 0 & \text{für } k < k_0 \\ \text{const} = \dfrac{e_0}{(a-1)k_0} & \text{für } k_0 \leq k \leq ak_0 \\ 0 & \text{für } k > ak_0 \end{cases}$$

mit der positiven reellen Zahl $a > 1$. Dies bedeutet, daß die Turbulenzenergie zur Anfangszeit nur in dem endlichen Wellenzahleninterwall
$k_0 \leq k \leq ak_0$ liegen soll. Da man einer bestimmten Wellenzahl k eine
bestimmte Wirbelgröße proportional $\dfrac{1}{k}$ zuordnen kann, heißt dies an-
schaulich, daß am Anfang des Abklingvorganges nur Wirbelgrößen eines
bestimmten Längenintervalls vorhanden sind. Da die anfängliche Größe der
Wirbel in der Größenordnung der Längendimension des die Turbulenz erzeu-
genden Mechanismus liegt, ist unsere Anfangsverteilung den Verhältnissen,
die von unserem Modell nachgeahmt werden sollen, gut angepaßt.

Um die Verbindung unseres Modells zum Freistrahl herzustellen, sei
angemerkt, daß der von uns behandelte Abklingvorgang etwa dem Abklingen
der Freistrahlturbulenz im Bereich A_0 bis A_2 entspricht, wenn wir
uns vorstellen, daß wir uns in einem mit der mittleren Geschwindigkeit
eines Gasteilchens bewegten Bezugssystem befinden. Solange sich diese
letzte Geschwindigkeit nicht zu stark der Schallgeschwindigkeit nähert,
spielt sie für die Verhältnisse im Außenraum sicher keine große Rolle.
Nicht erfaßt werden nur die Einflüsse der Inhomogenität und der Aniso-
tropie, was zur Zeit als verfrüht erscheinen würde.

Die Rechnungen werden ähnlich wie von M. J. Lighthill [42] und I.
Proudman [43] durchgeführt. E.- A. Müller und K. Matschat [41] gingen von
den Bewegungsgleichungen

$$\frac{\partial(\rho v_i)}{\partial t} + c_0^2 \frac{\partial \rho}{\partial x_i} = -\frac{\partial T_{ij}}{\partial x_j}$$

und der Kontinuitätsgleichung

$$\frac{\partial \rho}{\partial t} + \frac{\partial(\rho v_i)}{\partial x_i} = 0$$

aus. x_i sind dabei die kartesischen Koordinaten, v_i die Komponente des

Geschwindigkeitsvektors w in der x_i-Richtung, c_0 die Schallgeschwindigkeit außerhalb von H. Der wesentliche Anteil des Schubspannungstensors ist

$$T_{ij} \approx \rho_0\, v_i\, v_j \ .$$

ρ_0 ist die Dichte außerhalb von H. Die übrigen Glieder des Spannungstensors spielen eine vernachlässigbare Rolle, so daß sie hier von vornherein weggelassen worden sind. Durch die Differentiation der Bewegungsgleichungen nach den Ortskoordinaten und der Kontinuitätsgleichung nach der Zeit erhält man die inhomogene Gleichung für die Dichte

$$\rho_{tt} - c_0^2\, \frac{\partial^2 \rho}{\partial x_i\, \partial x_i} = \frac{\partial^2 T_{ij}}{\partial x_i\, \partial x_j} \ .$$

Die Lösung läßt sich mittels retardierter Potentiale, wie sie erstmalig unseres Wissens von M.L.Lorenz [44] 1861 angegeben worden sind, in folgender Weise darstellen:

$$\rho - \rho_0 = \frac{1}{4\pi c_0^2}\ \frac{\partial^2}{\partial x_i\, \partial x_j} \int\limits_H \frac{T_{ij}(y_1, y_2, y_3, t - R/c_0)}{R}\, dV \ .$$

Dies ist die bekannte Quadrupoldarstellung (vgl. etwa [43]) mit $R^2 =$ $= (x_1 - y_1)^2 + (x_2 - y_2)^2 + (x_3 - y_3)^2$ und $dV = dy_1 dy_2 dy_3$. Im folgenden interessieren wir uns nur für die Verhältnisse in der Fernzone, die für die Berechnung der Energie des abgestrahlten Schalles allein maßgebend sind. Die Fernzone wird durch einen Abstand definiert, der einerseits groß gegen $H^{1/3}$ und andererseits groß gegen die im wesentlichen vorkommenden Wellenlängen des Schalles ist. Da außerdem Isotropie der Turbulenz vorausgesetzt wird, muß der abgestrahlte Schall im Mittel eine Kugelcharakteristik haben. Man braucht also die Verhältnisse nur in einer einzigen Raumrichtung zu studieren. Dazu wählen wir die x_1-Richtung und betrachten einen Punkt P mit den Koordinaten $x_1 = x$, $x_2 = x_3 = 0$. Nach leichter Auswertung der Formel für die Quadrupoldarstellung erhält man schließlich

$$\rho - \rho_0 = \frac{\rho_0}{4\pi c_0^4 x} \int\limits_H \left[\frac{\partial^2 v_1^2}{\partial t^2} \right]_{t - R/c_0} dV \ .$$

Es sei betont, daß unter v_1 nur die der *Turbulenz* zugeordnete Geschwindigkeit verstanden wird, indem die durch den *Schall* erzeugten Geschwindigkeiten nach J. E. Moyal [45] abgetrennt sind.

Für die Berechnung der aus H austretenden Schallenergie benötigen wir am Punkte P die momentane Schallstärke I, d. h. die durch eine zur Schallausbreitungsrichtung senkrechte Fläche von 1 cm^2 sekundlich hindurchtretende Schallenergie

$$I = \frac{c_0^8}{\rho_0}\, \overline{(\rho - \bar{\rho})^2}\ .$$

Im vorliegenden Falle ergibt sich

$$I = \frac{\rho_0}{16\,\pi^2 c_0^5 x^2}\ \int\limits_{H}\int\limits_{H'} \overline{\left[\frac{\partial^2 (v_1^2 - \overline{v_1^2})}{\partial t^2}\right]_{t-R/c_0} \left[\frac{\partial^2 (v_1'^2 - \overline{v_1^2})}{\partial t^2}\right]_{t-R'/c_0}}\ dV\, dV'\ .$$

An diese Formel läßt sich leicht eine Dimensionalbetrachtung anschließen, die hier eingeschoben sei (*). Setzt man v_1 proportional einer charakteristischen Geschwindigkeit U (beim Strahl z. B. der mittleren Austrittsgeschwindigkeit aus der Düsenmündung) und ersetzt die partielle Ableitung $\dfrac{\partial}{\partial t}$ durch Multiplikation mit der für die Turbulenz charakteristischen Frequenz $\dfrac{U}{d}$ (d charakteristische Länge, beim Strahl z. B. Durchmesser der Düsenmündung), so ergibt sich für I die Formel

$$I \sim \frac{\rho_0}{c_0^5 x^2}\ U^4 \left(\frac{U}{d}\right)^4 d^6 = \frac{\rho_0 U^8}{c_0^5}\,\frac{d^2}{x^2}\ .$$

Daraus erhält man durch Integration über die Kugeloberfläche vom Radius x für die aus dem Turbulenzgebiet abgestrahlte Schalleistung den Ausdruck $\dfrac{\rho_0 U^8}{c_0^5}\, d^2$. Bezieht man diese Leistung, etwa beim Strahl, auf die gesamte zur Verfügung stehende Strömungsleistung, die proportional $\rho_0 U^3 d^2$ ist, so ergibt sich als eine Art Wirkungsgrad η' für Schallerzeugung durch Turbulenz die natürlich nur sehr rohe Formel

$$\eta' \sim \left(\frac{U}{c_0}\right)^5\ .$$

(*) Auf diese Dimensionsbetrachtung wurde ich von H. B. Squire 1946 aufmerksam gemacht.

Nach dieser Einschiebung sei nunmehr der weitere Rechengang erläutert. Um die in der letzten Gleichung auftretende Größe $\overline{v_1^2}$ und die Longitudinalskala der Wirbel L in Abhängigkeit von der Zeit zu bestimmen, wird wie in Kapitel 2 die Heisenbergsche Integrodifferentialgleichung für das Abklingen der homogenen isotropen Turbulenz zugrunde gelegt und ähnlich wie dort als Anfangswertproblem gelöst. Es werden nun folgende Größen eingeführt

$$L = \frac{3\pi}{4} \frac{\int\limits_0^\infty k^{-1} F(k,t)\,dk}{\int\limits_0^\infty F(k,t)\,dk}$$

und die bis zum Zeitpunkt t abgestrahlte Schallenergie

$$E(t) = \rho_0\, He_0\, \eta(\tau) \quad ,$$

$\tau = \dfrac{t}{t_1}$; $t_1 = \dfrac{C}{\nu k_0^2}$; $C = \dfrac{3}{2}\dfrac{(a-1)}{a^3-1}$. e_0 bedeutet, wie bereits früher definiert, den Mittelwert der Turbulenzenergie der Masseneinheit zur Anfangszeit $t = 0$, $\rho_0 He_0$ demnach die gesamte anfänglich vorhandene Turbulenzenergie $\rho_0 H \int\limits_0^\infty F_0\,dk$. Eine Reynoldssche Zahl wird definiert durch

$$Re = \frac{(e_0)^{1/2}}{k_0\,\nu}\,\gamma \quad .$$

Schließlich wird eine Machsche Zahl M definiert durch

$$M = \frac{\left(\dfrac{2}{3}e_0\right)^{1/2}}{c_0} \ll 1 \quad .$$

In Figur 20 ist das Verhältnis der dimensionslos gemachten gesamten Schallenergie zur anfänglichen Turbulenzenergie in Abhängigkeit von einer anderen Reynoldsschen Zahl

$$Re_L = \frac{\left(\dfrac{2}{3}e_0\right)^{1/2} L_0}{\nu} \quad ,$$

welche mit der Ballengröße gebildet ist, für $a = 2$ aufgetragen. Legen wir etwa $Re_L = 3\cdot10^4$ als Ausgangswert zugrunde, so sieht man aus dieser

Figur, daß eine Herabsetzung der Ballengröße auf den hundertsten Teil bei konstant bleibender Strömungsgeschwindigkeit und kinematischer Zähigkeit die abgestrahlte Schallenergie fast auf die Hälfte verringert. Eine derartige Abhängigkeit der Schallenergie von der Reynoldsschen Zahl der Flüssigkeitsballen wurde bei kleineren Reynoldsschen Zahlen schon öfter von verschiedenen Autoren beobachtet (siehe [42]).

Die Forderung kleiner Ballengrößen ist bei den in der Luftfahrt verwandten Strahltriebwerken bisher schon in verschiedener Weise verwirklicht worden. In Fällen, wo es nicht auf die Vermeidung von Schubverlusten ankommt, wie z. B. bei Dampfdruckreduzieranlagen, kann die Verkleinerung der Ballengrößen sehr viel weiter getrieben werden als bei den Turbinenstrahltriebwerken.

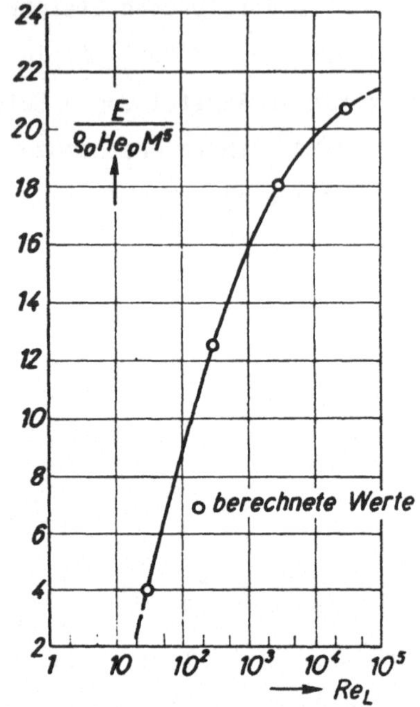

Fig. 20 — Dimensionslose Gesamtschallenergie in Abhängigkeit von Re_L; $a = 2$ nach E.-A. Müller und K. Matschat [41].

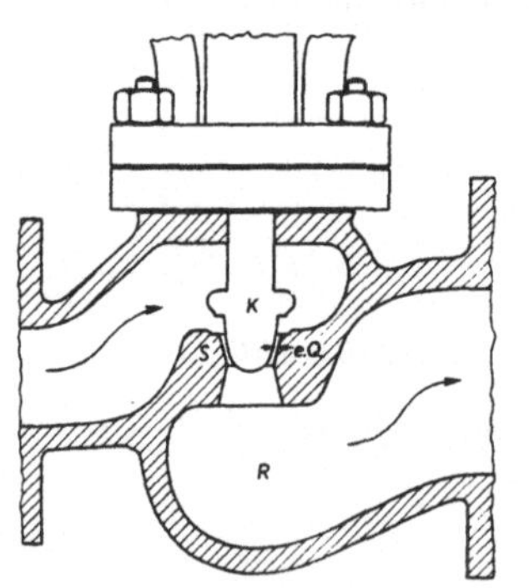

Fig. 21 — Reduzierventil üblicher Bauart (schematisch). S: Ventilsitz, K: Ventilkegel, e. Q.: engster Querschnitt, R: Vermischungsraum.

Dieser Weg wurde von E. Koppe und E.-A. Müller [46] beschritten, und zwar wurde in einem Druckreduzierventil ein Labyrinthsystem angeordnet, dessen einzelne Kanäle im Mittel eine sehr kleine lichte Weite hatten.

In Figur 21 ist ein früher übliches Druckreduzierventil schematisch aufgezeichnet. Bei diesem traten ein für die Bedienungsmannschaft unerträglicher Lärm und sogar schwere Zerstörungen des Ventils auf. Neben der Vermeidung von instationären Verdichtungsstößen zwischen Ventilkegel und Ventilsitz war es nun das Hauptanliegen von

E. Koppe und E.-A. Müller, die mit der Untersuchung dieser Reduzierventile betraut worden waren, die Entstehung des Lärms infolge der Turbulenz

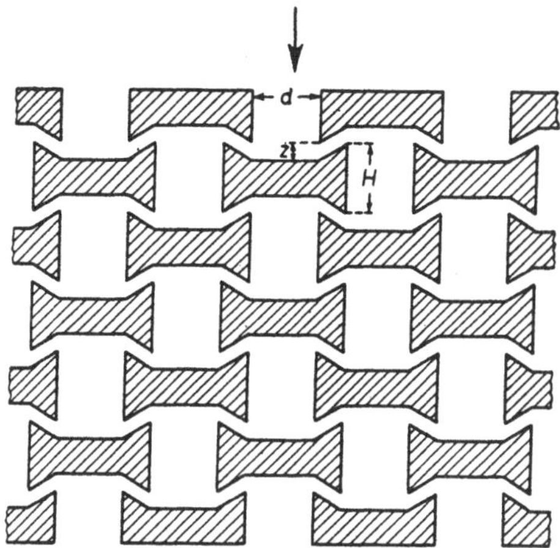

Fig. 22 — Drossellabyrinth aus durchlöcherten Schichten (Prinzipskizze) nach E. Koppe und E.-A. Müller [46].

nach Möglichkeit zu unterbinden. Der Grundgedanke war der, die Entstehung großer Wirbelballen, die schließlich am Ventilboden nach Umwandlung in kleinere Wirbel in Wärme übergeführt werden, gänzlich zu vermeiden, mit anderen Worten die Vermischung eines turbulenten Strahles, der aus einer kreisförmigen Öffnung austritt, zu umgehen. Zu diesem Zwecke wurde die Strömung durch ein Labyrinthsystem (Figur 22) geführt. Diese Anordnung bewährte sich sehr gut. In der Großausführung verschwanden die vorher so gefürchteten Vibrationen vollständig, d. h. sie blieben unter dem Geräuschpegel des Maschinensaales. In Figur 23 ist ein sogenanntes Eckventil, das ebenfalls ein Drossellabyrinth enthält,

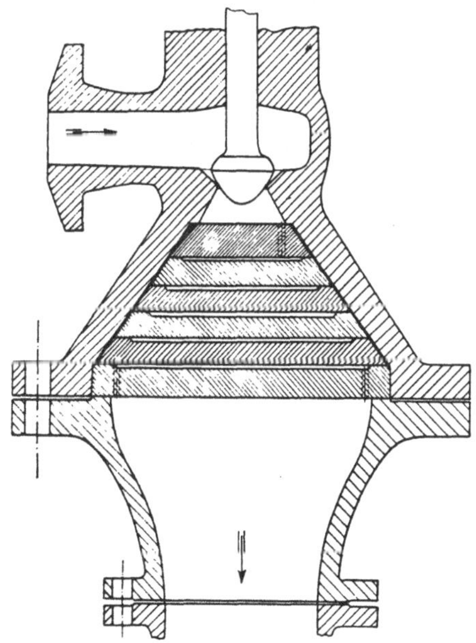

Fig. 23 — Labyrinthventil in Eckausführung aus eng gepackten durchlöcherten Schichten (schematisch) nach E. Koppe und E.-A. Müller [46].

aufgezeichnet. Alles in allem ist damit sowohl im Modell wie in der Großausführung das theoretische Bild der Energieüberführung von großen nach kleinen Wirbeln und der Entstehung des Lärms aus den turbulenten Schwankungen glänzend bestätigt.

KAPITEL 4

Zur freien Turbulenz

Wenn ich mich nunmehr anschicke, etwas über freie Turbulenz zu sagen, so fühle ich mich in meine jungen Jahre zurückversetzt; denn 1926 [47] berechnete ich einige typische Fälle der freien Turbulenz mit dem Prandtlschen Mischungswegansatz [48]. Unter freier Turbulenz versteht man eine solche, bei der Wände im allgemeinen keine maßgebende Rolle spielen. Als ersten Fall behandelte ich seinerzeit die Vermischung eines homogenen Luftstrahls mit der angrenzenden ruhenden Luft (siehe Figur 24).

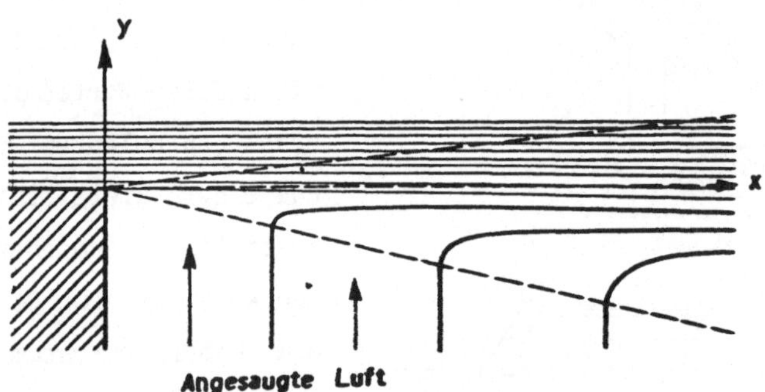

Fig. 24 — Vermischung eines homogenen Luftstrahls mit der
angrenzenden ruhenden Luft [47].

Der Prandtlsche Mischungswegansatz war

$$\frac{\tau}{\rho} = l^2 \left| \frac{du}{dy} \right| \cdot \frac{du}{dy} \quad ,$$

wo u nunmehr die gemittelten Geschwindigkeiten bezeichnet. In diesem und in den folgenden Fällen wird l als konstant über die turbulente Vermischungszone angenommen. Es ergibt sich für das eben gekennzeichnete Beispiel

$$\frac{\tau}{\rho} = c^2 x^2 \left|\frac{du}{dy}\right| \cdot \frac{du}{dy} \quad ,$$

c ist eine empirische Konstante. Die Übereinstimmung der auf diese Weise berechneten sogenannten freien Strahlgrenzen mit den Versuchen war vorzüglich.

Weiter möchte ich erwähnen den Fall, daß aus einem runden Loch ein Luftstrahl in die ruhende Luft austritt. Für die mittlere Geschwindigkeit ergibt sich hier

$$u = \frac{1}{x} f\left(\frac{y}{x}\right)$$

mit $l = c \cdot x$. In Figur 25 ist nach diesem Ansatz der runde Strahl aufgezeichnet, wobei die Rechnung natürlich nur in genügender Entfernung des

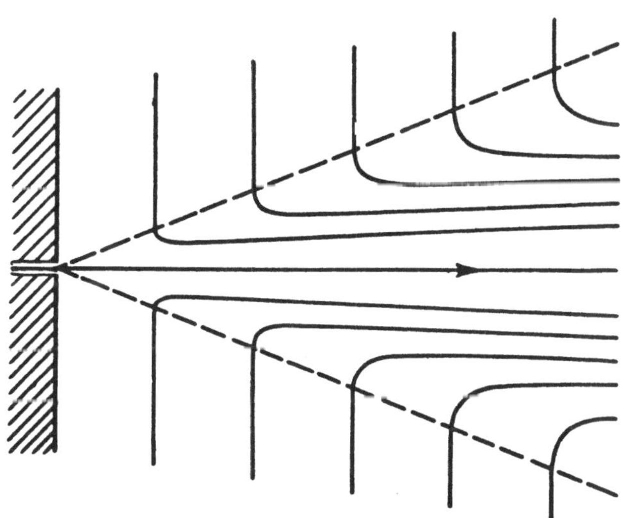

Fig. 25 — Runder Strahl in genügender Entfernung von dem kleinen Austrittsloch [47].

zwar kleinen, aber immerhin endlichen Loches gilt. A. M. Kuethe (siehe Figur 19) hat ebenfalls mit dem Mischungswegansatz die ringförmige turbulente Vermischung hinter einem nicht mehr kleinen Loch [39] berechnet und vorzügliche Übereinstimmung mit den Messungen gefunden.

Eine Art Umkehrung dieser Strahlvermischungen stellt das Windschattenproblem dar, das von H. Schlichting [49] behandelt wurde (siehe Figur 26).

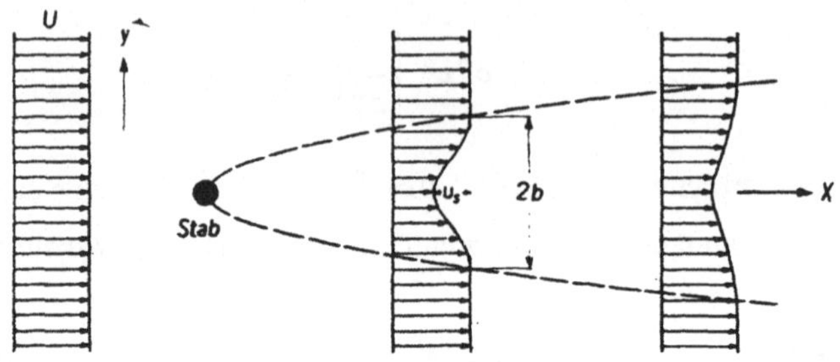

Fig. 26 — Geschwindigkeitsverteilung in einem Windschatten nach H. Schlichting [49].

Dabei ist

$$u = U\left[1 - \frac{1}{\sqrt{x}}\, f\left(\frac{y}{\sqrt{x}}\right)\right] \quad,$$

wobei U die Anströmgeschwindigkeit ist.

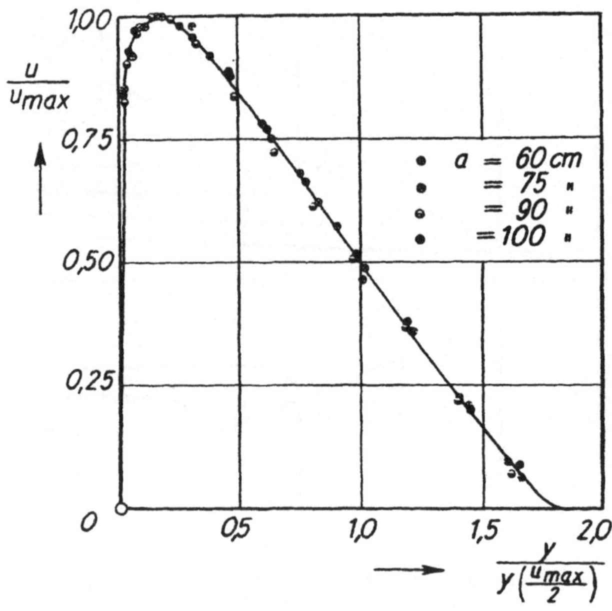

Fig. 27 — Geschwindigkeitsprofil eines ebenen turbulenten Strahles, der aus einem Schlitz längs einer Wand in die ruhende Luft austritt, nach Messungen und Rechnungen von E. Förthmann [50]. a Entfernung vom Schlitz.

Einen sehr interessanten Fall, bei dem sowohl wandgebundene als auch

freie Turbulenz auftritt, hat E. Förthmann [50] theoretisch und experimentell studiert (siehe Figur 27). Es handelt sich dabei um einen ebenen
Strahl, der aus einem engen Schlitz längs einer Wand in die ruhende Luft
austritt und sich mit dieser vermischt.

Sehr wertvolle Untersuchungen zur freien Turbulenz hat H. Reichardt
[51] durchgeführt, wobei er bei seinen theoretischen Erwägungen den Ansatz
des Mischungsweges durch einen anderen ersetzt. Besonders beachtlich
erscheint mir Figur 28, in der die Ansaugströmung aus der freien Luft in
die sich ausbreitende turbulente Vermischungszone mit eingezeichnet ist.
In dem Reichardtschen Forschungsheft ist auch der Wärmeaustausch hinter
einem geheizten Stab erneut behandelt worden.

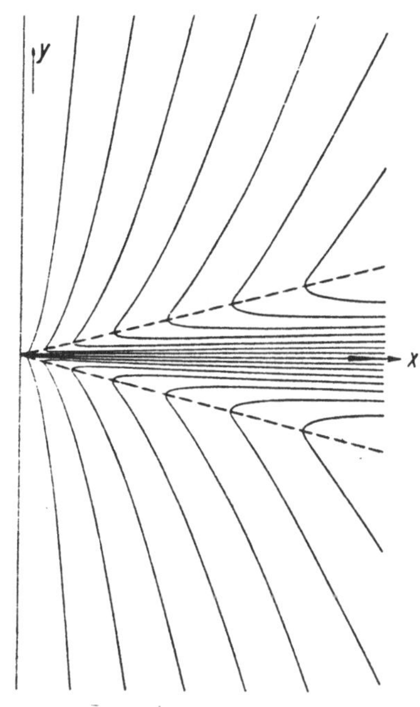

Fig. 28 — Mittlere Stromlinien des ebenen turbulenten Freistrahls mit der Ansaugströmung nach H. Reichardt [51].

Anregende Ausführungen zur Struktur der freien Turbulenz finden sich in
Kapitel 5 bis 8 des Buches von A. A. Townsend: "The structure of turbulent
shear flow" [52], wobei das experimentelle Material hauptsächlich im
Cavendish Laboratory in Cambridge/England gewonnen wurde. Auf diese Dinge
möchte ich aber nun nicht mehr weiter eingehen, sondern mich wie bisher auf
die Fragen, welche in meinem Institut behandelt wurden, beschränken, wobei selbst in diesem Bereich Vollstän-
digkeit nicht angestrebt ist.

Wenn auch diese Miscellen zur Turbulenzforschung weniger Lösungen
aufweisen als Probleme aufwerfen, so mag man auch in diesem Falle hoffen,
daß das alte Wort aus dem Beginn unserer abendländischen Kultur, wonach
die Erkenntnis des Nichtwissens erst die Bahn zum Wissen freilegt, sich
auch hier wieder einmal bewähren möge.

LITERATUR

[1] W. TOLLMIEN : Über die Entstehung der Turbulenz. I. Mittlg. Nachr. Ges. Wiss. Göttingen. Math.-Phys. Kl. (1929). S. 21-44.

[2] G. B. SCHUBAUER: Laminar boundary layer oscillations and stability of laminar
    and   flow. National Bureau of Standards, Research Paper RP 1772,
    H. K. SKRAMSTAD   38 (1947), und Journ. Aeron. Sci. 14 (1947), pp. 69 - 78. Die
    Experimente wurden zuerst in Nat. Advis. Comm. Aeronaut. Adv.
    Conf. Rep. April (1943) (declassified) veröffentlicht.

[3] H. L. DRYDEN : Recent advances in the mechanics of boundary layer flow. Advances in Applied Mechanics, 1, New York (1948), pp. 2-40.

[4] H. L. DRYDEN : Some recent contributions to the study of transition and turbulent boundary layers. (Paper presented at the Sixth Intern. Congr. Appl. Mech. Paris, Sept. 1946).

[5] H. SCHLICHTING: Amplitudenverteilung und Energiebilanz der kleinen Störungen bei der Plattenströmung. Nachr. Ges. Wiss. Göttingen. Math. - Phys. Kl. (1935). S. 47-78.

[6] W. TOLLMIEN : Asymptotische Integration der Störungsdifferentialgleichung ebener laminarer Strömungen bei hohen Reynoldsschen Zahlen. Zs. f. Angew. Math. u. Mech. 25/27 (1947), S. 33 - 50, S. 70-83. Zuerst vorgetragen 1943 im Mathematischen Kolloquium der Technischen Hochschule Dresden. Der Redaktion eingereicht im Mai 1944.

[7] W. WASOW : The complex asymptotic theory of a fourth order differential equation of hydrodynamics. Ann. Math. 49 (1948), pp. 852-871. Asymptotic solution of the differential equation of hydrodynamic stability in a domain containing a transition point. Ann. Math. 58 (1953), pp. 222-252.

[8] F. X. WORTMANN : Eine Methode zur Beobachtung und Messung von Wasserströmungen mit Tellur. Zeitschr. f. angew. Physik 5 (1953), S. 201-206. Untersuchung instabiler Grenzschichtschwingungen in einem Wasserkanal mit der Tellurmethode. Festschrift "Fünfzig Jahre Grenzschichtforschung", Braunschweig 1955, S. 460-470.

[9] W. PFENNINGER : Vergleich der Impulsmethode mit der Wägung bei Profilwiderstandsmessungen. Mittlg. Inst. Aerodyn. ETH Zürich Nr. 8 (1943).

[10] A. M. LIPPISCH : Flow Visualization. Aero. Eng. Rev. 17 (1958), pp. 24-32; 36.

[11] F. NOETHER : Zur asymptotischen Behandlung der stationären Losungen im Turbulenzproblem. Zs. f. Angew. Math. u. Mech. 6 (1926), S. 232-243.

[12] J. R. FOOTE and C. C. LIN : Some recent investigations in the theory of hydrodynamic stability. Quart. Appl. Math. VIII (1950), pp. 265-280. Vgl. insbesondere Section 5.

[13] W. TOLLMIEN : Ein allgemeines Kriterium der Instabilität laminarer Geschwindigkeitsverteilungen. Nachr. Ges. Wiss. Göttingen. Math.-Phys. Kl. (1935), S. 79-114.

[14] C.-G. ROSSBY : On a mechanism for the release of potential energy in the atmosphere. J. Meteorol. 6 (1949), pp. 163-180.

[15] D. GROHNE : Über das Spektrum bei Eigenschwingungen ebener Laminarströmungen. Za. f. Angew. Math. u. Mech. 34 (1954), S. 344-357.

[16] L. HOPF : Der Verlauf kleiner Schwingungen auf einer Strömung reibender Flüssigkeit. Ann. d. Phys. 44 (1914), S. 1-60.

[17] G. K. BATCHELOR and A. A. TOWNSEND : The nature of turbulent motion at large wave-numbers. Proc. Roy. Soc. A. 199 (1949), pp. 238-255.

[18] G. I. TAYLOR : Statistical theory of turbulence Part I, II, III, IV. Proc. Roy. Soc. A. 151 (1935), pp. 421-478, Part V, ib. 156 (1936), pp. 307-317; The spectrum of turbulence, ib. 164 (1938), pp. 476-490.

[19] Th. v. KÁRMÁN and L. HOWARTH : On the statistical theory of isotropic turbulence. Proc. Roy. Soc. A. 164 (1938), pp. 192-215.

[20] J. KAMPÉ DE FÉRIET : Le tenseur spectral de la turbulence homogène non isotrope dans un fluide incompressible. Proc. Seventh Intern. Congr. Appl. Mech., London 1948, pp. 4-26.

[21] G. K. BATCHELOR : The rôle of big eddies in homogeneous turbulence. Proc. Roy. Soc. A. 195 (1949), pp. 513-532.

[22] G. DARRIEUS : Contribution à l'analyse de la turbulence en tourbillon cellulaires. Proc. Fifth Intern. Congr. Appl. Mech., Cambridge-Mass. 1938, pp. 422-427.

[23] W. HEISENBERG : Zur statistischen Theorie der Turbulenz. Z. Phys. 124 (1948), S. 628-657; On the theory of statistical and isotropic turbulence. Proc. Roy. Soc. A. 195 (1948), pp. 402-406; Bemerkungen zum Turbulenzproblem. Z. Naturforschung 3a (1948), S. 434-437.

[24] W. TOLLMIEN : Abnahme der Windkanalturbulenz nach dem Heisenbergschen Austauschansatz als Anfangswertproblem. Wiss. Zs. T. H. Dresden 2 (1952/53), S. 443-448.

[25] H. L. DRYDEN : Turbulence investigations at the National Bureau of Standards. Proc. Fifth Intern. Congr. Appl. Mech., Cambridge-Mass. 1938, pp. 362-368.

[26] A. DEFANT : Die Zirkulation der Atmosphäre in den gemäßigten Breiten der Erde. Geografiska Annaler 3 (1921), S. 209; Die Bestimmung der Turbulenzgrößen der atmosphärischen Zirkulation außertropischer Breiten. S.-B. Akad. Wiss. Wien 130 (1921), S. 383; Die Austauschgröße der atmosphärischen und ozeanischen Zirkulation. Ann. Hydrograph. 54 (1926), S. 12; vgl. auch H. Lettau: Atmosphärische Turbulenz, Leipzig 1939.

[27] L. F. RICHARDSON: Atmospheric diffusion shown on a distanceneighbourgraph. Proc. Roy. Soc. A. 110 (1926), pp. 709-737.

[28] L. ONSAGER : The distribution of energy in turbulence. Physiologic. Rev. 68 (1945), p. 280 (nur ein Auszug).

[29] S. GOLDSTEIN : On the law of decay of homogeneous isotropic turbulence and the theories of the equilibrium and similarity spectra. Proc. Camb. Phil. Soc. 47 (1951), pp. 554-574.

[30] C. C. LIN : Remarks on the spectrum of turbulence. Proc. Symp. Appl. Math. (American Math. Soc.) 1 (1949), pp. 81-86.

[31] L. G. LOITSIANSKY: Some basic laws of isotropic turbulent flow. Centr. Aero-Hydro. Inst. Moskow (1939), Rep. No. 440 (vgl. auch die englische Übersetzung in Nat. Adv. Comm. Aeron. Techn. Mem. No. 1079).

[32] G. K. BATCHELOR: Decay of turbulence in the final period. Proc. Roy. Soc. A. and 194 (1948), pp. 527-543.
A. A. TOWNSEND

[33] R. W. STEWART and A. A. TOWNSEND : Similarity and self-preservation in isotropic turbulence. Phil. Trans. Roy. Soc. A. 143 (1951), pp. 359-386.

[34] K. MEETZ : Das zeitliche Abklingen der Energiespektren in der homogenen isotropen Turbulenz als Anfangswertproblem. Z. Naturforschung 11a (1956), S. 832-847.

[35] K. MEETZ : Das zeitliche Abklingen der Geschwindigkeits- und Druck-korrelationen in der homogenen isotropen Turbulenz als Anfangswertproblem. Z. Naturforschung 11a (1956), S. 848-857.

[36] G. K. BATCHELOR: Pressure fluctuations in isotropic turbulence. Proc. Camb. Phil. Soc. 47 (1951), pp. 359-374.

[37] G. K. BATCHELOR: The Theory of Homogeneous Turbulence. Cambridge University Press 1953.

[38] E. KOPPE und E.-A. MÜLLER : Strahllärm, ein wissenschaftliches und technisches Problem der Luftfahrtforschung. Jahrbuch 1956 der Wiss. Ges. f. Luftf., S. 155-164.

[39] A. M. KUETHE : Investigations of the turbulent mixing regions formed by jets. Journ. Appl. Mech. 2 (1935), pp. A 87-95.

[40] N. D. SANDERS and J. C. LAURENCE : Fundamental investigation of noise generation by turbulent jets. SAE National Aeronautic Meeting, April 9 - 12, 1956, Preprint No. 744.

[41] E.-A. MÜLLER und K. MATSCHAT : Zur Lärmerzeugung durch abklingende homogene isotrope Turbulenz. Z. Flugwiss. 6 (1958), S. 161-170.

[42] M. J. LIGHTHILL: On sound generated aerodynamically. Part I. Proc. Roy. Soc. A. 211 (1952), pp. 564-587. Part II: Turbulence as a source of sound. Proc. Roy. Soc. A. 222 (1954), pp. 1-32.

[43] I. PROUDMAN : The generation of noise by isotropic turbulence. Proc. Roy. Soc. A. 214 (1952), pp. 119-132.

[44] M. L. LORENZ : Mémoire de l'élasticité des corps homogènes à élasticité constante. J. reine und angew. Math. 58 (1861), S. 329-351.

[45] J. E. MOYAL : The spectra of turbulence in a compressible fluid; eddy turbulence and random noise. Proc. Camb. Phil. Soc. 48 (1952), pp. 329-344.

[46] E. KOPPE und E.-A. MÜLLER : Modellversuche zur Klärung von Gerauschund Vibrationsfragen an Reduzierventilen. Mitteilungen der Vereinigung der Großkesselbesitzer, Heft 41 (1956), S. 65-83.

[47] W. TOLLMIEN : Berechnung turbulenter Ausbreitungsvorgänge. Zs. f. Angew. Math. u. Mech. 6 (1926), S. 468-478. NACA TM 1085 (1945).

[48] L. PRANDTL : Bericht über Untersuchungen zur ausgebildeten Turbulenz. Zs. f. Angew. Math. u. Mech. 5 (1925), S. 136-139.

[49] H. SCHLICHTING: Über das ebene Windschattenproblem. Ing.- Arch. 1 (1930), S. 533-571.

[50] E. FÖRTHMANN : Über turbulente Strahlausbreitung. Ing.- Arch. 5 (1934), S. 42-54. NACA TM 789 (1936).

[51] H. REICHARDT : Gesetzmäßigkeiten der freien Turbulenz. VDI-Forschungsheft 414 (1942); 2. Aufl. 1951.

[52] A. A. TOWNSEND : The Structure of Turbulent Shear Flow. Cambridge University Press 1956.